Herbert Karrenberg

Hydrogeologie der nichtverkarstungsfähigen Festgesteine

Mit Beiträgen von
Rudolf Hohl, Arno Pahl,
Hans-Joachim Schneider
und Manfred Wallner

Springer-Verlag Wien New York

Dr. Herbert Karrenberg
Präsident a. D. des Geologischen Landesamtes Nordrhein-Westfalen, Krefeld und apl. Professor für Angewandte Geologie an der Universität Bonn

Dr. Rudolf Hohl
Professor em. der Martin Luther-Universität Halle-Wittenberg, DDR

Diplomgeologe Dr. Arno Pahl
Geologiedirektor, Bundesanstalt für Geowissenschaften und Rohstoffe, Hannover

Diplomgeologe Dr.-Ing. Hans-Joachim Schneider
Bundesanstalt für Geowissenschaften und Rohstoffe, Hannover

Diplom-Ingenieur Dr.-Ing. Manfred Wallner
Bundesanstalt für Geowissenschaften und Rohstoffe, Hannover

Mit 83 zum Teil farbigen Abbildungen

Printed in Austria

CIP-Kurztitelaufnahme der Deutschen Bibliothek
Karrenberg, Herbert: Hydrogeologie der nichtverkarstungsfähigen Festgesteine / Herbert Karrenberg. Mit Beitr. von Rudolf Hohl ... — Wien, New York: Springer, 1981.

ISBN 3-211-81590-2 (Wien, New York)
ISBN 0-387-81590-2 (New York, Wien)

ISBN 3-211-81590-2 Springer-Verlag Wien—New York
ISBN 0-387-81590-2 Springer-Verlag New York—Wien

Vorwort

Die Hydrogeologie der nichtverkarstungsfähigen, d. h. vor allem der nichtkarbonatischen oder gering karbonatischen Festgesteine hat bisher nicht genügend Beachtung gefunden. Sie hat noch keine zusammenfassende Darstellung ihrer besonderen Probleme und deren Bedeutung in der Grundwassererkundung und -gewinnung, in Grundwasserhaushaltsfragen, in vielen interdisziplinären Wissenschaftsgebieten — z. B. in der Umweltforschung — sowie in unterschiedlichen, besonders bautechnischen Anwendungsbereichen erfahren. Vielfältig sind dagegen die Bemühungen der Geologen und Hydrologen bisher gewesen, die Wasserführung der Lockergesteine zu erkunden, in der Literatur zu beschreiben oder in Vorträgen bei speziellen Symposien oder Tagungen darzustellen. Auch verkarstungsfähige Festgesteine sind in den letzten Jahren zunehmend Gegenstand von Forschungen und Vortragsveranstaltungen sowie zusammenfassender Darstellungen gewesen.

Der Hydrogeologie nichtkarbonatischer Festgesteine wird erst in den letzten Jahren mehr Aufmerksamkeit geschenkt. Ihr sind speziell auch einige internationale wissenschaftliche Tagungen gewidmet worden, so:

1965 ein Symposium (organisiert von UNESCO, zusammen mit AIHS, FAO und AIH [1]) in Dubrovnik (Jugoslawien) unter dem Thema: „Hydrologie des roches fissurées“,

1972 ein Symposium (der IAEG [2]) in Stuttgart unter dem Thema: „Percolation through fissured rocks“,

1974 ein Symposium (von Serv. geol. Esp. und UNESCO) in Lanzarote (Kanarische Inseln) über: „Hidrologia de terrenos volcanicos“.

Einige andere Tagungen haben einen wesentlichen Teil ihres Programms diesen Fragen eingeräumt, so:

1975 der XI. Kongreß der AIH in Porto Alegre (Brasilien) unter dem Thema: „Prospection des eaux souterraines dans les roches compactes fissurées non carbonatées“,

1975 das 3. Internationale Kolloquium, organisiert durch Comité Nat. Ital. de l'AIH in Palermo (Italien) unter den Themen „Hydrogéologie des roches fissurées“ und „Hydrogéologie des roches volcaniques“,

1980 das 4. Internationale Kolloquium über Grundwasser, organisiert durch Comité Nat. Ital. de l'AIH, UNESCO u. a. in Catania (Italien) unter den Themen „Hydrogéologie des roches volcaniques“ und „Planification et protection des ressources d'eau en terrains fissurés“.

Auch außerhalb dieser Veranstaltungen sind in den letzten Jahren wichtige Untersuchungen durchgeführt, vorgetragen und publiziert worden. Insgesamt ist die Literatur über die Hydrogeologie nichtkarbonatischer Festgesteine lückenhaft, sehr verstreut, und es fehlt eine Synthese.

---

[1] AIHS = Association Internationale d'Hydrologie Scientifique
FAO = Food and Agricultural Organization
AIH = Association Internationale des Hydrogéologues.

[2] IAEG = International Association of Engineering Geology.

Warum den wasserführenden *Lockergesteinen* und der Nutzung ihres Grundwasserinhaltes ein so großer Vorrang bislang eingeräumt worden ist, mag zum Teil daran liegen, daß diese im allgemeinen und von Ausnahmen abgesehen erheblich größere nutzbare Grundwasserreserven enthalten und leichter die *Gewinnung größerer Grundwassermengen* ermöglichen als die Festgesteine. Die Bevorzugung der wasserführenden Lockergesteine in Theorie und Praxis ist aber auch deshalb erfolgt, weil sich das Wasser hier in einem porösen, angenähert homogenen und isotropen Medium befindet, also einigermaßen gleichmäßig verteilt ist, und daher seine Bewegung durch relativ einfache mathematische Beziehungen beschrieben werden kann. Die *Berechenbarkeit* der Grundwasserbewegung und der gewinnbaren Mengen spielt also eine große Rolle, sie ist eine wichtige Voraussetzung für Planungen.

Die karbonatischen und salzführenden, beide demnach *verkarstungsfähigen Festgesteine* haben in wissenschaftlichen Untersuchungen, in Tagungsvorträgen und in der praktischen Nutzung deshalb noch ein vergleichsweise starkes Interesse gefunden, weil sie oft sehr spektakuläre hydrogeologische Erscheinungen zeigen, wie starke Quellen, Versinkungen von Oberflächengewässern, weite und schnelle unterirdische Wassertransporte etc., und unter bestimmten hygienischen Bedingungen auch große Nutzwassermengen zu fassen gestatten.

Die besonderen Bedingungen bei Lockergesteinen und verkarstungsfähigen Festgesteinen gelten im allgemeinen nicht oder nur in begrenztem Maße für *nichtkarbonatische Festgesteine.* Diese besitzen in Abhängigkeit von dem Diagenesegrad eine mehr oder weniger stark verminderte Porosität und zeichnen sich stattdessen häufig durch Risse, Fugen, Klüfte, Störungen oder gar Höhlungen aus, auf denen oder in die das Niederschlagswasser einsickert bzw. versinkt, in denen es sich sammelt, durch die es sich fortbewegt und aus denen es „eventuell und irgendwo“ gewonnen werden kann. Da die Häufigkeit, Länge und Weite der „Trennfugen“, wie man die Gesamtheit dieser Anisotropieflächen nennen mag, von vielen Faktoren abhängen und von Ort zu Ort sehr unterschiedlich sein können, ist eine mathematische Erfassung der Wassermengen und ihrer Bewegung bisher in der Praxis kaum oder nur angenähert möglich geworden. Es liegen dazu theoretische Ansätze und erste Erfahrungen vor (Kap. 4).

In diesem Buche wird nun der Versuch unternommen, die bisherigen vielfältigen, in langer Amtspraxis und in vielen Forschungsarbeiten gewonnenen Erfahrungen über die *Hydrogeologie nichtverkarstungsfähiger Festgesteine* mit den Ergebnissen theoretischer Überlegungen sowie von Feld-, Labor- und statistischen Untersuchungen anderer zum gleichen Themenkomplex — soweit zugänglich — zu verbinden und zusammenfassend darzustellen. Es geht dabei vornehmlich um den Nachweis ausreichender Mengen von Grundwasser guter Qualität und die Beurteilung der dauerhaften Verfügungs- und Gewinnungsmöglichkeit in den sehr verbreiteten nichtkarbonatischen Festgesteinen zur Deckung des Bedarfs in Wohn- und Industriegebieten. In diesem Zusammenhang ist auch der Versorgung von Ballungszentren der Besiedlung oder dem landwirtschaftlichen Großbedarf besondere Aufmerksamkeit zu schenken und bei großräumigen Planungen zu berücksichtigen.

Bei dieser Aufgabenstellung hat in Einzelfällen auch die Möglichkeit bestanden, die diesbezüglichen, zum Teil noch nicht veröffentlichten Arbeiten von Hydrogeologen aus verschiedenen Ländern auszuwerten, über die diese im Rahmen der Erläuterungen zur in Entstehung begriffenen „Internationalen Hydrogeologischen Karte von Europa 1 : 1,5 Mio“ berichtet haben. Sie haben ihre zum Druck vorgesehenen Ergebnisse für diesen Zweck freundlicherweise zur Verfügung gestellt. Den Herren Dr. A. HJARTARSON — Reykjavik, Dr. J. HYYPPÄ — Helsinki, Dr. G. PERSSON — Uppsala sowie den Herren Dr. C. KAISER und Dr. M. A. DE SAN JOSÉ, beide in Madrid, danke ich dafür sehr.

Einige weitere wichtige Probleme waren zu streifen, die für die Behandlung des Hauptthemas wichtig schienen, so z. B. die im Steinkohlen- und Erzbergbau auftretenden und täglich zu bewältigenden vielfältigen Aufgaben der bergbaulichen Wasserhaltung und der bergmännischen Wasserwirtschaft. Außerdem ist versucht worden, einige Aspekte der Umweltforschung und der Ingenieurgeologie darzustellen, die mit dem Auftreten von Wasser im Festgestein eng in Verbindung stehen (Kap. 6 u. 7).

Der Anlage des Buches entsprechend sind einzelne Teilgebiete, wie etwa die Hydrochemie des Grundwassers und die Darstellung der Mineralwässer kurz gefaßt bzw. nur soweit behandelt worden, wie es für das Bild hydrogeologischer Landschaften wichtig erschien. Auf die Behandlung gewisser Randthemen, z. B. technischer Probleme wie Bohren, Gewinnen und Aufbereiten des Wassers, ist bewußt verzichtet worden.

Es wurde Wert darauf gelegt, eine möglichst einheitliche Konzeption für das Auftreten von Wasser in den sehr verschiedenartigen Festgesteinen und für dessen Nutzungsmöglichkeit zu gewährleisten sowie Wege aufzuzeigen, wie die Erforschung des Grundwassers in speziellen, wichtigen und besonders schwierigen Fällen nach Auffassung des Autors vorangetrieben werden kann. Diesem Ziel entsprach auch der Wunsch des Verlages, kein Sammelwerk mit einer Vielzahl von Bearbeitern für alle Teilgebiete zu schaffen, sondern nur *einen* Hauptbearbeiter vorzusehen und diesen zu bitten, das Gesamtkonzept und die Hauptteile des Buches zu liefern. Dies ist hier geschehen. Der Verfasser hielt es aber für sinnvoll, die beispielhaften Beschreibungen von Grundwasserlandschaften bzw. Aquifersystemen in Kapitel 5 über die ihm näher bekannten Gebiete der Bundesrepublik Deutschland hinaus auf einige gut untersuchte Bereiche der DDR auszudehnen und Herrn Prof. HOHL — Halle (Saale) um Beiträge hierzu zu bitten. Auch bei den speziellen Themen der Kapitel 4 und 7 wurden weitere Autoren hinzugezogen.

Die Konzeption des Buches bewirkte, daß keine wesentlichen Verschiedenheiten der Auffassungen oder Wiederholungen auftreten. Selbstverständlich war es nicht möglich, im gegebenen Rahmen den weltweiten Erfahrungsschatz auf dem Gebiet der Hydrogeologie in nichtkarbonatischen Festgesteinen voll auszuschöpfen. Die hier beschriebenen „Fälle“ mögen jedoch zum Teil modellartigen Charakter für ähnliche Gesteinskomplexe vergleichbaren Alters und unter entsprechenden klimatischen Verhältnissen haben.

Alle Kapitel sind mit Literaturverzeichnissen versehen, die die im Text erwähnten Arbeiten enthalten und eine Vertiefung in die angeschnittenen Fragen erleichtern sollen. Ältere Literatur ist meist weggelassen.

Herr Kollege Hohl hat in dankenswerter Weise nicht nur die erwähnten Beiträge aus dem Gebiet der DDR beigesteuert, er hat sich auch der großen Mühe unterzogen, den größten Teil des Manuskripts zu redigieren; dafür gilt ihm mein besonderer Dank!

Herzlicher Dank gebührt auch den Herren Dr. A. Pahl und Dr.-Ing. H.-J. Schneider — Hannover, die das Kapitel „Ingenieurgeologisch-geotechnische Aspekte" geschrieben haben, sowie Herrn Dr.-Ing. M. Wallner — Hannover, der einen Beitrag über „Berechnungsgrundlagen und Rechenverfahren für Wasserströmung in Trennfugen" geliefert hat. Sachliche Hinweise sowie Bildmaterial habe ich von zahlreichen Kollegen aus vielen Ländern erhalten, die im einzelnen hier nicht aufgeführt werden können. Allen, die am Zustandekommen des Buches mitgeholfen haben, danke ich sehr herzlich.

Krefeld, im Oktober 1980 **H. Karrenberg**

Inhaltsverzeichnis

1. Zur Einführung

1.1 Problemstellung

Eine Darstellung der „Hydrogeologie nichtverkarstungsfähiger Festgesteine“ soll möglichst die Gesamtheit aller Beziehungen zwischen den *Gesteinen* bzw. dem aus verschiedenen Gesteinen aufgebauten *Gebirge* und dem im Gestein bzw. im Gebirge insgesamt enthaltenen oder fließenden *Wasser* umfassen. Sie soll die geologischen und hydrogeologischen Voraussetzungen für das Auftreten und die Bewegung des Grundwassers und die wechselseitigen Beeinflussungen von Gestein und Wasser darlegen.

Bei dieser Betrachtung geht es zunächst darum, die *Hohlräume*, in denen sich das Wasser aufhält und fortbewegt (s. Kap. 2), und die Methoden zu beschreiben, mit denen die *Durchlässigkeit* der Festgesteine und des gesamten Gebirges ermittelt werden kann (s. Kap. 3.1 bis 3.4 und Kap. 5). Dabei zeigt sich, wie lückenhaft teilweise unsere Kenntnisse noch sind, bzw. wie schwierig es ist, wegen der Inhomogenität und der Anisotropie des Gebirges sowie der meist fehlenden „Aufschlüsse“ gesicherte Aussagen zu machen.

Abfluß und Erneuerung des Grundwassers, die in verschiedenen hydrogeologischen Lehrbüchern eingehend dargestellt sind, werden soweit behandelt, wie die Anwendung der Methoden auf Festgesteinsbereiche dies zweckmäßig erscheinen läßt (Kap. 3.5). Die chemischen Beziehungen zwischen Gestein und Grundwasser werden, wie in den Vorbemerkungen schon erwähnt, in dieser Darstellung nur kurz betrachtet (Kap. 3.6).

Neue Bemühungen um eine mathematische Erfassung der Wasserströmung in Fugen werden in Kap. 4 beschrieben.

Die mannigfache Auswertungsmöglichkeit von Ergiebigkeitstests in unterschiedlichen Gesteinsbereichen und deren Verwendung in hydrogeologischen Karten verschiedener Maßstäbe wird vielfach nur gestreift, besonders wenn die Verfahren sich von denen bei Lockergesteinen nicht wesentlich unterscheiden. Die Darstellung der Grundwasservorkommen und -reserven sowie der Wassergewinnung in verschiedenartig aufgebautem Untergrund und in ausgewählten Grundwasserlandschaften Europas nehmen dagegen einen relativ breiten Raum ein (Kap. 5).

Unter dem Begriff *„Festgesteine“* werden u. a. alle verfestigten Sedimentgesteine verstanden, die im Zuge ihrer Diagenese — zusätzlich zu Schichtfugen — offene Fugen (Trennfugen) und Störungen bilden können. Um welche Gesteine es sich handelt, zeigt das umrandete Feld der Tab. 1.

Diese Gesteine sind in vielen Ländern weit verbreitet, bilden große Teile der paläozoischen Mittelgebirge, des mitteleuropäischen „Saxonikums“ und der Tafelländer und bauen den Untergrund der Plattformlandschaften und der großen Becken auf. Daraus ergibt sich die große Bedeutung dieser Komplexe für die Wasserversorgung dieser Gebiete, für Umweltprobleme und für viele ingenieurgeologische Fragen.

Die Grenze zwischen Lockergesteinen und Festgesteinen ist gelegentlich nicht scharf. Es gibt viele Sande und Kiese — auch jungen geologischen Alters —, die vermöge eines Bindemittels von Kalzium-, Magnesium- oder Eisenkarbonat, von Kieselsäure, Eisenoxid, Ton oder Ausfällungen aus humosen Lösungen eine nicht unerhebliche Festigkeit erlangt haben, so daß sie zur Bildung von Klüften, offenen Fugen und Störungszonen fähig sind. Auch vulkanische Tuffe haben, obwohl sie aus kleinen Teilchen bestehen, im allgemeinen eine diagenetische Verfestigung erfahren. Alle diese Gesteine werden unter dem Begriff „halbfeste Gesteine" hier mitbehandelt.

Tabelle 1. *Übersicht über die wichtigsten Typen der festen und halbfesten Gesteine.* Eingerahmt sind die nicht verkarstungsfähigen Gesteine, in denen Trennfugen erwartet werden können

Locker-gesteine — Halbfeste Gesteine — Festgesteine

nichtverkarstungsfähig:	nichtverkarstungsfähig:	verkarstungsfähig:
Konglomerate	Plutonite	Kalksteine
Sandsteine	Vulkanite	Dolomite
Grauwacken	Gneise	Salzgesteine
Quarzite	Glimmerschiefer	Gips u. Anhydrit
Siltsteine	Phyllite	
Tonsteine		
Mergelsteine		
Sandmergelsteine		
Tuffsteine		

Außerdem gehören zu den Festgesteinen die zahlreichen Magmatite und Metamorphite, die in vielen Ländern eine außerordentliche Verbreitung besitzen und als Aquifere Bedeutung erlangen, wie z. B. in der ČSSR oder in Skandinavien, in einigen deutschen Mittelgebirgslandschaften, aber auch in anderen Kontinenten (u. a. in Canada, in weiten Teilen Afrikas, in Brasilien).

1.2 Anwendungsbereiche und Bedeutung für die Praxis

In Anbetracht der Tatsache, daß manche Länder (z. B. Schweden, Norwegen, Finnland, Tschechoslowakei [1]) überwiegend und andere Länder (z. B. die Bundesrepublik Deutschland, die Deutsche Demokratische Republik [1], Frankreich, England) zum großen Teil aus Festgesteinen bestehen, ist ersichtlich, daß für diese Länder die Frage nach der Möglichkeit der *Grundwassergewinnung aus den Festgesteinen* eine große Rolle spielt.

Vielfach haben in solchen Gebieten Gemeinden und private Interessenten sich früher mit der Fassung von Quellen begnügt. Dies gilt besonders für Ge-

[1] Die Länder werden im folgenden meist mit Abkürzungen angegeben: ČSSR, DDR, USA, UdSSR.

birgsgegenden, in denen das Quellwasser in freiem Lauf dem Verbraucher zufließt. Damit war aber der Nachteil verbunden, daß eine wirksame hygienische Kontrolle oft nicht möglich war, und daß in Trockenzeiten die Wassermenge vielfach nicht ausreichte. Oft wurde daher versucht, insbesondere seitens der in diesen Gebieten sich ansiedelnden Industrie, durch Bohrungen (oder im Schiefergebirge auch durch Schächte und Stollen) eine über das ganze Jahr hinweg ausreichende Wasserversorgung zu erzielen, wenn auch z. T. der Erfolg nicht immer befriedigend war. Durch systematische hydrogeologische Vorarbeiten konnten in den letzten Jahrzehnten vielerorts Bohrungen fachgerecht angesetzt, durchgeführt und so der Bedarf kleinerer Städte und Gemeinden sowie der Industrie bis zu einem gewissen Grade, in einzelnen Fällen auch großer Städte, gedeckt werden. Dies gilt vor allem für Festgesteinsbe-

Tabelle 2. *Verbreitung verschiedener Gesteinsgruppen in der Bundesrepublik Deutschland,* festgestellt im Ausstrichbereich, unter Vernachlässigung geringmächtiger Lockergesteinsdecken

1. Lockergesteinsbereiche (darin enthalten Bereiche mit Küstenversalzung — 1,7%)		44,1%
2. Festgesteinsbereiche, ohne Kalke und Dolomite, insgesamt 40,4%		
2.1. Kristalline und metamorphe Gesteine	40,4%	6,3%
2.2. Paläozoische Gesteine (ohne Perm)		10,1%
2.3. Permische und mesozoische Gesteine des Deckgebirges (einschließlich Flysch der Alpen — 0,5%)		20,1%
2.4. Junge vulkanische Gesteine		1,1%
2.5. Molasse des Alpenvorlandes		2,8%
3. Festgesteinsbereiche mit Kalken und Dolomiten (einschließlich Salz- und Gipsgesteine in Oberflächennähe — 0,1%		13,6%
4. Bergbaugebiete mit gestörten Grundwasserverhältnissen		1,9%
		100,0%

reiche des Mesozoikums, in denen die Lagerungsverhältnisse und stratigraphischen Abfolgen besser erkundbar und prognostizierbar sind als im paläozoischen Schiefergebirge. Die große regionale Verbreitung des Mesozoikums, z.B. in der Bundesrepublik Deutschland, und ihre dementsprechende Bedeutung für alle mit dem Grundwasser zusammenhängenden Fragen gehen aus der Tab. 2 hervor (s. auch Kap. 5.6 bis 5.7).

Eine besondere Stellung nehmen die vulkanischen Gesteine ein, vor allem wenn sie jungen geologischen Alters sind. Sie bieten vielfach große Möglichkeiten der Wassergewinnung oder der Erweiterung bestehender Versorgungsanlagen und sind oft noch nicht ausreichend hydrogeologisch erkundet (s. Kap. 5.8).

Aber auch im kristallinen Stockwerk und im Paläozoikum lassen sich durch systematische Erkundung und — notfalls — statistische Erfassung der bisherigen Erfahrungen in festen Gesteinsbereichen einigermaßen zuverlässige Angaben über die Aussichten einer Grundwassererschließung machen, wie für verschiedene Gebiete und Länder gezeigt wird (Kap. 5.1 bis 5.5).

Wenn sich allerdings in solchen Festgesteinsgebieten Ballungszentren der Bevölkerung und der Industrie entwickeln, wird die Grenze der Versorgungsmöglichkeit mit unterirdischem Wasser meist bald erreicht. In solchen

Fällen bleibt dann nur die Wasserversorgung aus Talsperren (z. B. Wuppertal oder Siegen) oder die Zuleitung aus weiter entfernten Gewinnungsgebieten (z. B. Nürnberg oder Stuttgart).

Eng verbunden mit dem Problem der Wassergewinnung aus nichtkarbonatischen Festgesteinen sind *Umweltfragen,* insbesondere die Beachtung der Grenzen der natürlichen chemischen Belastung, die bei Festgesteinen besonders wichtig ist, und die Möglichkeiten des *Schutzes* des in den Festgesteinen enthaltenen Grundwassers gegen anthropogene Einflüsse (Kap. 6.1).

Die Gefahr von Grundwasserverunreinigungen ist ähnlich groß wie bei Grundwassergewinnungsanlagen in Lockergesteinen. Doch ergeben sich aus den ganz anderen Fließbewegungen, z. B. in einem Kluftkörper, Schutzbedingungen, die durch die bisherigen Richtlinien für den Schutz des Grundwassers meist nicht ausreichend abgedeckt sind. Kontrollen und Maßnahmen im oft anisotropen felsigen Gebirge mit linearen Ausbreitungsmöglichkeiten sind stets wesentlich schwieriger als beim fast isotropen Medium der Lockergesteine mit einer allseitigen Ausbreitungsmöglichkeit für Schadstoffe.

Ein ziemlich neues Forschungsgebiet mit einer bisher nicht sehr verbreiteten Anwendung schließt sich an, d. i. die *Tiefversenkung* bzw. *Speichermöglichkeit* für flüssige Abfälle bzw. Abwässer aus industrieller Produktion. Einmal handelt es sich um die Versenkung relativ „harmloser“ Lösungen, wie chloridischer Wässer, die bei der Verarbeitung von Rohsalzen, der Wasserhebung von Bergbaubetrieben oder bei Erdöl- und Erdgasbohrungen anfallen, dann aber auch um giftige und radioaktive Stoffe, die in tiefliegende Festgesteinsbereiche, -strukturen und -hohlräume zur Endlagerung gebracht werden sollen. Bisherige Erfahrungen werden dargestellt (Kap. 6.2). Die unterirdische Lagerung von Erdöl und Erdgas wird hier nicht behandelt, obwohl die Probleme sich z. T. ähneln.

Schließlich werden *ingenieurgeologisch-geotechnische Fragen* besprochen, die direkt oder indirekt mit der Wasserführung und/oder Durchlässigkeit der Gesteine bzw. des Gebirges zusammenhängen (Kap. 7). Das mechanische Verhalten von Festgesteinen und festem Gebirge wird von Wasser beeinflußt, so die Standfestigkeit im Felsbau unter Tage oder in Baugruben und Böschungen über Tage. Geeignete Maßnahmen zur Beseitigung des Wassers oder zur Verminderung seiner für Baumaßnahmen und Bauwerke schädlichen Einflüsse werden erläutert. Besondere Beachtung verlangen die Einflüsse des Wassers beim Bau von Talsperren, und zwar nicht nur für Fragen der Standfestigkeit von Sperrmauern und -dämmen, sonderen auch der Scherfestigkeit des Baugrundes und der notwendigen Abdichtung des Gebirgsuntergrundes im Sperrenbereich.

Im Gegensatz zu diesem Abdichten offener Fugen ist in manchen Fällen ingenieurgeologischer Tätigkeit auch das Öffnen geeigneter Fließwege gefragt, und zwar sowohl das

— Aufreißen des Gebirges durch Sprengen bzw. das hydraulische Aufbrechen oder das
— Wiederöffnen verstopfter Fugen durch Spülung, evtl. unter Druck oder Wechselbelastung im Gegenstrom.

Der erste Fall bezieht sich gleichermaßen auf die Bewegung von Wasser, Gas (CO_2 und Kohlenwasserstoffe) und Erdöl, und zwar in getrennten und gemeinsamen Phasen, und spielt in der Erdöl- und Erdgasexploration sowie in der Vorentgasung bestimmter Kohlenflöze eine große Rolle (Kap. 5.3.4), bei der Wassergewinnung dagegen bisher nur eine geringe. Im zweiten Fall handelt es sich um die Beseitigung von Verstopfungen durch natürliche Vorgänge (Verwitterung, Lehmeinspülungen in Klüfte) oder durch künstliche Maßnahmen (z. B. Betrieb von Erdölbohrungen mit Absatz von Schwefel) oder von Mineral- und Thermalwasserbohrungen mit Absatz von Gips in Gebirgsfugen und Rohren. Diese Möglichkeiten der Spaltenöffnung sind in der Grundwassergewinnung noch nicht ausgeschöpft und haben vielleicht in der Zukunft noch große Bedeutung bei der Grundwassererschließung in wenig wasserwegsamen Festgesteinskomplexen.

2. Hohlräume im nichtkarbonatischen Festgestein und im Gebirge

2.1 Allgemeines

In allen Festgesteinen und in jedem Gebirge gibt es Hohlräume. Ihre Gestalt und Größe, Häufigkeit und räumliche Verteilung sind sehr unterschiedlich. Sie sind für die Fließmöglichkeit des Wassers im Untergrund die wichtigste Voraussetzung (s. Kap. 3).

Nach ihrer Gestalt kann zwischen *Poren, Fugen* und *Höhlungen* (Schläuche, Kanäle) unterschieden werden. Bezüglich ihrer Größe sind Hohlräume vom Mikrobereich bis zur Dimension von mehreren Metern vorhanden. Häufigkeit und räumliche Verteilung hängen vom geologischen Substrat und dessen geologischer Geschichte ab.

Poren sind intergranulare, dreidimensionale Zwischenräume bei Locker- und Festgesteinen. Sie sind nicht nur für die Wasserführung bei Lockergesteinen aller Körnungsgrade wichtig, sondern auch bei vielen Festgesteinen, wenn auch meist nur in begrenztem Umfang. Körnige Festgesteine sind zwar oft diagenetisch verdichtet, haben aber vielfach noch eine bemerkenswerte Porosität (Restporosität). Auch magmatische Gesteine haben stets einen, wenn auch meist sehr kleinen Porenraum. Vulkanite können dagegen sehr poren-(blasen-)reich sein, teilweise auch ihre zugehörigen Tuffgesteine.

Unter *Fugen* werden hier alle überwiegend zweidimensional gestreckten Hohlräume im Gebirge verstanden, also Schicht- und Bankungsfugen, Klüfte, Schieferungs- und Scherfugen sowie Störungen des Schichtenverbandes (Brüche, Verwerfungen, Überschiebungen, Quer- und Diagonalstörungen). Solche Fugen treten in allen festen und halbfesten Gesteinen auf.

Höhlungen sind in einer Dimension gestreckt. Sie haben ihre größte Bedeutung bei vulkanischen Gesteinen.

Die bei Kalksteinen und Dolomiten verbreiteten höhlenartigen Auswaschungen, die unter dem Begriff der „Verkarstung“ verstanden werden, sind nicht Gegenstand dieser Betrachtung.

Aber auch bei schwachkarbonatischen oder nichtkarbonatischen Festgesteinen kennt man Auswaschungen im Gebirge, die in ihrem Verlauf bestimmten Fugen oder Fugenkreuzungen folgen. Der Zusammenhang mit der tektonischen Zerstückelung ist unverkennbar. Bei dieser Gliederung der Hohlräume nach ihrer Gestalt erkennt man, daß die porösen Gesteine ihre Eigenschaften im Kleinbereich bzw. im Handstück oder in einer Bohrprobe zeigen und — soweit es sich um feste Gesteine handelt — im Labor untersucht werden können. Fugen und Höhlungen lassen sich nur im größeren Raum, im „Gebirge“, feststellen und in ihrer Bedeutung beurteilen, aber nicht im Labor, wenn auch in Handstücken gelegentlich Klüfte und Risse zu beobachten sind.

Die Beurteilung der verschiedenen Gruppen von Hohlräumen ist eine Frage der „Bereichsgröße". Diese Betrachtungsweise ist auch bei gebirgsmechanischen Beurteilungen üblich.

2.2 Poren im Gestein

2.2.1 Definitionen

Der Gesamtporenraum (V_p) und das Volumen der Festmasse des Gesteins (V_f) bilden das Gesamtvolumen einer Gesteinsprobe:

$$V_g = V_p + V_f$$

Das Verhältnis des Gesamtporenraums zum Gesamtvolumen des Gesteins wird als *Porositätsfaktor (p)* oder — in Prozent des Gesamtvolumens — als *Porosität P* bezeichnet:

$$P = \frac{V_p}{V_g} = \frac{V_g - V_f}{V_g}$$

In der Literatur findet man wechselnde Bezeichnungen wie *wahre, totale* oder *absolute* Porosität (engl.: absolute porosity; franz.: porosité absolue).

Häufig wird auch zur Kennzeichnung des Porengehaltes die *Porenziffer* (= *relativer* Porenraum $E = \frac{V_p}{V_f}$) verwendet. Beide Größen stehen in Beziehung:

$$P = \frac{E}{1+E} \qquad E = \frac{p}{1-p}$$

Zur Erleichterung der Abschätzung wird angegeben:

P (%)	E	P (%)	E
5	0,053	25	0,333
10	0,111	30	0,429
15	0,177	45	0,814
20	0,250	50	1.000

Der Gesamtporenraum setzt sich aus den abgeschlossenen, also nicht durchfließbaren Poren und solchen, die miteinander in Verbindung stehen, zusammen. Der letztgenannte Anteil besteht wiederum aus 2 Teilen, und zwar dem nicht freibeweglichen Haftwasser (Zwickel- und Häutchenwasser) und dem unter üblichen Druckverhältnissen fließfähigen und somit nutzbaren Wasser. Der letztere Anteil wird als *Nutzporosität* p_0 (= *nutzbarer* oder *effektiver* oder *scheinbarer* Porenraum) bezeichnet (engl.: effective or practical porosity; franz.: porosité libre, capacité effective). Bei künstlich gesteigertem Druck (so zwecks zusätzlicher Erdölgewinnung im Sekundärverfahren) oder bei Unterdruck kann der Anteil an Nutzporenwasser gegenüber dem natürlichen Zustand verschoben werden.

2.2.2 Porenraum von mittel- und grobklastischen Festgesteinen

Bei psammitischen und psephitischen Festgesteinen sind — ebenso wie bei körnigen Lockergesteinen — *Größe* und *Form der Körner* wichtige Faktoren für die Größe der Porosität. Diese Beziehung verliert mit abnehmender Korngröße an Bedeutung. *Gleichkörnigkeit* (gute Sortierung) begünstigt die Größe des Porenraumes, wie theoretisch zu erwarten und wie aus zahllosen Bohrproben vieler Erdölfelder bestätigt ist. Schlecht sortierte Sande haben geringere Porositäten. Der Einfluß einer *mittleren Körnung* ist nur gering. Die *Lagerungsdichte* der natürlichen Ablagerung, die im allgemeinen nicht der geometrisch dichtesten Packung der Mineralkörner bei einem klastischen Gestein entspricht, beeinflußt ebenfalls den Porenraum. Am wichtigsten ist jedoch eine eventuell auftretende sekundäre Porenfüllung und -schließung.

Tabelle 3. *Nutzbare Porositäten der wichtigsten nichtkarbonatischen Festgesteinstypen.* Die Bezeichnungen „jung“ und „alt“ beziehen sich auf den tertiären bis quartären Vulkanismus bzw. den subsequenten Vulkanismus der variszischen Ära

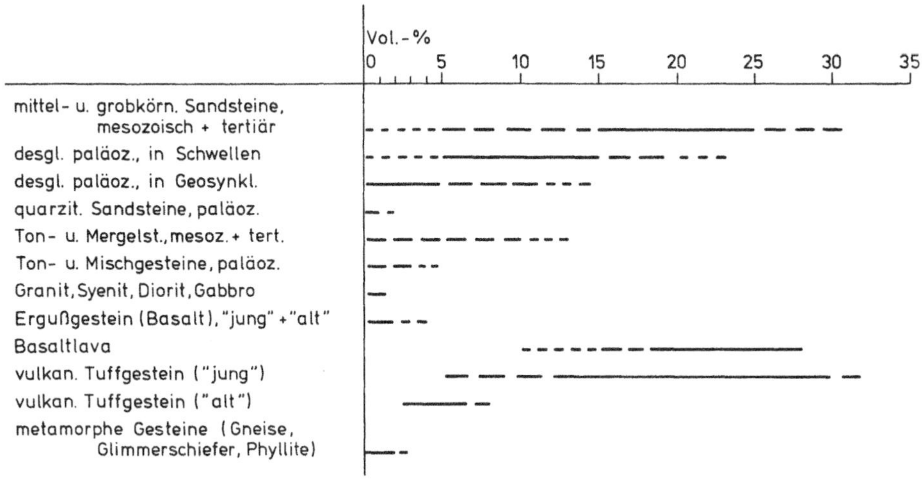

Wie die Tab. 3 zeigt, liegen bei mittelklastischen Gesteinen des Mesozoikums und des Tertiärs die nutzbaren Porositäten vielfach bei 15—25% und höher (z. B. in norddeutschen Erdölbohrungen), häufig zwischen 10 und 25%. Bei karbonischen und altpaläozoischen Sandsteinen werden nutzbare Porenvolumina in Schwellengebieten und in Randbereichen des Baltischen Schildes noch von 5—15% und mehr beobachtet, im Rheinischen Schiefergebirge, im Harz und Thüringer Wald jedoch bei Schichten ähnlichen Alters nur noch solche von 0,1—5%, von Ausnahmen abgesehen.

Bezüglich Häufigkeit und Verteilung der Poren kann man bei Sedimentgesteinen vielfach eine Quasi-Isotropie annehmen, wenn es sich um petrographisch und körnungsmäßig ± einheitliche Schichtfolgen handelt. Bei wechselnder Petrographie und Kornverteilung in Verbindung mit Schichtung ist eine verallgemeinernde Annahme der Isotropie nicht mehr möglich. Hier müssen gegebenenfalls einzelne, hydrologisch besonders wichtige oder interessante Schichtglieder gesondert betrachtet und berechnet werden. Bei schnellem Wechsel der Schichten mit sehr unterschiedlichem Porenraum im vertikalen bzw. querschlägigen Profil verschließt sich eine verallgemeinernde Annahme bzw. Mittelwertbildung.

Viele Gesteine haben im Zuge ihrer Gesteinsverfestigung eine mehr oder weniger starke *Verminderung ihrer Porosität* erfahren; dies ist entweder auf ein *mechanisches* Zusammendrücken der Kornpackung infolge Belastungs- oder tektonischem Druck oder auf eine Schließung der Poren durch *chemische* Absätze zurückzuführen.

So ging z. B. die nutzbare Porosität bei der Tiefbohrung Münsterland 1 im Abschnitt 1840 m bis 5101 m auf 0,1% zurück (BEEG 1963, s. auch Tab. 4), in der Bhg. Lippermulde 2 im Ruhrgebiet von 12,64 bei 800 m auf 3,6% bei ca. 1500 m Tiefe (s. Abb. 2.1 nach KARRENBERG und MEINICKE 1962; ESCH 1976/77), in der Bhg. Hoya Z 1 von 8,1 auf 2,9% bei 4779 m Tiefe (ESCH 1976/77, S. 1074).

Der mechanische Vorgang der Kompaktion ist bei klastischen Gesteinen häufig dadurch erfolgt, daß die Körner sich umlagerten oder teilweise zerbrachen und näher zusammenrückten. Vielfach sind Zertrümmerungserscheinungen an Körnern bei ver-

Tabelle 4. *Schwankungsbreite und mittlere Nutzporosität der Sandsteine in der Bohrung Münsterland 1 (nach BEEG 1963)*

Formation	Probenteufe m	Bereich der Nutzporosität Vol.-%	Mittlere Nutzporosität Vol.-%
Westfal B	1840—1877	1,0—1,8	1,5
Oberes Westfal A	2090—2108	1,6—5,0	3,2
Unteres Westfal A	2472—2482	0,9—2,0	1,7
Namur C und B	2948—4835	0,1—0,5	0,3
Unteres Namur B	4915—5101	0,1—0,2	0,1

dichteten Gesteinen beobachtet worden, oft fehlen sie aber auch. An den Berührungs- und Druckstellen können auch die Körner z. T. chemisch gelöst und die Mineralsubstanz in den Poren wiederabgesetzt worden sein (Drucklösung), und zwar unter erhöhten Druck-/Temperatur-Bedingungen und den pH-Verhältnissen der Porenlösung (ESCH 1976/77 nach KRAUSKOPF 1959). Die Reihenfolge der Löslichkeit ist dabei Calcit/Dolomit — Quarz — Feldspat (v. ENGELHARDT, 1960). Bei der diagenetischen Umbildung von Tonmineralien, die den Körnern mittelklastischer Gesteine beigemengt sind, zur Tiefe hin dürften sich ebenfalls vorhandene Poren weitgehend schließen, z. B. bei der Umbildung von Montmorillonit und/oder Mixed-Layer Illit-Montmorillonit in Illit (ESCH 1976/77) und bei der zur Tiefe fortschreitenden Neubildung von Serizit (SCHERP 1963 u. a.). — Schließlich kann auch mit Fremdzufuhr von Kieselsäure gerechnet werden.

Die Schließung der Porenräume wird demnach im allgemeinen direkt oder indirekt mit der Versenkung der Schichten in größere Tiefen in Zusammenhang gebracht (PETRASCHECK 1939, R. TEICHMÜLLER 1955, KOSSOVSKAYA 1958, v. ENGELHARDT 1960, KARRENBERG und MEINICKE 1962, ESCH 1966/67), sei es in Geosynklinalräumen oder in Plattformsedimenten [1]. Dabei streuen die Einzelwerte von größeren Probenfolgen zwar entsprechend den sedimento-

[1] Die üblicherweise im Karbon des Ruhrgebietes beobachtete Abhängigkeit von der Tiefenlage steht im Einklang mit der Erfahrung der Seismik, daß die gleichen Karbon-Schichten bei gleicher primärer Ausbildung in größerer Tiefe wesentlich schallhärter sind als in geringerer Tiefe, da die mit der Tiefe abnehmende Porosität zu einer Zunahme der Schallhärte führt.

logischen Schwankungen sehr stark, aber trotzdem lassen sich Regressionslinien als arithmetische Mittel aufzeigen, die sehr bestimmte Aussagen zulassen. Aus ihnen lassen sich — wechselnde— „Verdichtungsgradienten“ ablesen, die zur Tiefe hin meist abnehmen (Abb. 2.1). Da die Versenkungstiefe sich vielfach mit einem höheren geologischen Alter deckt, ist oft auch eine Parallelität zum geologischen Alter festzustellen (Abb. 2.2). Das Alter allein ist jedoch kein Grund für eine Verdichtung der Gesteine.

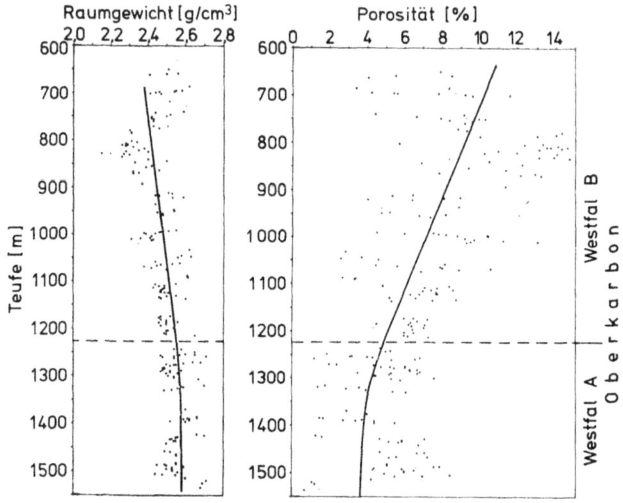

Abb. 2.1. Abnahme der Gesamtporosität und Zunahme des Raumgewichtes mit zunehmender Tiefenlage und mit zunehmendem Alter bei Sandsteinen der Bohrung Lippermulde 2 im Oberkarbon des Ruhrgebietes (Karrenberg und Meinicke 1962)

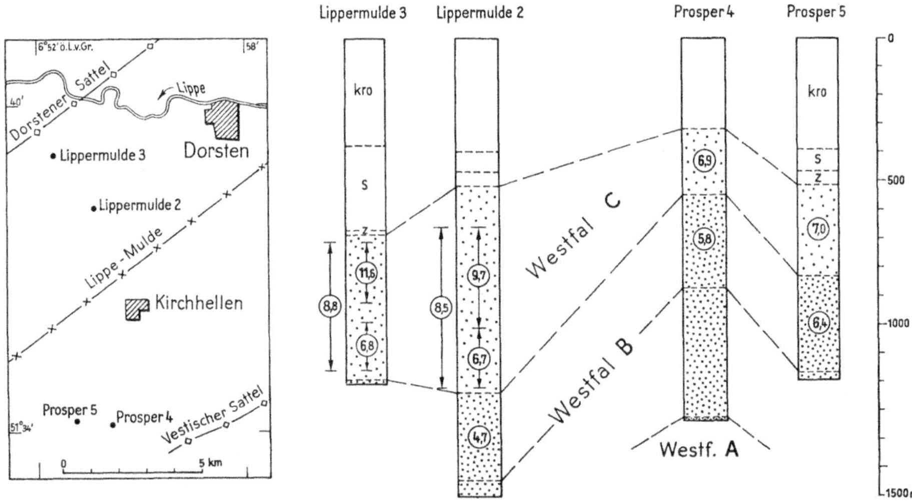

Abb. 2.2. Die Porositäten der Westfal-Sandsteine in einem Profil durch die Lippe-Mulde im Ruhrgebiet (Karrenberg und Meinicke 1962)

Bei dieser Versenkung spielt wahrscheinlich auch die *Dauer* des Vorgangs eine wesentliche Rolle für die Schließung der Porenräume sowie die örtliche *Erhitzung* der Schichten durch nachsedimentär eingedrungene *Plutone* („Erkelenzer Hoch", „Krefelder Gewölbe", „Bramscher Massiv" u. a.). Für die letztgenannte Situation sei als Beispiel die Bohrung Rosenthal bei Erkelenz angeführt, die eine mittlere Porosität von 2,2% im Westfal A bei einer Tiefenlage von nur 344—1069 m hat.

In jedem Fall ist der Verdichtungsvorgang ein Spiegelbild der meist wechselhaften geologischen Geschichte der Sedimente. Da wir in der Messung des Inkohlungsgrades ein einfaches Mittel besitzen, geringe Unterschiede der Diagenese festzustellen, lassen sich leicht regionale Übersichten des allgemeinen Diagenesezustandes im Rahmen hydrogeologischer Prospektionen gewinnen, wenn man die Beziehungen zwischen Inkohlung und Nutzporosität nutzt (Abb. 2.3).

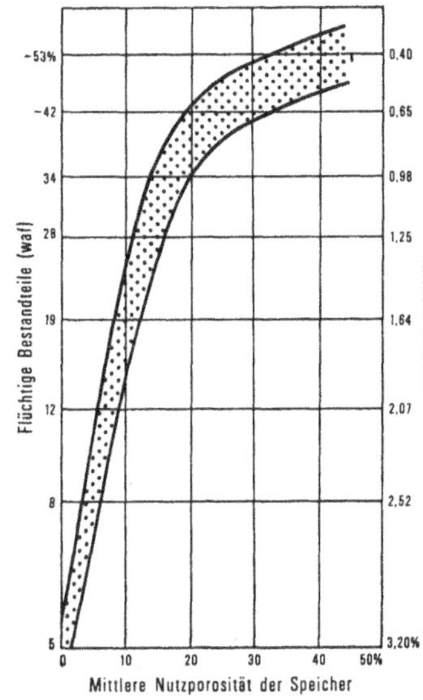

Abb. 2.3. Beziehungen zwischen Nutzporosität und Inkohlung von Speichern im „Niedersächsischen Tektogen" (BARTENSTEIN und R. TEICHMÜLLER 1974)

In vielen Tiefbohrungen zeigen tertiäre, mesozoische und paläozoische Sandsteine, die in einige tausend Meter Tiefe versenkt sind, noch relativ *hohe Porositäten*. Der Grund für diese Erscheinung ist nicht immer klar ersichtlich. Teilweise mag eine Öl- oder Gasphase, die in einem frühen diagenetischen Stadium in den Porenraum eingewandert ist, die erwartete Diagenese verhindert haben. Es sind auch Beispiele dafür bekannt, daß der Porenraum nur in *einzelnen Lagen* eines mächtigen Sandsteinkomplexes durch chemische Absätze geschlossen ist (v. ENGELHARDT 1960, ESCH 1966/67), wahrscheinlich durch Verdrängung von Porenlösungen aus benachbarten tonigen Lagen durch Kompaktion.

2.2.3 Porenraum von tonigen Festgesteinen

Bei Tonsteinen, tonigen Siltsteinen und tonigen Mergelsteinen herrschen insofern andere Verhältnisse, als der ursprünglich sehr große Porengehalt von 20—80% schon frühdiagenetisch sich erheblich verringert hat und durch

Auflast jüngerer Sedimente weiter eingeschränkt worden ist, und zwar bis auf wenige Vol.-% oder Teile davon. Dieser Vorgang ist vielfach bis heute noch nicht abgeschlossen (v. ENGELHARDT 1960, S. 36, ESCH 1976/77, S. 77).

Als Folge der — irreversiblen — Tonkompaktion strömt elektrolytbeladene Porenlösung in dem Maße in überlagernde Sandsteinpartien ab, wie die geringe Tonpermeabilität dies zuläßt. Es herrscht Porenwasserüberdruck, der maximal dem Gewicht der überlagernden Schichten entspricht. Das nicht ausgepreßte restliche Porenwasser muß als fossil betrachtet werden (connate water), es hat meist einen hohen Salzgehalt.

Alle tonigen Festgesteine zeigen — wie die klastischen — eine Abhängigkeit der (Rest-) Porosität und ihres Raumgewichtes von der im Laufe der Erdgeschichte erfahrenen Versenkungstiefe, Dauer der Versenkung, Aufheizung und in gewisser Weise auch vom geologischen Alter. Im Gegensatz zu den Verhältnissen bei sandigen Gesteinen beeinflussen chemische Vorgänge die Porosität nicht so sehr wie die Kompression (v. ENGELHARDT 1960). Immerhin spielt die diagenetische Umwandlung der Glimmer, insbesondere die Serizitbildung, in Abhängigkeit von Druck, Temperatur und einiger anderer Faktoren eine wichtige Rolle (STADLER 1963 u. a.). Sie ist bei allen Tiefbohrungen zu beobachten. Nur wirkt sich der Vorgang bei dem ohnehin geringen Porenvolumen nur noch wenig auf die nutzbare Porosität aus.

Als Ergebnis der langen diagenetischen Veränderung bei oberkarbonischen tonigen Gesteinen werden für die Bhg. Münsterland 1 effektive Schiefertonporositäten von 1,1 bis 0,16% im Westfal bei 800—3010 m Tiefe angegeben, für die Bhg. Lippermulde 2 im Ruhrgebiet 2,5 bis 1,0% bei 790—1585 m Tiefe und für die Bhg. Hoya Z 1 eine solche von 0,94 bis 0,12% in Tiefen von 4485—4779 m (ESCH 1966/67).

HEITFELD (1965) hat für tonig-sandige Mischgesteine bzw. Schluffsteine des zu Tage anstehenden Mitteldevons im Rheinischen Schiefergebirge scheinbare Porenvolumina von 0,1 — 2,6%, bei Tongesteinen des Mitteldevons von 0,6 — 4,7% festgestellt.

In der DIN 52100 wird für Dachschiefer eine scheinbare Porosität von 1,4 — 1,8% angegeben.

2.2.4 Porenraum von Tuffgesteinen, pyroklastischen und Lavagesteinen

Vulkanische Tuffgesteine sind aus Einzelpartikeln zusammengesetzt, die wie bei Sedimentgesteinen Porenräume zwischen sich freilassen und je nach vulkanologischer Besonderheit und geologischer Geschichte mehr oder weniger fest „verbacken“ sind. Die scheinbare Porosität liegt sowohl bei „jungen“ wie „alten“ Tuffgesteinen etwa in der Größenordnung wie bei leicht verfestigten klastischen Sedimenten; sie kann also relativ groß sein und liegt niedriger bei „alten“ Tuffen (Tab. 3). DIN 52100 gibt für — offensichtlich „junge“ — vulkanische Tuffsteine 12—30% an, HEITFELD (1965) für devonische Keratophyrtuffe 2,3—8,0% scheinbares Porenvolumen.

Rhyolitische und trachytische Pyroklastika sind sehr hohlraumreich, ihre wahre Porosität liegt nach PESCHEL (1967) zwischen 20 und 65 Vol.-%. Entsprechende Vulkanite des Perms sind wesentlich dichter.

Lava-Gesteine können ebenfalls ein großes Porenvolumen besitzen. Nach DIN 52100 hat Basaltlava eine wahre Porosität von 20—25%, nach PESCHEL (1976) von 18—28% und eine scheinbare Porosität nach DIN 52100 von 9—24% (s. auch Tab. 3).

Bei allen Gesteinsgruppen spielen chemische Absätze in den Poren- und Blasen-Hohlräumen eine hervorragende Rolle.

2.2.5 Porenraum in plutonischen, vulkanischen und metamorphen Gesteinen

Bei allen magmatischen und den meisten vulkanischen Gesteinen sind sehr geringe Porenräume vorhanden, die nur durch besondere Behandlungsmethoden im Dünnschliff sichtbar gemacht und nur durch indirekte Methoden gemessen werden können. Die wahren und scheinbaren Porositäten liegen für Granit, Syenit, Diorit, Gabbro, für Quarzporphyr, Keratophyr, Porphyrit, Andesit, für Diabas, Melaphyr und Basalt — jeweils im Inneren der Gesteinskörper betrachtet — gleichermaßen zwischen 0,2 und 1,8% (DIN 52100).

PESCHEL (1976) gibt allerdings z. T. wesentlich höhere Werte für die wahre Porosität an, und zwar bei magmatischen Tiefengesteinen 0,2 bis 10,6%, bei sauren und intermediären Ergußgesteinen von 0,4 bis 14,5%, bei Basalt und Basaltoiden von 0,3 bis 4,5%. Diese Werte bedürfen bei Tiefengesteinen der Bestätigung. Bei Ergußgesteinen sind hier offensichtlich gasreiche und dementsprechend blasenreiche Laven in die Untersuchungen einbezogen (s. Kap. 5.8).

Kristalline Schiefer zählen nach dem über Verdichtung durch Versenkung und tektonischen Streß Gesagten mit zu den dichtesten Gesteinen. Dies gilt gleichermaßen für alle Gneis-, Glimmerschiefer- und Phyllittypen sowie für alle diesen eingelagerten andersartigen Gesteine (Quarzite, Amphibolite, Ganggesteine usw.). DIN 52100 gibt 0,3 bis 1,8 Vol.-% scheinbare Porosität für „Gneise und Granulit" an.

2.3 Fugen (Trennfugen) im Gebirge

Die Vielfalt der Fugenöffnungen im Gebirge wurde schon erwähnt. Die Längenausdehnung (im Ausstrich und zur Tiefe hin) reicht vom Mikrobereich bis zur Dimension vieler Kilometer, und die Breite (Öffnung einer Einzelkluft) von 0 cm bis mehrere Meter. Viele Klüfte können sich zu Kluftzonen scharen und so die hydrologische Wirkung auf engem Raum vervielfachen (Abb. 2.5).

2.3.1 Schichtfugen

Schichtfugen sind durch Unterbrechungen des Sedimentationsvorgangs bedingt, zeichnen sich häufig durch Wechsel der Korngröße oder petrographisch andersartige (z. B. tonige) Gesteinseinlagerungen aus, an denen sich das Gestein meist leicht löst. Oft sind nur im Gesteinsquerschnitt kaum sichtbare, wie Haarrisse erscheinende Fugen vorhanden. Solche Inhomogenitäts- und Anisotropieflächen sind im allgemeinen nur in der Nähe der Erdoberfläche, d. h. bis einige Dekameter Tiefe und im Verwitterungsbereich geöffnet; sie sind nur dann für die Wasserbewegung wichtig (Abb. 2.4 und 2.5). In größerer Tiefe sind sie durch den Druck der auflagernden Gesteine im allgemeinen geschlossen; Ausnahmen gibt es unter tektonischen Sonderbedingungen.

Bei einigen Gesteinsarten gewinnen die Schichtfugen eine extreme Engständigkeit, das Gestein wird dünnplattig, dünnschichtig oder gar blättrig [1]. Diese Engständigkeit der Schichtfugen hat wohl Einfluß auf die Menge des speicherfähigen Wassers, begünstigt aber kaum seine Beweglichkeit. Die Verhältnisse entsprechen der Zunahme der Speicherfähigkeit (und gleichzeitiger Abnahme der Durchlässigkeit) bei Lockergesteinen mit feiner werdendem Korn trotz größer werdendem Gesamtporenraum. Bei größerem Abstand der

Abb. 2.4. Bankung bzw. Schichtung und bankrechte Klüftung in verschiedenen Systemen (Photo M. REINHARDT)

Schichtfugen spricht man von Bänken und dementsprechend von Bankfugen (etwa ab ½ m Dicke).

In mächtigen eintönigen Sedimentgesteinskomplexen, wie z. B. den oberkretazischen Kreidemergeln und Kalkmergeln des Münsterlandes (s. Kap. 5.7), der südlichen Niederlande oder Englands, die keine oder nur undeutliche Schichtung zeigen, aber auch in massigen, stockartigen Eruptiven und magmatischen Körpern treten bis zu 40—60 m Tiefe überwiegend ± parallel zur Oberfläche Fugen (= Absonderungsflächen bei STINI; vgl. auch KIESLINGER 1958) auf, die den vorgenannten Schicht- und Bankungsfugen bezüglich Wasserführung vergleichbar sind. Freilich sind sie in ganz anderer Weise, nämlich durch Gesteins-„Austrocknung" (Diagenese) und Entspannung des

[1] Gelegentlich unrichtig als Tonschiefer, Sandschiefer oder Mergelschiefer bezeichnet.

Gebirges nahe der Oberfläche in dem einen Fall sowie durch Abkühlen und Schrumpfen des Gesteins im anderen Fall entstanden.

2.3.2 Klüfte

Als Klüfte oder Kluftfugen sollen — im Sinne von Baugeologie und Felsmechanik — alle Trennflächen (Diskontinuitäten) im Gestein verstanden

Abb. 2.5. Ausstrich des präkambrischen Bohus-Granits im schwedischen Küstengebiet, etwa 80 km nördlich von Göteborg, bei dem Ort Lysekil. Zwei vertikale und ein horizontales Fugensystem sind gut zu erkennen, sie bilden fast rechte Winkel zueinander (Photo G. Persson — Uppsala, 1978)

werden, „längs deren der Zusammenhalt der Substanz aufgehoben ist, ob sie nun klaffen oder nicht, sich viele Meterzehner oder nur wenige Zentimeter erstrecken, eben oder uneben gestaltet sind" (Müller 1963, S. 137). Sie können tektonisch oder diagenetisch entstanden sein. Es kann sich um Trennungs- und Zerrungs-, um Gleitungs- und Verschiebungsklüfte handeln. Dabei mögen die mit tektonischer Trennung bzw. Zerrung zusammenhängenden Klüfte oft eine stärkere Kluftöffnung zeigen und daher hydrologisch wirksamer sein. Bei der Abkühlung vulkanischer Gesteine kann außer einer Zerlegung in Platten und Bänke eine solche in polyedrische Säulen erfolgen.

Als übergeordneten Begriff hat SANDER (1948, 101 ff) für alle Trennflächen „Fuge" eingeführt.

Für die Beschreibung der Fugen sind Angaben zu folgenden Merkmalen wichtig:

— Kluftstellung (nicht „Kluftrichtung")
— Räumliche Erstreckung der Klüfte
— Dichte des Kluftnetzes, „Klüftigkeitsziffer"
— Grad der Gesteinszerteilung („Durchtrennungsgrad")
— Öffnungsweite
— Füllung und Art der Wandung.

Die *Kluftstellung* vermag Aufschluß zu geben über Zuflußrichtung des Grundwassers, mithin über das Einzugsgebiet. Bei vom Grundwasser möglicherweise beeinflußten Felsbauwerken kann sie Anhaltspunkte für zweckmäßige Gegenmaßnahmen liefern. Entsprechende Aussagen werden erleichtert, wenn eine *straffe* Regelung (Bündelung) vorliegt (Abb. 2.5). Eine *lockere* Regelung macht die Aussage unbestimmter.

Die *räumliche Erstreckung* der Klüfte ist für die Wasserwegsamkeit des Gebirges wichtig. Über viele Bänke durchgehende Trennfugen lassen das Wasser im allgemeinen besser durchfließen als viele kleine, an Bankungsfugen (und Lettenbestegen) endende Kleinfugen. Man unterscheidet — auch im Bereich der Hydrogeologie der Festgesteine — *Kleinklüfte, Großklüfte, Riesenklüfte* und *Störungen.* Letztere werden hier wegen ihrer hydrologischen Besonderheiten abgetrennt und gesondert beschrieben (Kap. 2.3.5). Kleinklüfte sind vereinbarungsgemäß solche von 0,1 bis 1 m, Großklüfte solche von 1 bis 10 m, Riesenklüfte solche von 10 bis 100 m Größe (Abb. 2.5). Störungen liegen über dieser Größenordnung. Wenn Schicht- und Schieferungsfugen auch als „Klüfte" bezeichnet werden, wie dies gelegentlich in der baugeologischen Literatur geschieht, so wären sie unter die Riesen- oder Großklüfte einzuordnen. Dieser terminologischen Eigenart wird im Rahmen dieser Darstellung nicht gefolgt. Zur Tiefe hin schließen sich im allgemeinen die Fugen. Einzelne in der Literatur erwähnte Fälle von höherer Brunnenergiebigkeit in größeren Tiefen als 60—70 m sind wohl als Ausnahmen zu betrachten (EISSELE 1966, S. 110; KRAUSE 1966, S. 284; MATTHESS 1970, S. 43).

Hier ist auf die Mikroklüftung (= „microfissuration") hinzuweisen, die für Erdöl und Erdgas, insbesondere auch CO_2-Speicherung von Bedeutung ist und zunehmend Beachtung gewinnt. Sie spielt zukünftig wahrscheinlich auch bei der Tiefspeicherung von Abwässern eine gewisse Rolle, besonders bei Anwendung von Injektionsdrücken, die den hydrostatischen Druck erheblich übersteigen (s. Kap. 6.2).

Die *Dichte des Kluftnetzes* ist ein Maß für die Gesteinszerlegung. Zur Kennzeichnung der Kluftdichte hat STINI die *Klüftigkeitsziffer* eingeführt, d. i. die Zahl der Kluftschnitte pro Meter einer bestimmten Meßstrecke. Man unterscheidet weitständige, mittelständige und engständige Klüftung sowie Gesteinszerrüttung (Mylonitisierung). Bei dicken und harten Gesteinsbänken ist die Kluftdichte oft geringer als bei dünnen Bänken. Bei Annäherung an Durchbrüche vulkanischer Gesteine nimmt die Kluftdichte zu (UDLUFT 1969, S. 29, 58).

Eine zunehmende Kluftdichte beeinflußt im allgemeinen positiv die Wegsamkeit für Grundwasser und ist somit für Wassergewinnung, Wasserschutzgebiete und Schmutzstoffausbreitung von großem Interesse. Sie wirkt aber andererseits in unerwünschter Weise auf die Aufnahmemöglichkeit des Gebirges im Zuge von Wasser- und Zementinjektionen bei Felsbauwerken, die Um- und Unterläufigkeit bei Talsperrenbauwerken, den Kluftwasserdruck und die Standfestigkeit bei Felsbauwerken aller Art, die Ausspülbarkeit in zerrütteten Zonen (s. Kap. 7). Mit steigender Kluftziffer muß auch mit Arbeitserschwernissen bei vertikalen Wasserbohrungen und bei horizontalem Vortrieb mittels Tunnelbohrmaschine gerechnet werden.

Bei gebündelter Klüftung oder gar Zerrüttung des Gebirges, die eine ausgesprochene Anisotropie erzeugt hat, ist u. U. eine Ortung mittels geophysikalischer Methoden möglich. Es kommen dafür Reflexionsmessungen (wie Flözwellenseismik im Steinkohlenbergbau) oder Durchschallungen in Frage, beide Methoden im Bergbau an vielen Stellen der Erde, bei Talsperren- und anderen Felsbauten erprobt (s. auch bei „Störungen", Kap. 2.3.5).

Der *Grad der Gesteinszerteilung* (Durchtrennungsgrad), der für die Felsmechanik so große Bedeutung hat, muß auch in der Hydrogeologie der Festgesteine beachtet werden. Es geht dabei um die Frage, ob einzelne Klüfte sich soweit erstrecken, daß sie Verbindung mit anderen Klüften (oder Störungen) erhalten. Für die Wasserbewegung im Fels bedeutet dies die Öffnung von Fließwegen. Isolierte Klüfte, wie Fiederklüfte, lassen dagegen keine Wasserbewegung zu.

Die *Öffnungsweite* der Klüfte ist sehr unterschiedlich. Je nach ihrer Entstehung sind sie primär geöffnet oder geschlossen. In der Nähe der Oberfläche sind sie — wie die Schichtfugen — allgemein stärker geöffnet als in der Tiefe, eine Folge der Entspannung des Gebirges. Besonders dicke harte Bänke neigen zum Klaffen der Fugen in Tagesaufschlüssen (EISSELE 1966, S. 106). Andererseits können primär offene Klüfte im Laufe der wechselvollen Erdgeschichte zugedrückt, ganz oder teilweise „verheilt" oder durch Lehm usw. gefüllt worden sein.

Die Beurteilung einer Schließung der Klufthohlräume zur Tiefe hin, für die in der Literatur viele Beispiele angegeben sind, hat mancherlei Konsequenzen. Unterschiedliche Auffassungen bezüglich Grad und Tiefe der Schließung wirken sich auf theoretische Überlegungen, z. B. die Schätzung der Gesamtwassermenge in der Erdkruste aus [1]. Die in geringen Teufen schon sich vollziehende und örtlich nachprüfbare Abnahme der Fugenhohlräume hat große praktische Bedeutung, ja sie ist Voraussetzung für die Realisierungsmöglichkeit vieler ingenieurgeologischer bzw. baugeologischer Projekte [2].

---

[1] So nahm NACE (1962) ein nutzbares Hohlraumvolumen von Ländern und Kontinenten von 4% bis 805 m Tiefe und von 0,7% von dort bis 4023 m (= 1,4% für den Bereich von 0—4023 m). NÖRING (1966) setzte 1% und 0,25% für die gleichen Tiefenabschnitte an.

[2] Hierzu sei beispielsweise angegeben, daß man die Zementabdichtungsschleier im Untergrund von Talsperren in einer wirtschaftlich tragbaren Tiefe enden lassen kann, daß man Untertage-Gasspeicher unter einer gasabsperrenden Dachschicht aus Dolomitbänken (z. B. Herscher Dome südlich von Chikago anlegen kann und daß Flüssigkeits- und Gasspeicher in Kavernenhohlräumen im Granit möglich sind. Auch die Standfestigkeit künstlicher Hohlräume und damit die Sicherung der darin arbeitenden Menschen wird durch die Schließung der Klüfte und gegenseitige Abstützung der Kluftkörper günstig beeinflußt (s. Kap. 7).

Der gelegentlich unternommene Versuch, die Öffnungsweite der Klüfte an der Erdoberfläche für hydrogeologische Zwecke zu messen und auszuwerten, erscheint als fragwürdig. Immerhin ist auf die oberflächennahen Kluftöffnungen z. T. die Wassergewinnungsmöglichkeit in Festgesteinen zurückzuführen, ebenso die begrenzte Wasser- und Zementaufnahmemöglichkeit im Untergrund von Talsperren (Karrenberg und Wiegel 1959, Heitfeld 1965, u. a.).

Die *Füllung* primär offener Klüfte kann sich auf dünne Wandbestege, die gelegentlich nur bis zu einer gewissen Tiefe unter Oberfläche auftreten, beschränken oder ganz fehlen, so daß das Wasser keine große Fließbehinderung erfährt. Die braunen Bestege durch Spaltenverwitterung unter dem Einfluß von Sauerstoff in Luft und Wasser reichen meist tiefer als die sonstige Oberflächenverwitterung. In diesem Bereich kann durch Abrieb von den Kluftwandungen und durch Einschwemmung von Schluff und Ton mit Sand und Gesteinsbröckchen eine Füllung der offenen Klüfte mit *Kluftletten* erfolgen, auch wenn die Öffnung der Klüfte relativ klein ist. Wenn sich Kristalle von Quarz, Kalkspat, Dolomit oder Eisenabscheidungen bilden, können die Klüfte „verheilen" und damit in diesem Bereich für die Wasserbewegung ganz geschlossen werden. In anderen Teufenbereichen aber, die veränderte Bildungsbedingungen für solche Absätze aufweisen, können sie noch offen sein.

Der *nutzbare Hohlraumgehalt* der Trennfugen wird im Hessischen Buntsandstein (Blatt Queck) von Matthes und Thews (1963, S. 246/247) auf höchstens 1—2% geschätzt, von Udluft (1969, S. 30/31) für den Buntsandstein der Südrhön bis zu einer Tiefe von 80—100 m auf im Mittel 0,2—0,6%, darunter auf $<$ 0,1%. Als Ausnahmen werden Störungszonen und die Umgebung von Basaltdurchbrüchen angesehen. Nach Seiler (1968) beträgt das Kluftvolumen im saarländischen Buntsandstein 0,1—1%, nach Eissele (1966, S. 106) um 0,1%.

Die sogenannten *Schlechten,* d. s. Kleinklüfte in Steinkohlenflözen, die für die Steinkohlengewinnung als Lösungsflächen Bedeutung haben, sind hydrologisch im allgemeinen ohne Belang. Bei speziellen Aufgaben, z. B. bei dem Bemühen, die Kohlegewinnung durch Aufgabe hydraulischen Drucks durchzuführen, sind sie eine wesentliche Grundlage des Verfahrens.

2.3.3 Schieferungsfugen

Die Schieferung ist im frischen Gestein meist nur als latente Rißbildung vorhanden und gibt sich im verwitterten Gestein durch haarfeine Fugen zu erkennen. Sie ist in älteren, tektonisch beanspruchten Gebirgsteilen häufig und besitzt für die Wasserführung des Gebirges i. allg. keine größere Bedeutung, im Gegensatz zu der großen Rolle, die die Schieferung bei geomechanischen Fragestellungen spielt. Extreme Gesteinstypen sind in dieser Beziehung Dachschiefer (Hunsrückschiefer), Phyllite (schistes lustrés) und z. T. auch Glimmerschiefer. Die Schieferungsflächen sind parallel gerichtet und stehen extrem engständig, tonige Anteile und (feinkristalline) Mineralneubildungen sind meist in diesen Flächen eingeregelt. Hohlräume sind — entsprechend dem äußerst feinkörnigen Gestein und seiner starken tektonischen Pressung sehr klein, die Wasserbeweglichkeit ist sehr gering. Solche Gesteinsbereiche gelten als extrem wasserarm, wenn sie nicht später eine Blockzerstückelung an Störungen erfahren haben, die häufig an Quarzgängen zu erkennen ist (s. PFEIFFER 1955, GEIB 1967, HOFMANN 1969).

2.3.4 Scherfugen

Diese Fugen können wegen ihrer oft geringen Dimension hier vernachlässigt werden. An ihnen mag gelegentlich das Gefüge stärker aufgelockert und daher das Gestein wasserwegsamer geworden sein, ihr Erkennen und Deuten ist aber im Zuge von Wassererschließungs-Maßnahmen meist nicht möglich, und der Effekt der Untersuchungen wäre gering. Bei Felsbauarbeiten ist ihnen jedoch wegen der örtlichen Wasserführung und des Kluftwasserdrucks Aufmerksamkeit zu schenken.

2.3.5 Störungen

Störungen des Schichtverbandes sind vielfach *normale Brüche und Verwerfungen (Abschiebungen),* an denen vertikale, horizontale oder schräge Schollenverschiebungen stattgefunden haben. Solche sind im kristallinen oder paläozoischen Unterbau ebenso wie im nachvariszischen Deckgebirge Mitteleuropas und in ähnlich gebauten Gebieten der Erde weit verbreitet. Sie lassen sich wie Kluftfugen bei geringer oder fehlender junger Bedeckung z. T. gut im Luftbild erkennen (Abb. 2.5). Ihre Ausdehnung reicht vom Meter- bis zum Kilometerbereich, ihre räumliche Lage ist das Ergebnis des tektonischen Bauplans und ändert sich demnach in den verschiedenen tektonischen Bereichen.

Es sei hier besonders auf „Grabenzonen“, wie z. B. den Oberrheintalgraben, die Hessische Senke und die Niederrheinische Senke hingewiesen. In ihnen ist die Grabenfüllung, meist Mesozoikum und Tertiär, von zahlreichen Verwerfungen betroffen, die vielfach bevorzugten Richtungen folgen, häufig eine ausweitende Tendenz haben, und an denen die Schollen z. T. bis mehrere hundert Meter gegeneinander vertikal versetzt sein können.

Die Brüche sind — entsprechend dem tektonischen Bauplan — oft klaffend (Abb. 2.6) und für die Grundwasserbewegung und Wassergewinnung sowie für ingenieurgeologische Fragen verschiedener Art äußerst wichtig [1]. *Quellen* sind vielfach an solche Störungen gebunden, speziell auch Mineral- und Thermalquellen („Quellenlinien“). Von der tektonischen Bewegung betroffene tonige Schichten können aber auch in die Störungszone hineingeschleppt sein, diese abdichten oder ihr eine abdichtende Eigenschaft geben. Da Störungen als Drain, Wassersperre oder Wasserbringer wirken können, beeinflussen sie auch das Gewässernetz. Die „Sprungfüllung“ ist bei geringer Sprunghöhe oft mächtiger als bei größerer Sprunghöhe; die Störungsfuge bzw. die Randbegrenzung der Störungszone ist umso schärfer ausgeprägt, je größer die Sprunghöhe ist.

Bei den hervorragenden Aufschlüssen im niederrheinischen Braunkohlentertiär, das — wegen der meist lockeren Art der Sedimente und der Bedeutung der Kohäsion für die Festigkeit — zwar nur in begrenztem Maße zu Vergleichszwecken herangezogen werden kann, hat PATTANAYAK (1965) in der Nachbarschaft der großen Brüche meist eine Häufung von

[1] Die im Satellitenbild erkennbaren „Lineare“ müssen nicht immer Hinweise auf hydrologische Zusammenhänge geben; in manchen Fällen scheinen sie jedoch Zonen junger tektonischer Zerrüttung und überdurchschnittlich guter Wasserwegsamkeit darzustellen (GERLACH 1977, s. auch Abb. 2.7).

Klüften und eine Veränderung der mechanischen Eigenschaften der sandigen Gesteine und der halbfesten Braunkohle festgestellt. Dabei ist der Einflußbereich beiderseits der Sprünge weitgehend unabhängig von der Sprunghöhe und dem Einfallen des Sprunges, er nimmt aber mit zunehmender Teufe deutlich ab. Die Klüfte sind nicht offen, aber Festigkeit, Lagerungsdichte und Raumgewicht der Sande sowie Festigkeit der Braunkohle sind vermindert (und teilweise erhöht). Die Einflußbereiche betragen in den Hangendschichten bei Tiefen bis 120 m 10—30 m, in den Liegendschichten bei Tiefen bis 140 m oft 40—50 m, auch im mächtigen Hauptbraunkohlenflöz.

Abb. 2.6. Klaffende Störung im konglomeratischen Hauptbuntsandstein, im SSW des alten Versuchstagebaus der ehemaligen „Gewerkschaft Maubacher Bleiberg“ bei Düren. Teil der sogen. „Usief-Störung“, 12—15 m unter Oberfläche freigelegt (Photo KARRENBERG)

Auch SEILER (1969) hat davon berichtet, daß im festen Buntsandstein beiderseits von Störungen sich eine z. T. 30—40 m breite Zone starker Klüftigkeit anschließt. THEWS (1967) erwähnte solche Erscheinungen im Buntsandstein des Schwerspatbergwerks Grube Christiane bei Rechenbach im Spessart. Die Beobachtungen zeigen, daß die im Niederrheinischen Tertiär festgestellten Auflockerungen *neben* den Störungen offensichtlich für Locker- *und* Festgesteine gelten.

Überschiebungen sind überwiegend an gefaltete Schichtfolgen gebunden und treten häufig an Schollenrändern in jungen und alten Faltengebirgen auf, sind aber meist keine Zonen offener Hohlräume und daher auch keine Wege besonders großer Wasserzirkulation. Dies trifft besonders dann zu, wenn sie, wie die „Wechsel“ des Ruhrgebietes, selbst noch gewellt oder gefaltet sind. Allerdings gibt es an vielen Stellen der Erde Vererzungen im Bereich von Überschiebungen, die darauf schließen lassen, daß eine gewisse Wegsamkeit für mineralisierte Wässer im Verlaufe der Erdgeschichte vorhanden gewesen sein muß. Es handelt sich dabei wahrscheinlich meist um Bildung von Hohlräumen in der Nachbarschaft von Überschiebungsbahnen, wo feste Gesteine

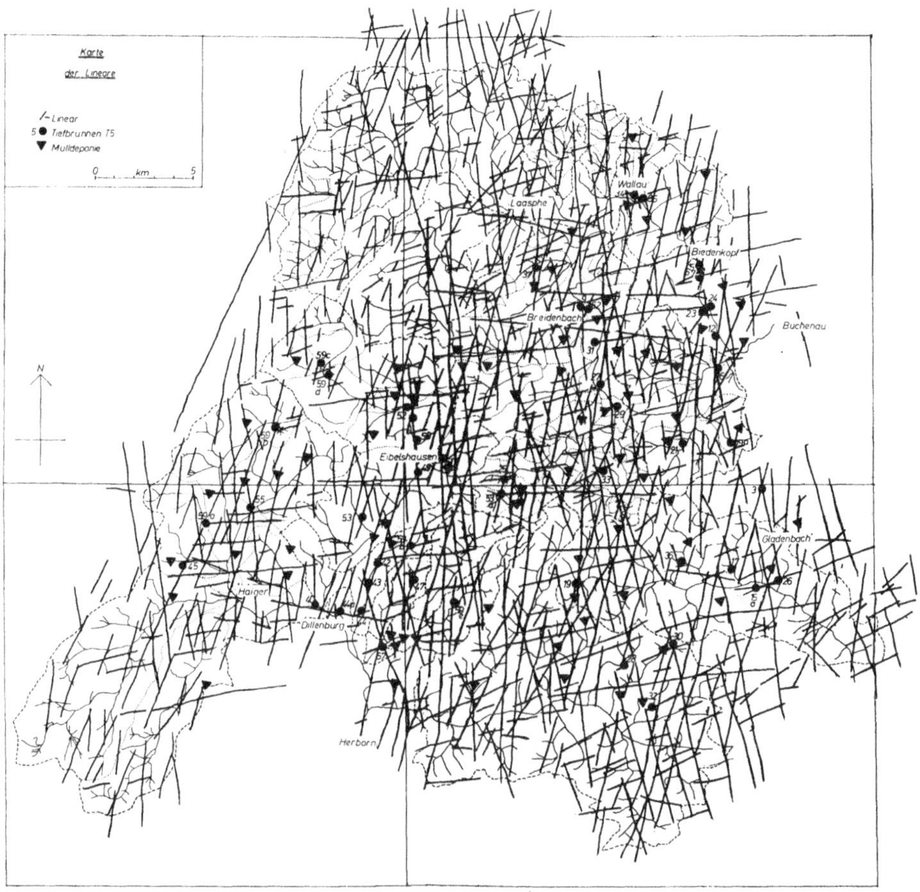

Abb. 2.7. Karte der Lineare im östlichen Rheinischen Schiefergebirge aufgrund von Satellitenbildauswertung (Gerlach 1977, Abb. 4)

(wie Kalke, Dolomite, Sandsteine, Grauwacken, Quarzite) zerbrochen und die aufgebrochenen Hohlräume z. T. mit Erz ausgefüllt wurden. Die Überschiebungsflächen selbst muß man wohl als üblicherweise „dicht“ ansehen (z. B. Burtscheider Überschiebung bei Aachen), wenn es auch Beispiele von Vererzungen in Überschiebungsbahnen selbst gibt (z. B. Blei-Zinkerz-Grube Ramsbeck im Devon des Sauerlands). Die Annahme dichter Überschiebungen und von Auflockerungen in ihrer Nachbarschaft ist u. a. auch bei Verpressungsarbeiten an der Genkeltalsperre bei Gummersbach (Abb. 2.8) erkannt worden.

Große Hohlräume sind verbreitet in Quer- und Diagonalstörungen sowie Blattverschiebungen, die überwiegend während der Verfaltung mächtiger Schichtpakete (wie etwa der mehrere tausend Meter mächtigen Schichten des Oberkarbons im Ruhrgebiet) aufgerissen und ursächlich mit dem Faltungsvorgang verknüpft sind. Über die „innere Gestalt“ und Genese solcher Störungen und „Störungsbündel“ geben vor allem Aufschlüsse im Kohlen- und Erzbergbau nähere Auskunft (Abb. 2.9).

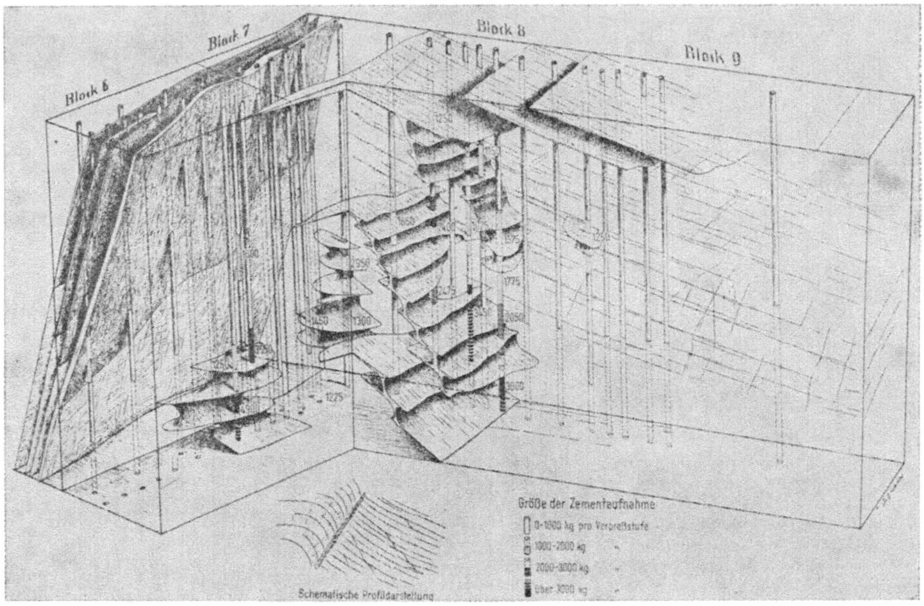

Abb. 2.8. Hohlraumbildung und Zementaufnahme in der Nähe einer Überschiebungszone in devonischen Grauwacken an der Genkeltalsperre bei Gummersbach (BRD). Die dargestellte obere Fläche ist die Baugrubensohle der Blöcke 6 bis 9 der Herdmauer des Sperrdammes. Relativ wenig geneigte, dickbankige Grauwacken (rechts) sind von einem dreiteiligen Überschiebungsbündel (links) betroffen. Bei der Bewegung sind in der überschobenen Scholle erhebliche „Aufblätterungen“ der Bänke mit großer Hohlraumbildung in einer Entfernung von 5—15 m von der Störung und Schichtgleitungen auf den Bankungsfugen erfolgt. Die Verpreßarbeiten haben gezeigt, daß die Störungszone selbst weitgehend dicht war, daß aber die Aufblätterungszone ungewöhnlich große Zementaufnahme aufwies, und zwar maximal bis 4900 kg/5 m-Abschnitt (schematische Darstellung aus: Karrenberg und Wiegel 1959)

Die meisten dieser großen, für das Ruhrgebiet so bezeichnenden zahlreichen Querstörungen (Sprünge) und Blattverschiebungen (Abb. 5.17) haben keine hydrothermale Gangfüllung und enthalten noch heute große klaffende Hohlräume oder stellen Ruschelzonen mit „Wassersäcken“ dar, die vom Kohlebergmann wegen der Gefahr von Wassereinbrüchen möglichst gemieden werden. Es ist auch bekannt, daß über diese Störungszonen hydraulische Verbindungen über viele Kilometer hinweg quer zum allgemeinen Schichtstreichen bestehen. Derartige wasserführende Störungszonen sind nicht auf das gefaltete Karbon des Ruhrgebietes beschränkt, sondern im südlich anschließenden

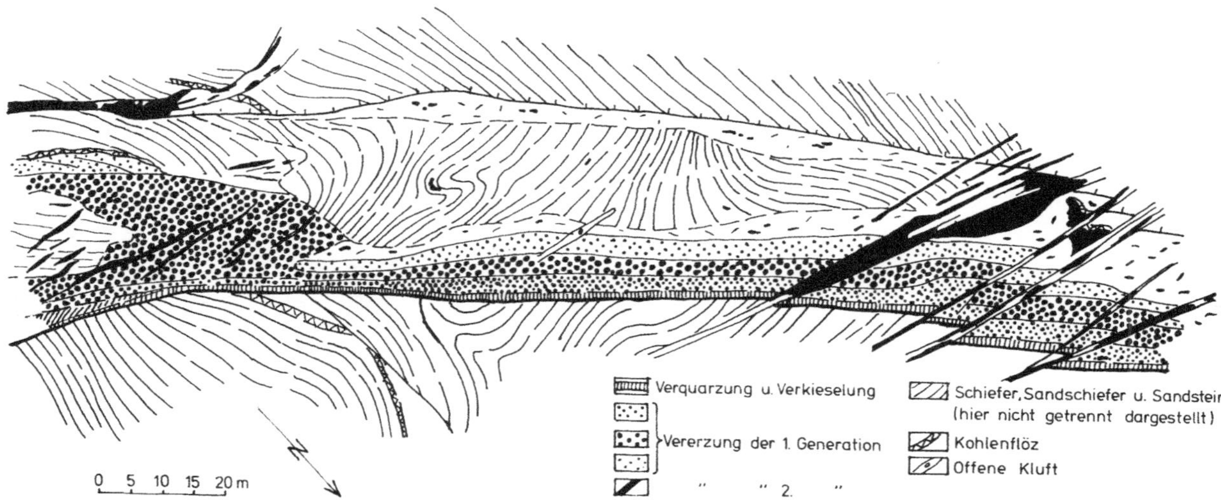

Abb. 2.9. Verwerfungszone (Blumenthaler Sprung), mit Quarz, Blei- und Zinkerz, Gesteinsschollen und Störungsletten fast ganz verfüllt und „verheilt", im flözführenden Oberkarbon der Zeche Auguste-Victoria bei Marl-Hüls (Westfalen) — Nördliches Erzmittel auf der 3 a- (833 m)-Sohle (nach HESEMANN und PILGER 1951, Taf. 2, umgezeichnet)

Als Beispiel mag der Blei-Zink„Erzgang" auf der Steinkohlenzeche Auguste-Victoria in Marl-Hüls (Ruhrgebiet) erwähnt werden (Abb. 2.9.), der eine sehr gut überschaubare, datierbare, charakteristische Ausbildung hat, wenn auch dieses Bauschema sicher nicht verallgemeinert werden kann. HESEMANN und PILGER (1951) haben die Verhältnisse beschrieben:

Der sogenannte „Blumenthaler Sprung" ist mit etwa 700 m Seigerverwurf einer der größten Sprünge des Ruhrgebietes. Es ist eine durch Zerrung entstandene Verwerfungsspalte von durchschnittlich 20—40 m Breite und etwa 65° Einfallen, die seitlich relativ scharf begrenzt, im Innern mit gestörten und brekziösen Karbongesteinen erfüllt ist, und in deren Hohlräumen hydrothermale Pb-Zn-Lösungen aufgestiegen sind. Die Erze treten dort auf, wo der Sprung den Auguste-Victoria-Sattel schneidet, und wo er spröde Sandsteine des Karbons betroffen hat. Nach Absatz einer ersten Erz-„Generation" wurde der Sprung und Erzgang von Blattverschiebungen betroffen, die neue Hohlräume schafften, auf denen eine zweite Erzgeneration zum Absatz kam. Einzelne Hohlräume aus dieser Bewegungsphase sind bis heute offen geblieben. Alle diese Vorgänge sind im Karbon erfolgt, aber Bewegungen haben an solchen Störungen nachweislich — wenn auch in geringem Ausmaß — noch nach der Oberkreide stattgefunden.

Devon wie auch im nördlich sich auflagernden Deckgebirge weit verbreitet, wenn auch nicht so regelmäßig.

Die Begrenzung dieser Brüche und Verschiebungszonen ist im allgemeinen ziemlich scharf. Es können Abspaltungen („Nebentrümer") auftreten, sie können sich im Streichen und im Einfallen fiederartig ablösen (Abb. 2.9).

Die *Häufigkeit* und *Verteilung* der Fugen aller Art im Gebirge ist leider meist weit entfernt von einer Isotropie, wie in der Natur immer wieder zu beobachten ist. Es gibt aber sehr einheitliche Sedimentgesteinsfolgen, vor allem mesozoischen Alters, und Eruptivgesteinskörper, die von einem ± dichten, ziemlich gleichmäßig verteilten Kluftnetz durchzogen sind, so daß man in bezug auf dieses Kluftnetz von einer Quasi-Isotropie sprechen kann. In solchen Fällen ist eine gewisse Analogie zur Porenverteilung in mächtigen einheitlichen Sedimentgesteinen vorhanden, die auch vereinfachende Annahmen bei der Ermittlung der Durchlässigkeit erlaubt.

Die Gesamtheit der Fugenhohlräume wird als *„Hohlraumvolumen des Gebirges"* bezeichnet. Es läßt sich wegen der großen Dimensionen nicht im Labor bestimmen, sondern nur durch Feldversuche (s. Kap. 3). Analog zum Gesamtporenraum kann man von einem *Gesamthohlraum der Fugen* bzw. von einem *Gesamtfugenraum* sprechen, von dem der *nutzbare* (effektive oder scheinbare) Hohlraum einen Teil darstellt. Dabei konzentriert sich der nutzbare Hohlraum in besonderem Maße auf gewisse Zonen des Gebirges, die eine Anisotropie im großmaßstäblichen Bereich verdeutlichen. Der nicht nutzbare Hohlraum ergibt sich daraus, daß viele Risse und Fugen im Gebirge nur sehr geringe Öffnungsbeträge aufweisen und sich das Wasser daher in ihnen nicht unter dem Einfluß der Schwerkraft bewegen kann. Sein Volumen ist relativ groß, Abfluß und Erneuerung sind gering.

2.4 Höhlungen in festen und halbfesten Gesteinen

Abgesehen von der Verkarstung der karbonatischen Festgesteine und den bei Salinargesteinen verbreiteten Auflösungserscheinungen kennt man auch bei schwach- und nichtkarbonatischen, halbfesten und festen Gesteinen Auswaschungen im Gebirge. Sie entstehen u. a. durch Ausschwemmen toniger oder feinstsandiger Partikel aus dem normalen Kornverband von Sedimentgesteinen. Dieser Vorgang setzt ein stärkeres hydraulisches Gefälle und somit eine gewisse Fließgeschwindigkeit voraus. Vorbedingung ist dabei auch, daß die Verkittung der Gesteinspartikel nicht zu weit fortgeschritten ist, so daß deren Herausschwemmen noch möglich ist. Demnach ist dieser mechanische Vorgang — außer in Lockergesteinen — nur in halbfesten Gesteinen sowie in tektonisch zerriebenen oder zersetzten (verwitterten) Festgesteinen anzutreffen. Außerdem findet sich eine chemische Auflösung karbonatischer, insbesondere dolomitischer und eisenkarbonatischer Bindemittel, z. B. in paläozoischen Grauwacken und anderen Festgesteinen. Diese Bindemittel-Auslösungen müssen nicht zur Verkarstung führen, sind jedoch im Untergrund großer Bauwerke (Talsperren) sehr nachteilig wegen ihres oft nur lokalen, in der Baugrube nicht zu beobachtenden Hohlraumvolumens.

Linear gestreckte oder verzweigte Hohlraumsysteme sind in Tonschiefern, Sandsteinen und deren Wechselfolgen ebenso wie in kristallinen Gesteinen aus dem untertägigen Bergbau bekannt, vor allem in Verbindung mit teilweise „verheilten" Störungen (z. B. Quer- und Diagonalstörungen des Ruhrgebietes, Gangstörungen im Erzgebirge, Harz u. a. O.).

Eine besonders große Bedeutung haben höhlenartige Hohlräume bei *vulkanischen Gesteinen.* Lavahöhlen entstehen, wenn Lavaströme oberflächlich erstarren und darunter die Lava weiterfließt; sie sind z. T. langgestreckt,

Abb. 2.10. Basaltische Lavaströme und Lavahöhlen bei Bajamar auf Teneriffa. Das helle Band ist eine betonierte Rinne, die der Verteilung des in Galerien gefaßten Grundwassers dient (Photo KARRENBERG 1971)

schlauchförmig und daher zur Wasserbewegung vorzüglich geeignet (Abb. 2.10). Auch in Vulkanen können sich durch Zurücksacken der Lava große Hohlräume und offene Klüfte bilden (s. Kap. 5.8).

Höhlenartige Erscheinungen sind in Vulkangebieten weit *verbreitet* und die Voraussetzung für die oft ungewöhnlich gute Durchlässigkeit vulkanischer Gesteinskomplexe. Die räumliche *Verteilung* ist äußerst unregelmäßig und bisher weder geologisch noch geophysikalisch zu orten.

Literatur

BARTENSTEIN, H., TEICHMÜLLER, R. (1974): Inkohlungsuntersuchungen, ein Schlüssel zur Prospektierung von paläozoischen Kohlenwasserstoff-Lagerstätten? Fortschr. Geol. Rheinld. u. Westf. **24**, 129—160, 17 Abb., 1 Tab., Krefeld.

BEEG, H. (1963): Porosität und Permeabilität der Oberkarbongesteine der Bohrung Münsterland 1. Fortschr. Geol. Rheinld. u. Westf. **11**, 243—250, 5 Abb., 4 Tab., Krefeld.

EISSELE, K. (1966): Über Grundwasserbewegung im klüftigen Sandstein. Jh. geol. L.-Amt Baden-Württ. **8**, 101—111, 2 Abb., Freiburg i. Br.

ENGELHARDT, W. VON (1960): Der Porenraum der Sedimente, 207 S., 83 Abb., 39 Tab. Berlin — Göttingen — Heidelberg: Springer.

ESCH, H. (1966/67): Vergleichende Diagenese-Studien an Sandsteinen und Schiefertonen des Oberkarbon in Nordwestdeutschland und den East Midlands in England. Fortschr. Geol. Rheinld. u. Westf. **13**, 2, 1013—1084, 15 Abb., 9 Tab., 4 Taf., Krefeld.

GEIB, K. W. (1967): Die hydrogeologischen Verhältnisse im Mittelrheingebiet und im vorderen Hunsrück. Mainzer Naturwiss. Archiv 5/6, 107—113, 4 Abb., Mainz.

GERLACH, CH. (1977): Satellitenbildauswertung zur Feststellung von Trinkwasserreserven im Rheinischen Schiefergebirge. Geol. Rdsch. **66**, 850—866, 9 Abb., Stuttgart.

HEITFELD, K.-H. (1965): Hydro- und baugeologische Untersuchungen über die Durchlässigkeit des Untergrundes an Talsperren des Sauerlandes. Geol. Mitt. **5**, 1—210, 71 Abb., 18 Tab., 4 Taf., Aachen.

HESEMANN, J., PILGER, A. (1951): Der Blei-Zink-Erzgang der Zeche Auguste Victoria in Marl-Hüls (Westfalen). Beih. geol. Jb. **3**, 7—184, 95 Abb., Taf. 2—4, A—O, Hannover.

HOFMANN, W. (1969): Wasserwegsamkeit und Grundwasserregeneration in den Schichten des Unterems- und des Hunsrückschiefers in und westlich der Idsteiner Senke. Diss. Univ. Mainz: 135 + 57 S., 50 Tab., 2 Kt., Mainz.

KARRENBERG, H., MEINICKE, K. (1962): Porosität und Raumgewicht von Sandsteinen des Ruhrkarbons. Fortschr. Geol. Rheinld. u. Westf. **3**, 2, 667—678, 3 Abb., 3 Tab., 2 Taf., Krefeld.

—, WIEGEL, E. (1959): Geologie und Untergrundabdichtung bei einigen Talsperren Westdeutschlands. Les Congr. et Coll. de l'Univ. de Liège **14**, 95—114, 12 Abb., Liège.

KIESLINGER, A. (1958): Restspannung und Entspannung im Gestein. Geol. u. Bauwes. **24**, 95—112, 2 Abb., Wien.

KOSSOVSKAYA, A. G., SHUTOV, V. D. (1958): Zonality in the structure of terrigene deposits in platform and geosynclinal regions. Eclog. geol. Helvet. **51**, 3, 656—666, Basel.

KRAUSE, H. (1966): Oberflächennahe Auflockerungserscheinungen in Sedimentgesteinen Baden-Württembergs. Jh. geol. L.-Amt Baden-Württ. **8**, 269—323, 14 Abb., 1 Tab., 9 Taf., Freiburg i. Br.

MATTHESS, G. (1970): Beziehungen zwischen geologischem Bau und Grundwasserbewegung in Festgesteinen. Abh. hess. L.-Amt Bodenforsch. **58**, 105 S., 20 Abb., 18 Tab., 4 Taf., Wiesbaden.

—, THEWS, J.-D. (1963): Hydrogeologie. In: Erl. geol. Kt. Hessen 1 : 25 000, Bl. 5223 Queck, 245—281, 4 Abb., 4 Tab., 1 Taf., Wiesbaden.

MÜLLER, L. (1963): Der Felsbau, 1. Bd. Theoretischer Teil, Felsbau über Tage 1. Teil, 624 S., 307 Abb., 22 Taf. Stuttgart: Enke.

NÖRING, F. (1966): Unsere Reserven an Wasser, besonders Grundwasser, und ihre Nutzung für die Trinkwasserversorgung. DVGW-Broschüre „Neue Aspekte zur Wassergewinnung", S. 10—15. Frankfurt a. M.

PATTANAYAK, M. M. (1965): Die Änderungen der Bodeneigenschaften im Einflußgebiet der Verwerfungen innerhalb des Lockergesteins unter Berücksichtigung der Stabilität der Tagebauböschungen. Dargestellt auf Grund einer Untersuchung im Rheinischen Braunkohlenrevier. Diss. Bergakad. Clausthal: 128 S., 27 Abb., 3 Tab., 49 Anl. Clausthal.

PESCHEL, A. (1977): Natursteine. 390 S., 151 Abb., 14 Tab. Leipzig: VEB Deutscher Verlag f. Grundstoffindustrie.

PETRASCHECK, W. (1939): Gesteinsverdichtung und Faltung des Karbons im Ruhrgebiet. Z. dtsch. geol. Ges. **91**, 725—734, 8 Tab., Berlin.

PFEIFFER, D. (1955): Der Hunsrück. In: PFEIFFER, D., QUITZOW, H. W.: Erl. Hydrogeol. Übers.-Kt. 1 : 500 000, Bl. Köln, S. 49—53. Remagen: B.-Anst. Landeskde.

RICHTER, W., LILLICH, W. (1975): Abriß der Hydrogeologie, 281 S., 96 Abb., 18 Tab. Stuttgart: Schweizerbart.

SCHERP, A. (1963): Die Petrographie der paläozoischen Sandsteine in der Bohrung Münsterland 1 und ihre Diagenese in Abhängigkeit von der Teufe. Fortschr. Geol. Rheinld. u. Westf. **11**, 251—282, 1 Abb., 6 Taf., Krefeld.

SEILER, K.-P. (1969): Kluft- und Porenwasser im Mittleren Buntsandstein des südlichen Saarlandes. Geol. Mitt. **9**, 75—96, 14 Abb., 3 Tab., Aachen.

STADLER, G. (1963): Die Petrographie und Diagenese der oberkarbonischen Tonsteine in der Bohrung Münsterland 1. Fortschr. Geol. Rheinld. u. Westf. **11**, 283—292, 1 Abb., 2 Taf., Krefeld.

TEICHMÜLLER, R. (1955): Sedimentation und Setzung im Ruhrkarbon. N. Jb. Geol. Paläont. Mh. **1955**, 145—168, 11 Abb., 2 Tab., Stuttgart.

— (1962): Die Entwicklung der subvariscischen Saumsenke nach dem derzeitigen Stand unserer Kenntnis. Fortschr. Geol. Rheinld. u. Westf. **3**, 3, 1237—1254, 2 Abb., 1 Tab., 2 Taf., Krefeld.

THEWS, J. D. (1967): Die Wassergewinnungsmöglichkeiten im Bayerischen Buntsandstein-Spessart. In: Beiträge zur Geologie des Aschaffenburger Raumes. Veröff. Geschichts- u. Kunstverein Aschaffenburg **10**, 135—161, 1 Abb., 2 Kt., Aschaffenburg.

UDLUFT, P. (1969): Hydrogeologie und Hydrochemie der Südrhön unter besonderer Berücksichtigung der Mineralquellen im Brückenauer Raum. Diss. TH München: 132 S., 33 Abb., 38 Tab., 6 Kt., München.

3. Grundlagen zur hydrogeologischen Beurteilung nichtkarbonatischer Festgesteine

3.1 Der Aquifer im festen Gebirge

Den weiteren Ausführungen sei die Erläuterung einiger Begriffe vorangestellt, die die Wasserführung im Gesteinskörper betreffen.

Das Vorhandensein von Poren, Gesteinsfugen aller Art, Störungs- und anderer Hohlräume ermöglicht die Bildung von Grundwasser in diesen festen Gesteinskomplexen durch Infiltration von Niederschlagswasser. Man spricht von *Porengrundwasser-* (engl.: porous aquifer; franz.: aquifer à milieu poreux) und *Kluftgrundwasserkörpern* (engl.: jointed aquifer; franz.: aquifer à milieu fissuré) bzw. von einer Kombination beider. *So wie Lockergesteine können auch Festgesteine Grundwasserleiter oder Aquifere bilden,* die von *Grundwassernichtleitern oder Aquicluden* unter- oder überlagert werden. Die Begrenzungsflächen eines Aquifers heißen *Grundwassersohle* (engl.: impermeable bed; franz.: base imperméable) und *Grundwasserdeckfläche* oder *-dachfläche* (engl.: impermeable caprock; franz.: toit imperméable) (Abb. 3.1). Anstelle des Aquicluds kann auch ein *Aquitard* (Geringleiter, Schlechtleiter) (franz.: couche semiperméable) den Aquifer begrenzen, die Übergänge sind

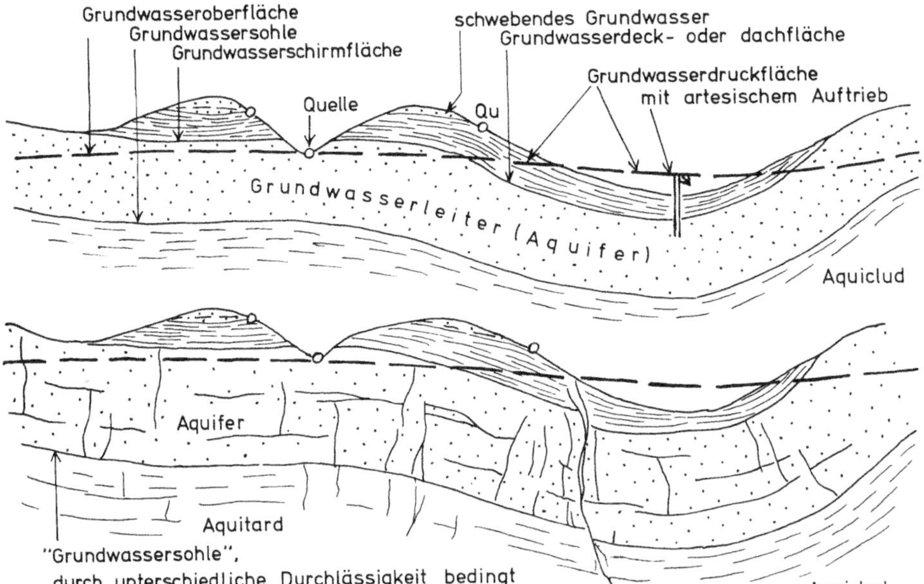

Abb. 3.1. Zur Erläuterung hydrogeologischer Begriffe

oft fließend, zumal ein Aquifer selbst zur Tiefe hin durch Schließen der Fugen sich bald zu einem Aquiclud entwickeln kann.

Falls mehrere Grundwasserleiter übereinander liegen und jeweils durch nicht oder wenig durchlässige Schichten voneinander getrennt sind, spricht man von *Grundwasserstockwerken* [1], die bei ausreichendem hydraulischen Trennvermögen der Zwischenschichten jeweils eigene Druckniveaus haben können. Diese lassen auf unterschiedliche Einzugsgebiete schließen.

Beispiele für solche Stockwerke in Lockerablagerungen sind aus dem Braunkohlenrevier des Niederrheins bekannt; Stockwerke in Festgesteinen sind im mesozoischen Deckgebirge Mitteleuropas weit verbreitet, so: Liastone / *Keupersandsteine* / Keuperletten / *Oberer Muschelkalk* / Mittlerer Muschelkalk / *Unterer Muschelkalk* / Röt / *Mittlerer Buntsandstein* / Unterer Buntsandstein [2]. Die Folgen sind örtlich noch stärker gegliedert.

Bei gefalteten und verdichteten paläozoischen Grauwacken, Sandsteinen und Siltsteinen stellt ein engmaschiges Fugennetz noch eine gewisse hydraulische Verbindung über kürzere Entfernung her (vgl. Kap. 5.3). Bei festen Gesteinen, die nur von einzelnen Störungen betroffen sind, haben diese Begriffe keine oder nur untergeordnete Bedeutung.

Innerhalb einer wasserführenden Schichtfolge mit freier oder gespannter Oberfläche nimmt der Druck zur Tiefe hin zu. Der sogenannte *hydrostatische Druck* an jedem Punkt des Aquifers ist abhängig von der Höhe der darüber stehenden Wassersäule, der Dichte des Wassers und der Erdbeschleunigung : $p_g = h_w \cdot \varrho \cdot g$.

Bei Überlagerung durch undurchlässige Schichten würde in einem Rohr das Grundwasser bis zu einem Niveau ansteigen, das dem hydrostatischen Druck bei freiem Spiegel entspricht. Es ist der *Druckspiegel* (engl.: piezometric head; franz.: niveau piézométrique). Die flächenhafte Darstellung solcher Punkte ist die *Druckfläche* (engl.: piezometric surface; franz.: surface piézométrique). Liegt diese über der Geländeoberfläche, so ist das Wasser *artesisch gespannt* (engl.: confined with artesian pressure; franz.: eau captive artésienne).

Das Niveau des Grundwasserspiegels verändert sich im Laufe der Zeit, es unterliegt Schwankungen, die durch Grundwasserzufluß (Grundwasserneubildung) und Grundwasserabfluß, bei geringem Flurabstand auch durch die Evapotranspiration bedingt sind, in geringem Maße auch durch Luftdruck, Erdgezeiten und Erdbeben beeinflußt werden (Mügge 1954, 1955, Todd 1964, Richter und Lillich 1975). Auch Hochwasser in der Nähe von Flüssen wirkt sich stark auf die Höhe des Grundwasserspiegels mit freier Oberfläche aus.

Die von einem *Schreibpegel* automatisch registrierte *Grundwasserspiegel-* bzw. *-druckspiegelganglinie* (engl.: hydrograph; franz.: hydrogramme) zeigt das Resultat dieser sich überlagernden Einflüsse auf.

Die Abbildung 3.2a verdeutlicht den ziemlich gleichmäßigen Gang der Grundwasserstandslinie bei einem Buntsandstein-Brunnen, die meist gedämpfte, geringe

---

[1] Der Begriff ist nur in der deutschsprachigen Literatur gebräuchlich = „multiaquifer formation"; „système de couches aquifères superposées".

[2] Die Aquifere sind jeweils kursiv gesetzt.

Amplitude der jährlichen Schwankung, die verzögerte, aber hohe Aufstockung im Jahre 1966 und einen allmählichen Abfall von 1969 bis 1972, entsprechend einem allgemeinen Trend nach trockenen Jahren. Demgegenüber zeigt die Kurve b eines Steinmergel-(Keuper-)brunnens hohe Jahresschwankungen, schnelle Aufstockung nach der Trockenzeit 1964 und relativ schnellen Abfall von 1968 bis 1971. Kurve c zeigt den sehr ausgeglichenen und verzögerten Gang eines Druckspiegels.

Durch Beobachtung einer größeren Zahl von Meßstellen ist es möglich, die Gestalt der *Grundwasseroberfläche* bzw. der *-druckfläche* zu konstruieren

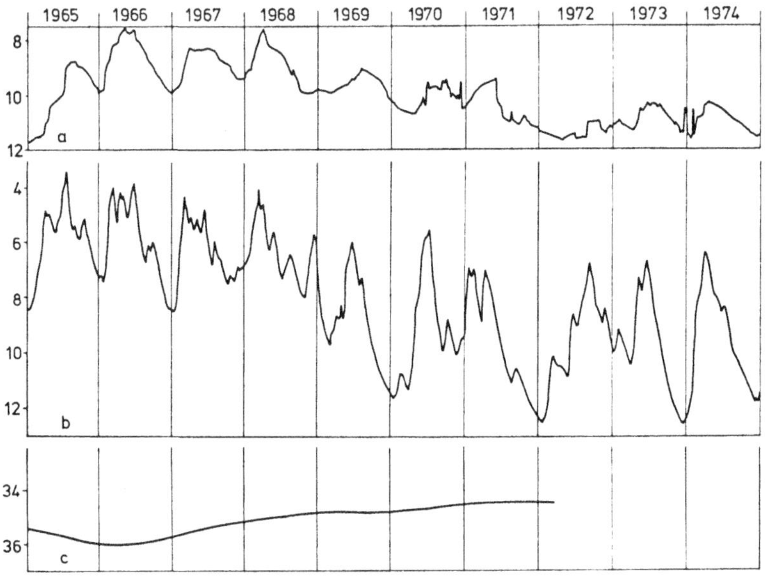

Abb. 3.2. Grundwasserspiegel-Ganglinien

a) Brunnen-Meßstelle Icker, WWA Osnabrück im Buntsandstein, b) Brunnen-Meßstelle Lüstringen, WWA Osnabrück im Steinmergel oder „Roten Wand" (Keuper) [1], c) Druckspiegel

Grundwasserganglinien werden *amtlich* in netzartig verteilten *Grundwassermeßstellen,* in der Bundesrepublik Deutschland im Rahmen eines sogenannten *Landesgrundwasserdienstes* aufgezeichnet; auch Wasserwerke, Bergbauunternehmen u. a. beteiligen sich an solchen Beobachtungen. Sie erstrecken sich auch auf nichtkarbonatische Festgesteine aller Art. In vielen Ländern gibt es ähnlich organisierte Einrichtungen.

und durch *Grundwasserhöhengleichen* oder *Äquipotentiallinien* (engl.: piezometric lines; franz.: isopièces, isophypses, lignes équipotentielles) darzustellen. Die Lotrechten zu diesen Linien geben das jeweilige maximale *Gefälle* an, sie stellen *Fließlinien* [1] (engl.: flowlines; franz.: lignes de courant) dar. Der Abstand der Höhengleichen kann Anhaltspunkte für vergleichende Ermittlungen bezüglich Transmissivität und k_f-Werte liefern (s. Kap. 3.4.5.4). Das

[1] a und b vereinfacht und mit freundlicher Genehmigung des WWA veröffentlicht.

[2] Im deutschen Sprachgebrauch ist der Ausdruck „*Strom*linie" verbreitet, aber wenig geeignet, um die Grundwasserbewegung angemessen zu kennzeichnen. Er ist bei nichtkarbonatischen Festgesteinen noch weniger geeignet als bei Lockergesteinen und sollte durch „Fließlinien" ersetzt werden.

Bild der Grundwasserhöhengleichen und Fließlinien kann bei festen Gesteinen durch die Anisotropie des Gebirges stark beeinflußt werden; so nehmen *Absenkungstrichter* bei Grundwasserentnahmen oft sehr unregelmäßige Gestalt an.

Für Überlegungen zum Wasserhaushalt ist das *Speichervermögen* ein wichtiger Begriff (engl.: storage capacity; franz.: capacité d'emmagasinement). Der *Speicherkoeffizient* (engl.: storage coefficient; franz.: coeff. d'emmagas. oder coeff. de stockage) ist die Wassermenge in m^3, die ein Aquifer aus einer Säule von 1 m^2 Grundfläche aufnimmt oder freigibt, wenn die freie oder gespannte Grundwasseroberfläche um 1 m erhöht oder gesenkt wird. Die Division durch die Mächtigkeit des Aquifers ergibt die *spezifische Speicherfähigkeit,* die — bei freiem Grundwasserspiegel — praktisch gleich dem nutzbaren Porenraum P_n ist, also bei Festgesteinen in der Größenordnung von < 1 bis $> 20\%$ des Gesteinsvolumens liegt. Bei gespanntem Grundwasser dagegen spielen die Elastizität des Grundwasserleiters und die Kompressibilität des Wassers eine große Rolle, so daß hier der Speicherkoeffizient nur geringe Werte erreicht, und zwar zwischen $5 \cdot 10^{-5}$ und $5 \cdot 10^{-3}$.

Das im Aquifer gespeicherte Grundwasser wird unterteilt in *niederschlagsabhängige Reserven* (franz.: réserves regulatrices) und *geologische Reserven* (réserves géologiques). Sie bilden zusammen die *natürlichen Reserven.* Die Begriffe sind zu unterscheiden von den *möglichen Vorräten* (engl.: potential resources; franz.: ressources potentielles) und den *gewinnbaren Vorräten* (engl.: exploitable resources; franz.: ressources exploitables).

3.2 Allgemeines zur Gesteins- und Gebirgsdurchlässigkeit

Bei den hier zu behandelnden festen und halbfesten, nichtverkarstungsfähigen *Gesteinen* spielt deren Durchlässigkeit aufgrund ihrer Porosität (Permeabilität) für die Wasserbewegung nur eine relativ geringe Rolle. Sie ist dann noch wichtig, wenn es sich um „halbfeste" Gesteine handelt, die im Verlaufe der Erdgeschichte ihre ursprüngliche Porosität noch nicht ganz verloren haben. Für die Bewegung des Erdöls und des Erdgases im Untergrund ist allerdings die Porendurchlässigkeit auch bei stärker verfestigten Gesteinen noch von praktischer Bedeutung. Daher wird im folgenden auf die bei Lockergesteinen eingeführten Berechnungsverfahren für die Durchlässigkeit der Gesteine — wenn auch in sehr gedrängter Form — eingegangen, zumal diese Methoden in überschläglichen Berechnungen auch bei gleichmäßig und intensiv geklüfteten Gesteinen sowie für den Verwitterungsbereich fester und sonst praktisch undurchlässiger Gesteine gelegentlich angewandt werden.

Bei dem aus festen, nichtkarbonatischen Gesteinen aufgebauten *Gebirge* spielt dagegen die Durchlässigkeit aufgrund von Fugen aller Art und von Störungen eine viel größere Rolle in Fragen der Wasserbewegung, der Wassergewinnung, des Grundwasserschutzes sowie im Bereich der Ingenieurgeologie und des Ingenieurbaus. Sie wird als Trennfugendurchlässigkeit (Dürbaum, Matthess und Rambow 1969) bezeichnet, die zusammen mit der Porendurchlässigkeit die Gebirgsdurchlässigkeit = Wegsamkeit des Gebirges ausmacht. In Fragen der Erdöl- und Erdgas-Prospektion spielt diese Hohlraumbildung durch Fugen und der durch sie verursachten Durchlässigkeit eine vergleichsweise geringere Rolle; sie ist auch dort insofern wichtig, als starke Klüftung, besonders mit durchgehenden Fugen, eine Entölung und Entgasung des Gebirges begünstigen können. Auch für Fragen rezenter Entgasung von CO_2 und Wasserdampf sowie für den Wärmeabstrom ist die Gebirgsdurchlässigkeit wichtig.

Daher sind die *Durchlässigkeit des Gebirges* bzw. die *Wasserwegsamkeit* eingehender darzulegen, insbesondere auch die Meßmethoden, zumal Messungen oft schwierig sind und praktisch nur im Gelände ausgeführt werden können.

Wenn Messungen fehlen, begnügt man sich häufig mit allgemein gehaltenen Ausdrücken wie „geringe“, „mäßige“ oder „gute“ Wegsamkeit, die meist aufgrund von einzelnen Brunnenleistungen für größere Gebiete geschätzt wird.

Wegen der Schwierigkeiten und Kosten zuverlässiger Geländemessungen sind theoretische Überlegungen über das Durchfließen von Spalten angestellt und Modellrechnungen ausgeführt worden (vgl. Kapitel 4).

3.3 Porendurchlässigkeit bei Festgesteinen (Permeabilität)

Die Beurteilung der Porendurchlässigkeit der Gesteine stützt sich in der Hydrogeologie allgemein auf das Darcysche Gesetz:

$$V_f = k_f \cdot i = k_f \cdot \frac{dh}{ds}$$

$$V_f = \frac{Q}{F}$$

$$Q = k_f \cdot F \cdot \frac{\Delta p}{l}$$

Dabei sind:

v_f = Filtergeschwindigkeit
k_f = Durchlässigkeitsbeiwert
i [cm/sec] = $\frac{dh}{ds}$ = hydraul. Spiegel- oder Druckspiegelgefälle
F [m²] = Fläche } { eines durchflossenen
l [m] = Länge } { Gesteinskörpers
Δp = Druckdifferenz
$Q \left[\frac{m^3}{s}\right]$ = die in der Zeiteinheit durchfließende Wassermenge

Die *Filtergeschwindigkeit* v_f ist abhängig von dem Durchlässigkeitswert k_f und dem hydraulischen Gefälle; in dieser einfachen Form wird die Gesetzmäßigkeit der Grundwasserströmung bei eindimensionaler Betrachtung dargestellt. Die Filtergeschwindigkeit wird weiterhin als Durchflußmenge Q pro Zeiteinheit in Abhängigkeit von der Einheit des durchflossenen, senkrecht zur Fließrichtung stehenden Querschnittes F definiert. Sie hat zwar die Dimension einer Geschwindigkeit, ist jedoch nicht gleich der Abstandsgeschwindigkeit.

Der *Durchlässigkeitswert* k_f ist für die Beurteilung der Grundwasserbewegung von besonderer Bedeutung. Auf der Grundlage des k_f-Wertes hat HEITFELD (1965) eine Gliederung der Gesteine durchgeführt:

Gestein:	k_f-Wert:
sehr gering durchlässig	$\leqq 1 \cdot 10^{-8}$ cm/sec
gering durchlässig	$> 1 \cdot 10^{-8}$ cm/sec bis $1 \cdot 10^{-5}$ cm/sec
deutlich durchlässig	$> 1 \cdot 10^{-5}$ cm/sec bis $5 \cdot 10^{-3}$ cm/sec
stark durchlässig	$> 5 \cdot 10^{-3}$ cm/sec bis $1 \cdot 10^{-1}$ cm/sec
sehr stark durchlässig	$> 1 \cdot 10^{-1}$ cm/sec

Der k_f-Wert ist — wie die Porosität — materialbedingt, d. h. er hängt von der mittleren Korngröße, Kornform und der sekundären Porenfüllung (durch Zuführung der Lösungen von außen oder durch Drucklösung der Körner) bzw. der Verfestigung der Gesteine ab. Wegen dieser Abhängigkeit von den p-T-Bedingungen wird auch oft ein Zusammenhang mit dem geologischen Alter angenommen. Alte Gesteine sind oft dichter, also weniger durchlässig. Das ist aber keineswegs immer der Fall (s. Kap. 2 und Kap. 5.4). In jüngeren Schichtfolgen finden wir zwar oft bessere Durchlässigkeiten, aber oft sind auch die Gesteine — örtlich oder regional — verdichtet.

In stark verdichteten Gesteinen (z. B. festen Sandsteinen, sandigen Tonsteinen und Tonsteinen des gefalteten geosynklinalen Devons und Karbons oder des metamorphen Gebirges) sind die k_f-Werte sehr klein. Sie sind als Talsperrenuntergrund im Rheinischen Schiefergebirge z. B. nur wichtig, wenn sie $> 1 \cdot 10^{-5}$ cm/s, im Bereich der Wassergewinnung nur, wenn sie $> 1 \cdot 10^{-3}$ cm/s (HEITFELD 1965) betragen. Das trifft dort relativ selten zu.

Die vielfältigen Einflüsse bewirken eine große Schwankungsbreite der Porendurchlässigkeit, auch innerhalb eines bestimmten Gesteinstyps, davon mag die Tabelle 5 einen Eindruck vermitteln. Darin sind auch einige Werte für Lockergesteine angegeben, um Vergleiche zu erleichtern.

Tabelle 5. *Durchlässigkeitswerte verschieden alter Gesteine (Beispiele)*

	Permeabilität		
	K in md	k_f in cm/s	Autor
Kies	10^6—10^8	1—10^2	
Sand	10^3—10^6	10^{-3}—1	
toniger Sand und Feinsand	1—1000	10^{-6}—10^{-3}	
Hilssandstein, Unterkreide	1—2000	10^{-6}—$2 \cdot 10^{-3}$	DÜRBAUM 1961
Mittlerer Buntsandstein (Nordhessen)	1—7100	10^{-6}—$7{,}1 \cdot 10^{-3}$	DÜRBAUM et al. 1969
Bunter Sandstein (Großbritannien)	4670	$4{,}7 \cdot 10^{-3}$	MATTHESS 1972
Permokarbon. Sandstein (Böhmen)	700—6000	$7 \cdot 10^{-4}$—$6 \cdot 10^{-3}$	JETEL 1977
Karb.-Sandstein Rheden (Norddeutschland)	0,3—3	$3 \cdot 10^{-7}$—$3 \cdot 10^{-6}$	FABIAN und MÜLLER 1962
Galesville Sandstein (Kambr. Illinois)	800	$8 \cdot 10^{-4}$	Exkursions-Bericht
Devon. Sandstein (Rhein. Schiefergebirge)	10^{-6}—$2 \cdot 10^{-5}$	10^{-12}—$2 \cdot 10^{-11}$	HEITFELD 1965
Erzgebirge-Granit (Böhmen), unverwittert	1—100	10^{-6}—10^{-4}	JETEL 1977

Der k_f-Wert ist temperaturabhängig. Abweichungen von der für oben genannte Gleichungen gültigen Temperatur von 20° C machen sich nicht unerheblich bemerkbar. So beträgt der k_f-Wert bei 10° das 0,77fache, bei 30° C das 1,55fache des k_f-Wertes, bei 20° C (vergleichsweise beträgt die Grundwassertemperatur in Mitteleuropa ca. 8—12° C, in Nordeuropa sinkt sie ab bis zum Gefrierpunkt, in der Sahelzone Afrikas beträgt sie bis 28° C.

Die 3 möglichen Bewegungsrichtungen lassen sich in einer Gleichung berücksichtigen. Das Verfahren setzt die Isotropie des Grundwasserleiters, also die Gleichheit des k_f-Wertes in jeder Richtung voraus. Außerdem sind eine stationäre (zeitlich unveränderliche) Strömung und konstante Dichte ϱ anzunehmen. Auch instationäre Strömung für gespanntes Grundwasser läßt sich in einer analogen Gleichung berücksichtigen. Doch ist mit RICHTER und LILLICH (1975) darauf hinzuweisen, daß

— einerseits die Inhomogenität des Aquifers „nur sehr unvollständig vergleichbar mit dem mathematischen Modell eines unendlich ausgedehnten, völlig isotropen Mediums“ ist, und
— andererseits auch stationäre Strömung — streng genommen — beim Grundwasser kaum verwirklicht ist (ständige Schwankung des Grundwasserspiegels, unterschiedlicher Zustrom und Abstrom bei ständig wechselnder Neubildung).

Da die vornehmlich zu behandelnden Festgesteine eine unvergleichlich stärkere Anisotropie als die Lockergesteine aufweisen, und für sie die Porendurchlässigkeit meist keine entscheidend wichtige Rolle spielt, wird der weitere Ausbau des Darcyschen Gesetzes in der vorstehend angedeuteten Form nicht näher dargestellt. Es wird auf die entsprechende Spezialliteratur verwiesen.

Das Darcysche Gesetz ist nicht anwendbar, wenn die Inhomogenität der Gesteine bzw. die Anisotropie des Gebirges dies verbietet und auch nicht, wenn die Geschwindigkeit der Fließbewegung zu groß wird, z. B. in der Nähe eines Brunnens beim Pumpversuch, so daß der Übergang des laminaren in den turbulenten Fließzustand zu erwarten ist.

Eine zweckmäßigere Ausdrucksform für die Gesteins- und Gebirgsdurchlässigkeit ist die *Transmissivität* T (engl.: transmissivity; franz.: transmissivité), die für eine homogene Schicht als ein Produkt des Durchlässigkeitsbeiwertes k_f und der Mächtigkeit des durchflossenen Aquifers (M) definiert ist und für ein geschichtetes, nicht allzu stark geklüftetes Gestein (z. B. Buntsandstein) als Summe der Transmissivitäten der Einzelschichten betrachtet wird. Dieses Verfahren der Durchlässigkeitsermittlung eines inhomogenen Gebirgsabschnitts ist vorteilhafter als das des arithmetischen Mittels von Durchlässigkeitsbeiwerten, wie DÜRBAUM, MATTHES und RAMBOW (1969) beim Vergleich von Gebirgsdurchlässigkeiten erkannt haben, die bei Pumpversuchen ermittelt wurden.

$$T\,[m^2/s] = \frac{Q\,[m^3/s] \cdot v_f\,[m/s]}{F\,[m^2]}$$

$$= \frac{Q\,[m^3/s] \cdot k_f\,[m/s] \cdot \dfrac{\Delta h}{\Delta s}\left[\dfrac{m}{m}\right]}{F\,[m^2]}$$

$$= k_f\,[m/s] \cdot M\,[m]$$

Die Transmissivität, die hauptsächlich bei Lockergesteinsuntersuchungen berechnet wird, hat auch bei halbfesten Gesteinen und in der Verwitterungszone von Festgesteinen gewisse Anwendungsbereiche.

In der Erdölprospektion wird statt des Durchlässigkeitsbeiwertes k_f der Permeabilitätswert 1 Darcy benutzt:

Ein Darcy ist definiert als Durchflußvermögen von 1 cm^3 einer Flüssigkeit mit der Viskosität von 1 cp (Centpoise) in 1 sec durch ein Gesteinsstück von 1 cm Länge und 1 cm^2 Querschnitt bei einem Druckunterschied von 1 at zwischen Eintritts- und Austrittsstelle bei einer Temperatur von 0° C und einem atmosphärischen Druck von 760 mm.

1 Darcy (d) hat die Dimension [cm^2]; meist wird mit Millidarcy (md) gerechnet. Die Permeabilität von 1 Darcy entspricht ungefähr einem k_f-Wert von 10^{-5} m/s bei Wasser von 4° C.

3.4 Fugendurchlässigkeit des aus nichtverkarstungsfähigen Festgesteinen aufgebauten Gebirges

3.4.1 Strömung in Klüften und Störungen

Es wurde schon erwähnt, daß das für poröse Medien gültige Darcysche Gesetz in gewissen Fällen für die Kluftwasserströmung anwendbar ist. Wenn die Fugenabstände im Vergleich zu den Abmessungen des gesamten untersuchten Bereichs sehr klein und räumlich gleichmäßig verteilt sind, kann der klüftige Fels als ein kontinuierliches, quasiisotropes Medium definiert werden, dessen Durchlässigkeit sich durch das verallgemeinernde Darcysche Gesetz beschreiben läßt.

In allen anderen Fällen sind für ein quantitatives Erfassen der Kluftdurchlässigkeit des Gebirges oder für eine Gebirgsdurchlässigkeit mit Kluft- und Porenwasserströmung (bzw. beim Auftreten röhrenartiger Fließwege) angepaßte Modellvorstellungen von idealisierten Kluftkörpern mit mathematisch erfaßbaren Spaltströmungen bzw. kombinierte Spalt- und Porenströmungen zu entwickeln. Trotz der sehr unterschiedlichen natürlichen Gegebenheiten wie variable Richtungen der Klüfte (Spalten), verschiedenartige Abstände, wechselnde Erstreckungen und Öffnungsweiten, trotz unterschiedlicher Rauhigkeiten, Unebenheiten und verschieden starker sekundärer Füllung ist vielfach in den letzten 3 Jahrzehnten (wenn man von einigen älteren Versuchen absieht) versucht worden, vereinfachte Typen der Kluftzerlegung des Gebirges und der Kluftgestaltung zu definieren und die Spaltströmung zu erfassen, — wenn auch mit wechselndem Erfolg.

Viele ältere Arbeiten leiden darunter, daß sie für eine mathematische Erfassung der ein- bzw. zweidimensionalen Spaltströmung Idealisierungen durchgeführt haben, die der Natur nicht entsprachen. Randbedingungen wurden nicht oder nicht genügend beachtet. Daher ist es nicht zu verwundern, wenn die im geklüfteten Fels gemessene Permeabilität nicht mit der übereinstimmte, die von gemessenen Orientierungen und Öffnungen errechnet wurden [1].

[1] "It has been pointed out that permeability will remain empirical in nature even though we can describe the geometry of fracture conduits more adequately than we can describe intergranular pores; the description can never be complete" (Snow 1972).

Indessen sind manche hoffnungsvolle theoretische, experimentelle und abschätzende Verfahren in den letzten Jahren entwickelt worden, die den natürlichen Gegebenheiten besser entsprechen und die insbesondere auch für die Lösung praktischer Probleme hilfreich sein können. So ist von verschiedenen Autoren zur mathematischen Ermittlung von Strömungsvorgängen im unverformten Gebirge die Methode finiter Elemente angewandt worden. In Laboratoriumsversuchen sind der Einfluß verschiedener Kluftweiten und unterunterschiedlicher Rauhigkeiten sowie andere Voraussetzungen und Randbedingungen der Natur für die Durchlässigkeit natürlicher Klüfte untersucht worden. Man hat zwischen linear-laminaren, nicht linear-laminaren und turbulenten Fließbereichen unterschieden (Sharp und Main 1972).

Die größten Schwierigkeiten bereitet die Beurteilung der im nicht aufgeschlossenen Gebirgsteil verdeckten Randbedingungen, die zu einer ausreichenden Beschreibung der natürlichen Situation notwendig sind. Neue Möglichkeiten ergeben sich durch Beobachtung und Photoaufnahmen im Bohrloch mit Bohrlochkamera (zusammen mit Feldkartierung), um die Kluftverteilung und -gestaltung zu erkennen und für die Berechnung von Durchflußweiten zu verwenden (Banks 1972).

Auf die Ausführungen von M. Wallner in Kap. 4 dieses Buches sei hingewiesen.

3.4.2 Geologische und hydrogeologische Erkundung zur groben Abschätzung der Wegsamkeit des Gebirges

Durch geologische und hydrogeologische Methoden soll eine genaue Vorstellung über Art, lithologische Beschaffenheit und Verbreitung, gegebenfalls über Tiefenlage und Mächtigkeit der wasserführenden Gebirgsbereiche (Aquifere) gewonnen werden. Dazu dienen außer geophysikalischen Erkundungen die stratigraphisch/petrographisch-tektonische sowie die spezielle *hydrogeologische* Kartierung. In vorhandenen Kartierungen, die wegen der unterschiedlichen Zwecke in verschiedenen Maßstäben ausgeführt sind, können bereits wichtige Vorarbeiten der Kompilation vieler Daten geleistet sein. Aus ihnen können im allgemeinen schon erste Anhaltspunkte bezüglich der Gebirgsdurchlässigkeit gewonnen werden (Karrenberg 1961, 1974, 1978; Unesco-Legende).

Bei *schichtigem Gebirge* mit flach liegenden oder wenig geneigten bzw. gestörten Festgesteins-Aquiferen (z. B. paläozoische Tafellandschaften, mesozoisches und tertiäres Deckgebirge paläozoischer Gebirgsrümpfe) sind die geologischen Verhältnisse zur Tiefe hin meist am übersichtlichsten (Die in der Tiefe anzutreffenden Lagerungsverhältnisse werden in hydrogeologischen Karten meist besser dargestellt als in geologischen Karten, die üblicherweise nur die Lagerungsverhältnisse an der Erdoberfläche oder an der Basis der quartären Bedeckung wiedergeben!). Die Angaben erfolgen mit Linien gleicher Tiefenlage der Basis oder des Daches der Aquifere. (mehrere — wenn vorhanden — im gleichen Kartenbild); zusätzlich werden die Mächtigkeit der Aquifere, ihre Verbreitung und lithologische Ausbildung vermerkt. Eingezeichnet wird auch, wo und in welcher Weise die Aquifere von Störungszonen betroffen werden, mithin wo das Gebirge möglicherweise stärker geklüftet ist, eine gesteigerte Gebirgsdurchlässigkeit aufweist und hydraulische Verbindungen hergestellt sein können sowie wo das Erneuerungsgebiet erweitert oder begrenzt ist.

In solchen Karten sind meist bereits die freien oder gespannten Grundwasserspiegel eingetragen oder es sind Gebiete angegeben, in denen ein bestimmter Aquifer in angezeigter Tiefe Süßwasser in einer für die menschliche Nutzung interessanten Menge enthält.

Profilschnitte, häufig in Serien angeordnet, vervollständigen das angestrebte räumliche Bild.

Erforderlichenfalls können Archivdaten (z. B. der amtlichen Stellen zusätzlich herangezogen werden, besonders wenn bei kleinem Maßstab der vorhandenen Karten die Menge der zur Verfügung stehenden Daten nicht veranschaulicht werden konnte oder neuere Untersuchungsergebnisse vorliegen, die in den Karten noch nicht verwertet sind.

Solche hydrogeologische Karten können wesentlich durch das *Luftbild* oder Satellitenblid ergänzt werden (MÜHLFELD 1969, REUL 1972, GERLACH 1977), auf denen vielfach tektonische Linien (Störungen, Flexurzonen, Kluftmaxima, s. Abb. 2.7) zu erkennen sind, sofern sie an der Erdoberfläche ausstreichen und nicht durch mächtiges Quartär oder sonstiges Deckgebirge der direkten Beobachtung entzogen werden. Aber selbst in Fällen von Quartärbedeckung sind oft Vernässungszonen im Luftbild sichtbar, die auf grundwasserrelevante Störungszonen im Untergrund schließen lassen. Solche Aufnahmen geben gelegentlich bessere Auskunft über den Verlauf hydrogeologisch wichtiger Linien, als dies durch geologische Kartierung vom Boden aus zu erkennen möglich ist.

Zur Vervollständigung des aus den vorgenannten Unterlagen gewonnenen Bildes kann es bei Informationslücken notwendig werden, *Aufschlußbohrungen* auszuführen. Bohrungen liefern nicht nur die gewünschten geologischen und lithologischen Daten, sondern in den Bohrlöchern können auch wichtige geophysikalische Messungen (Logs) ausgeführt werden, die u. a. genauere Angaben zur Lage des Wasserspiegels und von Schichtgrenzen, zur Porosität usw. liefern.

Bei *stark gefaltetem Gebirge*, z. B. in den paläozoischen Gebirgsrümpfen Mitteleuropas sind Schichtlagerungskarten naturgemäß meist nicht möglich. Hier endet die hydrogeologische Erkundung schon aus Mangel an genügend eng stehenden Bohraufschlüssen meist in wenigen Zehnmeter Tiefe. Wichtig bleibt dagegen die Kartierung von Störungszonen bzw. -linien, die auch im Luftbild oft hervorragend zu erkennen sind, da sie wegen der Zerrüttung der Gesteine und ihres Verbandes morphologisch gut herauspräpariert sind. Eingelagerte alte und junge Eruptiva sind ebenfalls morphologisch meist gut präpariert und durch Kartierung und Luftbildaufnahme im allgemeinen leicht zu orten.

Bei *Gebirge aus metamorphen und magmatischen Gesteinen* ist die Erkundung von Störungszonen oft das wichtigste Mittel hydrogeologischer Erkundung. Auch hier leistet das Luftbild hervorragende Dienste.

Alle diese Arbeiten können zunächst nur *relative* Angaben zur Verbreitung von Aquiferen und zur Gebirgsdurchlässigkeit liefern. Aber vielfach ist dies schon wichtig. So ist z. B. in einem schlecht aufgeschlossenen und durch Bohrungen nicht erkundeten Gebiet, das nach der allgemeinen geologischen Situation als wenig „wasserhöffig" anzusehen ist, die Kenntnis von Zonen *relativ* größerer Durchlässigkeit von unschätzbarem Wert.

3.4.3 Pumpversuche zur Bestimmung der Gebirgsdurchlässigkeit

Das Verfahren, mit Hilfe von Pumpversuchen die Gebirgsdurchlässigkeit, d. h. den k_f-Wert zu ermitteln, ist in Lockergesteinen allgemein üblich. In nichtverkarstungsfähigen Festgesteinen muß entsprechend der Inhomogenität und verbreiteten Anisotropie meist mit einer stark schwankenden Durchlässigkeit gerechnet werden, die die Anwendbarkeit des Darcy'schen Gesetzes und der darauf basierenden Pumpversuchsauswertung als zweifelhaft erscheinen lassen.

Folgende Bedenken können sich ergeben:

a) Die Fugen können sehr unregelmäßig verteilt sein, und sind es meist auch. Eine einzelne, vom Brunnen angeschnittene Spalte kann die Ursache der gesamten Brunnenergiebigkeit oder eines überwiegenden Teils sein, während das übrige, von einem Bohrloch durchörterte Gebirge praktisch nicht wasserführend ist. In einem solchen Fall würde ein im Pumpversuch ermittelter k_f-Wert ein falsches Bild der Gebirgsdurchlässigkeit ergeben. Er würde zu hoch liegen, wenn Pump- und Beobachtungsbrunnen zufällig innerhalb der Störungszone liegen und sicher zu tief, wenn sich die Beobachtungsbrunnen im benachbarten, wenig durchlässigen Gebirgsbereich befinden. Bei extrem unregelmäßiger räumlicher Verteilung von wasserführenden Störungen und Fugen müßte ein sehr dichtes Netz von Beobachtungsbrunnen in der Umgebung des Pumpbrunnens angelegt werden. Dies wird in den meisten Fällen zu kostspielig sein, ist aber für große Bauobjekte im Felsgestein denkbar, wodurch ein „mittlerer k_f-Wert oder — besser — eine „mittlere Transmissivität" für einen bestimmten größeren Gebirgsbereich ermittelt werden könnte.

b) Das Darcy'sche Gesetz gilt nur für laminare Strömung. Im Festgestein, das von wenigen wasserführenden Fugen durchschnitten ist, kann das Spiegelgefälle zum Brunnen hin sehr steil werden. In solchen Fällen muß mit Turbulenz in der Nähe des Pumpbrunnens gerechnet werden. Es kann auch Luft in größerem Maße mitgerissen werden.

c) Die Untersuchungsmethode ist — wie Heitfeld (1965) betont hat — nur im Grundwasserbereich anwendbar. Tief liegende Grundwasserspiegel geben, z. B. im Talsperrenbau, keine Möglichkeit, die Durchlässigkeit der Talhänge, also wesentlicher Teile des Talsperrenuntergrundes zu prüfen. Bei Bauobjekten in Trockengebieten der Erde liegt vielfach der Grundwasserspiegel noch erheblich unter dem Talniveau, so daß Pumpversuche im ganzen für den Talsperrenbau wichtigen Tiefenbereich nicht möglich sind.

Immerhin sind für quasihomogene und quasiisotrope Gebirgsverhältnisse (wie halbfeste poröse mächtige Sandsteine und Konglomerate, Mergelsandsteine, Sandmergel und feingeklüftete Mergel, gut und eng geklüftete Eruptivgesteine sowie Verwitterungsbereiche sonst anisotroper Gesteinsfolgen) Pumpversuche zur angenäherten k_f-Bestimmung unter Anwendung des Darcy'schen Gesetzes möglich. Deshalb sei das Verfahren, obwohl es bekannt und vielfach beschrieben ist, kurz angeführt. Bezüglich der im Folgenden verwendeten Begriffe und Symbole sei auf die Abb. 3.3 verwiesen:

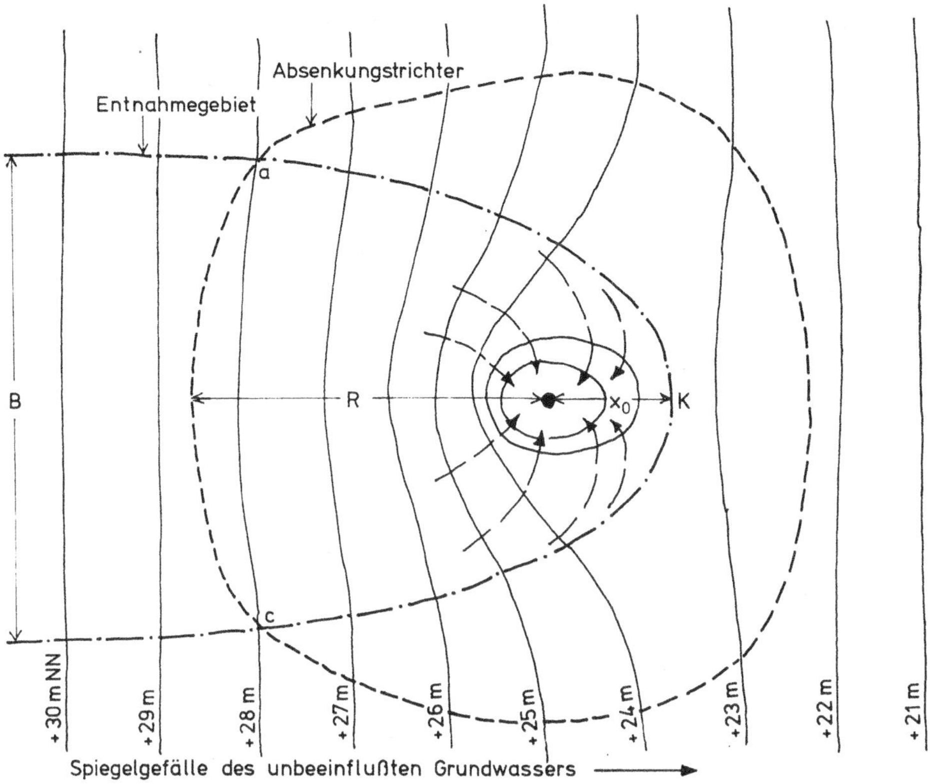

Abb. 3.3. Absenkungs- und Entnahmetrichter bei einem Pumpversuch (Prinzipskizze)

Der natürliche und durch Pumpen unbeeinflußte freie *Grundwasserspiegel* ist fast immer geneigt, hier von links nach rechts; er ist meist nicht ideal flach. Der *Absenkungstrichter* beim Pumpen reicht unterhalb des Brunnens über den *Entnahmetrichter* hinaus. Oberhalb des Brunnens geht der Entnahmetrichter in das *Einzugsgebiet* über; dieses kann sehr weit reichen. Der Absenkungstrichter hat wegen der geneigten Spiegelfläche und wegen der üblichen Inhomogenitäten des Aquifers eine *unregelmäßige Gestalt.*

Aus dem gleichen Grunde ist auch die Reichweite der Absenkung (R) in verschiedenen Richtungen unterschiedlich groß und wird daher vorteilhaft für verschiedene Richtungen mittels Peilrohren ermittelt, wobei sich unterschiedliche k_f-Werte ergeben können.

Die Reichweite (R) vergrößert sich während des Pumpversuchs, bis ein *quasistationärer Zustand* (Beharrungszustand) erreicht ist. R kann sich aber im Dauerbetrieb so weit ausdehnen, daß die natürlichen Fluktuationen der Grundwasseroberfläche die Grenze der Absenkung nicht mehr erkennen lassen (derartige Fluktuationen von etwa $^1/_2$ m Höhe können in der Praxis als solche nur schwer identifiziert und abgetrennt werden).

Die *Entnahmebreite* (B) ist nur angenähert bestimmbar; in der Höhe des Brunnens ist die Zustrombreite etwa B/2. Die *Untere Kulmimation* (K) liegt im Abstand x_0 vom Brunnen und ist angenähert gleich B/4 π.

Die fachgerechte Durchführung und mathematische Auswertung von Pumpversuchen hängt von einer Anzahl Voraussetzungen ab, die alle meist nur unvollkommen erfüllt sind und daher das Ergebnis als nicht exakt erscheinen lassen. Aber die meist naturbedingten, z. T. auch technisch beeinflußten Abweichungen vom Idealfall sind oft nicht so groß, daß auf die Anwendung der im Folgenden aufgeführten Berechnungsmethoden verzichtet werden müßte. Diese Voraussetzungen sind (s. auch RICHTER und LILLICH 1975):

- Der Aquifer ist praktisch unendlich weit ausgedehnt
- Der Aquifer ist homogen und isotrop und hat in dem vom Pumpversuch unbeeinflußten Gebiet eine gleichbleibende Mächtigkeit
- Die Grundwassersohle ist nicht geneigt
- Im unbeeinflußten Zustand ist die freie Grundwasseroberfläche bzw. die Grundwasserdruckfläche nahezu horizontal
- Der Brunnen wird mit einer konstanten Entnahme betrieben
- Der Brunnen ist „vollkommen", d. h. er ist über die ganze Mächtigkeit des Aquifers ausgefiltert
- Der Brunnendurchmesser ist klein im Vergleich zum beeinflußten Bereich
- Der Bereich des Absenkungstrichters in einem Aquifer mit freier Grundwasseroberfläche wird nicht von einem Vorfluter durchzogen, der mit dem Grundwasser in Kontakt steht.

Für die meisten der aufgeführten Bedingungen sind in den letzten Jahren angepaßte Methoden beschrieben worden (u. a. KRUSEMANN und DE RIDDER 1973). Insbesondere ist auch der Fall eines anisotropen Aquifers berücksichtigt worden, der für den Bereich der hier zu behandelnden Festgesteine von besonderem Interesse ist.

Pumpversuche mit stationären Bedingungen

Die ersten Bemühungen um eine mathematische Erfassung des Pumpvorgangs gehen auf DUPUIT zurück und setzen das Erreichen des oben schon erwähnten, quasistationären Zustandes der Absenkung im Brunnen und in benachbarten Peilrohren bei gleichbleibender Entnahme voraus.

Nach J. DUPUIT gilt für Grundwasser mit freier Oberfläche:

$$Q = \pi \cdot k_f \frac{H^2 - h^2}{\ln \frac{R}{r}}; \quad k_f = \frac{Q \cdot \ln \frac{R}{r}}{\pi \cdot (H^2 - h^2)}$$

und für Grundwasser mit gespannter Oberfläche:

$$Q = 2 \cdot m \cdot \pi \cdot k_f \frac{H - h}{\ln \frac{R}{r}}; \quad k_f = \frac{Q \cdot \ln \frac{R}{r}}{2m \cdot \pi \cdot (H - h)}$$

Da R nur schwer zu ermitteln ist, führte G. THIEM 2 Peilrohre zur Beobachtung des abgesenkten Grundwasserspiegels in der Nachbarschaft des Brunnens ein (s. Abb. 3.4) und entwickelte aus den DUPUIT'schen Gleichungen die für Pumpversuche leichter anwendbaren Beziehungen für Grundwasser mit freier Oberfläche:

$$Q = \pi \cdot k_f \frac{h_2^2 - h_1^2}{\ln \frac{r_2}{r_1}}; \quad k_f = \frac{Q \cdot \ln \frac{v_2}{v_1}}{\pi (h_2^2 - h_1^2)}$$

und für Grundwasser mit gespannter Oberfläche:

$$Q = 2m \cdot \pi \cdot k_f \frac{h_2 - h_1}{\ln \frac{r_2}{r_1}}; \quad k_f = \frac{Q \cdot \ln \frac{r_2}{r_1}}{2m \cdot \pi \cdot (h_2 - h_1)}$$

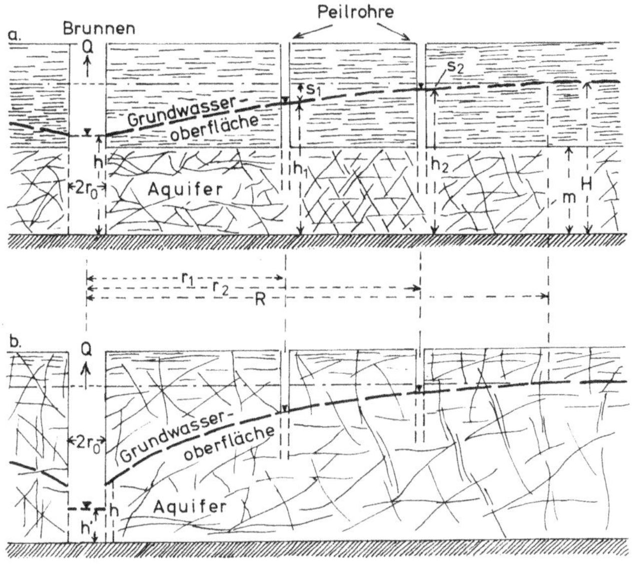

Abb. 3.4. Zur Durchführung von Pumpversuchen in annähernd isotrop geklüftetem Felsgestein, a) bei freiem Grundwasserspiegel, b) bei gespanntem Grundwasser

Ersetzt man nach G. THIEM (1906) und W. WIEDERHOLD (1961, 1965) $h_1 + h_2 \approx 2$ m, so ist $h_2^2 - h_1^2 \approx 2\,m \cdot (h_2 - h_1) \approx 2\,m \cdot \Delta\, s$.

Man erhält so:

$$Q = \frac{\pi \cdot k_f}{n \frac{r_2}{r_1}} \cdot 2m \cdot \Delta s$$

Ersetzt man weiterhin Δ s durch s_1—s und wählt als Abstände r_1 und r, so ergibt sich:

$$s = \left\{ s_1 - \frac{Q \cdot \ln r_1}{2\pi \cdot k_f \cdot m} \right\} + \frac{Q \cdot \ln r}{2\pi \cdot k_f \cdot m}$$

Statt des ungewohnten natürlichen Logarithmus läßt sich der Brigg'sche (dekadische) Logarithmus einsetzen, und zwar durch Multiplikation mit dem Faktor 2,3026. Der Wert $\frac{2{,}3026}{2\pi} = 0{,}3665$ ermöglicht eine weitere Vereinfachung. Letztgenannte Gleichung lautet dann:

$$s = \left\{ s_1 - 0{,}3665 \frac{Q}{k_f \cdot m} \lg r_1 \right\} + 0{,}3665 \frac{Q}{k_f \cdot m} \lg r$$

Mit Hilfe dieser Gleichung wird die Transmissivität und der k_f-Wert bestimmt:

$$T = k_f \cdot m = \frac{0{,}3665 \cdot Q}{\Delta s}; \quad k_f = \frac{T}{m}$$

Pumpversuche mit nichtstationären Bedingungen

Sind wärend eines Pumpversuchs mit konstanter Entnahme noch keine stationären Bedingungen eingetreten, so können gleichwohl auch für diese Phase Beziehungen zwischen den Meßwerten des Pumpversuchs gefunden werden. C. V. Theis (1935) hat sich zuerst mit diesen Fragen befaßt und folgende Gleichung aufgestellt:

$$s\,(r, t) = \frac{Q}{4\pi \cdot k_f \cdot m} W \left(\frac{r^2 \cdot S}{4\, k_f \cdot m \cdot t} \right)$$

Setzt man $\frac{r^2 \cdot S}{4 \cdot k_f \cdot m \cdot t} = u$, so ergibt sich

$$s\,(r, t) = \frac{Q}{4\pi \cdot k_f \cdot m} W(u)$$

Die Werte für die Funktion W(u) können aus einer auf doppeltlogarithmischem Papier aufgetragenen Kurve (Theis'sche Typkurve, nach Dürbaum 1969) entnommen werden.

C. E. Jacob (1940, 1950) hat die Theis'sche Formel vereinfacht und auf dekadische Logarithmen umgestellt. So ergibt sich:

$$s = \frac{2{,}30 \cdot Q}{4\pi \cdot T} \lg \frac{2{,}25 \cdot T \cdot t}{r^2 \cdot S}$$

Durch Auflösung erhält man

$$T = \frac{0{,}3665 \cdot Q}{2\pi \cdot \Delta s} \text{ und } S = 2{,}25 \cdot T \left(\frac{t_o}{r^2} \right)$$

wobei S der Speicherkoeffizient und Δ s die Absenkung zwischen zwei um eine Zehnerpotenz auseinanderliegende Zeitpunkte angeben.

Durch Auftragung von Pumpergebnissen verschiedener Bohrungen, die in einer hydrogeologischen Einheit stehen, in einem *Leistungs-/Absenkungs-Diagramm* kann man einen guten regionalen Überblick über Veränderungen der Wegsamkeit in dieser hydrogeologischen Einheit erhalten (s. Abb. 3.5.)

Die sogenannten Brunnencharakteristiken für bestimmte Aquifers hängen außer von den geologischen Verhältnissen von vielen technischen Bedingungen der Brunnen ab. Daher streuen die Leistungsangaben von „sehr geringer“ bis „sehr hoher“ Leistung und lassen nur eine allgemeine Orientierung zu.

Die statistische Auswertung nach Art der Abb. 3.6. zur Ermittlung des Medianwertes der Verteilung von Brunnenleistungen in einem größeren Ge-

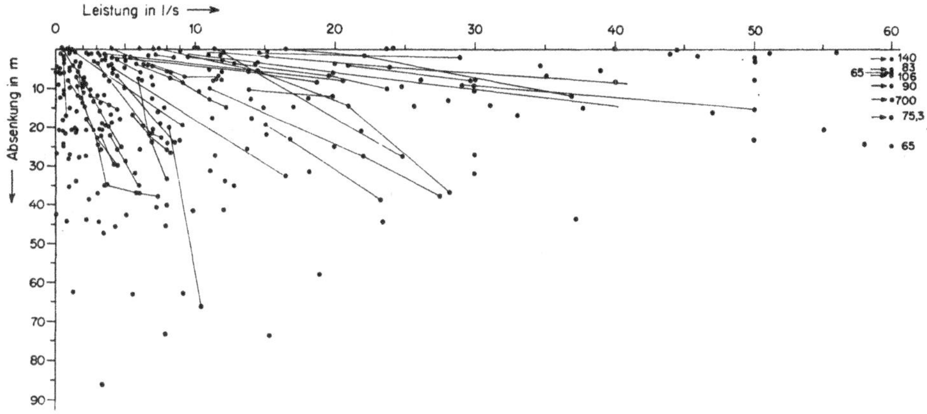

Abb. 3.5. Leistungs-Diagramm von Brunnen in Basalt (Vogelsberg), nach Matthess (1970)

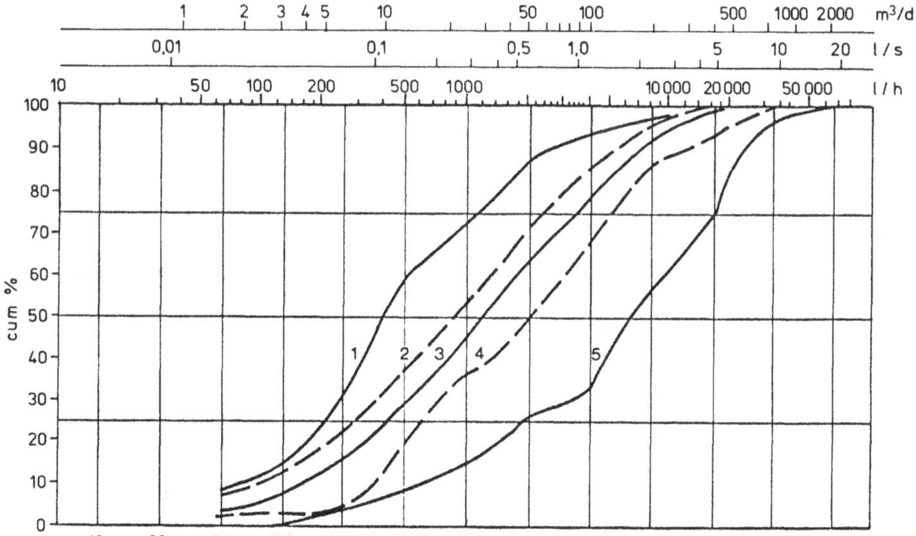

Abb. 3.6. Verteilung der Brunnenleistungen in einigen schwedischen Gesteinstypen. (Nach G. Persson, im Druck.) *1* Gneis sedimentären Ursprungs in Ost-Schweden; Q_M (Medianwert) von 331 (n) Bohrungen ist 320 l/h. *2* Saure bis intermediäre Intrusiva (Granite), teilweise gneisig, in Ost-Schweden; Q_M = 800 l/h, n = 363. *3* Saure bis intermediäre Intrusiva (Granite) in Süd-Schweden; Q_M = 1200 l/h, n = 489. *4* Saure bis intermediäre Vulkanite (Porphyre) in Süd-Schweden, Q_M = 2100 l/h, n = 68. *5* Kambrische Sandsteine, Q_M = 7200 l/h, n = 83

steinskomplex ist eine gute Möglichkeit regionaler hydrogeologischer Charakterisierung, auch wenn die Streuung sehr groß ist.

3.4.4 Vergleiche der Gesteinsdurchlässigkeiten mit Pumpergebnissen

Häufig wird in der Literatur über Versuche berichtet, eine „mittlere" Porenwasserbewegung in nicht verkarstungsfähigen Festgesteinen zu bestimmen und diese mit der bei Pumpversuchen festgestellten Gebirgsdurchlässigkeit zu vergleichen. Man hat zu diesem Zweck z. B. aus Kernbohrungen in möglichst kurzen Abständen Proben entnommen, diese im Labor auf Durchlässigkeit untersucht und die Ergebnisse zu mitteln versucht, um einen für die gesamte, von der Bohrung erfaßte Schichtfolge repräsentativen Mittelwert der Gesteinsdurchlässigkeit zu finden. Es ist klar, daß dem Abstand der Proben durch Arbeitsaufwand und Kosten Grenzen gesetzt sind, und die Übertragung von einzelnen untersuchten Probenwerten auf das gesamte Bohrprofil sehr fragwürdig bleibt, da die Auswahl der Proben nicht ohne subjektiven Einfluß geschieht und die Berücksichtigung nicht beprobter Strecken (z. B. tonreicher Lagen im Buntsandstein) bei der Mittelbildung schwierig ist.

Solche nur auf Porendurchlässigkeit beruhenden Werte wiesen bei ca. 2000 Proben aus 66 Brunnenbohrungen in oberkarbonischen Sandsteinen des zentralen Oklahoma, USA (Johnson und Greenkorn 1960, 1962, 1963) zwar große Durchlässigkeitsunterschiede auf, stimmten aber im arithmetischen Mittel gut mit dem Ergebnis eines Kontrollpumpversuchs überein, der an einem zentralen Punkt des Untersuchungsgebietes ausgeführt wurde. Danach hätte also bei diesem Gebiet eine Trennfugendurchlässigkeit praktisch nicht existiert, und die im Pumpversuch festgestellte Durchlässigkeit wäre nur auf die Porendurchlässigkeit zurückzuführen gewesen. Ein solches Ergebnis ist kaum erklärbar.

Im thüringischen Buntsandstein sind bei ähnlichen Versuchen wesentlich andere Ergebnisse erzielt worden (Hauthal 1967). Hier soll die Gesteinsdurchlässigkeit 3—5% der Gebirgsdurchlässigkeit betragen haben.

Udluft (1969) fand für den Unteren Buntsandstein der Südrhön zwischen 6 und 9 md, im Mittleren Buntsandstein zwischen 0,8 und 480 md und für die Sollingfolge des „Oberen" Buntsandsteins zwischen 22 und 900 md.

Seiler (1968, 1969) kam bei 7—8% nutzbarem Hohlraum (davon nur 0,1—1% Kluftvolumen) auf 30% Grundwasserabfluß über Klüfte und rd. 70% durch Porenraum im Buntsandstein des südlichen Saarlandes.

Von mehreren Bohrungen im hessischen Buntsandstein sind (nach Dürbaum, Matthess und Rambow 1969 und Matthess 1970) ca. 200 Proben — in Abständen von 1 bis 5 m — entnommen, und Durchlässigkeiten im Labor festgestellt worden. Diese zeigen deutlich Abhängigkeiten von den stratigraphischen Einheiten und von der Lage der Bohrungen im Sedimentationsraum. Teilweise stimmen makroskopisch auffällige grobkörnige Partien, wie sie jeweils an der Basis der Sandsteinfolgen auftreten, mit erhöhten Durchlässigkeitswerten der in diesen Partien gezogenen Kerne überein. Dies ist besonders deutlich in den am Beckenrand gelegenen Bohrungen, die petrographisch stärkere Differenzierungen aufweisen (Abb. 3.7).

Beim Vergleich dieser Porendurchlässigkeitswerte mit den Ergebnissen der das ganze Gebirge betreffenden Pumpversuche wurde festgestellt, daß die ersteren meist sehr erheblich unter denen der Pumpversuche lagen und die Brunnenleistungen nur *maximal* zu 20% (z. T. noch wesentlich weniger) auf der Porendurchlässigkeit beruhen. Die Trennfugen müßten offenbar eine relativ bedeutende Rolle für die Gebirgsdurchlässigkeit spielen.

Eine Erhöhung der Trennfugenhäufigkeit ist beim Buntsandstein sicher auch im Bereich von Subrosionsgebieten durch Ablaugung des unterlagernden Zechsteinsalzes zu erwarten, die ein Nachbrechen der hangenden Buntsandsteinfolge nach sich zieht. Bei der Beurteilung des Verhältnisses von Gestein- zu Gebirgsdurchlässigkeit muß auch an Störungszonen, die in dem sehr mächtigen und oft nicht gut aufgeschlossenen Buntsandstein gelegentlich nicht leicht

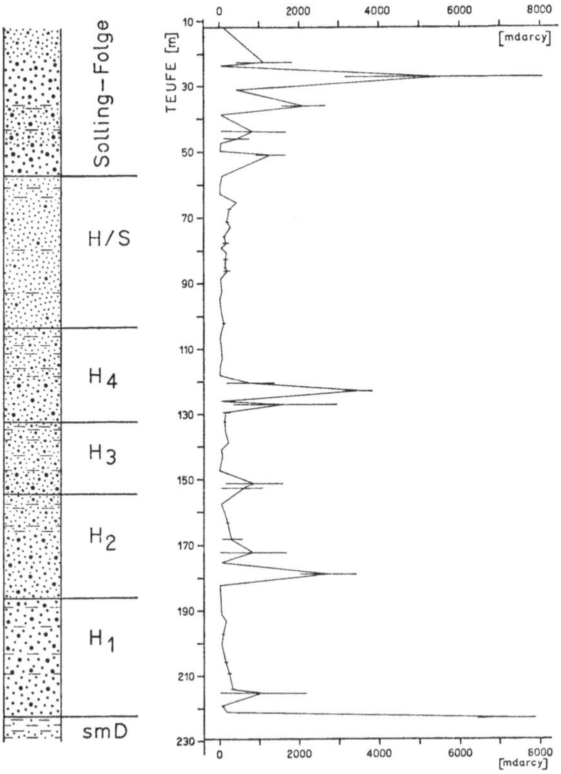

Abb. 3.7. Durchlässigkeit und petrographische Ausbildung in der Solling- und Hardegsen-Folge des Mittleren Buntsandsteins der Bohrung Haarhausen VI. (Nach MATTHESS 1970)

zu orten sind, gedacht werden. Im übrigen ist die viel beklagte große Unterschiedlichkeit in der Leistung der Buntsandsteinbrunnen noch keineswegs erschöpfend untersucht.

3.4.5 Weitere Methoden zur Abschätzung der Gebirgsdurchlässigkeit

3.4.5.1 Auffüllversuche bei Bohrlöchern

Da es oft nicht möglich ist, Pumpversuche durchzuführen, sind Methoden entwickelt worden, an Bohrlöchern und Peilrohren Auffüllversuche auszuführen, die ermöglichen, unter analogen Bedingungen, wie sie bei Pumpversuchen angegeben wurden, den k_f-Wert größenordnungsmäßig zu bestimmen. Solche Versuche sind nur bei einigermaßen homogenem und isotropem Gebirge sinnvoll, d. h. in Festgesteinen nur bei ziemlich gleichmäßiger Verteilung der Fugen oder im Verwitterungsbereich. Auch hier gilt, daß sonst nur das Aufnahmevermögen einiger weniger Fugen gemessen wird.

Als Messungen bei *stationären Strömungsverhältnissen* sind zu betrachten:

a) *Open-End-Tests.* Sie werden an unverrohrten Bohrlöchern ausgeführt, die bis in den Aquifer reichen und deren Radius r wesentlich keiner als die Höhe der Wassersäule im Bohrloch ist. Eine konstante Menge Q [m^3/s] wird zugegeben und dadurch die Wassersäule um die Höhe h erhöht. Es gilt dann:

$$k_f = \frac{Q}{5{,}5 \cdot r \cdot h} \; [m/s]$$

Derartige im Gelände sehr schnell und leicht auszuführende Tests werden z. B. im Verwitterungsbereich von Festgesteinen zur Beurteilung der Versickerungsfähigkeit vorgeklärter Abwässer benutzt. Das Verfahren ist zum regionalen oder örtlichen Vergleich unterschiedlicher Aufnahmemöglichkeit, also zu einer *relativen* Beurteilung zu verwenden. Im übrigen kann es nur den obersten Gesteinsbereich erfassen.

b) In Bohrlöchern können auch sognannte *Packertests* vorgenommen werden, wenn ein Mantelrohr bis unter den Grundwasserspiegel reicht. Dabei wird ein zweites gleichlanges Rohr eingeführt, das am unteren Ende mittels eines Packers mit dem Mantelrohr verbunden wird. In den darunterliegenden Aquifer wird — wie bei dem Open-End-Test — eine konstante Menge Wasser eingeleitet. Dann ergibt sich die Durchlässigkeit des Aquifers zu:

$$k_f = 0{,}3665 \cdot \frac{Q}{L \cdot h} \lg \frac{L}{r} \; [m/s]$$

wobei L die Höhe des unverrohrten Teils des Bohrloches (die $\geqq 10r$ sein soll),
h die Höhe der Wassersäule über dem natürlichen Grundwasserspiegel,
Q die Menge des zugeführten Wassers in m^3/s ist.

Dabei kann man auch 2 Packer setzen, wenn das Bohrloch tief ist und mehrere übereinanderliegende Aquifere getestet werden sollen. Man führt die Versuche abschnittsweise von unten nach oben durch. Auch zusätzlicher Druck ist anwendbar, wobei der Zusatzdruck in m Wassersäule dem Druck des im inneren Rohr stehenden Wassers hinzugerechnet wird.
Diese Methode ist wichtig bei übereinanderliegenden porösen oder gut geklüfteten, festen und halbfesten Gesteinen (z. B. des Mesozoikums und des Tertiärs, in Tafelländern auch des Paläozoikums).

Bei Messungen unter *nichtstationären Bedingungen* wird der Wasserspiegel im Bohrloch kurzfristig durch Wasserzugabe erhöht und das Absinken im zeitlichen Verlauf gemessen. Ebenso ist es möglich, nach einer kurzfristigen Absenkung den Wiederanstieg zeitlich zu verfolgen. Dabei kann die Gebirgsdurchlässigkeit angenähert angegeben werden mit:

$$k_f = \frac{r^2}{2 \cdot L \cdot (t_2 - t_1)} \cdot 5{,}3 \lg \left(\frac{L}{r}\right) \lg \left(\frac{h_1}{h_2}\right)$$

wobei L die Länge der offenen Bohrlochwand bzw. des Filters,
r der Radius des Bohrlochs,
h_1 der abgesenkte Wasserstand unter Ruhewasserspiegel zum Zeitpunkt t_1,
h_2 der Wasserstand zum Zeitpunkt t_2 ist

Weitere Hinweise sind aus der speziellen Literatur zu entnehmen (u. a. HEITFELD 1965, G. SCHNEIDER 1971). Die bei Auffüllungsversuchen erhaltenen Werte sind deutlich kleiner als die bei Pumpversuchen in gleichen oder hydrologisch vergleichbaren Gebieten und Aquiferen gefundenen Durchlässigkeitswerte. Dies wird darauf zurückgeführt, daß die hydraulischen Verhältnisse durch Filter und Kiesschüttung im Bereich der Infiltration gestört sind. Man kann auch annehmen, daß durch Absatz von Ton und Feinstsandpartikel bei Auffüllversuchen sehr bald eine Verminderung der Durchlässigkeit eintritt.

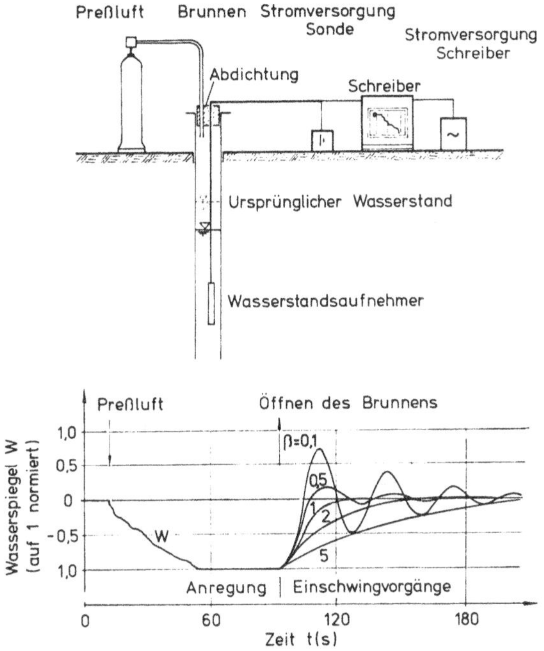

Abb. 3.8. Meßanordnung zur Anregung und Messung des Einschwingverfahrens (oben) sowie Anregung und Einschwingverfahren in der Auswertung (unten). (Nach I. KRAUSS, 1978)

3.4.5.2 Geophysikalische Transmissivitätsmessungen mit Hilfe des „Einschwingverfahrens" für den Grundwasserspiegel in Brunnen bei Festgesteinen

Neben den Pumpversuchen zur Bestimmung von k_f und T, die relativ kostspielig, zeitraubend und meist solitär sind, gibt es seit einigen Jahren die Möglichkeit, in gespannten Grundwasserleitern mit geringem Aufwand und somit in größerer Anzahl das Einschwingen des angestoßenen Grundwasserspiegels in Brunnen auszuwerten und damit die Transmissivität zu bestimmen. Das Verfahren hat seinen Ursprung in der Auswertung von Schwingungen des gespannten Spiegels, die in Brunnen durch Erdbeben erzeugt werden. Das gespannte Aquifersystem erwies sich nach KRAUSS 1974, 1977, 1978) als schwingungsfähig, wobei Amplitude und Verlauf der Schwingungen hauptsächlich von der Transmissivität des Aquifers abhängen.

Da die Schwingungsanregung durch Erdbeben nur selten und unvorhersehbar eintritt, hat I. KRAUSS ein einfaches technisches Verfahren mittels Preßluft zur Schwingungsanregung entwickelt (Abb. 3.8.).

3.4.5.3 Flußmesser (flowmeter)-Messungen in Bohrlöchern

In der Praxis der Erdölbohrungen ist ein Flußmesser (Continous flowmeter") zur Bestimmung unterschiedlich starker Zuflüsse aus verschiedenen Horizonten einer Bohrung vielfach angewandt und erprobt. Das Gerät ist von REPSOLD und RÜLKE (1969) für die besonderen Erfordernisse der hydrogeologischen Prospektion und des Brunnenbaus weiterentwickelt worden. Sein Zweck ist, die in unterschiedlicher Tiefe verschieden großen Wasserzu-

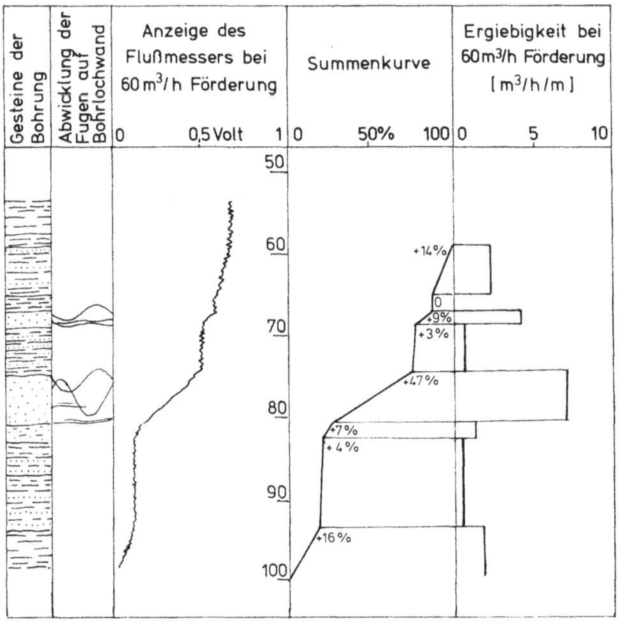

Abb. 3.9. Messung und Auswertung einer Flußmesser-Kurve

flüsse quantitativ zu bestimmen, also den Gesamtzufluß im Brunnen auf die verschiedenen Zuflußbereiche (Anteile einzelner Filterstrecken bzw. Abschnitte einer längeren Filterstrecke) aufzuschlüsseln.

Es handelt sich um ein kontinuierlich registrierendes Strömungsmeßgerät. Bei ihm durchströmt das beim Abpumpen oder unter Druck im Bohrloch aufsteigende Wasser von unten nach oben ein zylindrisches Meßrohr von 1,5 cm² Querschnitt. Das strömende Wasser setzt einen Propeller in Bewegung, dessen Drehzahl registriert wird. Man erhält so eine Summenkurve, die sich zusammensetzt aus einer durch die Fahrgeschwindigkeit bewirkten Basisanzeige („Fahreffekt") und der Auswirkung der anteiligen Wasserzuflußmengen aus den einzelnen Brunnenabschnitten. Die Auswertung ergibt die prozentuale Verteilung der Wasserzuflußmengen und daraus die Ergiebigkeit der fördernden Bohr- oder Brunnenabschnitte in m³/h je Meter fördernder Strecke bei einer bestimmten Pumprate.

Die Abb. 3.9 zeigt, daß in dem dargestellten Brunnen fast die Hälfte der geförderten Wassermenge in dem kurzen Filterabschnitt zwischen 76 und 80 m zufließt.

Die Kurven sind reproduzierbar und stimmen sogar bei verschiedenen Pumpmengen bis auf kleine, durch Turbulenzen bedingte Unregelmäßigkeiten überein. Für die Auswertung muß laminare Strömung angenommen werden.

Die Ermittlung von k_f-Werten aus solchen Versuchen war bisher noch nicht möglich. Die Messungen geben aber wichtige Hinweise auf relative Unterschiede in der Ergiebigkeit und damit der Durchlässigkeit in einem größeren, hydrogeologisch zusammenhängenden Gebiet.

Wenn auch bezüglich der Anwendung zunächst an Lockergesteine gedacht worden ist, so scheint die Methode besonders geeignet zu sein, in unverfilterten Festgesteinsbohrungen die Zuflüsse zu lokalisieren und mengenmäßig zu bestimmen. Man kann erkennen, ob die Zuflüsse sich über die ganze Bohrlochtiefe einigermaßen gleichmäßig verteilen oder ob sie auf wenige Kluftzonen bzw. auf nur eine angeschnittene Störung beschränkt sind. Die Messungen im nicht verfilterten Festgestein können durch Auskesselungen der Bohrlochwand qualitativ beeinträchtigt werden. Dies bewirkt eine Verminderung der Flußwassermenge, so daß eine Kalibermessung der Bohrlochwandung zur rechten Beurteilung sinnvoll ist.

3.4.5.4 Färbe-, Salzungs- und Isotopenimpfversuche sowie Temperaturmessungen

Färbe-, Salzungs- und Isotopenimpfversuche werden seit langem benutzt, um hydraulische Verbindungen im Gebirge nachzuweisen, und um Vorstellungen über die Geschwindigkeit der Wasserbewegung im Gebirge („Abstandsgeschwindigkeiten“) auf einfache Weise zu erhalten. Das klassische Anwendungsgebiet dafür ist der Karst. Aber auch in Lockergesteinen haben die Methoden inzwischen sich z. T. bewährt. Die „2. Internationale Fachtagung zur Untersuchung unterirdischer Wasserwege mittels künstlicher und natürlicher Markierungsmittel“ (Freiburg 1970), mit bei der Tagung gemeinsam benutztem Versuchsfeld im Pleistozän der Freiburger Bucht (s. Geol. Jahrb. C2, Hannover 1972) hat davon ein beredtes Zeugnis abgelegt. Die nichtkarbonatischen Festgesteine sind leider in dieser Forschungsrichtung bisher noch stiefmütterlich behandelt worden. Über die Feststellung hydraulischer Verbindungen mittels Markierungen, z. B. bei Grubenwässern des Steinkohlenbergbaus und bei Felsbauobjekten haben u. a. SEMMLER (1959) und HEITFELD (1965) berichtet, über die Ermittlung von Fließbewegungen im Buntsandstein und in vulkanischen Gesteinen durch Markierungen EISSELE 1963, 1966, MATTHESS und SCHMIDT 1967, SEILER 1968, BERGMANN und SEILER 1971, DAVIS et al. 1971.

Bei diesen Untersuchungen wird vielfach die Konzentrationswelle eines geeigneten Impfstoffs im Feldversuch an einer Eingabestelle („Geberbrunnen“) und einer Austrittsstelle („Nehmerbrunnen“) gemessen und so die Fließgeschwindigkeit in Abhängigkeit von Geologie und Gefälle ermittelt. Das aufgezeichnete Konzentrations/Zeit-Diagramm zeigt, daß die Dispersion angenähert einer logarithmischen Normalverteilung entspricht. Die Kurve ist im aufsteigenden Ast meist steiler, im fallenden Ast einer Glockenform angepaßt. Der Zeitpunkt des ersten Anstiegs der Kurve gibt die maximale Abstandsgeschwindigkeit v_{max} an. Die mittlere Abstandsgeschwindigkeit fällt nicht mit dem Kurvenmaximum zusammen. Vielmehr ist der Medianwert dann erreicht, wenn die Hälfte der Summe der pro Zeiteinheit durchgeflossenen Mengen überschritten ist. Aus Abstandsgeschwindigkeit und nutzbarer Porosität ergibt sich die Filtergeschwindigkeit:

$$v_f = v \cdot P_n$$

Die gemessenen Werte der Abstandsgeschwindigkeit hängen nicht nur von den örtlichen geologischen Verhältnissen (Durchlässigkeit) und Gefälle, sondern auch von der Wassermenge und von der Kontinuität des Abflusses ab, sie zeigen daher eine gewisse Streubreite bei gleichem Gestein. So hat EISSELE (1966) v_{max}-Werte zwischen 0,3 und 8,3 cm/s im Buntsandstein des Schwarzwaldes festgestellt (50% der Werte zwischen 1,4 und 4,2 cm/s, rechnerischer Mittelwert 3,5 cm/s). In tief gelegenen gespannten Buntsandsteinstockwerken des Schlüchterner Beckens (Hessen) wurden durch Tritium-Altersbestimmungen Abstandsgeschwindigkeiten von 30—60 cm/d ($= 3{,}5 \cdot 10^{-4} — 7 \cdot 10^{-4}$ cm/s) ermittelt (MATTHESS 1970, S. 50).

Die Kurven verschiedener Markierungsstoffe stimmen vielfach nicht überein oder sind verzerrt. Die Ursachen können zahlreicher Art und durch das Gebirge, das fließende Medium oder durch den Markierungsstoff selbst bedingt sein. In ungünstigen Fällen können die Ergebnisse mangelhaft oder negativ sein. Aber negative Versuchsergebnisse schließen das Bestehen hydraulischer Verbindungen nicht aus.

Über zahlreiche Ursachen von Schwierigkeiten und Unregelmäßigkeiten bei Markierungsversuchen ist in der Literatur berichtet worden:

— Alle Markierungsstoffe dürfen keine Störung der natürlichen hydraulischen Verhältnisse ergeben und müssen synchron mit der Grundwasserbewegung transportiert werden, d. h. keine signifikante Retension erfahren.

— Da das feste Gebirge mehr als das lockere von der Anisotropie geprägt ist, hängt dort die Abstandsgeschwindigkeit von der Wegsamkeit bevorzugter Bahnen, Spalten, Störungen ab. Ein ermittelter Wert gilt vorwiegend nur für diese Bahn, nicht für das ganze Gebirge.

— Wegen der Inhomogenitäten und der Anisotropie des festen Gebirges wird an der Meßstelle im allgemeinen kein eindeutiges Maximum der Konzentration erzielt; das Injektionsmittel wird zu stark und unregelmäßig verteilt, „gestreut".

— Farbstoffe werden z. T. vom Tonanteil oder Humus des Bodens adsorbiert. Uranin hat sich als relativ beständig erwiesen.

— Farbstoffe hängen bezügl. Beständigkeit und Intensität vom Chemismus des transportierenden Mediums, vor allem vom pH-Wert ab.

— Salzzugaben können zur Koagulation der tonigen Bodenteilchen und damit zur Verringerung der Durchlässigkeit führen,

— Salzzugaben in konzentrierter Form und großen Mengen können zu Dichteänderungen des Grundwassers und damit zu Vertikalbewegungen führen, die die Meßergebnisse stark verfälschen können,

— Die Disperion (hier die seitliche Ausbreitung des Markierungsstoffs) kann sehr begrenzt sein (SKIBITZKI 1958). Eingabe- und Meßstelle müssen im allgemeinen genau in der Strömungsrichtung liegen; kleine Abweichungen von der Richtung können große Fehler ergeben.

Mit jedem Markierungsstoff sind eigene Schwierigkeiten verbunden, jeder hat bestimmte Vorzüge, ideale Markierungsstoffe gibt es nicht.

Zur Impfung stehen heute *viele Stoffe* zur Verfügung, mit denen methodische Arbeiten und apparative Entwicklungen, sowie Versuche im Gelände und im Labor ausgeführt worden sind. Es handelt sich um *lösliche und emulgierende Stoffe* einerseits sowie *Driftstoffe* andererseits.

Der ersten Gruppe der löslichen und emulgierenden Stoffe gehören an:

— *Farbstoffe*, z. B. Uranin, Sulforhodamin, Rhodamin, Eosin, deren Konzentration quantitativ und reproduzierbar mittels Fluorometer (es gibt mehrere Fabrikate) mit höchster Empfindlichkeit gemessen wird. Die Nachweisbarkeitsgrenze liegt bei einer Verdünnung von 2 bis $4 \cdot 10^{-12}$ (Behrens 1971). Bei Anreicherung mittels Aktivkohle ist die Nachweisgrenze noch niedriger, der Nachweis ist aber nicht quantitativ zu führen (Bauer 1972).

— *Anorganische Salze* wie Steinsalz und Kalisalz. Salze haben zwar eine geringere Nachweisempfindlichkeit, lassen sich aber bei laufendem Betrieb eines Wasserwerks bedenkenlos dem Grundwasser beigeben (Schmassmann 1972, Bedenken wegen Dichteschichtung konnten in dem zitierten Fall ausgeräumt werden).

— *Radioaktive Isotope* wie Br-82, Cr-51, J-131, H-2 (Deuterium) O-18, C-14 (Radiokohlenstoff) sowie das in den Jahren 1962 bis 1967 durch Bombenexplosionen entstandene H-3 (Tritium)

— *neutronenaktivierte Elemente* (nach Probenahme aktiviert)

— *Detergentien*

— *Geruchsstoffe* (nicht löslich) wie Isoamylsalicylat (Orchideenblütenduft, Wahrnehmungsschwelle bei 1 : 100 Mill.), Isobornylacetat (Fichtelnadelduft, Wahrnehmungsschwelle bei 1 : 50 Mill.), Dipenten (Terpentin- und Limonenduft, Wahrnehmungsschwelle bei 1 : 10 Mill.). Ihre Abstandsgeschwindigkeiten hinken angeblich etwas hinter anderen Tracern nach. Eine quantitative Analyse ist noch nicht möglich (Schnitzer 1972).

Unter den Begriff *Driftstoffe* werden Lycopodiumsporen, die sich verschieden färben lassen, sowie unschädliche Bakterien zusammengefaßt, die ebenfalls bei angepaßter Technik für bestimmte Aufgaben mit Vorteil angewandt werden. Für nichtkarbonatische Festgesteine kommen sie jedoch wegen der im allgemeinen nur kleinen Hohlräume nicht in Frage. Lediglich bei hohlraumreichen jungen Vulkaniten wäre ihr Einsatz denkbar.

Schließlich sind *Temperaturmessungen* zu erwähnen, für die Fritzsch und Tauber (1972) apparative Möglichkeiten entwickelt haben zur Messung einer mit einer Heizspirale erzeugten „Wärmewolke" sowie *Schallmessungen* in lufterfüllten Hohlräumen des Karst (Schnitzer 1972). Für beide Methoden gibt es in nichtkarbonatischen Festgesteinen kaum Anwendungsmöglichkeiten.

Eine andere Methode zur Ermittlung der Gebirgsdurchlässigkeit ist die Impfung mit radioaktiven Isotopen in *einem* Bohrloch. Die *1-Bohrloch-Methode* ist zwar auch zunächst für die Bestimmung des k_f-Wertes in Lockergesteinen entwickelt worden, aber unter gewissen Voraussetzungen auch für klüftiges Felsgestein anwendbar.

Dabei wird ein Filterrohr in den Grundwasserbereich eingesetzt, sodaß die Grundwasserstromlinien das Filterrohr ungestört durchziehen können. Die Filtergeschwindigkeit des den Brunnen horizontal durchströmenden Wassers wird mit radioaktiven Isotopen gemessen, indem ein Isotop dem im Filterrohr befindlichen Wasser zugegeben wird und die Abnahme der Konzentration durch das neu hinzutretende Wasser gemessen wird; es ist ein Maß für die Filtergeschwindigkeit (v_f). Es gilt:

$$v_f = \frac{\pi \cdot r}{2\,t \cdot \alpha} \ln \frac{C_o}{C_t}$$

wobei: C_o die Anfangskonzentration,
C_t die Konzentration zur Zeit t,
r der Radius des Filterrohrs,
α ein Geometriefaktor ist, der die Einengung der Grundwasserstromlinen berücksichtigt (KLOTZ 1971),
t die Zeitspanne nach Eingabe des Tracers ist.

Aus v_f läßt sich leicht k_f ermitteln, ohne daß die Strömungsrichtung und das Gefälle des Grundwassers bekannt zu sein brauchen.

Bei halbverfestigten (noch porösen) und bei gleichmäßig geklüfteten („statistisch homogenen" — s. DROST, 1971) festen Gesteinen kann damit gerechnet werden, daß die Methode mit gewissen Vorbehalten zur angenäherten Bestimmung von Gebirgsdurchlässigkeiten anwendbar ist, und zwar in beliebiger Tiefe eines Bohrloches bei mehreren übereinanderliegenden Festgesteinsaquiferen (z. B. im Mesozoikum) oder bei mehreren, unterschiedlich geklüfteten Bereichen eines sonst geologisch-petrographisch ziemlich einheitlichen Gebirges (z. B. Devon/Karbon im variszischen Gebirge). Die Voraussetzungen für die Anwendung des Verfahrens im Festgestein gibt HEITFELD (1965) an mit:

— stationärer Strömung,
— homogener Durchmischung jeweils eines bestimmten Filtervolumens durch die Strömung,
— horizontaler Strömung im Bereich des Meßrohrs.

Um die bei einem tiefen Bohrloch zu erwartenden Vertikalströmungen (z. B. bei Vorhandensein unterschiedlicher Drücke in den Grundwasserleitern, durch Temperatureinflüsse oder Gasaufstieg) zu unterbinden, können unterhalb und oberhalb des zu untersuchenden Bohrlochabschnitts je ein Packer gesetzt werden. Weiterhin sind Verfahren entwickelt worden, die es ermöglichen, auf das Setzen von Packern zu verzichten.

Es werden neben einer radioaktiven Markierung der gesamten Wassersäule durch zusätzliche Impfung in definierten Tiefen Peaks gesetzt. Dann ist nach DROST (1971):

$$v = s/t,\ Q_v = v_v \cdot q \text{ und } Q_h = Q_{gem} + Q_v$$
$$= Q_{gem} - Q_v$$

wobei v_v = vertikale Fließgeschwindigkeit des Grundwassers im Filterpegel
s = Fließweg des Peaks über die Fließzeit t
Q_v = vertikaler Abfluß
Q_h = horizontaler Abfluß
q = Filterrohrquerschnitt ist

Man kann auch das Tracerlog-Verfahren anwenden, bei dem die Sonde mit konstanter Log-Geschwindigkeit innerhalb des Filterrohrs bewegt sowie die Veränderung des Peaks und somit die vertikale Fließgeschwindigkeit (v_v) des Grundwassers im Filterrohr kontinuierlich aufgezeichnet wird.

Auch die Richtung der Fließbewegung läßt sich feststellen (MAIERHOFER 1963).

3.4.5.5 Auswertung von Grundwasserhöhengleichen-Plänen

Wie auf S. 30 bereits angedeutet wurde, können Höhengleichenpläne des Grundwasserspiegels — mit Fließlinien versehen — die Möglichkeit bieten, relative quantitative Erfassungen von Q, T, und k_f vorzunehmen.

Da $Q = k_f \cdot I \cdot F$ ist, kann die abströmende Grundwassermenge bei bekannter Filtergeschwindigkeit k_f aus dem Gefälle I für den Aquiferquerschnitt F [m^2] ermittelt werden oder bei bekannter Transmissivität aus $Q = T \cdot I \cdot B$, wobei B die Breite des betrachteten Durchflußquerschnitts ist.

Nun lassen sich 2 Abflußprofile zwischen 2 Fließlinien derart miteinander vergleichen, daß $k_{f1} \cdot M_1 \cdot I_1 \cdot B_1 = k_{f2} \cdot M_2 \cdot I_2 \cdot B_2$ gesetzt wird oder

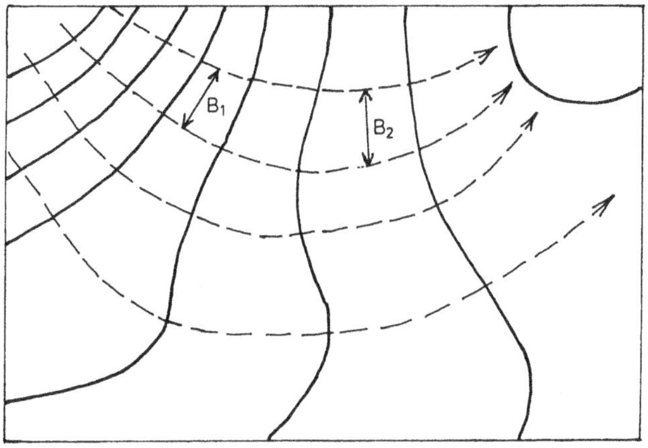

Abb. 3.10. Äquipotentialinien (ausgezogen) und Fließlinien (gestrichelt). (Nach RICHTER und LILLICH 1975)

$T_1 \cdot I_1 \cdot B_1 = T_2 \cdot I_2 \cdot B_2$, wobei M die Mächtigkeit des Aquifers und B_1 sowie B_2 der jeweilige Abstand zwischen den beiden Fließlinien ist (s. Abb. 3.10). Dann ergibt sich:

$$\frac{T_1}{T_2} = \frac{A_2 \cdot I_2}{A_1 \cdot I_1}$$

Die A- und I-Werte lassen sich aus dem Plan ablesen. Ist der eine T-Wert bekannt, kann der andere leicht ermittelt werden. Bei annähernd konstanter Aquifermächtigkeit läßt sich auch das Verhältnis der beiden k_f-Werte angeben.

3.4.5.6. Auswertung von Korngrößenuntersuchungen

Die bei Lockergesteinen vielfach angewandte, sehr einfache, wenn auch oft ungenaue Methode zur überschläglichen Bestimmung des k_f-Wertes aus der Kornverteilung der bei einer Bohrung gewonnenen Bohrproben läßt sich nur in Ausnahmefällen auf halbfeste Gesteine übertragen, nämlich dann, wenn das Gestein ohne Schwierigkeiten in seine Kornbestandteile unter Wasser oder bei leichtem Druck zerfällt. Nur dann kann die ursprüngliche Kornverteilung durch Siebung ermittelt und eine der einfachen bewährten Formeln angewandt werden; am gebräuchlichsten ist die von HAZEN:

$$k_f\ [m/s] = 0{,}0116\ (d_{10}\ [mm])^2 \approx \frac{d_{10}^2}{100}$$

Hierbei ist d_{10} der wirksame Korndurchmesser, der sich aus dem Schnittpunkt der Körnungs-Summenkurve mit der 10% (Gewichtsprozent)-Linie ergibt. Es gilt die Einschränkung, daß die Formel nur verwendbar ist, wenn der Ungleichförmigkeitsgrad $\frac{d_{60}}{d_{10}}$ nicht größer als 5 ist.

Ähnliche Möglichkeiten der k_f-Wert-Bestimmung aus der Korngrößenverteilung geben die Formeln von SLICHTER und KOZENY-CARMAN. Da für diese auch die gleiche Anwendungseinschränkung bei Festgesteinen gilt wie bei der Hazen-Formel, möge der kurze Hinweis genügen.

3.5 Grundwasserabfluß und -erneuerung und ihr Bezug zum geologischen und lithologischen Aufbau des Gebirges

Das Grundwasser stellt einen Teil des *Wasserkreislaufs* dar, der in diesem Buche nur gestreift wird. Insbesondere erübrigt sich hier die Behandlung der *Verdunstung*, der *Niederschläge* und des *Oberflächenabflußes.* Nur das *Grundwasser* wird näher betrachtet, da die nichtverkarstungsfähigen Festgesteine teilweise Bedingungen für den Wasserhaushalt und dessen Ermittlung abgeben, die sich von denen bei Lockergesteinen nicht unwesentlich unterscheiden.

3.5.1 Grundwasserhaushalt — Abtrennung des Grundwasserabflusses

Bezüglich des *Grundwasserhaushalts* sei hervorgehoben, daß der im allgemeinen relativ geringe Hohlraum nichtkarbonatischer Festgesteine große Schwankungen des Grundwasserspiegels, d. h. ein starkes Absinken der Grundwasseroberfläche im Sommer oder schon in kurzen Trockenzeiten bedingt, der im Winter bzw. in der niederschlagsreichen Jahreszeit oder bereits nach kurzem heftigen Regen sich schnell wieder anheben kann. Der direkte Abfluß aus dem Aquifer in Trockenzeiten kann bis zum jeweiligen Vorflutniveau, äußerstenfalls bis zum Niveau des Meeresspiegels erfolgen.

In tiefer gelegenen Gesteinsbereichen nimmt das Grundwasser in abgeschwächtem Maße am Umsatz teil, da die Bewegungsbahnen („Fließlinien") — bedingt durch hydraulische Verhältnisse, Dichte- und Temperaturunterschiede sowie Gasgehalt — noch bis in große Tiefen reichen können. Dabei wird die Wasserbewegung im festen Gebirge durch eingeschaltete Aquifers begünstigt oder durch Aquicludes gehemmt, in jedem Fall „gelenkt" ... Dieses *Tiefengrundwasser,* das sich z. T. nur in geologischen Zeiträumen bewegt, ist meist durch erhöhte Mineralisation und höheres radiometrisches Alter gekennzeichnet.

Die für den Grundwasserhaushalt wichtigen Vorgänge des *Grundwasserabflußes* und der *Grundwassererneuerung* hängen in starkem Maße von den *Niederschlägen* und dem gesteins- und bodenbedingten *Versickerungsanteil* ab.

Der *Versickerungsanteil* (% der mittleren jährlichen Niederschläge) kann bei Festgesteinen wegen meßtechnischer Schwierigkeiten nicht mit Hilfe von Lysimetern gemessen werden, wie dies bei Lockergesteinen vielfach geschieht. Man begnügt sich daher oft mit Schätzungen für bestimmte geologische Schichten oder Komplexe, die mit großen Fehlern behaftet sein können. Insbesondere dürfen Bodenart und Nutzung als maßgebliche Faktoren nicht außer acht gelassen werden (S. HILDEN 1975, S. 83 ff u. Taf. 1). Mittlere Gebietswerte, die vielfach aus mittlerem Jahresniederschlag und mittlerer Jahresabflußhöhe er-

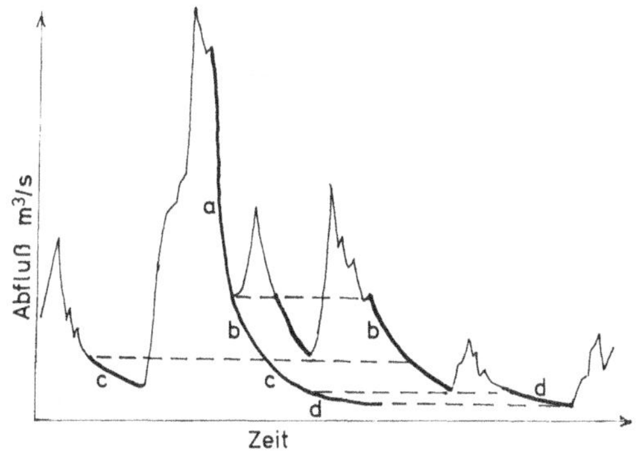

Abb. 3.11. Ermittlung der Trockenwetterabflußlinie (TWL) aus einzelnen Abschnitten der Abflußganglinie. *a, b, c, d* sind Teile der Abflußganglinie in Trockenwetterzeiten, die sich zur TWL (*a* bis *d*) zusammensetzen lassen

mittelt werden, lassen keinen Bezug zum geologischen Untergrund zu. Deshalb ist die im folgenden beschriebene Methode der Messung des Trockenwetterabflusses wichtig. Sie gestattet, aus örtlichen Meßdaten des Abflußes Beziehungen zum geologischen Substrat herzustellen. Die Methode ist auch deshalb für Festgesteine interessant, weil der meist gebirgige oder hügelige Charakter von Festgesteinsvorkommen sich auf die Meßmöglichkeit günstig auswirkt.

Der *Abflußvorgang* nach Niederschlägen gliedert sich in:

— Oberflächenabfluß (= surface flow)
— Bodenabfluß (= subsurface flow = interflow)
— Grundwasserabfluß (= groundwater flow = base flow)

Der *Bodenabfluß* wird in nichtkarbonatischen Festgesteinen oft gegenüber dem base flow unterschätzt. Seine relative Bedeutung für Speicherung und Abfluß wird umso größer, je undurchlässiger das unterlagernde Festgestein ist. Der Gegensatz tritt noch stärker hervor, wenn Auflockerung in Hanglage und Ausschwemmung feiner Bodenteilchen eine Rolle spielen.

Der *Grundwasserabfluß* (auf die Fläche bezogen auch Grundwasserspende in $l/s \cdot km^2$) ist im Gesamtabfluß von Flüssen, Bächen und Quellen enthalten und wird in der Abflußganglinie mit aufgezeichnet. Die Abtrennung dieses Grundwasseranteils in der Abflußkurve läßt sich auf verschiedene Weise durchführen. Graphisch ist dies dadurch möglich, daß man aus verschiedenen Abschnitten der Abflußganglinie während niederschlagsloser Zeiten eine „Trockenwetterfallinie" zusammensetzt (Natermann 1951, Wundt 1953, Keller 1961, Weyer 1972, Richter und Lillich 1975).

Diese wird als *Leerlaufkurve* für Grundwasserspeicher angesehen, wobei der untere Teil der Kurve als Ausdruck des Grundwasserabflusses aufgefaßt wird, dem nach 6—8 Tagen (andere nehmen nur 3—4 Tage an) kein Oberflächenwasser mehr beigemischt ist. Die Zeit bis zum vollständigen Abfluß des Oberflächenwassers hängt sicher auch von der Größe des Einzugsgebietes ab. Diese Methode ist in Festgesteinsbereichen mesozoischer Hügellandschaften und paläozoischer Mittelgebirge mit Erfolg vielfach angewandt worden (u. a. Matthess 1970, Karrenberg und Weyer 1970, Weyer 1972).

3.5.2 Trockenwetterabflußkurve und ihre Beziehung zu den geologischen Verhältnissen

Eine Leerlaufkurve kann eine einfache e-Funktion sein, vor allem in kleinen Einzugsgebieten oder Quellgebieten, bei denen genau definierte, geologisch einheitliche Untergrundverhältnisse angenommen werden können. Dagegen sind in größeren Einzugsgebieten Abflußereignisse aus verschiedenartigen Grundwasserspeichern, Abfluß- und Niederschlagsgebieten kombiniert, die eine Zuordnung zu den geologischen Verhältnissen erschweren oder verhindern. Bei großen Einzugsgebieten muß vor allem damit gerechnet werden, daß die „Trockenwetterlinie" noch erhebliche Anteile von Boden- und Oberflächenabfluß enthält.

Für eine graphische und rechnerische Erfassung des Grundwasserabflußes aus der Abflußkurve wird der untere Kurvenabschnitt, der den eigentlichen Grundwasserabfluß repräsentiert („base flow recession curve"), gesondert betrachtet. Bei Auftragung auf halblogarithmischem Papier (Ordinate für die Q-Werte logarithmisch, Abszisse linear geteilt nach Tagen) ergibt sich dafür eine Gerade, die das Leerlaufen bei verschiedenen Festgesteinen beschreibt und durch die Gleichung erfaßt wird:

$$Q_t = Q_0 \cdot e^{-\alpha t}; \quad \alpha = \frac{\log Q_0/Q_t}{0{,}4343 \cdot t}$$

Darin ist: Q_t = Abfluß nach der Zeit t (in Tagen) nach der Messung des Abflußes Q_0
α = für verschiedene Festgesteine kennzeichnende Konstante

Aus dieser Gleichung (Maillet-Formel) ist demnach die Menge Grundwasser abzuleiten, die in dem Zeitintervall $t—t_0$ ausfließen wird (wenn es nicht mehr regnet!) und auch die Gesamtmenge des abflußfähigen Grundwassers, also das *Speichervolumen* und der *nutzbare Hohlraum (Kluftraum).* Es gilt:

$$v = \frac{Q_0}{\alpha}$$

α-Werte aus Abflüssen von 10 alten Bergbaustollen im Siegerland (Rhein. Schiefergebirge; vorwiegend tektonisch stark gestörte siltige Flaser- und Bändertonschiefer mit Sandsteinen des Unterdevons) liegen nach WEYER (1972) in 3 Fällen ungewöhnlich hoch, und zwar zwischen 0,014 und 0,045 und in 7 Fällen zwischen 0,0033 und 0,008. RICHTER & LILLICH (1975) gaben für wenig geklüftete Sandsteine der Unterkreide (Hilssandsteine der Sackmulde) Werte zwischen etwa 0,001 und 0,0024 an. Klüftige Kalke lagen nach ihren Angaben etwas höher: 0,0025 bis 0,05. Einzugsgebiete mit größerem α-Wert haben einen schnelleren Umsatz des Grundwassers; dies sollte auch durch Altersbestimmungen nachweisbar sein.

EINSELE (1980) hat in einem Diagramm den Zusammenhang zwischen dem Entleerungskoeffizienten α, der zur Beobachtungszeit vorhandenen Grundwasserspende Qg (in mm/d oder $l/s \cdot km^2$) und der zum gleichen Zeitpunkt im Aquifer gespeicherten und auslaufbaren mittleren Wasserhöhe H (in mm) aufgezeigt. Der letztgenannte Parameter H ermöglicht den Bezug aller Werte auf einen mittleren Füllungsgrad und vermeidet gewisse Ungenauigkeiten der Mailletschen Formel (er sagt nichts aus über die Höhe h des Grundwasserstandes bzw. das Speichervolumen des Aquifers). — Sandsteine des süddeutschen Mesozoikums entleeren nach EINSELE (1980) ihr gespeichertes Grundwasser im Durchschnitt rascher als Sande und Kiese, da drainierende Klüfte angenommen werden müssen. „Halbwertszeiten“ (Q/2) liegen in der Größenordnung von 40 Tagen (9—120 Tage). Die α-Werte schwanken innerhalb einer Zehnerpotenz (0,01—0,08). Die Werte für H differieren nach den bisherigen Unterlagen sehr stark.

Der Verlauf der Trockenwetterlinien bzw. Leerlaufkurven verschiedener Meßpunkte gibt — nach Aufbereitung der Meßwerte, nämlich Eliminierung von Störfaktoren, und ihre Zusammenfassung in statistische Gruppen (WEYER 1972) — bei einem genügend dichten Beobachtungsnetz die Möglichkeit eines Vergleichs mit einer geologischen Kartendarstellung und einer ungefähren Zuordnung von Abflußspendengruppen zu geologischen Einheiten, die petrographisch und stratigraphisch definiert sind. Diese Zuordnungen lassen sich durch andere Einflußmöglichkeiten wie Vegetation, Boden, Niederschlagsverteilung, Morphologie, anthropogene Einflüsse allein nicht erklären. Der Kluftraum ist z. B. in einem Gebiet mit devonischen Sandsteinen, Quarziten und Grauwacken bei gleicher tektonischer Beanspruchung eben größer als in Gebieten aus Schiefern und Sandschiefern. Meßgebiete müssen so ausgewählt werden, daß aufgrund ihres einheitlichen geologischen und lithologischen Aufbaus typische Abflußkurven erwartet werden können.

Im gefalteten Paläozoikum mit kleinen Ausstrichen verschiedenartiger und verschiedenalter Gesteine können die Meßgebiete so verkleinert werden, daß Trockenwetterabflußwerte für einzelne Schichtgruppen oder Schichten gewonnen werden.

Darauf zielten mehrere tausend Messungen ab, die im Rheinischen Schiefergebirge in den letzten 10 Jahren ausgeführt worden sind. Die in Tabelle 6 für 7 Blattbereiche zusammengestellten Ergebnisse zeigen die Trockenwetterabflüsse in gefalteten devonischen und karbonischen Schichten und Schichtgruppen während der jeweils vermerkten Trockenwetterzeit in $l/s \cdot km^2$. Sie schwanken naturgemäß in gewissen Grenzen aus Gründen der räumlich sich verändernden Lithologie, der Niederschlags- und Verdunstungsverhältnisse in Abhängigkeit von der Morphologie und stellen in keinem Fall niedrigste Trockenwetterabflüsse dar. Vielmehr ist mehrfach durch Vergleiche mit benachbarten Pegeln festgestellt, daß die Meßzeit einer MNQ-Zeit entsprach oder wesentlich unter einem MNQ lag, und daß man von NNQ (z. B. des Jahres 1959) noch erheblich entfernt war. Ein Beispiel für die Zuordnung von Zahlenwerten zu Schichten der geologischen Karte aufgrund der Meßergebnisse zeigt die Abb. 3.12.

Tabelle 6. *Trockenwetterabflüsse devonischer und karbonischer Schichtgruppen und Schichten im Rheinischen Schiefergebirge — Bereich von 7 Blättern der Geologischen Karte von Nordrhein-Westfalen 1 : 25.000*

		Stratigraphische Stellung	Lithologischer Aufbau (überwiegende Gesteinstypen)	Anzahl der Meß-stellen	Meßzeit Vergleich mit Pegeln	Trockenwetter-abfluß zur jeweiligen Meßzeit [l/s·km²]	Mittelwerte des Trockenwetter-abflusses [l/s·km²]	Mittl. jährl. N und V (Au + Ao)
Freudenberg	Unterdevon	Obere Siegener Schichten (Klaf. Sch.)	Tonschiefer, Bänderschiefer mit Sandsteinbankfolgen	10	18. 10. bis 20. 10. 1966 ca. 2/3 von MNQ von 1952–1965	1,47	0,35 – 2,5 ∅ des Blattbereiches = ca. 0,5 – 1,0	N = 950 bis 1000 V = 458
		Obere Siegener Schichten (Asd. Sch.)	Tonschiefer, Bändertonschiefer mit einzelnen Sandsteinbänken			0,66 – 1,1		
		Mittlere Siegener Schichten	Tonschiefer, siltige Flaser- und Bänderschiefer mit Sandsteinbankfolgen			1,53 – 2,36		
Morsbach	Unterdevon	Obere Siegener Schichten (Klaf. Sch.)	Siltige Tonschiefer mit Sandsteinbankfolgen	62	14. 10. bis 18. 10. 1966 ca. 2/3 von MNQ von 1952–1965	0,1 – > 3,2 (örtlicher Einfluß von Störungen u. Bergbau)	1,5 (50 mm) = 5% des langjährigen N-Mittels	N = 950 bis 1100 V = 475 bis 500
		Obere Siegener Schichten (Asd. Sch.)	Siltige Tonschiefer u. Bänderschiefer mit Sandsteinbankfolgen					
		Mittlere Siegener Schichten	Sandsteinbankfolgen (bis 10 m) mit Ton-, Flaser- und Bänderschiefern					
Eckenhagen	Mittel-Devon	Wiehler Schiefer	Ton- und Bänderschiefer	53	22. 8. bis 15. 9. 1967 ca. MNQ des Nachbarpegels	1,0 – 3,0		N = 1200 bis 1300 V = 450 bis 475 Au + Ao = 25–27,5 l/s·km²
		Mühlenberg-Sandst.	Sandsteine und Siltsteine mit Tonschiefer			2,5 – 4,0		
		Hobräcker Schichten	Ton- u. Siltsteine mit Sandsteinen			1,5 – 3,5 (teilweise 1,0 – 3,0)	2,2	
	Ems	Remscheider Sch.	siltige Tonschiefer					
		Hauptkeratophyr	Tuff					
		Kühlbach-Schichten	Tonsch., Sandst. u. Quarzite					
	Siegen	Ob. Sieg. Schichten (Frohnenb. Sch.)	Tonschiefer mit Sandsteinen			1,0 – 3,0	1,6	
		Ob. Sieg. Schichten (Odensp. Sch.)	Sandsteine mit Tonschiefer			1,5 – 3,5	2,2	
		Mittlere Siegener Sch.	Ton- und Bänderschiefer mit quarzitischen Sandsteinen			1,0 – 3,0	1,6	
Wiehl	Mittel-Devon	Unnenberg-Sdst. Wiehler Schiefer	Schluffst. u. Sandst. m. Tonsch. Tonschiefer mit Sandsteinen	121	12. 11. bis 6. 12. 1968 ca. MNQ des Nachbarpegels	1 – 4	3,8 (120 mm)	N = 1050 bis 1250 V = ca. 475 bis 500 Au + Ao = 22,5–25 l/s·km²
		Mühlenberg-Sdst.	Schluffst. u. Sandst. m. Kalklinsen			4 – 7	6,3 (198 mm)	
		Hobräcker Sch.	Tonsch. u. Sandst. m. Kalklagen und -linsen			3 – 6	5,4 (170 mm)	
	Unter-Devon	Remscheider Sch. Bensberger Sch. Odenspieler Grauw.	schluff. Tonschiefer sand. Tonsch. Schluff- u. Sandst. bank. u. platt. Sandsteine			3 – 6		
Eslohe	Unter-Karbon		Kieselkalke, Lydite, Kieselschiefer Diabase	85	14. 8. bis 23. 8. 1968 und 29. 9. bis 1. 10. 1970 („relativ trocken")	2,5 – 6,8	3,94	N = 1000 bis 1150 V = 450 bis 475 Au + Ao = 18–22,5 l/s·km²
			Kulmtonschiefer Liegende Alaunschiefer			1,6 – 4,8	2,15	
	Oberdevon + Givet		alle schieferreichen Partien des Ober- und ob. Mitteldevons, einschl. sandsteinführende Partien			1,6 – 4,8	2,15	
		Tentaculitensch.	milde, z. T. kalkige Schiefer			0,6 – 2,6	1,6	
	Eifel	Selscheider Sch. Ramsbecker Sch.	sand. Schiefer u. Tonschiefer quarzit. Sandst., flaserige Sandst., Ton- u. Bänderschiefer, Sandflaserschiefer			2,5 – 6,8	3,94	
		Osterw. + Fred. Sch.	Ton- und Bänderschiefer			1,6 – 4,8	2,15	
Hallenberg	Unter-Karbon	Kulmgrauwacke	Tonschiefer, Grauw.-Schiefer und Grauwacken	48	29. 9. bis 30. 9. 1971 („sehr trocken")	0,3 – 0,8	0,56	N = 900 bis 1200 V = ca. 450 Au + Ao = 16–32 l/s·km²
		Kies. Übergang Kieselkalk Lydit Lieg. Alaunsch.	Tonschiefer, Lydite, Kieselkalke			1,0 – 3,9	1,94	
	Ober-Devon	Gattend. bis Hemberg-Stufe	Tonschiefer u. Siltsteine mit feinkörnigen Sandsteinen			0,7 – 2,3		
		Nehden-Stufe	Sandsteine und Tonschiefer			1,0 – 3,9	1,94	
		Adorf-Stufe	Tonschiefer			0,7 – 2,3		
	G.	Tentaculiten-Sch.	Tonschiefer					
	Eifel	Raumländer Sch.	Ob. + Unt. Quarzit, Siltst., Tonschiefer			1,0 – 3,9	1,94	
		Berleburger- u. Langewiese-Sch.	Ton- u. Siltschiefer			0,7 – 2,3	1,17	
Hohenlimburg	Nam.	Hagener u. Arnsberger Sch. Alaunschiefer	Tonschiefer m. Sandsteinen Tonschiefer	78	11. 8. bis 15. 8. 1969 („sehr trocken")	0,2 – 1,0		N = 900 bis 1100 V = 475 bis 500 Au + Ao = 12,5–20 l/s·km²
	Din	Kieselkalke, Kieselschiefer, Lydite Alaunschiefer				0,3 – 1,8 (Nehden Sdst. = 0,5 – 2,5)		
	Ober-Devon	Gattendorfia- bis Adorf-Stufe	Tonschiefer, Siltsteine, mit Nehden-Sandstein					
	Giv.	Massenkalk Honseler Sch.						
	Eifel	Brandenberg-Sch. Mühlenberg-Sch. Hobräcker Sch.	Tonschiefer, Siltsteine und Sandsteine			0,5 – 2,5		

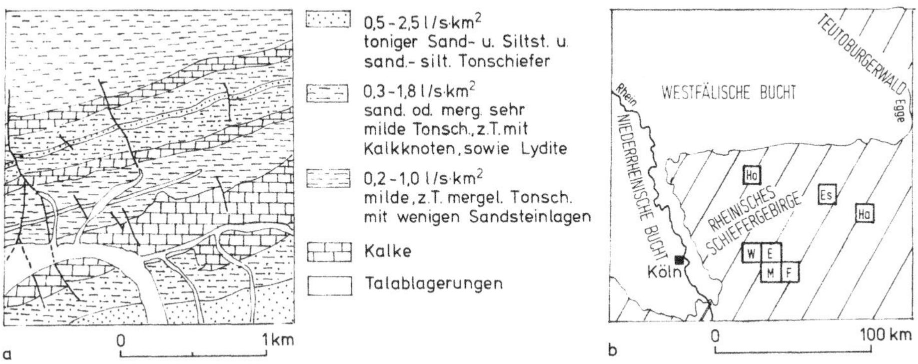

Abb. 3.12. a) Grundwasserspenden in einer bestimmten Meßzeit (Aug. 69) = Trockenwetterabflüsse in l/s · km² auf Blatt Hohenlimburg der Geologischen Karte von Nordrhein-Westfalen 1 : 25.000 (Ausschnitt). Die Grenzen stimmen mit den Schichtgrenzen der geologischen Karte überein b) Übersicht über die Lage der in Tabelle 6 aufgeführten geologischen Blätter im Raum des Rheinischen Schiefergebirges

Weyer (1972) hat in einem einfachen Schema (Tabelle 7) die Abhängigkeit von NWS und MWS verdeutlicht.

Diabase des Rheinischen Schiefergebirges sollen in Randbereichen eines Intrusionsgebietes 5—6, in zentralen Bereichen 8—9 l/s · km² aufweisen, Keratophyrtuffe im Unterdevon 4—5 l/s · km². Mergel des kretazischen Deckgebirges im Münsterland werden mit 1,5, Kalksandsteine der Kreide mit > 4,5, und Oberkreide-Kalke und -mergelkalke mit ca. 13 l/s · km² angegeben.

Tabelle 7. *Trockenwetterabflüsse in Abhängigkeit von Lithologie und Niederschlägen* (Nach Weyer, 1972)

	NWS		MWS*
Tonstein- und Tonschieferfolgen des Devons und Karbons, geklüftet	1,5	→	12—15
↓ gemischte Folgen mit zunehmendem Anteil an Sandsteinen	5—6		↓
Sandsteinfolgen des Devons und Karbons, sehr stark geklüftet	9	→	35—40 l/s · km²

* NWS = Abfluß bei niedrigem Wasserstand.
MWS = Abfluß bei mittlerem Wasserstand.

3.5.3 Ermittlung von Gebieten erhöhter Grundwasserspende aus Niedrigwasserabflüssen in lithologisch einförmigen Gebieten

Die vorgenannte Methode der Messung der Trockenwetterabflüsse kann auch wichtige Hinweise über die Größenordnung des Grundwasseranteils geben, wenn nur einzelne Messungen in regenfreien Perioden ausgeführt werden. Ja, es ergeben sich sogar wichtige Hinweise auf relative Unterschiede in der Menge des abfließenden Grundwassers, wenn Vergleichsmessungen in verschiedenen Gebieten etwa zum gleichen Zeitpunkt durchgeführt werden und der Niederschlagsanteil noch nicht ganz abgeflossen ist.

Dies ist deshalb wichtig, weil in mitteleuropäischen Klimabereichen nicht immer dann günstige langfristige Trockenwetterbedingungen angetroffen werden, wenn Geländemessungen zur Ermittlung der Grundwasserspende ausgeführt werden sollen bzw. aus technischen Gründen gerade möglich sind.

Niedrigwasserabflußmesungen in großen, lithologisch einförmigen Aquifergebieten, wie z. B. in großen Sandstein- oder Basaltgebieten, können einzelne kleinere Bereiche mit erhöhten Grundwasserspenden und andere mit im Mittel zu kleinen aufweisen. Derartige Beispiele sind in der Literatur mehr-

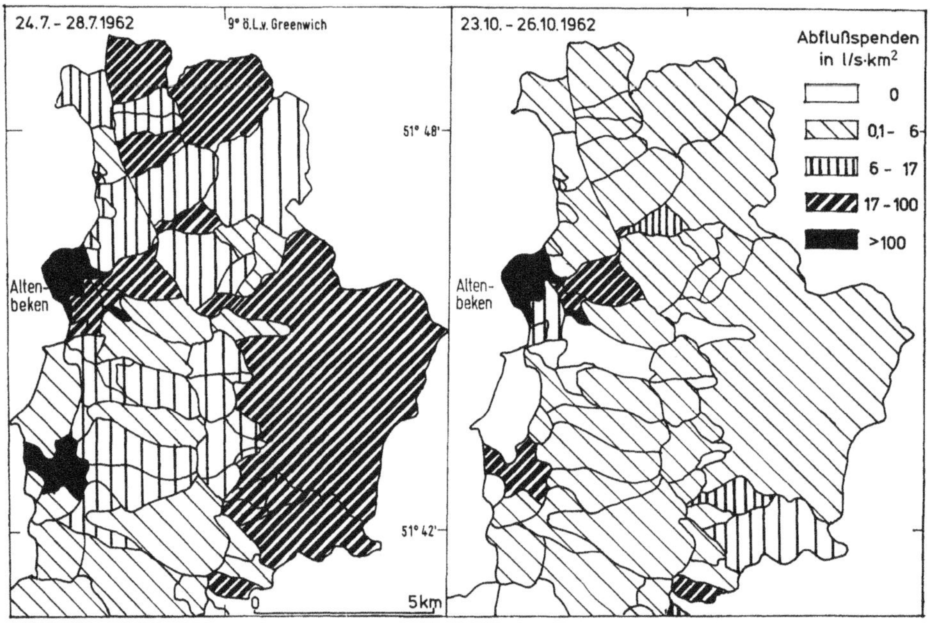

Abb. 3.13. Abflußspenden in feuchter und trockener Jahreszeit im Eggegebirge (Ostwestfalen), nach BAŞKAN 1970

fach beschrieben, so von BAŞKAN (1970) aus dem unterkretazischen Osningsandstein des Eggegebirges (Ostwestfalen) und von MATTHESS (1970) vom Basalt des Vogelberges.

Im ersten Fall sind 4 Serien von Quellenmessungen zu verschiedenen Zeiten des Sommers und Herbstes 1962 ausgeführt worden. Davon waren die Meßreihen III und IV in bezug auf die Niederschlagsverteilung relativ günstig, so daß sie angenähert wohl Trockenwetterabflüsse erfaßten. Das 229 km² große Gebiet wurde in 104 Teileinzugsgebiete gegliedert. Die mittlere Abflußspende während der Meßzeiten III und IV ergab sich für den Westhang des Eggegebirges zu 6,3—8,0 l/s · km², für den Osthang zu 4,6—7,1 l/s · km². In den beiden anderen Meßreihen stiegen die mittleren Abflußspenden bis auf 16,7 l/s · km² an. Die Verteilung der Abflußspenden ist im Kartenbild äußerst unregelmäßig. Es gibt wenige, sehr kleine Teileinzugsgebiete mit besonders hohen Abflußspenden, während große Gebiete niedrige oder keine Abflüsse aufweisen. Die Konzentrierung der Abflüsse in einigen kleinen Quellgebieten zeigt, daß die unterirdischen Einzugsgebiete viel größer als die Niederschlaggebiete sind. — Es ließ sich so nachweisen, daß ein großer Teil des an den „Brennpunkten" ausfließenden Wassers aus dem den Osningsandstein diskordant unterlagernden Muschelkalk stammt und sein unterirdisches Einzugsgebiet jenseits der Wasserscheide, d. h. östlich des Eggegebirges liegt.

Im Fall „Basalt des Vogelsberges" haben MATTHESS und THEWS (1970) in einem 2590 km² großen Meßgebiet an 227 Stellen im Jahre 1972 Niedrigwasserabflüsse

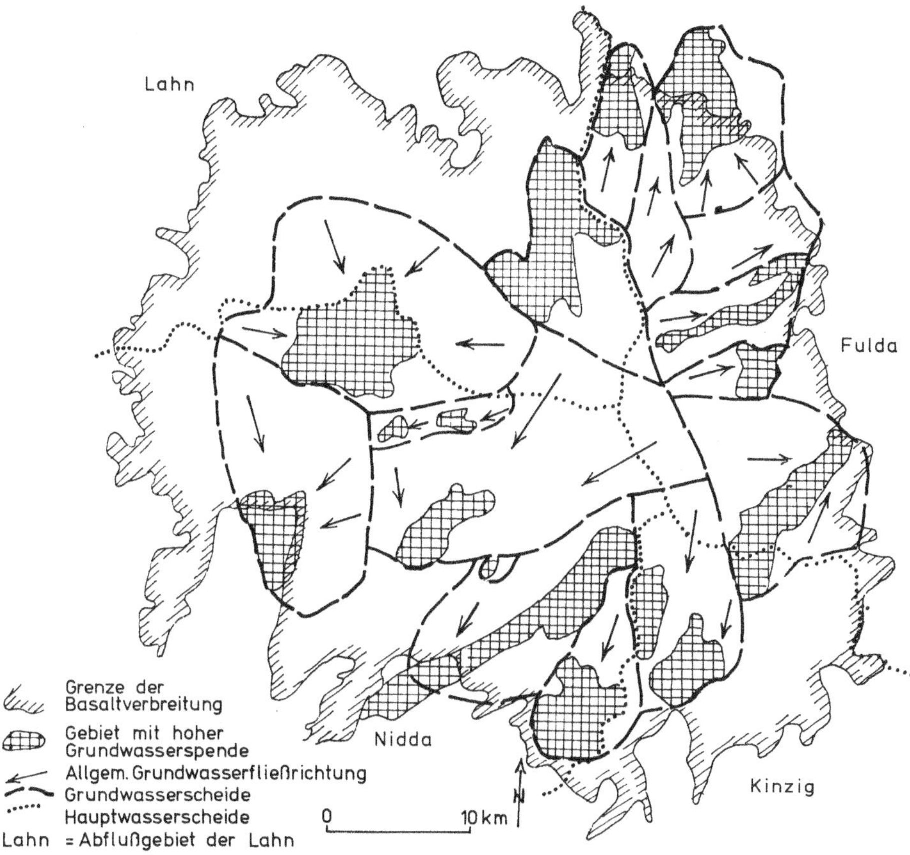

Abb. 3.14. Gebiete mit überdurchschnittlicher Grundwasserspende im Basalt des Vogelsberges (nach MATTHESS 1970)

von Teilgebieten gemessen. Die mittlere Niedrigwasserspende betrug 3,5 l/s · km². Auch dort konzentrierten sich hohe Grundwasserspenden auf relativ kleine Teilgebiete (Spenden von > 5 l/s · km² nahmen einen Abflußanteil von 63% ein und flossen auf 20% der Fläche ab). Maximale Abflußwerte lagen sogar bei 57 bzw. 73 l/s · km². Große Teilbereiche des Vogelsberges haben unterdurchschnittliche Abflußspenden: Das Wasser fließt unterirdisch den Gebieten mit überdurchschnittlichen Abflußspenden zu. Ob dort tektonische Störungen mit Verwurf von Tuffen oder tertiären Sedimenten neben Basalt auftreten oder ob örtliche vulkanologisch oder tektonisch bedingte Hohlraumbildung den Anlaß dazu geben, mag dahingestellt sein.

Es scheint jedenfalls so, daß in Gebieten mit einförmigen oder gleichartigen Festgesteinen örtlich sehr unterschiedliche Abflußmöglichkeiten des Grundwasser vorhanden sein können, die sich gelegentlich im — scheinbar unmotivierten — Auftreten von Quellen äußern und die die Voraussetzung für Bohrungen zur Grundwassergewinnung darstellen können.

Diese Erfahrungen können auch die Grundlage für Grundwassererschließungen in ähnlich einheitlichen, angeblich wenig wasserführenden Festgesteinskomplexen werden, wie z. B. im Deccan-Trap Indiens (s. Kap. 5.8).

3.6 Zur Chemie des Grundwassers in Festgesteinen

Das Grundwasser wird in seiner chemischen Beschaffenheit weitgehend von den Gesteinen bestimmt, in denen es sich aufhält bzw. bewegt, vor allem durch Lösung der gesteinsbildenden Mineralien und selektive Ausfällung der Inhaltsstoffe in den Hohlräumen, wobei Oxidation und Reduktion, Sorption und Ionenaustausch eine wesentliche Rolle spielen. Die geologische Geschichte hat die Zersetzung und Lösung der Gesteinsbestandteile in unterschiedlicher Weise vorbereitet und bestimmt so weitgehend Art und Umfang des chemischen Bestandes des Grundwassers.

3.6.1 Grundwasserbeschaffenheit in magmatischen Gesteinen und Metamorphiten

In *sauren und intermediären*, unverwitterten oder nur bis in geringe Tiefe verwitterten Magmatiten, und Metamorphiten enthält das Grundwasser im allgemeinen als Folge der langsamen Silikatverwitterung relativ wenig gelöste Bestandteile ($<$ 300 mg/kg). Da Karbonate in diesen Gesteinsfolgen praktisch fehlen und Ca^{2+}- und Mg^{2+}-Ionen nur in den silikatischen Mineralien dieser Gesteine auftreten, können Erdalkalien im Grundwasser — ebenso wie Gehalte an Alkalien — nur aus der Verwitterung dieser Silikate stammen. Ihre Gehalte sind durchwegs sehr gering ($<$ 10 mg/kg), und das Grundwasser in diesen Gesteinen ist ausnahmslos sehr weich. Ca^{2+} herrscht im allgemeinen gegenüber Mg^{2+} etwas vor, Na^+ überwiegt gegenüber K^+. Die Gehalte an SO_4^{2-} (vorwiegend aus der Oxydation von Sulfiden) und Cl^- (wohl z. T. aus der allgemeinen Gesteinsverwitterung) sind gering. Die Kohlensäure ist überwiegend biogen und in Anbetracht des geringen chemischen Inhalts des Grundwassers aggressiv. Die Gehalte an Hydrogenkarbonat übertreffen die von Cl^- und SO_4^{2-}, trotz der allgemein niedrigen Werte. Kieselsäuregehalte im Grundwasser sind — außer in tropischen Gebieten oder bei tiefgründiger Zersetzung nach früheren klimatischen Einflüssen — verhältnismäßig niedrig. ($<$ 30 mg/kg). Eisengehalte im Wasser stammen vorwiegend von der Verwitterung eisenhaltiger Minerale und sind abhängig von den pH- und Eh-Verhältnissen. Bei reduzierenden Bedingungen können die Eisengehalte beträchtlich ansteigen.

In *basischen Magmatiten und Vulkaniten* ist die Menge der Ca- und Mg-haltigen Minerale größer. Daher herrschen im Grundwasser solcher Gesteine die Erdkalien gegenüber den Alkalien etwas vor, wenn auch die absoluten

Gehalte (bei unverwitterten Gesteinen) im allgemeinen sehr gering sind. Die Kieselsäuregehalte der Grundwässer in solchen Gesteinen sind höher (im Mittel 20—40 mg/kg nach MATTHESS 1973) als bei sauren Gesteinen, der gesamte Lösungsinhalt übersteigt im allgemeinen nicht 400 mg/kg).

Wasser aus *Gneisen und sauren Glimmerschiefern* sind reicher an Alkalien, aus dunklen Gesteinen reicher an Erdalkalien. *Phyllite* haben oft höhere Lösungsinhalte des Grundwassers und höhere Konzentrationen der einzelnen Stoffe als Magmatie, Gneise und Vulkanite. Möglicherweise ist die oft wesentlich stärkere und tiefgründigere Zersetzung der Gesteine der Grund dafür. Außerdem spielt die lange Verweilzeit der Wässer in diesen sehr feinporigen Gesteinen eine Rolle. Es ist nicht zu erwarten, daß es sich um fossiles Wasser (connate water) aus der Zeit der Sedimentation der Schiefer handelt.

3.6.2 Grundwasserbeschaffenheit in konsolidierten, nichtkarbonatischen Sedimentgesteinen

Bei allen nichtkarbonatischen Sedimentgesteinen wird das Grundwasser durch die Mineralien und das Bindemittel der Körner (vor allem Karbonate, Sulfate, Salze, Kieselsäure) sowie durch Einlagerungen in der Schichtfolge (Karbonate, Salze, Anhydrite, Gips) geprägt. Außerdem ist oft der Charakter des bei der Sedimentation in den Poren festgehaltenen oder zu einem späteren Zeitpunkt eingedrungenen Meerwassers (connate water) von Bedeutung.

Aus *reinen Sandsteinen* ohne oder mit kieseligem Bindemittel vermögen die Grundwässer nur sehr geringe Stoffmengen zu lösen. Die Kohlensäure ist aggresiv, pH ist niedrig (5—6). Treten höhere Stoffgehalte im Grundwasser auf, so sind diese auf andere als normale Gesteinslösungsvorgänge zurückzuführen, z. B. Meerwasserintrusion, rezent oder fossil, oder Zufuhr durch Niederschläge (z. B. NaCl) u. a.

Enthalten die *Sandsteine leichtlösliche Bindemittel*, so kann die Menge der Inhaltstoffe stark anwachsen (z. B. Ca- und Mg- Karbonat, Salze, Sulfate). Das Gleiche tritt ein, wenn Karbonat- oder Salzlager mit den Sandsteinen wechsellagern, Salzstöcke die Sandsteine durchbrechen oder wenn in Subrosionsgebieten ursprünglich vorhandene Trennungen von Salzlagern und Sandsteinen (z. B. Zechstein/Unt. Buntsandstein) verloren gehen, so daß das Grundwasser der Sandsteine eine lösende Wirkung in der Umgebung ausüben kann.

In *Tongesteinen* ist — mehr noch als bei Sandsteinen — mit einer Kompaktion in Abhängigkeit von der Versenkungstiefe bzw. Mächtigkeit der Überlagerung und der Temperatur zu rechnen. Dabei ist Wasser aus den Tonmineralien und feinen Poren ausgetrieben worden, das stark mineralisiert ist, z. T. schon seit der Sedimentationszeit (= fossiles Wasser). Es handelt sich vor allem um Chloride und Sulfate, damit verbunden um hohe Na^{+}- Ca^{2+}- Mg^{2+}-Gehalte. Der Lösungsbestand kann bis zu mehreren g/kg betragen. Kationenaustausch ist häufig. Bei Tonschiefern des Paläozoikums ist die Diagenese vielfach noch nicht abgeschlossen (z. B. im Bereich des Baltischen Schildes). Oft ist das Wasser aus den Poren ausgetrieben und hat sich auf den Fugen des Gebirges — beladen mit den Lösungsstoffen der Porenlösung — gesammelt.

In abgeschwächtem Maße trifft dies auch für *Siltsteine, tonige Siltsteine* und für *Mergelgesteine* zu. Bei den letzteren tritt zusätzlich der Ca-Gehalt des Gesteins in Erscheinung, der z. T. gelöst wird.

Bei Kontakt von Grundwasserleitern aller Art mit Stein- und Braunkohlen sowie Erdöl und Erdgas kommt es zu reduzierenden Verhältnissen, die zur Bildung von H_2S, NH_4^+-, Fe^{2+}-, Mn^{2+}-Ionen sowie erhöhte CO_2-Gehalte führen. U. a. werden auch Phosphate, Jodid und Bromid (s. S. 67) angetroffen.

3.6.3 Wichtige gelöste Bestandteile im Grundwasser von Festgesteinen

Die Summe der gelösten Bestandteile kann > 25 m/kg und > 300 g/kg betragen. — Da viele Stoffe, so u. a. die meisten Metalle, im Trinkwasser gesundheitliche Schäden hervorrufen, wenn die von Menschen, Tieren und Pflanzen aufgenommenen Mengen einen kritischen Grenzwert überschreiten (Haberer und Normann 1972), oft auch dann, wenn sie in kleinen Konzentrationen gesundheitsfördernd sein sollten, ist eine Betrachtung der Herkunft der Lösungsstoffe und ihrer natürlichen Konzentrationen von Bedeutung.

Dabei muß berücksichtigt werden, daß viele in der Literatur gemachte Angaben über Lösungsinhalte ± stark von örtlichen Besonderheiten abhängen mögen, wie Art der Leitungen und Pumpen, Dauer des Aufenthaltes im Leitungsnetz, Druckverhältnisse, Temperatur, CO_2-Gehalt, pH-Wert etc. (Högl und Sulser 1950, Fricke 1953). Die im folgenden gemachten Feststellungen zu einigen Haupt- und Nebenbestandteilen des Lösungsinhalts von Grundwässern scheinen aber so signifikant zu sein, daß verläßliche Angaben zur Genese des Inhalts sowie zur Wanderung und Nutzung der Wässer gemacht werden können. Im übrigen sei auf die spezielle Literatur verwiesen (u. a. Schoeller 1962, Davis & De Wiest 1967, Matthess 1973).

Schwermetalle

Wichtige Hinweise zur Geochemie von *Schwermetallen* erhalten wir aus den Mineral- und Thermomineralwässern. Diese sind meist nachweislich an tiefreichende *Störungszonen* („Quellenlinien") gebunden, die die Möglichkeit des schnellen Aufstiegs mineralisierter Lösungen geben. Die Aufstiegsbahnen sind durchwegs in *Festgesteinen* aufgerissen und reichen vielfach bis in den kristallinen Sockel. Die Gehalte der Mineralwässer an Schwermetallen sind zwar sehr unterschiedlich, z. T. aber auffallend hoch.

Nach den Untersuchungen von Fricke (1953) und Fricke und Werner (1957) sind in zahlreichen, bei weitem aber nicht allen Mineralwässern Mitteleuropas geringe Gehalte von Zn, Cu oder Pb (bzw. mehrere dieser Elemente) nachgewiesen worden. *Hohe* Gehalte (z. B. bis 0,25 mg/kg Zn in Aachen-Rosenbad-Quelle und 0,22 mg/kg Cu in Salzuflen-Neuthermal-Quelle) in Verbindung mit großer Quellschüttung treten jedoch nur sehr sporadisch auf. Auffällig ist, daß die stark salzhaltigen Grubenwässer des Ruhrgebietes kaum Pb- und Zn-Gehalte zu besitzen scheinen, obwohl an zahlreichen Orten auf Gängen Pb- und Zn-Vererzungen bekannt sind. Bässler (1970) führte für den Ibbenbürener Steinkohlenbezirk einige Analysen mit erhöhten Schwermetallgehalten an: 0,26 Pb, 17,0(?) Pb, 0,85 Zn, 4,2 Cu, jeweils in

Tabelle 8. *Gehalte und Jahresförderung von Schwermetallen einiger Mineralquellen in der Bundesrepublik Deutschland* (nach Angaben von Fricke 1953, 1979)

	Ergiebigkeit	Temp.	Gehalte in mg/kg							Förderung * in kg/a			
	l/s	°C	Pb	Zn	Cu	Ag	Sn	Ko	Ni	Pb	Zn	Cu	Sn
Bad Aachen, Kaiserquelle	7,5	55	0,001	0,011	0,0064	0,0014	0,002			1,9	19	12	3,8
Rosenbadquelle	12,5	47		0,25	0,04								
Burtscheid	25	max. 75		0,006							13		
Bad Salzuflen													
Neuthermalbohrung		37			0,22?								
Leopoldsprudel, 1965	20	21,4	0,005	0,14	0,006	0,002				3,2	88,3	3,8	1,3
Bad Waldliesborn Bhg. II, 1962	2	36,9	0,09	0,14	0,668	0,003	0,033			5,6	8,8	42,1	2,1
Bad Neuenahr													
Großer Sprudel		33,8			0,06							5,8	
Bad Nauheim													
Nauheimer Sprudel XII, 1956	14	33	0,11	4,41	0,02				0,02	48,6	1947	8,8	
Bad Cannstatt	insges.												
G. Daimler Quelle 1951	300	18	0,01	0,16	0,32					95	1513	3027	
Bad Driburg													
Caspar-Heinrich Quelle 1977	1,5	11	0,002		0,067	0,001		0,009	0,006	0,09		3,17	

* Bei der Annahme gleichbleibender Gehalte und Übertragung der Gehalte auf die Gesamtförderung.

mg/kg. Bei Aachen-Burtscheid, Nauheim, Salzuflen, Cannstadt u. a. O. werden nach FRICKE (1953 [1]), beträchtliche Mengen ständig durch das Thermalwasser zu Tage gefördert, an den drei erstgenannten Orten mehr Zn, bei Cannstadt mehr Cu (Tab. 8). Bei der Annahme gleichartiger Förderung über einige Millionen Jahre könnten örtlich Metallanreicherungen vom Ausmaß kleiner Lagerstätten sich ergeben.

Als Grund für die lokale Konzentration der Schwermetallmengen muß wohl angenommen werden, daß hochkonzentrierte heiße Chlorid-Wässer — teilweise in Anwesenheit von juveniler Kohlensäure — Schwermetallanreicherungen im (kristallinen?) Untergrund abbauen und die Stoffe in geringeren Teufen wieder abladen. Solche Vorgänge könnten — entsprechend den Vorstellungen von SCHNEIDERHÖHN und SCHRIEL — noch in jüngster geologischer Zeit vor sich gegangen sein und z. T. noch heute andauern. Mit dem Zusammentreffen aller Umstände ist jedenfalls nur selten zu rechnen.

In Trinkwässern und den meisten Mineralwässern werden normalerweise die von der WHO und den staatlichen zuständigen Stellen gesetzten Grenzwerte nicht überschritten. Die International Standards (1970) der WHO betragen in mg/kg (= ppm) bei: Zn 15,0; Fe 1,0 Cu 1,5; Mn 0,5; Pb 0,1; As 0,05; Cd 0,01; Se 0,01; Hg 0,001. Ausnahmen kommen in der Nähe von Erzlagerstätten oder bei Grubenwässern von Erzbetrieben und Halden vor, auch bei Staubimmisionen in der Nähe von Hütten.

Barium und Strontium

Ähnlich wie die vorgenannten Schwermetalle dringen auch Barium und Strontium auf Störungszonen des festen Gebirges, so z. B. im Ruhrgebiet zusammen mit NaCl-reichen heißen Solen aus großer Tiefe auf, und zwar in großen Mengen und an vielen Stellen.

Die beiden Elemente sind auch sonst relativ verbreitet in der Erdkruste (595 mg/kg Ba und 368 mg/kg Sr in der mittleren Zusammensetzung der Magmatite [2]. In Sandsteinen ist Barium im Mittel stärker vertreten als Strontium (193 Ba gegenüber 28 mg/kg Sr), während in Tongesteinen in beiden Fällen eine gewisse Anreicherung stattfindet (250 Ba, 290 mg/kg Sr). Die Gehalte in den mineralisierten Wässern liegen trotz der geringen Löslichkeit — besonders von Barium — oft relativ hoch, so z. B. in Wässern des Ruhrgebietes bei Ba zwischen 500 und 2000 mg/kg, bei Sr zwischen 200 und 600 mg/kg (MICHEL 1974).

Zur Herkunft der Stoffe ist einerseits darauf hinzuweisen, daß die verbreitete Barytmineralisation auf den Erzgängen des Ruhrgebietes und die rezenten Ba- und Sr-führenden Tiefenwässer des gleichen Raums wohl genetisch in Zusammenhang stehen. Andererseits haben SCHERP und STRÜBEL (1974) darauf aufmerksam gemacht, daß Barytgänge auch im Devon des Rheinischen Schiefergebirges und in vielen uplift-Gebieten anderer Teile des variszischen Gebirges verbreitet sind und daher nicht aus dem Porenwasser des Karbons stammen können (PUCHEL 1964). SCHERP und

---

[1] Sowie nach freundlicher brieflicher Mitteilung vom März 1979.

[2] Diese Zahlenangaben sind hier und bei den nachfolgend besprochenen Elementen der von MATTHESS (1973) mitgeteilten Aufstellung (Tab. 63, S. 173) nach HORN und ADAMS (1966), HEM (1970) und TUREKIAN (1969) entnommen.

STRÜBEL (1974) stellten hohe Gehalte von Ba und Sr in kambrischen und ordovicischen Sedimenten Schwedens sowie in ordovicischen Ton- und Siltschiefern des Ebbesattels im Rheinischen Schiefergebirge fest, die bis 1150 ppm Ba und bis 165 ppm Sr reichen, wahrscheinlich in feinverteilter fester Form. Sie nahmen an, daß die Stoffe in sehr großer Tiefe (10 km oder mehr) mobilisiert wurden, auf tief reichenden Störungen — vielleicht in Verbindung mit Mikroporosität aufstiegen und in Teufen ab — 600 m NN in Form von Baryt ausfielen. Dieser Vorgang geht heute noch weiter. Das Strontium stieg vermöge größerer Löslichkeit weiter auf, drang in Oberkreidemergel ein und bildete Coelestinlinsen und -lager (SCHÖNE-WARNEFELD 1966) oder Strontianitgänge, als letzte Abscheidung — nach Calcit.

Auch die von MATTHESS (1973) mitgeteilten Ba/Sr-Verhältnisse in Quellwässern bei Stuttgart, die eine gewisse Formationsbindung erkennen lassen, sind wohl durch die unterschiedlichen Lösungsverhältnisse zu erklären.

Lithium

In Mineralquellen treten auch andere Stoffe mengenmäßig hervor, von denen man annehmen darf, daß sie aus großer Tiefe entweder juvenil oder als Lösung aus einer Lagerstätte aufsteigen, wie z. B. Lithium.

Lithium ist ein relativ seltenes Element (mit 32.2 mg/kg an der mittleren Zusammensetzung der Magmatite, mit 15 mg/kg der Sandsteine und 46,2 mg/kg der Tongesteine beteiligt [1]. Es ist ein Begleiter des Natriums in den Silikaten, bei der Verwitterung findet eine geringfügige Anreicherung in den Tonlagerstätten statt, ein wesentlicher Teil verliert sich im Meer. Süße Grundwässer und das Meerwasser enthalten nur geringe Mengen, in Mineralwässern können dagegen sehr hohe Gehalte auftreten. FRICKE (1953) gab für 7 nordrhein-westfälische Quellen eine Jahresförderung von ca. 20.000 Lithium bei Gehalten der einzelnen Quellwässer von > 3 mg/kg an. Auch BÄSSLER (1970) führte für das Ibbenbürener Steinkohlenrevier 29 Analysen von Grubenwässern mit > 3,0 mg/kg Li auf, davon zwei mit 145 bzw. 163 mg/kg. Mineralquellen mit > 20 mg/kg Li sind an vielen Stellen der Erde bekannt, England, Nord- und Südamerika); in USA wird aus ihnen das Lithium gewonnen.

Brom und Jod

Brom und Jod sind Elemente, die geochemisch gesehen — wesentlich andere Voraussetzungen für ihr Auftreten im Grundwasser haben, nämlich einen engen und langen Kontakt mit organischer Substanz (Kohlen, Erdöl, Erdgas).

Brom ist ein relativ seltenes Element (mittlere Gehalte bei Magmatiten nur 2,37 mg/kg, bei Tongesteinen 4,3 mg/kg, bei Evaporiten 33 mg/kg, im Meerwasser 67,3 mg/kg) [1]. In süßen Grundwässern scheint der Bromgehalt meist sehr gering zu sein (< 0,1 mg/kg). Gelegentlich erhöhte Gehalte weisen auf Besonderheiten der geochemischen Situation hin (Nähe von Lagerstätten, besonders von Erdöl und Erdgas; anthropogene Umwelteinflüsse). Hohe Werte sind von vielen Ölfeldwässern erwähnt (USA, USSR, Rumänien, Brasilien etc.). In Kap. 5.4.3 wird von solchen des Baltischen Schildes und des Moskauer Beckens berichtet (bis 1 g/kg). Über die Verbreitung von Brom in chlorhaltigen Wässern s. GUREWITSCH (1962).

Jod ist ebenfalls ein seltenes Element und in normalen süßen Grundwässern kaum nachweisbar. Es ist biophil und wird von Tieren und Pflanzen angereichert. Bei deren Zersetzung wird das Jod vom Porengrundwasser aufgenommen. An orga-

[1] S. Anmerkung 2 auf Seite 66.

nische Substanz reiche, tonige Sedimente oder Erdölwässer haben häufig stark erhöhte Jodgehalte (ca. 300 mal reicher als Meerwasser).

Fluor und Bor

Diese beiden Elemente verdanken ihre Häufigkeit in der Litho- und Hydrosphäre der Verwitterung weit verbreiteter Mineralien oder vulkanischen Vorgängen.

Fluor ist durchschnittlich mit 715 mg/kg an der Zusammensetzung der Magmatite beteiligt (gebunden an verschiedenartige Mineralien) und damit häufiger als Chlor). Auch in klastischen und tonigen Sedimenten sind durchschnittlich beachtliche Gehalte (220 bzw. 560 mg/kg) vorhanden. Das Meerwasser dagegen enthält nur 1,3 mg/kg und auch im süßen Grundwasser ist der Gehalt meist sehr gering (im allgemeinen < 1 mg/kg). Bei 55 Grund- und Quellwässern Bayerns waren nach Quentin (1957) 0 bis 0,50 mg/kg nachzuweisen. In vulkanischen Thermalwässern werden gelegentlich sehr hohe Gehalte angetroffen.

Bor tritt in Magmatiten durchschnittlich nur mit 7,5 mg/kg auf, erfährt jedoch in Sandsteinen und Tongesteinen Anreicherungen (bis 90 bzw. 194 mg/kg). Dies dürfte im wesentlichen auf die Widerstandsfähigkeit des borhaltigen Turmalins zurückzuführen sein. Aber auch andere Mineralien enthalten Bor in kleinen Mengen. Vulkanische Gase und vulkanogene Thermalquellen können — zusammen meist mit Schwefel — beachtliche Mengen von Bor fördern (z. B. Fumarolen Toskanas). In ariden Innensenken sind bauwürdige Konzentrationen von Borsalzen entstanden (Kalifornien, Peru, Argentinien, Tibet). Borsalze sind auch der Zechsteinsalzfolge eingeschaltet.

Der mittlere Gehalt des heutigen Meerwassers liegt bei 4,45 mg/kg, im süßen und salzigen Grundwasser ist Bor meist nur in Mengen von < 1 mg/kg vorhanden.

Von Ölfeldwässern werden dagegen hohe Gehalte an Bor angegeben. Davis und Wiest geben an, daß das B/Cl-Verhältnis von Meerwasser zu oberirdischen Gewässern ungefähr 0,0002, zu Ölfeldwässern 0,02, zu vulkanogenen Thermalwässern 0,1 sei.

Chlor

Schließlich seien einige Bemerkungen über das wichtige, aber extrem ungleich verteilte Element Chlor angeschlossen.

An der Zusammensetzung der Magmatite ist Chlor im Mittel nur mit 305 mg/kg beteiligt, bei Sandsteinen gar nur mit 15 mg/kg und bei Tongesteinen mit 170 mg/kg [1]. Im Meerwasser aber sind im Mittel 19400 mg/kg als Chlorid gelöst; auch das Grundwasser, besonders das tiefe, enthält große Mengen davon. In den Evaporiten ist ein wesentlicher Teil des Chlors auf der Erdkruste seit langen geologischen Zeiten festgelegt. Über die Herkunft der großen Chlormengen lassen sich nur Vermutungen anstellen.

In den feinen Porenräumen der Tongesteine ist Natriumchlorid fossil erhalten. Heute lagert sich das chloridarme versickerte Niederschlagswasser dank des geringeren spezifischen Gewichts über dem chloridreichen Grundwasser ab, die Trennung ist ziemlich wirksam, auch in Festgesteinen. Eine geringe Chloridbelastung erfährt das Niederschlagswasser in der Nähe der Meeresküste auf atmosphärischem Wege (etwa 1 mg/kg bis mehrere Zehner mg/kg. In größerer Tiefe können bei Bohrungen, in Thermalquellen und Bergbaurevieren extrem hohe Gehalte angetroffen werden.

---

1 Matthess (1973) gibt an, daß dieser Wert möglicherweise zu niedrig sei.

Literatur

BÄSSLER, R. (1970): Hydrogeologische, chemische und Isotopen-Untersuchungen der Grubenwässer des Ibbenbürener Steinkohlenreviers. Z. dtsch. geol. Ges., Sonderheft Hydrogeol., Hydrochemie, S. 209—286, 28 Abb., Hannover.

BANKS, D. C. (1972): In situ measurements of permeability in basalt. Symposium „Percolation through fissured rocks", T1-A1-6, Stuttgart.

BAŞKAN, M. E. (1970): Hydrogeologische Verhältnisse am Südostrand des Münsterschen Kreidebeckens und im Eggegebirge unter besonderer Berücksichtigung der Karsthydrologie. Fortschr. Geol. Rheinld. u. Westf. **17**, 537—576, Krefeld.

BAUER, F. (1972): Weitere Erfahrungen beim Uraninnachweis mit Aktivkohle. Geol. Jb. C **2**, Hannover.

BEHRENS, H. (1971): Untersuchungen zum quantitativen Nachweis von Fluoreszenzfarbstoffen bei ihrer Anwendung als hydrologische Markierungsstoffe. Geol. Bav. **64**, 120—131, München.

BERGMANN, H., SEILER, K.-P. (1971): Hydrometrische und radiohydrometrische Untersuchungen ... im klüftig-porösen Burg- u. Blasensandstein von Erlangen-Bruck. Geol. Bav. **64**, 197—209, München.

BOLSENKÖTTER, H. (1963): Vergleichende Betrachtungen der Methoden zur Beurteilung der Grundwasser-Neubildung. Wasserwirtschaft **53**, 66—69, Stuttgart.

CORRENS, C. W. (1939): Die Entstehung der Gesteine. Berlin: Springer.

DAVIS, S. N., DE WIEST, R. J. M. (1967): Hydrogeology, 2. Aufl., 463 S. New York — London: Wiley.

DROST, W. (1971): Grundwassermessungen mit radioaktiven Isotopen. Geol. Bav. **64**, 167—196, München.

DÜRBAUM, H. J. (1961): Porosität u. Durchlässigkeit von Gesteinen. In: A. BENTZ, Lehrb. d. Angew. Geol., S. 934—949. Stuttgart: Enke.

—, MATTHES, G., RAMBOW, D. (1969): Untersuchungen der Gesteins- u. Gebirgsdurchlässigkeit des Buntsandsteins in Nordhessen. Notizbl. Hess. Landesamt Bodenforsch. **97**, 258—274, 10 Abb., 4 Tab., Wiesbaden.

EINSELE, G. (1979): s. Literaturverzeichnis zu Kap. 5.6.

— (1980): Neubildung und Abfluß von Grundwasser in verschiedenen, geologisch definierten Landschaftstypen (Vortragsmanuskript).

FABIAN, H.-J., MÜLLER, G. (1962): s. Literaturverzeichnis zu Kap. 5.4.

FRICKE, K. (1953): Der Schwermetallgehalt der Mineralquellen. Erzbergb. Metallhüttenw. **VI**, 1—10, Stuttgart.

—, WERNER, H. (1957): Geochemische Untersuchungen von Mineralwässern auf Kupfer, Blei und Zink in Nordrhein-Westfalen und angrenzenden Gebieten. Heilbad u. Kurort, 1957, Nr. 3.

FRITSCH, V., TAUBER, A. (1972): Neuere Ergebnisse der elektrothermischen Markierungsmethode bei Grundwasseruntersuchungen. Geol. Jb. C **2**, 89—101, 11 Abb., Hannover.

GERLACH, C. (1977): s. Literaturverzeichnis zu Kap. 2.

GUREWITSCH, W. J. (1962): Über die Verbreitung von Brom in chlorhaltigen Wässern. Z. angew. Geol. **8**, 36—37, Berlin.

HABERER, KL., NORMANN, S. (1972): Die Bedeutung der Metallspuren in den Gewässern für die Trinkwasserversorgung. Gas- u. Wasserfach: Wasser/Abwasser **113**, 382—386.

HAUTHAL, U. (1967): Zum Wasserleitvermögen von Gesteinen des Mittleren Buntsandsteins. Z. angew. Geol. **13**, 8, 405—407, 2 Tab., Berlin.

HEITFELD, K. H. (1965): s. Literaturverzeichnis zu Kap. 2.

HILDEN, H. D. (1975): Erläuterungen zu Bl. C 4306 Recklinghausen der Hydrogeol. Karte von Nordrhein-Westfalen 1 : 100 000, 110 S., 15 Abb., Krefeld.

HÖGL, O., SULSER, H.: Blei, Kupfer u. Zink in Trink- u. Brauchwasser. 2. Mitt. Labor. Eidgen. Gesundheitsamtes in Bern.

JACOB, C. E. (1950): Flow of groundwater in engineering hydraulics (H. ROUSE, ed.), S. 321—386. New York: Wiley.

JOHNSON, C. R., GREENHORN, R. A. (1960): Comparison of core analysis and drawdown — test results from a water-bearing Upper Pensylvanian sandstone of central Oklahoma. Geol. Soc. Amer. Bull. **71**, 1898.

KARRENBERG, H. (1961): Die hydrogeologischen Kartenwerke des Geologischen Landesamtes Nordrhein-Westfalen. Z. dtsch. geol. Ges. S. 216—230, 2 Abb., 1 Taf., Hannover.

—, DEUTLOFF, O., v. STEMPEL, C. (1974): Generallegende für die Internationale Hydrogeologische Karte von Europa. Bundesanst. f. Bodenforsch./UNESCO, Hannover-Paris.

—, STRUCKMEIER, W. (1978): The hydrogeological map of Europe 1 : 1500 000. Episodes of IUGS, vol. 1978, **4**, p. 16—18, Ottawa.

—, WEYER, K. U. (1970): Beziehungen zwischen geologischen Verhältnissen und Trockenwetterabfluß in kleinen Einzugsgebieten des Rheinischen Schiefergebirges. Z. dtsch. geol. Ges., Sonderheft, 27—41, Hannover.

KÄSS, W., et al. (1972): Grundwasser-Markierungsversuche im Pleistozän der Freiburger Bucht. Geol. Jb. C **2**, 119—151, 6 Abb., Hannover.

KELLER, R. (1961): Gewässer und Wasserhaushalt des Festlandes, 520 S. Berlin: Haude u. Spener.

KRAUSS, I. (1977): Das Einschwingverfahren — Transmissivitätsbestimmung ohne Pumpversuch. Gas- u. Wasserfach: Wasser/Abwasser **118**, 407—410, München.

KRUSEMANN, G. P., DE RIDDER, N. A. (1973): Untersuchung und Anwendung von Pumpversuchsdaten (Übersetzung aus dem Englischen), 191 S., 60 Abb., 18 Tab. Köln-Braunsfeld: Verl. Rud. Müller.

MATTHESS, G. (1970): s. Literaturverzeichnis zu Kap. 2.

— (1972): Durchlässigkeit und Brunnenergiebigheit im hessischen Buntsandstein im Vergleich zu anderen Gesteinen. Sympos. „Percolation through fissured rocks", T_3—E, S. 1—12, Stuttgart.

— (1973): Die Beschaffenheit des Grundwassers, 324 S., 89 Abb., 86 Tab. Berlin — Stuttgart: Borntraeger.

MEDER, H. G. (1966): Über die Berechnung der Durchlässigkeit von Sandsteinen aus Porosität u. Korngrößenverteilung. Erdöl u. Kohle **19**, 9, 626—634, 9 Tab., Hamburg.

MÜGGE, R. (1954): Das Grundwasser als geophysikalischer Indikator. Z. Geophys. **20**, 65—75, Würzburg.

NATERMANN, E. (1951): Die Linie des langfristigen Grundwassers (A u L) und die Trockenwetterabflußlinie (TWL). Die Wasserwirtschaft (Sonderh.), Stuttgart.

PERSSON, G., et al. (1979): Expl. Notes for the Int. Hydrogeol. Map of Europe, sheet C 3-Oslo. Bundesanstalt f. Geowiss. u. Rohst. u. UNESCO, Hannover und Paris.

PUCHELT, H. (1964): Zur Geochemie des Grubenwassers im Ruhrgebiet. Z. dtsch. geol. Ges. **116**, 167—203, 12 Abb., Hannover.

QUENTIN, K.-E. (1957): Der Fluorgehalt bayerischer Wässer. Gesundheits-Ing. **78**, 329—333, München.

REPSOLD, H., RÜLKE, O. (1970): Der Flußmesser, ein Gerät zur Bestimmung von Wasserzuflußmengen in Brunnen. Beih. geol. Jb. **98**, 95—105, Hannover.

REUL, K. (1972): Anwendung der Luftbildgeologie bei der Grundwassererschließung. Sonderdruck DVGW Broschüre, 7 S., 11 Abb., Frankfurt/M.

RICHTER, W., LILLICH, W. (1975): Abriß der Hydrogeologie. Stuttgart: Schweizerbart.

SCHERP, A., STRÜBEL, G. (1974): Zur Barium-Strontium-Mineralisation. Mineral. Deposita **9**, 155—168. Berlin — Heidelberg — New York: Springer.

SCHMASSMANN, H. (1972): Quantitative Auswertung von Kochsalzmarkierungen in Schotter-Grundwasserströmen. Geol. Jb. C **2**, 75—87, 8 Abb., Hannover.

SCHNEIDER, G. (1971): Ermittlung des Durchlässigkeitsbeiwertes k durch Bohrrohrversuche. Geol. Bav. **64**, 226—241, München.

SCHNITZER, W. A. (1972): Neue Methoden zur Erforschung des Karstes. Geol. Jb. **C 2**, 111—118, 2 Abb., Hannover.

SCHOELLER, H. (1962): Les eaux souterraines, 642 S., 187 Abb., Tab. Paris: Masson.

SCHÖNE-WARNEFELD, G. (1966): Sedimentärer Cölestin in der Oberkreide Westfalens. Manuskript eines Vortrages DMG-Tagung München 1966 (s. SCHERP, A., STRÜBEL, G. 1974).

SEILER, K.P. (1966): Kluft- u. Porenwasser im Mittleren Buntsandstein des südl. Saarlandes. Geol. Mitt. **9**, 75—96, Aachen.

SEMMLER, W., SCHMIDT, R. (1958): Die Anwendung des Farbstoffes Uranin AP zur Nachweisung hydraulischer Zusammenhänge unter und über Tage. Bergfreiheit Nr. **3**, Essen.

SHARP, J. C., MAINI, Y. N. T. (1972): Fundamental considerations on the hydraulic characteristics of joints in rock. Symposium "Percolation through fissured rocks", T_1—F, S. 1—15. Stuttgart.

SKIBITZKI, H. (1958): The use of radioactive tracers in hydrologic field studies of groundwater motion. Comptes Rendus et Rapports AIHS **2**, 243—251, Gentbrugge.

SNOW, D. T. (1972): Fundamentals and in situ determination of permeability. General report theme 1. Symposium "Percolation through fissured rocks" G 1, S. 1—6, Stuttgart.

THEIS, C. V. (1935): The relation between the lowering of the piezometric surface and the rate and duration of discharge of a well using groundwater storage. Trans. Amer. Geophys. Union **16**, 519—524.

THIEM, G. (1906): Hydrologische Methoden, 56 S. Leipzig: Gebhardt.

TODD, D. K. (1964): Ground water hydrology, 336 S. New York: Wiley.

UDLUFT, P. (1969): s. Literaturverzeichnis zu Kap. 2.

WEYER, K. U., KARRENBERG, H. (1970): Influence of fractured rocks on the recession curve in limited catchment areas in hill country: a result of regional research and a first evaluation of runoff of hydrogeological experimental basins. J. Hydrology (N. Z.) **9**, (Wellington Sympos. of IASH), S. 177—191, Wellington.

— (1972): Ermittlung der Grundwassermengen in den Festgesteinen der Mittelgebirge aus Messungen des Trockenwetterabflusses (mit Vorbemerkungen von H. KARRENBERG über „Grundwasserneubildung und -bewegung in Festgesteinen"). Geol. Jb. C, Heft 3, S. 15—114, 40 Abb., Hannover.

WIEDERHOLD, W. (1965): Theorie und Praxis des hydrologischen Pumpversuchs. Gas- u. Wasserfach **106**, 34, München.

WUNDT, W. (1953): Gewässerkunde, 320 S., 185 Abb. Berlin — Göttingen — Heidelberg: Springer.

ARBEITSKREIS Grundwasserneubildung der Fachsektion Hydrogeologie der Deutschen Geologischen Gesellschaft (1977): Methoden zur Bestimmung der Grundwasserneubildungsrate. Geol. Jb. **C 19**, 1—98, 30 Abb., 9 Tab., Hannover.

UNESCO, IASH, IAH, Inst. Geol. Sci. (1970): International legend for hydrogeological maps. 101 pg., London.

4. Berechnungsgrundlagen und Rechenverfahren für Wasserströmung in Trennfugen

(M. Wallner)

4.1 Problemstellung

Die Art der im Fels ausgebildeten Fugen ist in Kapitel 2 beschrieben. Auf die großen Schwierigkeiten einer mathematischen Erfassung der Strömungsvorgänge in geklüftetem Felsgestein ist im Abschnitt 3.4.1 hingewiesen worden. Im folgenden sollen dazu grundlegende Vorstellungen zusammengestellt und erläutert werden.

Rechnerische Ansätze zur Lösung geotechnischer Probleme werden vielfach in der Felsbaupraxis benötigt, so z. B. bei der Beurteilung der Stabilität von Böschungen bei Tagebauen, Baugruben, Talsperren, Verkehrswegen, die entscheidend durch die hydrostatischen und hydrodynamischen Wirkungen des Kluftwassers beeinflußt werden. Viele Böschungsrutschungen sind auf die Auswirkung des Wassers zurückzuführen. Bei Talsperren- und Dammbauwerken sollte außerdem der durch Um- und Unterläufigkeit bedingte Sickerwasserverlust mengenmäßig erfaßt werden können. Für den Entwurf von Injektions- und Drainagemaßnahmen sollten genaue Kenntnisse der Strömungsverhältnisse vorliegen. Untertägige Hohlraumbauten beeinflussen aufgrund ihrer Drainagewirkung die Strömungsvorgänge im Gebirge; Wasserzuflüsse können die untertägigen Arbeiten erheblich beeinträchtigen. Auch die Standsicherheit der untertägigen Hohlräume selbst wird durch Wasserdrücke beeinflußt (s. Kapitel 7).

Bei der Berechnung von Strömungsproblemen im klüftigen Fels ergeben sich Schwierigkeiten insbesondere dadurch, daß eine exakte Bestimmung der Verteilung und der Geometrie der Fließwege im Festgestein schwierig ist. Für die theoretische Behandlung von Fließvorgängen im Festgestein ist es daher notwendig, vereinfachende Modellvorstellungen zur Durchströmung zu entwickeln. Solche Modelle, die die Wirklichkeit zwangsläufig nicht exakt erfassen können, sollen die tatsächlichen Verhältnisse jedoch so abbilden, daß die Durchlässigkeitseigenschaften und die Auswirkungen der Strömungsvorgänge, wie Strömungsrichtung, Druckverteilung und Wassermengen im Mittel richtig wiedergegeben werden.

Zur wirklichkeitsnahen Erfassung der Strömungsvorgänge ist es notwendig, die Probleme im allgemeinen dreidimensional und sowohl stationär als auch instationär untersuchen zu können. Außerdem ist es in einigen Fällen notwendig, die gegenseitige Beeinflussung von hydraulischen und mechanischen Vorgängen zu berücksichtigen. So können durch mechanische Beanspruchungen Veränderungen der Gebirgsdurchlässigkeit und damit der Strömungsvorgänge hervorgerufen werden, die ihrerseits aufgrund der hydrostatischen und

-dynamischen Kraftwirkungen wiederum veränderte Spannungen und Verformungen zur Folge haben, ein Problem, das insbesondere im Widerlagerbereich von Staumauern die Standsicherheit entscheidend beeinflussen kann.

4.2 Berechnungsgrundlagen

Durchlässigkeitsmodelle für klüftiges Festgestein sind insbesondere Modelle für die Wasserwegigkeit der Trennfugen (Schichtfugen, Klüfte, Störungen etc.).

Statistisch lassen sich die im Gebirge auftretenden Trennfugen meist in Form mehrerer Scharen annähernd ebener, zueinander paralleler Flächen zu-

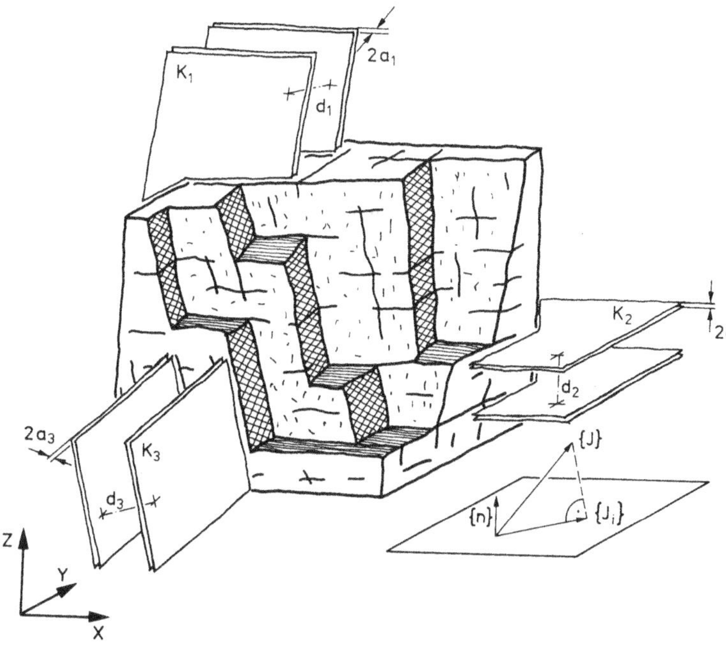

Abb. 4.1. Modellkörper klüftiger Fels.
K_i Kluftschar, $2a_i$ Kluftöffnungsweite, d_i Kluftabstand

sammenfassen (Abb. 4.1). Der Einfluß einer Kluftschar auf die Durchlässigkeit des Gebirges wird durch folgende Parameter bestimmt (s. hierzu auch Kapitel 2.3):

— Durchtrennungsgrad der Einzelklüfte K_i
— Öffnungsweite der Einzelklüfte 2 a_i
— gegenseitige Abstände der Einzelklüfte d_i
— Raumstellung der Klüfte
— Kluftfüllungen
— Rauhigkeit der Kluftwandungen

Der Durchtrennungsgrad und die Öffnungsweite sowohl in benachbarten Klüften als auch innerhalb einer Kluft sind sehr großen Schwankungen unterworfen. Die grundlegende Vereinfachung für die Herleitung eines Durchlässigkeitsmodells ist daher die Annahme eines weiträumig völlig durchtrennten Kluftabschnittes, dem eine den tatsächlichen Verhältnissen entsprechende, äquivalente konstante Spaltweite zugeordnet wird. Die gegenseitigen Abstände der Klüfte variieren ebenfalls; jedoch ist es statistisch möglich, einen für die Wasserdurchlässigkeit repräsentativen mittleren Abstand d_m zu ermitteln.

Die Streuung der Raumstellung der Klüfte einer Schar ist im allgemeinen verhältnismäßig gering und läßt sich als statistischer Mittelwert angeben. Der Einfluß von Kluftfüllungen läßt sich durch einen bodenmechanischen Durchlässigkeitsbeiwert des Füllmaterials, die Rauhigkeit der Kluftwandungen durch einen Rauhigkeitsbeiwert im Fließgesetz berücksichtigen. Das Durchlässigkeitsmodell stellt die Sickerwasserströmung im geklüfteten Festgestein als

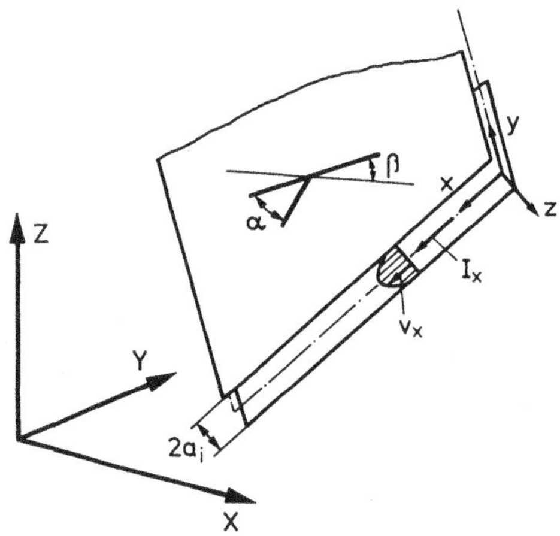

Abb. 4.2. Spaltströmung. $2a_i$ Spaltweite, α Winkel des Fallens, β Winkel des Streichens

eine Aneinanderreihung ebener Fließvorgänge in den einzelnen Kluftabschnitten dar, die ein kommunizierendes System ebener Wasserleiter bilden.

Die Strömung in einem beliebig geneigten Spalt konstanter Öffnungsweite (Abb. 4.2.) ist daher von grundlegender Bedeutung für die Kluftwasserströmung. Die allgemeinen Gleichungen der laminaren Kluftwasserströmung folgen aus dem Navier-Stockes'schen Gesetz für zähe Flüssigkeiten:

$$\frac{D\vec{v}}{Dt} = \vec{P} - \frac{1}{\rho}\,\vec{\text{grad}}\,p + \nu\cdot\vec{\Delta}\,v + \frac{\nu}{3}\,\vec{\text{grad}}\,\text{div}\,\vec{v} \qquad (1)$$

mit $\vec{v}$ — Fließgeschwindigkeit
$\vec{P}$ — auf die Flüssigkeit wirkende Massenkraft
ρ — Dichte
p — Druck
ν — kinematische Zähigkeit
t — Zeit

Daneben gilt die Kontinuitätsbedingung:

$$\operatorname{div} \vec{v} = 0 \qquad (2)$$

Aus der Annahme einer konstanten Temperatur folgt, daß auch die Dichte und die kinematische Zähigkeit konstant sind. Die auf die Flüssigkeit wirkende Massenkraft $\vec{P}$ ist gleich dem Gewicht der Flüssigkeit:

$$\vec{P} = - g \cdot \overrightarrow{\operatorname{grad}}\, Z \qquad (3)$$

wobei Z die geometrische Höhe des betrachteten Massenpunktes ist.

Zur Herleitung der Kluftwasserströmungsgesetze werden darüber hinaus folgende Annahmen getroffen:

1. Da bei engen, parallelwandigen Spalten die Strömungsgeschwindigkeit senkrecht zum Spalt v_z vernachlässigbar klein ist, wird eine ebene Schichtenströmung vorausgesetzt $\rightarrow v_z = 0$.

2. Die Änderung der Fließgeschwindigkeit parallel zum Spalt ist vernachlässigbar klein im Vergleich zur Geschwindigkeitsänderung normal zum Spalt

$$\frac{\partial u}{\partial x}, \frac{\partial u}{\partial y}, \frac{\partial v}{\partial x}, \frac{\partial v}{\partial y} << \frac{\partial u}{\partial z}, \frac{\partial v}{\partial z}$$

3. Die konvektiven Beschleunigungsglieder können bei kleinen Fließgeschwindigkeiten näherungsweise vernachlässigt werden. Darüber hinaus sollen in erster Näherung zunächst auch die lokalen Beschleunigungsglieder unberücksichtigt bleiben, d. h. nur stationäre Strömungen oder statische Strömungszustände betrachtet werden $\rightarrow \frac{Dv}{Dt} = 0$.

Mit diesen vereinfachenden Annahmen erhält man nach einigen Umformungen für die mittlere Fließgeschwindigkeit im Spalt:

$$\vec{v} = \frac{g\,(2a_i)^2}{12\nu} \vec{J} \qquad (4)$$

$\vec{J}$ — hydraulischer Gradient

$$\left(\vec{J} = - \overrightarrow{\operatorname{grad}}\, \Phi,\ \Phi = z + \frac{p}{\gamma}\right)$$

g — Erdbeschleunigung
k — Durchlässigkeitsbeiwert

Für die laminare Kluftwasserströmung erhält man somit ebenfalls ein Darcy'sches Gesetz:

$$\vec{v} = k \cdot \vec{J} \qquad (5)$$

Der Durchlässigkeitswert k einer einzelnen Kluft ergibt sich zu:

$$k = \frac{g\,(2a_i)^2}{12\nu} \qquad (6)$$

Die Fließgesetze in unebenen, rauhen Klüften wurden von LOUIS (1967) eingehend untersucht. Der Energieverlust wird mit Hilfe eines dimensionslosen Widerstandsbeiwertes λ berücksichtigt:

$$J = \lambda \frac{1}{D_h} \frac{\bar{v}^2}{2g} \tag{7}$$

λ — dimensionsloser Widerstandsbeiwert
D_h — hydraulischer Durchmesser (bei einem Spalt mit der Öffnungsweite $2a_i : D_h = 4a_i$)
$\bar{v}$ — mittlere Fließgeschwindigkeit in der Kluft

Eine Zusammenstellung der verschiedenen Fließgesetze und ihrer Gültigkeitsbereiche zeigt Abb. 4.3.

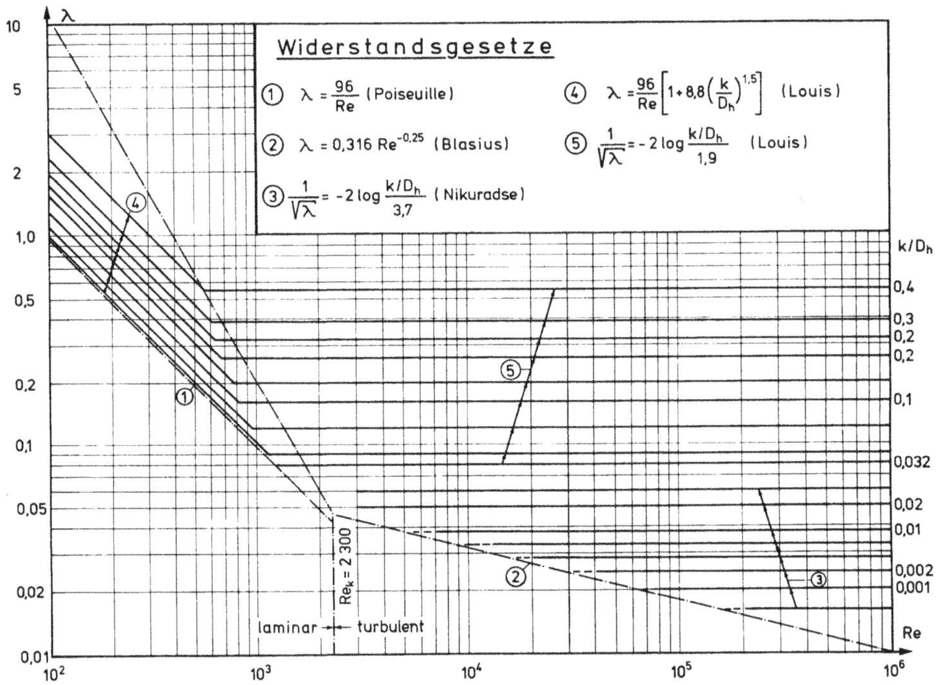

Abb. 4.3. Fließgesetze und Gültigkeitsbereiche

Aufbauend auf diesen theoretischen und experimentellen Untersuchungen bieten sich zur mathematischen Beschreibung der Strömungsvorgänge im klüftigen Fels zwei unterschiedliche Modelle an (WITTKE et al. 1972). Beiden Modellen liegt neben den schon erwähnten Annahmen die Vorstellung zugrunde, daß das Wasser nur in den Trennflächen fließt und das Gestein undurchlässig ist. Weiterhin wird vorausgesetzt, daß die durch Querschnittsveränderungen und Umlenkungen in den Kluftverschneidungen auftretenden Druckverluste vernachlässigbar klein sind, so daß auch die räumliche

Durchströmung als eine Aneinanderreihung ebener Fließvorgänge in den einzelnen Kluftabschnitten aufgefaßt werden kann.

In dem sogenannten „diskontinuierlichen Modell“ werden die Durchströmungsvorgänge unmittelbar in einem räumlichen Spaltensystem untersucht. Das bedeutet, daß die einzelnen Fließwege geometrisch möglichst genau nachgebildet werden und die Gesetze der Spaltströmung mit entsprechenden Rand- und Übergangsbedingungen direkt für die einzelnen Kluftabschnitte formuliert werden. Diese Modellvorstellung bietet sich insbesondere an, wenn nur wenige, in ihrer Lage genau bekannte Störungen oder Klüfte die Durchströmung maßgeblich beeinflussen und örtlich hydraulische Wirkungen untersucht werden sollen.

Dem zweiten, sogenannten „kontinuierlichen Modell“ liegt die Annahme einer quasihomogenen Durchströmung zugrunde, die sich durch einen anisotropen Durchlässigkeitstensor beschreiben läßt. Den Durchlässigkeitskoeffizienten des Fels parallel zu einer Kluftschar bei quasihomogener Durchströmung erhält man, wenn die Durchlässigkeit der Kluft auf den durchströmten Flächenanteil bezogen wird:

$$k_f = \frac{(2a_i)m}{b_m} k \tag{8}$$

Snow (1965) zeigt, daß die parallel zu einer Kluftschar vorhandene Durchlässigkeit in einem globalen System, d. h. in einem nicht an die Kluftorientierung gebundenen Koordinatensystem, durch einen Transformationstensor beschrieben werden kann:

$$[K] = k_f\,[T] \tag{9}$$

mit

$$[T] = \begin{bmatrix} 1 - n_x n_x & - n_x n_y & - n_x n_z \\ - n_y n_x & 1 - n_y n_y & - n_y n_z \\ - n_z n_x & - n_z n_y & 1 - n_z n_z \end{bmatrix} \tag{10}$$

n_x, n_y, n_z sind die Komponenten des Kluftnormaleneinheitsvektors im globalen Koordinatensystem.

Ist der Fels von mehreren Kluftscharen durchtrennt, erhält man den Gesamtdurchlässigkeitstensor aus einer Addition der Einzeltensoren. Durch Addition kann auch eine isotrope Gesteinsdurchlässigkeit überlagert werden.

Dieses Durchströmungsmodell wird vor allem zweckmäßig angewendet, wenn der Abstand der wasserführenden Trennfläche im Vergleich zu den Abmessungen des zu untersuchenden Bereiches klein ist.

In beiden Modellen läßt sich die räumliche, laminare, stationäre Kluftwasserströmung durch ein verallgemeinertes Darcy-Gesetz:

$$\vec{v} = - [K]\, \overrightarrow{\text{grad}}\, h \tag{11}$$

und die Kontinuitätsbedingung:

$$\text{div}\, \vec{v} = 0 \tag{12}$$

beschreiben. Setzt man das Darcy-Gesetz in die Kontinuitätsgleichung ein, so erhält man eine Differentialgleichung zweiter Ordnung für die Standrohrspiegelhöhen h, die Ausgangspunkt der weiteren Betrachtung sein wird:

$$\begin{aligned} &\frac{\partial}{\partial x}\left(K_{xx}\frac{\partial h}{\partial x} + K_{xy}\frac{\partial h}{\partial y} + K_{xz}\frac{\partial h}{\partial z}\right) + \\ &\frac{\partial}{\partial y}\left(K_{yx}\frac{\partial h}{\partial x} + K_{yy}\frac{\partial h}{\partial y} + K_{yz}\frac{\partial h}{\partial z}\right) + \\ &\frac{\partial}{\partial z}\left(K_{zx}\frac{\partial h}{\partial x} + K_{zy}\frac{\partial h}{\partial y} + K_{zz}\frac{\partial h}{\partial z}\right) = 0 \end{aligned} \qquad (13)$$

4.3 Berechnungsverfahren

Für die Lösung von Strömungsproblemen der Sickerwasserbewegung im Lockergestein ist eine Vielzahl von analytischen, modelltechnischen und numerischen Verfahren entwickelt worden. Viele dieser Verfahren haben sich jedoch für die Untersuchung der Kluftwasserströmung nicht durchsetzen können, weil

a) die Wasserbewegung im klüftigen Fels wegen der Raumstellung der durchströmten Trennflächen im allgemeinen 3-dimensional untersucht werden muß und

b) anisotrope, inhomogene Durchlässigkeitseigenschaften zu berücksichtigen sind,

was aufwendige Lösungsverfahren erfordert. Darüber hinaus sind Berechnungen zur Durchströmung von klüftigem Fels relativ jungen Datums, so daß von Anfang an numerische Rechenverfahren eine große Bedeutung erlangt haben.

Im folgenden sollen daher nur die für die Praxis wesentlichen Untersuchungsverfahren, nämlich:

— grafische Verfahren
— das Differenzenverfahren und
— die Finite Element Methode

in ihren Grundzügen erläutert werden.

Durch *graphische Verfahren* läßt sich in einfachen Fällen ein Überblick über die Strömungsverhältnisse gewinnen. Dieses Verfahren ist anwendbar, wenn:

a) für die Durchströmung nur sehr wenige, meist offene Großklüfte maßgebend sind, so daß die räumliche Kluftwasserströmung in einer direkten Abwicklung zweidimensional durchströmter Kluftabschnitte untersucht werden kann

b) ein ebenes Strömungsproblem vorliegt, was z. B. bei 2 senkrecht zur Strömungsebene streichenden Kluftscharen der Fall ist.

Grundlage für die Konstruktion ebener Strömungsnetze (Abb. 4.4.) ist das aus orthogonal sich kreuzenden Potentiallinien φ und Stromlinien ψ gebildete Strömungsnetz. Alle Vierecke des Strömungsnetzes sind geometrisch ähnlich. Das Strömungsnetz wird graphisch den Randbedingungen, gegebenen Potential- oder Stromlinien, angepaßt. Durch 2 benachbarte Stromlinien fließt eine konstante Wassermenge. Aus dem Abstand der Potentiallinien läßt sich die Fließgeschwindigkeit abschätzen.

Mathematisch stellt die Lösung von Strömungsproblemen eine Rand- bzw. Anfangswertaufgabe dar. Grundlage der numerischen Rechenverfahren ist die das jeweilige Strömungsproblem beschreibende Differentialgleichung (DGL), die sich im Falle der laminaren, stationären Kluftwasserströmung als DGL 2. Ordnung für die Standrohrspiegelhöhen formulieren läßt.

Die Differentialgleichung beschreibt die Sickerwasserbewegung im Innern des durchströmten Bereiches. An den Rändern sind entweder die Standrohrspiegelhöhe oder die ein- oder ausfließende Wassermenge bzw. die Fließgeschwindigkeit oder deren Richtung vorgegeben, an welche die Lösung der DGL angepaßt werden muß. Bei instationären Strömungsproblemen sind die Randbedingungen als Anfangsbedingung vorgegeben und mit der Zeit veränderlich.

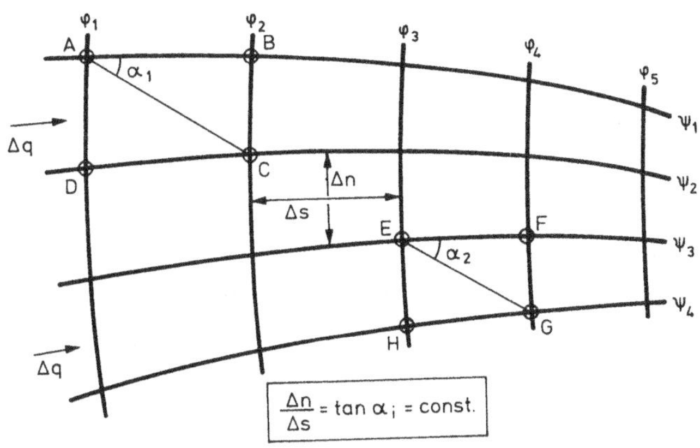

Abb. 4.4. Graphische Konstruktion ebener Strömungsnetze

Die Idee des *Differenzenverfahrens* besteht darin, die Differentialquotienten durch Differenzenquotienten zu ersetzen und somit die Differentialgleichung in Differenzengleichungen aufzulösen. Die Berechnung wird im Prinzip folgendermaßen durchgeführt: Der durchströmte Bereich wird mit einem Maschennetz belegt, dessen Weite i. a. nach dem Ablauf der Randbedingungen und nach dem zu erzielenden Genauigkeitsgrad festzulegen ist. Für die einzelnen Maschenpunkte werden die Differenzengleichungen formuliert und zu einem System algebraischer Gleichungen zusammengefaßt. Einige der wichtigsten Differenzenquotienten sind in Abb. 4.5. für einen einfachen Differenzenstern angeschrieben. Die Berechnung des Strömungsproblems wird somit auf die Lösung eines linearen Gleichungssystems für die unbekannten Standrohrspiegelhöhen in den Maschenknoten unter Berücksichtigung vorgegebener Randbedingungen zurückgeführt.

Bei der Lösung instationärer Strömungsprobleme wird zwischen expliziten und impliziten Lösungsverfahren unterschieden. Beim expliziten Verfahren sucht man die Näherungslösung z. B. für die Strömungsgeschwindigkeit u_i zum Zeitpunkt $t + \Delta t$ als Funktion der bekannten Strömungsgeschwindigkeit u_i

zum Zeitpunkt t. Die Geschwindigkeit kann schrittweise direkt ermittelt werden, ohne ein großes Gleichungssystem lösen zu müssen. Beim impliziten Verfahren werden die unbekannten Strömungsgeschwindigkeiten zum Zeitpunkt $t + \Delta t$ dagegen in einem algebraischen Gleichungssystem ermittelt, bei dem die bekannten Strömungsgeschwindigkeiten u_i zum Zeitpunkt t auf der rechten Seite des Gleichungssystems enthalten sind.

Das Differenzenverfahren besitzt insbesondere bei der Lösung instationärer Strömungsprobleme einige rechentechnische Vorteile. Wegen der im allgemeinen schwierigen Anpassung an Rand- und Übergangsbedingungen hat sich dieses Verfahren gegenüber der Finite Element Methode bei der Lösung praktischer Probleme jedoch nicht durchsetzen können.

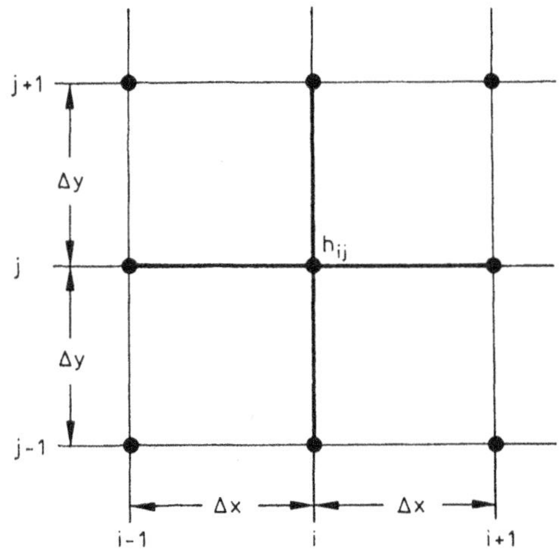

$$\frac{dh}{dx} \approx \frac{h(x+\Delta x) - h(x)}{\Delta x}$$

$$\frac{d^2h}{dx^2} \approx \frac{h(x+\Delta x) - 2h(x) + h(x-\Delta x)}{(\Delta x)^2}$$

Abb. 4.5. Differenzenverfahren

Bei der Anwendung der *Finite Element Methode (FEM)* zur Lösung von Strömungsproblemen geht man, mathematisch betrachtet, nicht von der das Strömungsproblem kennzeichnenden Differentialgleichung aus, sondern vom zugehörigen Variationsproblem:

$$\delta \frac{1}{2} \iiint_V \left[K_{xx} \left(\frac{\partial h}{\partial x}\right)^2 + K_{yy} \left(\frac{\partial h}{\partial y}\right)^2 + K_{zz} \left(\frac{\partial h}{\partial z}\right)^2 + 2 K_{xy} \frac{\partial h}{\partial x} \frac{\partial h}{\partial y} + 2 K_{yz} \frac{\partial h}{\partial y} \frac{\partial h}{\partial z} + 2 K_{zx} \frac{\partial h}{\partial z} \frac{\partial h}{\partial x} \right] dx\, dy\, dz = 0 \qquad (17)$$

bzw.

$$\delta \frac{1}{2} \iiint_V [(\text{grad } h)' \cdot K \cdot \text{grad } h]\, dx\, dy\, dz = 0 \qquad (18)$$

Von allen stetigen Verteilungen der Standrohrspiegelhöhe h, die mit den Randbedingungen des Strömungsproblems verträglich sind, stellt sich diejenige wirklich ein, die das Integral zum Minimum macht. Bei der Finite Element Methode wird die Integration nicht geschlossen, sondern numerisch durchgeführt, indem das Integral zunächst für Elemente, in die der durchströmte Bereich zerlegt ist, gebildet und anschließend über alle Elemente summiert wird.

Die Anwendung numerischer Verfahren wurde insbesondere durch die Entwicklung leistungsfähiger Großrechenanlagen begünstigt. Dabei hat die FEM nicht nur aufgrund ihres mathematischen Hintergrundes ihre große Bedeutung für die ingenieurmäßige Lösung auch sehr komplizierter Strömungs-

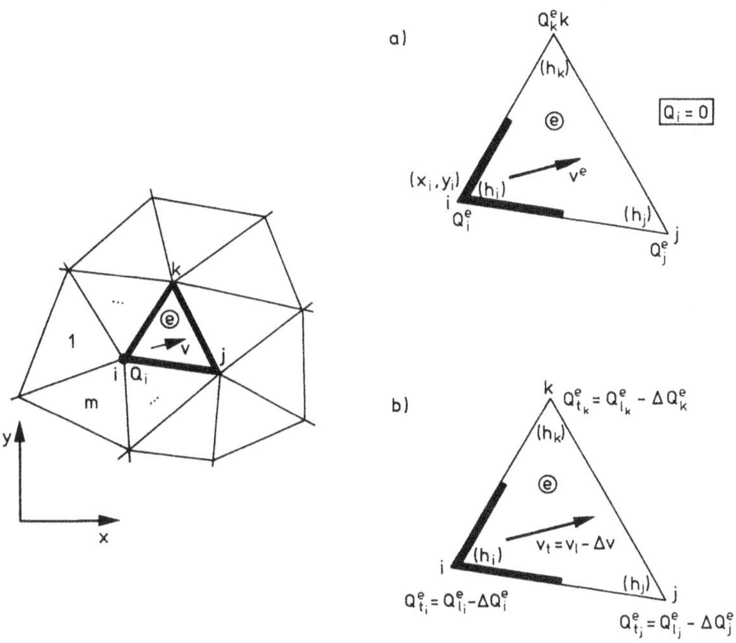

Abb. 4.6. Finite Element Methode. a) laminares, b) turbulentes Fließen

probleme erlangt, sondern insbesondere auch aufgrund der Tatsache, daß sich ihre Grundlagen sehr anschaulich herleiten lassen und sich damit die Möglichkeit bietet, intuitive, mathematisch als Nebenbedingung zu formulierende Gesetze zu berücksichtigen.

Im folgenden soll auch hier die Entwicklung der grundlegenden Gleichungen der FEM auf anschaulichem Wege erfolgen, und zwar der Einfachheit halber für den Fall der stationären, ebenen Spaltströmung. Die Herleitung der Gleichungen erfolgt in mehreren Schritten. Die mathematische Formulierung erfolgt zweckmäßigerweise in Matrizenschreibweise:

1. Für die Berechnung nach der Finite Element Methode wird der durchströmte Bereich in endlich große Elemente zerlegt gedacht. Die einfachsten Elemente für ebene Strömungsprobleme sind Dreiecke (Abb. 4.6). Die Geometrie der Dreiecke ist durch die Koordinaten $\{x_i, y_i\}$ der Eckpunkte (Knoten-

punkte i, j, k) festgelegt. Die primären Unbekannten des Problems sollen die Standrohrspiegelhöhen $\{h\} = \{h_i, h_j, h_k\}$ sein. In den Knotenpunkten zusammengefaßt gedacht soll auch die in das Dreieck ein- bzw. ausströmende Wassermenge sein, und zwar wird unter der Knotenpunktergiebigkeit Q_i die Summe der durch die beiden angrenzenden halben Zeiten fließenden Wassermengen verstanden (Abb. 4.6.).

2. Für die unbekannten Standrohrspiegelhöhen wird eine Verteilungsfunktion angenommen, und zwar im Fall des Dreieckelements in Form eines linearen Ansatzes:

$$h(x, y) = \alpha_0 + \alpha_1 x + \alpha_2 y \tag{19}$$

Die Koeffizienten α_0, α_1 und α_2 lassen sich durch die Koordinaten der Elementeckpunkte und die Standrohrspiegelhöhen in den Eckpunkten ausdrücken.

3. Unter Zugrundelegung des verallgemeinerten Darcy-Gesetzes

$$\{v\} = [K]\,\{\text{grad } h\} \tag{20}$$

erhält man bei linearer Standrohrspiegelverteilung innerhalb eines Elements ein konstantes Gefälle bzw. eine konstante Fließgeschwindigkeit, indem Gl. 19 partiell nach x bzw. y differenziert wird:

$$\{J\}^e = [B]^e\,\{h\}^e \tag{21}$$

$[B]^e$ ist eine sog. Ableitungsmatrix. Die Koeffizienten hängen nur von den Koordinaten der Eckpunkte ab. Anschaulich geben die Koeffizienten der B-Matrix die Projektion der Dreiecksseiten auf die Koordinatenrichtungen an.

Die konstante Fließgeschwindigkeit ergibt sich bei laminarem Strömungsgesetz zu:

$$\{v\}^e = [K]\,[B]^e\,\{h\}^e \tag{22}$$

4. Unter Beachtung der Kontinuitätsbedingung im Innern des Dreiecks läßt sich aufgrund der Geschwindigkeit die das Element durchströmende Wassermenge ermitteln und zu Knotenpunktergiebigkeiten wie folgt zusammenfassen:

$$\{q\}^e = \{Q_i^e, Q_j^e, Q_h^e\} = -\,\overline{F}_e\,[B]'^e\,[K]^e\,[B]^e\,\{h\}^e \tag{23}$$

Die transponierte B-Matrix $[B]'^e$ ergibt sich formal bei der Bestimmung der durch die Seiten fließenden Wassermengen, die das Produkt der Geschwindigkeitskomponenten mit den auf die Koordinatenachsen projizierten Seiten sind. $\overline{F}_e$ ist die durchströmte Fläche des Elements e.

Bestimmungsgleichungen für die unbekannten Standrohrspiegelhöhen erhält man, wenn die Kontinuitätsbedingung für den gesamten durchströmten Bereich erfüllt wird. Diese Bedingung wird bei der FEM durch die Forderung ersetzt, daß die einem Knotenpunkt P zugeordnete Ergiebigkeit aus allen angrenzenden Elementen (e = 1, m) gleich Null sein muß.

$$\sum_{e=1}^{m} Q_P = 0 \tag{24}$$

Wird diese Bedingung für alle Knotenpunkte formuliert, so ergibt sich:

$$\sum_{e=1}^{n} [C]'^{e} [B]'^{e} [K]^{e} [B]^{e} [C]^{e} F_{e} \{h\} = 0 \qquad (25)$$

mit $\{h\}$ = Vektor aller gesuchten Standrohrspiegelhöhen in den Knotenpunkten des Systems

$\{C\}$ = sog. Zuordnungsmatrix der Knotenpunkte, die von der Numerierung der Knotenpunkte abhängig ist

Unter Berücksichtigung der Randbedingungen erhält man aus Gl. 25 ein inhomogenes, lineares Gleichungssystem für die Standrohrspiegelhöhen. Mit den nach Lösung des Gleichungssystems bekannten Standrohrspiegelhöhen können dann auch das Gefälle und die Fließgeschwindigkeit in den einzelnen Elementen berechnet werden.

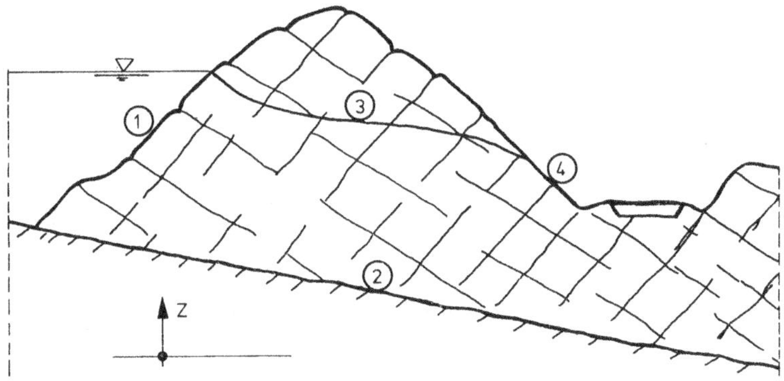

Abb. 4.7. Hydraulische Randbedingungen

Abb. 4.7. zeigt die bei praktischen Fragestellungen auftretenden 4 Randbedingungsarten:

1. Begrenzung durch offenes Gewässer

   Die Standrohrspiegelhöhe ist an diesem Rand gleich der vorgegebenen Wasserspiegelhöhe

$$h = Z_0$$

2. undurchlässige Berandung

   Diese Randbedingung muß nicht besonders vorgegeben werden, da sie anschaulich durch die Kontinuitätsbedingung, mathematisch als natürliche Randbedingung des Variationsproblems von selbst erfüllt wird

$$\{v\} \cdot \{h\} = 0$$

3. freie Oberfläche

   An diesem Rand ist der Flüssigkeitsdruck gleich Null, d. h. die Standrohrspiegelhöhe ist gleich der geometrischen Höhe:

$$h = Z$$

   Außerdem ist bei stationärer Strömung die Fließgeschwindigkeit parallel zur freien Oberfläche

$$\{v\}' \cdot$$

4. freie Sickerfläche

Auch hier ist die Standrohrspiegelhöhe gleich der geometrischen Höhe:

$$h = Z$$

An der Sickerfläche tritt Wasser aus, so daß außerdem gilt:

$$\{v\}' \cdot \{h\} > 0$$

Die Randbedingungen der freien Oberfläche und der Sickerfläche lassen sich durch Iterationsverfahren bestimmen.

Die Berücksichtigung nichtlinearer Fließgesetze, z. B. bei turbulentem Fließen, ist in einem Iterationsverfahren möglich. Dazu werden in einem 1. Rechenschritt die nichtlinearen Effekte zunächst vernachlässigt. Mit der Lösung des linearisierten Strömungsproblems können in den Bereichen, in denen nichtlineares Fließen auftritt, fiktive Durchflußmengen in Form eines Systems von Quellen und Senken ermittelt werden, die den Fließwiderstand entsprechend dem nichtlinearen Fließgesetz erhöhen. In einem 2. Rechenschritt werden die fiktiven Korrekturdurchflußmengen mit berücksichtigt und eine 1. Näherungslösung für die Standrohrspiegelhöhe der nichtlinearen Strömung ermittelt, auf deren Grundlage verbesserte fiktive Durchflußmengen bestimmt werden. Das Verfahren wird so lange fortgeführt bis die Korrekturdurchflußmengen einen konstanten Wert annehmen. Die Verteilung der Standrohrspiegelhöhen und der Fließgeschwindigkeiten dieses letzten Iterationsschrittes entspricht dann der nichtlinearen Strömung.

Bei instationären Strömungsproblemen sind die Größe des durchströmten Bereiches, die Fließgeschwindigkeiten, die Standrohrspiegelhöhen und die Durchflußmengen mit der Zeit veränderlich. Da die Zeit in der Bewegungsgleichung als unabhängige Variable auftritt, kann die Strömung zu einem beliebigen, aber festen Zeitpunkt $t = t_0$ statisch betrachtet und die instationäre Strömung durch eine Folge statischer Strömungszustände mit zeitlich veränderlichen Randbedingungen approximiert werden.

Literatur

BANKS, D. C. (1972): In situ measurements of permeability in basalt. Proc. Symp. ISRM Percolation through fissured rocks, Stuttgart, T 1 — A.

BUSCH, K. F., LUCKNER, L. (1974): Geohydraulik, 2. Aufl. Stuttgart: Enke.

DESAI, CH., S., CHRISTIAN, J. T. (1977): Numerical methods in geotechnical engineering. New York: McGraw-Hill Book Company.

EHLERS, K. D. (1971): Berechnung instationärer Grund- und Sickerwasserströmungen mit freier Oberfläche nach der Methode finiter Elemente, Diss. Hannover.

KLOPP, R. (1972): Bedeutung geologischer Parameter bei der Durchströmung klüftigen Felsuntergrundes von Talsperren; Proc. Symp. ISRM Percolation through fissured rocks, Stuttgart, T 4—E.

LOUIS, C. (1967): Strömungsvorgänge in klüftigen Medien und ihre Wirkung auf die Standsicherheit von Bauwerken und Böschungen im Fels, Diss. Universität Karlsruhe.

—, DESSENNE, J. L., FEUGA, B. (1977): Interaction between water flow phenomena and the mechanical behaviour of soil or rock masses, finite elements in geomechanics, S. 479—511. New York — London: Wiley.

LUGEON, M. (1933): Barrages et Géologie, Paris: Dunod.

REMSON, I., HORNBERGER, G. M., MOLZ, F. J. (1971): Numerical methods in subsurface hydrology. New York: Wiley-Interscience.

RISSLER, P. (1977): Bestimmung der Wasserdurchlässigkeit von klüftigem Fels, Veröffentl. des Inst. f. Grundbau, Bodenmechanik, Felsmechanik und Verkehrswasserbau der RWTH Aachen, Heft 5.

SNOW, D. T. (1965): A parallel plate model of fractured permeable media; Diss. (Ph. D.), University of California, Berkeley.

WALLNER, M., WITTKE, W. (1972): Wassereinbrüche beim Vortrieb von Felshohlräumen, Proc. Symp. ISRM Percolation through fissured rocks, T 4—I, Stuttgart.

WITHUM, D. (1967): Sicker- und Grundwasserströmungen durch beliebig berandete, inhomogene anisotrope Medien. Mitt. Inst. f. Wasserwirtschaft und landw. Wasserbau, TH Hannover, Heft 10.

WITTKE, W., RISSLER, P., SEMPRICH, S.: Räumliche, laminare und turbulente Strömung in klüftigem Fels nach zwei verschiedenen Modellen. Proc. Symp. ISRM Percolation through fissured rocks, T 1—H, Stuttgart.

5. Grundwasservorkommen und Wassergewinnung in verschiedenartigen Gesteinsbereichen und ausgewählten Grundwasserlandschaften

Vorbemerkung

(H. Karrenberg und R. Hohl)

In diesem Kapitel soll die Grundwasserführung und Wassergewinnungsmöglichkeit in verschiedenartigen Gesteinskomplexen beispielhaft beschrieben werden; dabei soll die Einbindung der Aquifere in die „Grundwasserlandschaften", d. h. in die Gesamtheit der die Wasserführung bestimmenden Faktoren beachtet werden. Es ist sicher verständlich, daß die Beispiele vorwiegend aus dem mittel- und westeuropäischen Raum genommen sind.

Die Übertragung auf analoge Situationen in anderen Ländern wird weitgehend dem Leser überlassen, da es in diesem Rahmen nicht möglich ist, eine regionale Hydrogeologie aller Länder und Regionen zu geben. Vielfach werden aber auch ausdrücklich Hinweise auf vergleichbare Verhältnisse in anderen Teilen Europas und anderer Kontinente gegeben, und häufig wird versucht, allgemeingültige Aussagen über Grundwasservorkommen in bestimmten Festgesteinskomplexen abzuleiten.

Zum besseren Verständnis der folgenden, den europäischen Raum betreffenden Ausführungen sei zunächst ein kurzer Überblick über den geologischen Bau Mitteleuropas und eine Gliederung in geologische Struktureinheiten gegeben, die die Grundlage für die Einteilung und Abgrenzung der unterschiedlichen Grundwasserlandschaften Mitteleuropas darstellt.

Meist werden die übereinanderliegenden Gesteinsserien in einzelne Abschnitte gegliedert, in tektonische „Stockwerke", die sich im Gesteinsgehalt, Baustil und in der Grundwasserführung unterscheiden. In Mitteleuropa kann man das kristalline Fundament oder *Grundgebirgsstockwerk*, das *Schiefergebirgsstockwerk*, das *Übergangsstockwerk* und das mesozoische und tertiäre *Deckgebirge* (untere und obere Tafelstockwerk) unterscheiden.

Wie die Abb. 5.1 zeigt, werden der Norden und Osten Europas von sehr alten Gebirgseinheiten aufgebaut, die man als *„Osteuropäische Plattform"* zusammenfaßt. Diese besteht aus dem *„Baltischen und dem Ukrainischen Schild"* [1], in denen das mehrfach gefaltete, metamorphe präkambrische Grundgebirge mit eingeschalteten magmatischen Intrusionen ansteht, und den ungleichförmig (diskordant) darüberlagernden, ungefalteten Gesteinsserien des Jungproterozoikums bis Känozoikums der *„Russischen Tafel"*. Zum Baltischen Schild gehören Ostskandinavien, Finnland, Ostkarelien und die Halbinsel Kola. Ihm entspricht in Nordamerika der „Kanadische Schild".

---

[1] Letzterer wird hier nicht näher besprochen.

An diesen Kern Europas ist während des Altpaläozoikums im Gebiet des heutigen Norwegens und Teilen Schwedens das *„Kaledonische Gebirgssystem"* angegliedert worden, das sich auf der anderen Seite der heutigen Nordsee in Wales, Schottland und Nordirland fortsetzt. Seine Gesteine sind mächtige, z. T. metamorphe und von Magmatiten durchsetzte Serien von Schiefern, Sandsteinen und Grauwacken.

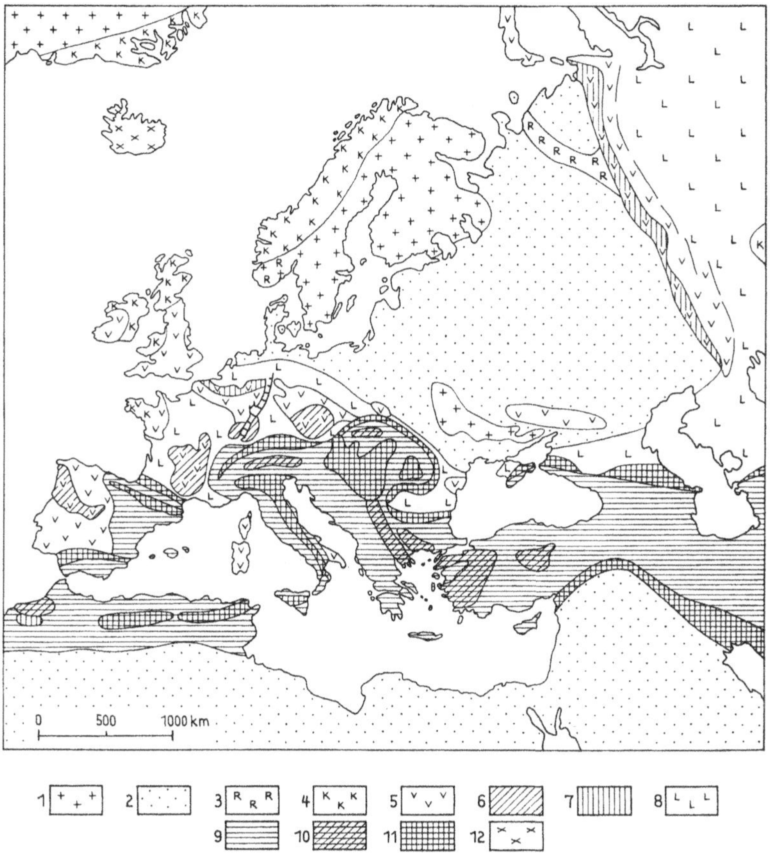

Abb. 5.1. Die geologischen Struktureinheiten Europas als Grundlage einer hydrogeologischen Betrachtung, unter Verwendung der Tektonischen Karte von Europa — Moskau 1964 — (entworfen von R. HOHL). *1* Präkambrische Schilde; *2* Tafeln mit präkambrisch gefaltetem Fundament; *3* Baikalisch (assyntisch) gefaltete Gebiete; *4* Kaledonisch gefaltete Gebiete; *5* Variszisch gefaltete Gebiete; *6* Variszische Innenmassive; *7* Variszische Molassebildungen; *8* Tafeln mit variszisch gefaltetem Fundament; *9* Alpidisch gefaltete Gebiete; *10* Alpidische Innenmassive; *11* Alpidische Molassebildungen; *12* Junge Lavadecken

Baltischer Schild und der norwegisch-schwedische Teil des kaledonischen Gebirges bilden *„Fennoskandia"*.

Im Gegensatz zu Fennoskandia ist das kristalline Fundament im übrigen Europa meist bis in größere Tiefen abgesunken, unterlagert aber weithin als „basement" alle jüngeren Bildungen.

Nur in *kleineren Massiven* bzw. in den *Kernen der Mittelgebirge* tritt weiter südlich das größtenteils variszisch überprägte *Grundgebirgsstockwerk* mit ähnlichen kristallinen Gesteinen wie in Nordeuropa an die Oberfläche, so u. a. in der Böhmischen Masse mit ihren Randgebirgen, im Schwarzwald und in den Vogesen, im Odenwald und Spessart, im Thüringer Wald (Ruhla) und im Kyffhäuser. Die hydrogeologischen Verhältnisse der Magmatite und Metamorphite des kristallinen Grundgebirges werden in den Abschnitten 5.1 und 5.2 dargestellt.

Im größten Teil Mitteleuropas sind während des Paläozoikums bis über 10 000 m mächtige, im einzelnen unterschiedliche marine Sedimente abgelagert worden, unter denen besonders verschiedene Schiefer, Grauwacken und Quarzite, aber auch Kalksteine und Kieselschiefer wichtig sind. Diese Serien wurden in großen Teilbereichen während der variszischen Faltungsära in mehreren, regional und an Intensität unterschiedlichen Faltungsakten besonders im Karbon zum *„Variszischen Gebirgssystem"* aufgefaltet. Dieses Gebirge war in Europa in zwei Züge gegliedert, die vom Französischen Zentralplateau ausgingen. Das *„Armorikanische Gebirge"* zog in nordwestlicher Richtung über die Bretagne nach Südwestengland. Das *„Variszische Gebirge"* (Herzyniden) erstreckte sich nach Nordosten und Osten in einem rund 500 km breiten Gürtel durch Frankreich und das Gebiet beider deutscher Staaten bis zur Elbe-Linie, von dort in südöstlicher Richtung in die West- und Ost-Sudeten und in einem anderen Faltenast in das Polnische Mittelgebirge (Góry Świętokrzyskie). In Nordamerika entstanden analog die *Appalachen,* die in lithologischer, tektonischer und hydrogeologischer Hinsicht den europäischen paläozoischen Gebirgen vergleichbar sind.

Die sedimentären Serien des variszischen Gebirges sind gefaltet und werden von Störungen vielfältiger Art durchsetzt. In einzelnen Zonen und Teilen sind sie mitunter mehr oder weniger metamorph verändert und verdichtet. Besonders die Tonschiefer zeigen oft eine Umwandlung in phyllitartige Gesteine und Phyllite. Vielfach sind in die Sedimente basische bis intermediäre Effusiva (Diabase, Keratophyre) und deren Tuffe eingeschaltet. Die hydrogeologischen Verhältnisse werden im Abschn. 5.3 beschrieben.

Im Gegensatz zu den Gebieten der paläozoischen Gebirgssysteme hat das die alten Schilde überlagernde, vor allem paläozoische Deckgebirge der Tafel keine intensive Faltung durchgemacht. Solche Verhältnisse liegen im Baltikum und im Moskauer Becken, in Südskandinavien und in Schottland, aber auch im tieferen Untergrund des Norddeutschen Flachlandes, Südenglands und der Nordsee vor. Die hydrogeologischen Verhältnisse dieses *ungefalteten Paläozoikums* in den Tafelgebieten und den sich darauf entwickelnden jüngeren Becken werden in Kap. 5.4 erörtert. Auf Erfahrungen, die bei der Erdöl- und Erdgasexploration in den tief versenkten Sedimentfolgen gemacht wurden, wird dabei vielfach eingegangen.

Das paläozoische Gebirge wurde nach Faltung und Heraushebung bald abgetragen und eingeebnet, so daß es von weiten Rumpfflächen überzogen war. Der während und nach der Heraushebung gebildete, mehrere tausend Meter mächtige Abtragungsschutt sammelte sich in der Vortiefe des Gebirges, in der limnische und marine Bildungen miteinander wechsellagern. Innerhalb des Gebirges entstanden zur gleichen Zeit kleinere Innensenken, in denen mächtige, fein- bis grobklastische festländische Sedimente des Oberkarbons und vor allem des Rotliegenden abgelagert wurden, in die gewaltige Ergüsse vulkanischer Gesteine und deren Tuffe eingeschaltet sind. Die als *„Molassestockwerk des paläozoischen Gebirges"* bezeichneten Ablagerungen und ihre Wasserführung werden im Abschn. 5.5 behandelt, ebenfalls die Hydrogeologie der vulkanischen Gesteine des Molassestockwerkes.

In der auf das Rotliegende folgenden Zechsteinzeit drang von Norden her ein flaches Meer nach Mitteleuropa vor und lagerte über weite Teile der Molassebecken und der alten Gebirgsrümpfe marine und salinare Schichtserien ab, die im Rahmen dieses Buches nicht behandelt werden, da es sich um verkarstungsfähige Kalksteine und Salzgesteine handelt.

Über dem Zechstein folgt in großer Verbreitung das übrige *„Deckgebirge des paläozoischen Gebirges"*, und zwar zunächst die Ablagerungen der Trias. Die Sedimente des Buntsandsteins, des Muschelkalks und des Keupers haben für die Wasserversorgung großer, teilweise dicht besiedelter Gebiete Mittel- und Westeuropas erhebliche Bedeutung (Kap. 5.6). Der Muschelkalk wird hier nicht dargestellt. Über den triassischen Schichten folgen die meist marinen Serien des Juras und der Kreide, die faziell sehr wechselvoll ausgebildet sind. Von ihnen werden nur einige wichtige Sandsteinaquifere und die sehr verbreiteten Mergelgesteine mit ihren faziellen Sonderausbildungen im mitteleuropäischen Raum beschrieben (Kap. 5.6 und 5.7). Die mesozoischen kalkigen Schichtglieder dieses Raums und die meist stark abweichende lithologische Ausbildung des Mesozoikums in alpidischen Bereichen werden hier nicht behandelt.

Auf die Darstellung der meist lockeren, nur örtlich verfestigten Ablagerungen des tertiären Deckgebirges Mittel- und Westeuropas wurde verzichtet.

Besondere Aufmerksamkeit in hydrogeologischer Hinsicht verlangen die *vulkanischen Gesteine und deren Tuffe,* die zu verschiedenen Zeiten während des Mesozoikums, besonders des Tertiärs und auch des Quartärs, z. T. in subrezenter Zeit, auf Spalten aus der Tiefe aufgedrungen sind. Sie bedecken oft sehr große Areale, und ihre wirtschaftliche Bedeutung nimmt infolge genauerer Erforschung der Bedingungen der Grundwasserführung ständig zu. Die Darstellung erfolgt in Kap. 5.8.

5.1 Magmatite des kristallinen Grundgebirges

Die außerordentlich weite Verbreitung magmatischer Gesteine in Nord- und Nordosteuropa (Fennoskandia) und ihre Bedeutung für Wasserversorgungsfragen in diesen Gebieten überall dort, wo Lockerablagerungen des Quartärs fehlen oder nur spärlich vorkommen, sind die Gründe dafür, daß diese vorrangig im folgenden besprochen werden. Die hydrogeologischen Erfahrungen, die bei magmatischen Gesteinen in der Böhmischen Masse und in den Kernen anderer mittel- und westeuropäischer Mittelgebirge gemacht worden sind, werden sich anschließen. Einige Beobachtungen aus Afrika, Nord- und Südamerika werden folgen.

5.1.1 Fennoskandia

Das präkambrische kristalline Grundgebirge (bedrock) besteht aus Intrusiv- und Effusivgesteinen sowie komplexen Serien von Sedimenten, die einen unterschiedlichen Grad der Metamorphose und verschiedenes Alter aufweisen. Im mittelschwedischen Festlandsbereich herrschen Granite vor, von denen einige teilweise gneisartig ausgebildet sind, sowie Gneise meist sedimentären Ursprungs. Wie im Kap. 2 bereits dargestellt wurde, beruht die Durchlässigkeit des Gebirges auf dem Vorhandensein offener Fugen bzw. Brüche oder Störungen. Doch nicht alle tektonischen Elemente dienen als Wasserleiter; einige Fugen sind geschlossen — als Folge der Druckverhältnisse im Fels, durch spätere Mineralisationen oder Ausfüllungen toniger Art in den Klüften und Spalten infolge Verwitterung. Demnach hängt das Vorhandensein und die Häufigkeit wasserführender Fugen von der geologischen und tektonischen Geschichte der Gesteinskomplexe ab. Man hat in Schweden die Erfahrung gemacht (G. Persson 1979, 1980 im Druck), daß

— kein direkter Zusammenhang zwischen der Tiefe einer Bohrung und ihrer Ergiebigkeit besteht,

— die Menge des in einem Brunnen gewinnbaren Wassers von der Anzahl und Art offener Fugen abhängt, die der Brunnen angefahren hat,

— infolge ungleicher Verteilung der Fugen und Brüche die Leistung (yield) sehr unterschiedlich ist,

— eine Analyse des tektonischen Gefüges vor Ansatz einer Bohrung sehr vorteilhaft sein kann,

— bei vorherrschendem vertikalen Kluftsystem die Durchführung einer Schrägbohrung oft günstigere Ergebnisse erzielt und

— bei nur wenig angetroffenen Klüften eine Sprengung im Bohrloch eventuell die Öffnung von Fugen bewirkt, die dem Bohrloch benachbart, aber von diesem nicht direkt angeschnitten worden sind.

In der besonderen mittel- und südschwedischen Situation, wo weithin eine dünne Geschiebemergeldecke über dem kristallinen Untergrund lagert und meist die Infiltration der Niederschläge hemmt, kann eine lokal auftretende sandig-kiesige Ausbildung der glazialen Decke günstige Auswirkung auf die Wasserführung des Fels-Aquifers haben (Brunnen und Quellen bis mehrere 1000 l/h).

Aus all diesen Gründen schwankt die Ergiebigkeit der Brunnen erheblich. Man hat daher, wie dies in Kap. 3 bereits dargestellt worden ist, die statistische Verteilung der Brunnen-Kapazitäten untersucht und konnte so — trotz vieler herausfallender Extremwerte — arithmetische Mittel- und Medianwerte ermitteln, die für größere Gebiete annähernd gleich sind und etwa mit geologisch-petrographischen Einheiten zusammenfallen [1].

In Abb. 3.6 (s. S. 43) ist die statistische Verteilung der Brunnenergiebigkeiten in verschiedenen schwedischen Gesteinen bzw. Gesteinsprovinzen zusammengestellt. Im einzelnen sei daraus noch hervorgehoben, daß Medianwerte von 1200 bis 2100 l/h (= 0,33 bis 0,6 l/s) in Graniten und effusiven Porphyren Mittelschwedens auftreten. Auch in einigen Graniten und Gneisen der Stockholmer Region wurden über 1000 l/h erzielt, in einem Fall sogar 2000 l/h im Gneis. Sonst liegen die Werte für Gneise im allgemeinen deutlich darunter (Medianwerte um 400 l/h). Im nördlichen Schweden haben Gneise und Granitgneise mittlere Kapazitäten von 200—1000 l/h. Ihre Schwankungsbreite ist allgemein sehr groß (0 bis 10.000 l/h). In der nördlichen Küstenregion, im Bereich der Inseln und in SW-Finnland, fehlen weithin Lockergesteinsablagerungen (till usw.). Daher gilt hier der kristalline Untergrund trotz seiner bescheidenen Wasservorräte als wichtigster Aquifer für die Wasserversorgung von Bauernhäusern, Dörfern und kleinen Industriewerken. Etwas günstigere Bohrergebnisse werden manchmal bei sorgfältiger Planung der Bohransatzpunkte erzielt.

Schätzungen der Transmissivität und der Permeabilität von Gneisen und Graniten sind in 4 Gebieten Südschwedens von L. Carlsson und A. Carlstedt (1977) ausgeführt worden. Sie fanden, daß die Transmissivität in der Größenordnung von 10^{-5} bis 10^{-6} m²/s und die Permeabilität von 10^{-7} bis 10^{-9} m/s liegt.

Das Grundwasser des kristallinen Grundgebirges ist im allgemeinen weich und aggressiv. Seine Temperatur nimmt von S nach N bis fast zum Gefrierpunkt ab. Der Verlauf der Isothermen an der schwedischen Küste weist offensichtlich auf einen mildernden Einfluß des Meeres hin (Abb. 5.2).

---

[1] Eine solche hydrogeologische Gliederung des Landes dient u. a. als Grundlage für die Darstellung in der „Internationalen Hydrogeologischen Karte von Europa 1 : 1.500.000" (Karrenberg et al. 1970—1980) und die dort getroffene Wahl der Flächenfarben für die erwartete Produktivität.

Ein Problem besonderer Art stellen Salzwasser-Infiltrationen in der Küstenregion und auf den Inseln, vor allem in Tiefbrunnen dar, die durch die Existenz offener Fugen zwischen Ostsee und Brunnen sowie durch zu starkes Abpumpen ermöglicht werden. Auch natürliche und künstliche Änderungen der Druckverhältnisse bzw. des Grundwasserspiegels können sich in den offenen Fugen schnell fortpflanzen. Verschmutzungen vermögen sich relativ schnell auszubreiten; dies ist für die Trinkwassergewinnung in großen Teilen des Landes von Bedeutung. Die hydraulischen Verbindungen zeigen,

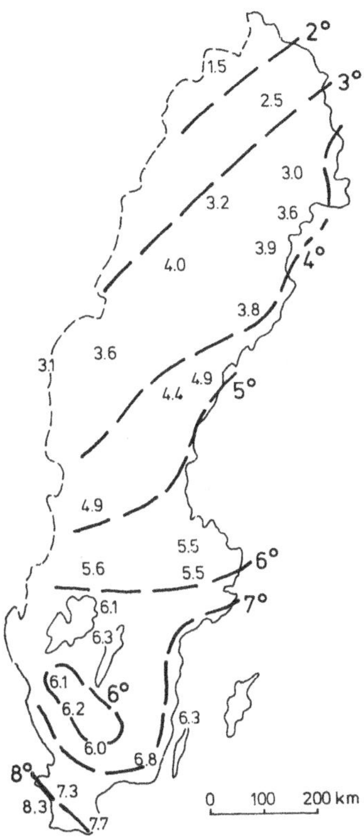

Abb. 5.2. Mittlere Grundwassertemperatur (in °C) einiger Grundwassermeßstellen in Schweden im Beobachtungszeitraum 1968—1975. (Nach G. Persson 1980, im Druck)

daß es sich in den Graniten Schwedens weithin um wirkliche Aquifere handelt, entgegen vielen gegenteiligen Auffassungen und Äußerungen.

In *Schonen,* dessen Sockel aus ähnlichen präkambrischen Gesteinen aufgebaut ist, aber von größeren Störungen durchzogen wird, liegt die durchschnittliche Ergiebigkeit zwischen 0,5 und 1 l/s. Bei sorgfältiger Auswahl des Ansatzpunktes von Bohrungen sollen (nach Hörnsten 1977) mitunter sogar 10 l/s erzielt werden können. Die Bohrtiefe schwankt zwischen 25 und 100 m. Die mäßigen Grundwasservorkommen werden auch hier für kleinere Gemeinden mit niedrigem Bedarf und für Einzelhäuser genutzt. Zusammen mit dem aus den überlagernden Aquiferen des Deckgebirges gewonnenen Wasser können immerhin 55% des Wasserbedarfs Südschwedens aus dem Grundwasser gedeckt werden.

In *Finnland* herrschen vergleichbare geologisch-petrographische und tektonische und dementsprechend auch ähnliche hydrogeologische Verhältnisse. Ausschließlich in den offenen Fugen der kristallinen Gesteine — wenn man von lokalen quartären wasserführenden Ablagerungen absieht — wird Grundwasser in Bohrungen angetroffen, das für die Wasserversorgung ländlicher Bezirke meist ausreicht. Wie in Schweden sind die Brunnenkapazitäten statistisch ausgewertet worden, und zwar aus Gründen der besonderen Art der Archivierung der Unterlagen, geordnet nach Verwaltungsbezirken, die zu größeren Bereichen zusammengefaßt wurden und etwa den Flächen größerer geologisch-petrographischer Struktureinheiten entsprechen (Abb. 5.3).

Dabei ergab sich, daß für die verschiedenen tektonischen Einheiten signifikante Unterschiede bestehen. Der Rapakiwi-Bereich östlich und nordöstlich

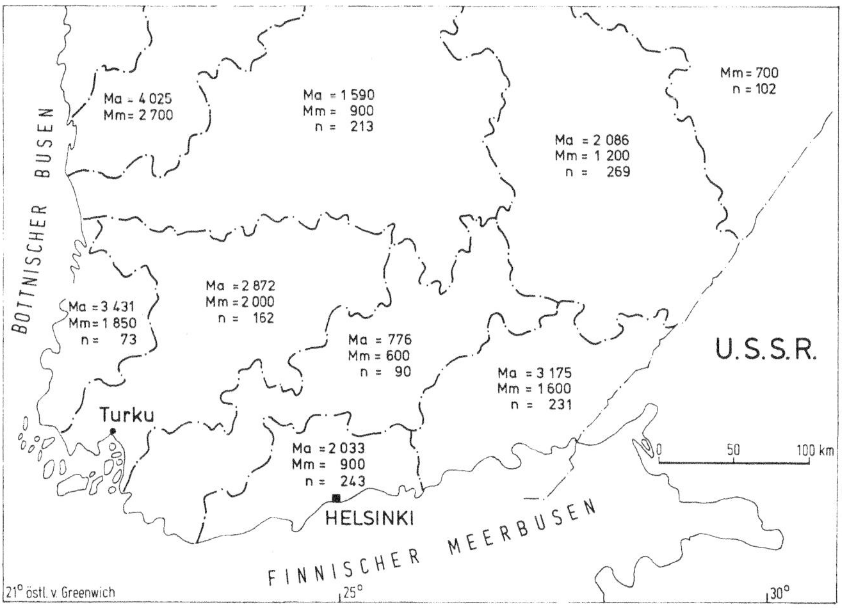

Abb. 5.3. Statistische Auswertung von Brunnenergiebigkeiten im Kristallin Finnlands, zusammengestellt nach Verwaltungsbezirken. *Ma* = arithmetisches Mittel (in l/h), *Mm* = Medianmittel (in l/h); *n* = Anzahl der Brunnen, deren Ergiebigkeiten ausgewertet wurden. (Nach J. Hyyppä 1980, im Druck)

von Helsinki hebt sich im arithmetischen Mittel heraus, nicht so sehr im Medianmittel — im Gegensatz zur russischen Auffassung für den auf das sowjetische Territorium entfallenden Anteil des Rapakiwi-Granits.

Im *sowjetischen Teil des Baltischen Schildes*, d. h. nordöstlich des Finnischen Meerbusens und in der weiteren Umgebung des Ladogasees herrschen (nach Egorov und Nicolaev 1979) praktisch die gleichen Grundwasserverhältnisse vor. Die kristallinen Gesteine werden als relativ wenig wasserhöffig angesehen. Nur der Rapakiwi-Granit wird als sehr klüftig und gut wasserführend bezeichnet [1].

[1] Dieses Gestein hat daher auf der „Internationalen Hydrogeologischen Karte von Europa“, Blatt E3 — Moskwa auf sowjetischen Vorschlag eine hellgrüne Flächenfarbe erhalten, womit — gemäß der Legende — eine „gute“ Wasserführung angegeben wird.

5.1.2 Böhmische Masse (mit einem Beitrag von R. Hohl)

Der kristalline Sockel der Böhmischen Masse besteht vorwiegend aus Graniten und Gneisen, die von Glimmerschiefern und Phylliten ummantelt werden. Die Erfahrung hat auch dort gezeigt, daß Grundwasser — außer in oberflächennahen Verwitterungsbereichen — lediglich auf offenen Klüften und Störungszonen zirkuliert, und zwar überwiegend in Oberflächennähe. Der Teplitzer Quarzporphyr zeigt eine etwas stärkere Klüftigkeit und daher eine größere Wasserhöffigkeit als die übrigen kristallinen und magmatischen Gesteine (Grahmann 1944). Quellschüttungen und Brunnenergiebigkeiten aus dem Kristallinsockel schwanken im allgemeinen zwischen 0,1 und 1 l/s; Quellen mit höherer Schüttung sind selten.

Im tschechoslowakischen Anteil der Böhmischen Masse liegen nach Jetel (1977) die Durchlässigkeitswerte nach statistischen Auswertungen in der Verwitterungszone der kristallinen Gesteine zwischen $5 \cdot 10^{-7}$ und $4 \cdot 10^{-6}$ m/s (Durchschnitt $3 \cdot 10^{-6}$ m/s), können aber in tektonischen Zerrüttungszonen bedeutend ansteigen. In größerer Tiefe (200—300 m) finden sich im allgemeinen wesentlich niedrigere Werte (10^{-8} bis 10^{-6} m/s). Dennoch kann man in bestimmten Gesteinen mit regelmäßigem offenen Kluftnetz durchschnittlich höhere Ergiebigkeiten erzielen, selbst in größerer Tiefe.

Beispiel ist hierfür der Erzgebirgsgranit bei Karlovy Vary (Karlsbad), dessen Durchlässigkeitsbeiwerte in Tiefen von 50—300 m, also unterhalb der Verwitterungszone, im westlichen Teil zwischen 10^{-7} und $5 \cdot 10^{-6}$ m/s liegen.

Die Transmissivitäten der Verwitterungszonen kristalliner Gesteine variieren meist zwischen 10^{-5} und 10^{-4} m²/s, so daß die spezifische Ergiebigkeit gewöhnlicher Bohrbrunnen zwischen 1,0 und 0,1 l/s · m liegt. In Zerrüttungszonen kann sie auf 1—2 l/s · m ansteigen.

Eine Sonderstellung nimmt der schon erwähnte, von tiefreichenden Störungen und Klüften durchsetzte Teplitzer Quarzporphyr ein: Die Ergiebigkeit der Bohrbrunnen kann dort 10 l/s erreichen. Große Wasseraustritte im Braunkohlenbergbau des Neogen-Beckens von Teplice sowie dessen Mineralwässer sind auf zusitzende Wässer des Quarzporphyrs zurückzuführen.

Für die Hydrogeologie *Südböhmens* sind (nach Deutloff et al. 1974) große, mit jungen Sedimenten gefüllte tektonische Gräben von Bedeutung, die durch eine Kristallinschwelle getrennt sind, nämlich das 400 m tief eingesunkene Becken von České Budějovice (Budweis) und die weit größere, aber flachere Senke von Třeboň. Die jungen, gut wasserwegsamen Störungen innerhalb dieser Gräben dränieren einen weiten Bereich der kristallinen Umgebung und lassen Oberflächen- und Grundwasser aus dem Kristallinbereich in die teilweise klastischen Beckensedimente einsickern. Das Grundwasser ist dort gespannt. Die chemische Beschaffenheit dieses Wassers zeigt eindeutig, daß es sich um Kristallinwasser handelt (2—5° dH, nur 100—200 mg/l Abdampfrückstand sowie Ca- und Fe-Aggressivität).

In der Senke von Třeboň liegt die Brunnenergiebigkeit bei 10—60 l/s, im Graben von České Budějovice bei 0,5—5 l/s, das piezometrische Niveau jeweils etwa 5 m über Gelände. Allein im Nordteil des Beckens von Třeboň wurde eine gewinnbare, sich ständig erneuernde Reserve von ca. 200 l/s nachgewiesen; der Aquifer hat große wasserwirtschaftliche Bedeutung. Andere Städte dieser Kristallinregion müssen aus Speichern von Oberflächenwasser versorgt werden.

Im Westen und Norden ist die Böhmische Masse ebenfalls von markanten tiefreichenden Störungen durchzogen, die hier SSE-NNW und SW-NE gerichtet und an denen junge Gräben eingebrochen sind. In diesen Zonen werden statt der sonst zu erwartenden süßen Grundwässer CO_2-haltige *Mineral-* und *Thermalwässer* angetroffen.

Sie treten nach Jetel (1977) in zahlreichen Quellen aus oder sind erbohrt worden, so vor allem in der Nähe von Mariánské Lázně (Marienbad), im Becken von Cheb (Eger), bei Františkovy Lázně (Franzensbad) und im Graben von Ohře-Krušné hory (Becken von Sokolov, Karlovy Vary, Kyselka, Korunní, Klášterec n. O., Břvany, Bílina, Louny).

Im Kreuzungspunkt der nördlichen Randstörung des Ohře-Beckens und einer Querstörung des Erzgebirgsmassivs treten bei Karlovy Vary die bekannten, balneologisch wichtigen Thermomineralwässer vom Typ Na-HCO_3-SO_4-Cl aus. Die 6,5 g/l gelöste Bestandteile enthaltende Sole hat Temperaturen von 41—73° C und eine Gesamtschüttung von 40 l/s. Ähnliche Wässer wurden vor kurzem im Tertiärbecken von Sokolov entdeckt. Außerhalb des Grabens sind im Krušné hory die radioaktiven Wässer von Jáchymov bekannt (10 l/s, 32° C, 400 nCi/l). Durch eine Tiefbohrung bei Louny wurde ein Kohlensäure-Thermalwasser erschlossen (18 g/l $NaHCO_3$, das dem Kristallinsockel der Böhmischen Masse entstammt. Die Thermalwässer von Teplice werden durch Bohrungen aus dem Teplitzer Quarzporphyr gewonnen.

In den *randlichen Teilen der Böhmischen Masse* (Österreichisches Waldviertel, südlicher Böhmerwald, Bayrischer Wald, Fichtelgebirge, Vogtland und Erzgebirge) liegen zahlreiche Beobachtungen über die meist ungünstige Wasserführung der verbreitet auftretenden kristallinen Gesteine vor. Granite und verwandte Gesteine, von Intrusiven oder von Sedimenten abstammende Gneise, Migmatite und Granulite haben im allgemeinen eine recht geringe Kluft- und Spaltenwasserführung; dagegen ist in tektonischen Zerrüttungszonen derselben eine bessere Grundwasserbewegung nachgewiesen.

Aus dem *österreichischen Anteil* gibt Gattinger (1970) an, daß keine Quelle bekannt sei, deren Schüttung 2,5 l/s erreicht.

Im *bayrischen Anteil* der Böhmischen Masse und ihrer Randgebirge (Deutloff et al. 1974) haben Erfahrungen gezeigt, daß Quellschüttungen von 0,1 bis 1 l/s auftreten und spezifische Ergiebigkeiten um die Mittelwerte von 0,03 l/s · m schwanken. Die Ergiebigkeiten der Gneise sind im allgemeinen deutlich niedriger (um 0,01 l/s · m), doch steigen in der Randzone der Münchberger Gneismasse aufgrund der intensiven tektonischen Zerrüttung die Brunnenergiebigkeiten auf (maximal) 10 l/s bei Brunnentiefen von 40—100 m an. Auch der Ort Zwiesel im südlichen Bayrischen Wald gewinnt aus einer Kluftzone im Paragneis mittels eines 33 m tiefen Brunnens 12 l/s.

Im gleichen Gebiet finden sich vorwiegend im bis 20 und mehr Meter Tiefe reichenden granitischen Zersatz, dessen Porenraum bis 50% ausmachen kann, ergiebige Quellen, deren Einzugsgebiet in 1000 bis 1050 m über NN gelegen ist. Die gefaßten Quellen schütten im hydrologischen Winterhalbjahr 26 l/s, eine Menge, die einem Drittel bis einem Viertel der normalen Schüttung entspricht (Priehäuser 1971).

Vergleichsweise sei angeführt, daß die verkarsteten *Marmor*züge von Wunsiedel und Marktredwitz trotz ihrer geringen Ausdehnung bis zu 20 l/s und mehr liefern.

Hydrogeologisch ohne größere Bedeutung scheinen einige große, weithin verfolgbare Störungen zu sein, die im bayrischen Anteil das Kristallin begrenzen oder queren, so der Donaurandbruch im Süden mit $>$ 1000 m Verwurfshöhe, die Keilbergspalte im SW und der auf 140 km Länge bekannte „Bayrische Pfahl", der eine mit Quarz stark besetzte Störungszone darstellt.

Die Grundwässer des Kristallins sind überwiegend sehr weich und führen aggressive Kohlensäure; im Kontaktbereich zum Zechstein können hohe Sulfat- und Chloridgehalte auftreten.

Im *Fichtelgebirgsgranit* wurden in Bohrbrunnen spezifische Ergiebigkeiten von 0,01 l/s · m festgestellt, während der Wasserzulauf in einem auflässigen Schacht mit 0,21 l/s · m bedeutend höher lag.

Die z. T. bis 60 m Tiefe reichende Grusbildung besteht im wesentlichen in einem intensiven mechanischen Zerfall des Granits und nicht in einer chemischen Zersetzung der Feldspate, die meist noch recht frisch sind und deren gute Spaltbarkeit ihr mechanisches Zerbrechen begünstigt. Sickerfassungen im Granitgrus zeigen eine Grundwasserspende von 2,0 bis 2,5 l/s · km^2 und gestatten eine ausreichende Entnahme für Gemeindeversorgungen. Quellen im Grus und Hangschutt, die einen zusätzlichen Zulauf aus Spalten erhalten, schütten 0,1 bis 0,5 l/s (Michler 1973). Die Wässer sind weich (2 bis 4° dH), sauer (pH 5,5 bis 6) und führen immer freies CO_2.

In den *westerzgebirgischen-vogtländischen Graniten* der DDR liegt die spezifische Ergiebigkeit zahlreicher Bohrbrunnen, ähnlich wie in dem großen Granitgebiet der sächsischen *Oberlausitz* mit unterschiedlichen Granodioriten und Graniten, meist zwischen 0,01 und 0,05 l/s · m, teilweise auch etwas höher, bei Bohrtiefen bis über 150 m. Werte von 0,04 bis 0,05 l/s · m häufen sich im Westlausitzer (Demitzer) Granodiorit und im hybriden Zweiglimmergranit, der zu stärkerer Auflockerung und Vergrusung neigt, im Gegensatz zu anderen Graniten. Hier liefern 40 bis 80 m tiefe Brunnen 20 m^3/h und mehr.

Der *Hauptgranit* des mittleren *Thüringer Waldes* (Ilmtal-Suhler Granit) von z. T. porphyrischer Struktur ist vielfach so stark vergrust, daß man ihn als „Sand" abbaut. Die spezifischen Ergiebigkeiten erreichen 0,1 bis 0,15 l/s · m und gestatten Entnahmen zwischen 7 und 14 m^3/h, während Tiefbrunnen in anderen Graniten des Thüringer Waldes meist nur Förderleistungen um 1,5 m^3/h haben (Hecht 1974). Die Städte Suhl und Zella-Mehlis werden aus Quellen versorgt, deren Einzugsgebiete ganz oder vorwiegend in granitischen Gesteinen liegen. Die Wässer sind weich bis mittelhart, besonders dort, wo anthropogene Einflüsse nachweisbar sind (Hoppe 1952).

Am Südrand des Thüringer Waldes entspringt in *Suhl* im Bereich der Randstörung im Granit die Ottilienquelle, deren Schüttung etwa 1 l/s beträgt und die 5,8 g/kg gelöste Stoffe enthält. Der Salzgehalt dieses Na-Ca-Cl-Wassers mit einem relativ hohen Ca-Gehalt (41,65 mval%) und 14,18 mval% freiem gelösten CO_2 wird aus dem Zechstein des Vorlandes hergeleitet, von wo die Wässer auf Trennfugen und Zerrüttungszonen bis zur Randspalte des Thüringer Waldes wandern und dort aufsteigen (Michler 1972). Dafür sprechen die Lithium- und Bromgehalte (Hoppe 1972), dagegen aber die Tatsache, daß solche Wässer anderswo außerhalb der Verbreitung des Zechsteinsalinars austreten und daher neuerdings ähnlich wie am nördlichen Harzrand als diagenetisch bedingte Schichtwässer diskutiert werden (EGERTER und MICHLER 1976).

Die im Süden des sächsischen Vogtlandes (DDR) gelegenen Badeorte *Bad Elster* und *Radonbad Brambach* gehören zur westböhmisch-nordbayrisch-vogtländischen Mineralwasserprovinz. Die hydrochemisch im einzelnen etwas unterschiedlichen, kalten Mineralquellen von Bad Elster treten in phyllitischen Gesteinen aus, die von Brambach im Fichtelgebirgs-Granit, Eine Reihe vorwiegend NW-SE-gerichtete, tiefreichende Störungszonen und Quarzgänge sind die Zufuhrwege der Mineralwässer, die STETTNER (1971) als rhegmatische bis in den obersten Erdmantel reichende Tiefenstörungen ansieht, d. h. als radiale Scherklüfte mit vorwiegend horizontalen, aber auch vertikalen Relativverschiebungen. Diese herzynisch streichenden Störungen treffen im Oberen Vogtland mit der NE-SW verlaufenden Süderzgebirgischen Störung zusammen. Die tertiären Basalte des Gebietes haben solche Bruchzonen als Förderwege benutzt.

Neben den Badequellen findet sich in der Umgebung eine Reihe weiterer Säuerlinge, die z. T. als Tafelwässer genutzt werden. Während ihr oft hoher Gehalt an Kohlensäure (bis 2900 mg CO_2/l) als Nachwirkung des verbreiteten Basaltvulkanismus anzusehen ist, ist die Herkunft des Kochsalzgehaltes umstritten (CARLE 1966, HOPPE 1972, MICHLER 1973). Die Mineralwässer des Gebietes weisen auf ein einheitliches Infiltrationsgebiet hin und sind auf diagenetische Vorgänge zurückzuführen, wobei die Tiefenwässer durch lokale Prozesse wie Lösungsvorgänge, Oxydation sulfidischer Minerale, Ionenaustausch und Vermischung unterschiedlicher Grundwassertypen sekundär mannigfach variiert werden.

Im Erzgebirge tritt die Thermalquelle *Warmbad Wolkenstein* zutage (Na-HCO_3-Wasser, Temperatur 26 bzw. 28° C, Gesamtmineralisation 0,4 g/l, Schüttung veränderlich: < 10 m³/h), die an eine nach SW einfallende NW-SE (herzynisch) streichende Störungszone im Marienberger Gneis gebunden ist. Quellengase scheinen anzudeuten, daß das Mineralwasser zumindest untergeordnet juvenile Anteile enthalten dürfte (BERNSTEIN 1962). Eng benachbart findet sich die ebenfalls nur schwach mineralisierte Therme von *Wiesenbad* (21° C). Eine 86 m tiefe Bohrung erbrachte Wasser von 25° C. Weiter östlich wurden auf parallel verlaufenden Spalten bei bergbaulichen Arbeiten nach dem 2. Weltkrieg in 400 m Tiefe Thermalwässer von rund 29 bzw. 35° C angefahren. Auch im Freiberger Erzrevier (Brand) wurde auf einer klüftigen Gangzone der fluorbarytischen Bleierzformation ein unter hohem Druck stehendes Thermalwasser (29 bzw. 33,2° C, rund 1,2 m³/min Schüttung) angeschnitten (GOTTE und RICHTER 1960).

5.1.3 Sonstige Kristallingebiete im westeuropäischen Raum

Im *Harz* nehmen Magmatite größere Flächen ein: Brocken-Granit mit Harzburger Gabbro, Ocker- und Ilsestein-Granit, Ramberg-Granit. Sie sind oft 5—6 m, mitunter auch tiefer vergrust. In der Zersatzzone finden sich Quellaustritte, und auch die Anlage mäßig tiefer Brunnen ist möglich. Die unterirdische Abflußspende kann im Granit — im Gegensatz zu den Metamorphiten (s. dort!) — 1,6 bis 2,0 l/s · km² erreichen. Die Wässer im Kristallin sind meist eisenarm, mittelhart und haben einen pH-Wert um 7; die aggressive Kohlensäure erreicht Werte um 10 bis 15 mg/kg.

Der die Hochfläche des Harzes überragende Porphyrhärtling des Auerberges bei Stolberg (Unterharz) besitzt ein zu kleines Einzugsgebiet und ist wie der Eckergneis des Oberharzes und das Kristallin des Kyffhäuser-Gebirges südlich des Unterharzes wegen zu geringer Wasseraufnahme und -leitungsfähigkeit hydrogeologisch bedeutungslos.

An Erzgänge sind im Harz einige Mineralquellen gebunden (Alexisbad, Bad Harzburg). In *Alexisbad* tritt schwefel- und arsenhaltiges bzw. eisenhaltiges Na-Ca-Sulfat-Hydrogenkarbonat-Wasser aus alten Stollenbauten aus, in denen früher an die Südflanke des Ramberg-Granits gebundene Erzgänge mit Schwefelkies und silberhaltigem Arsenkies gebaut wurden. Ein alkalisch reagierendes, arsenführendes Schwefelwasser aus dem Norit des Radautals wird in *Bad Harzburg* balneologisch genutzt. Das Wasser zeigt wie andere Quellen des Gebietes auch nachweisbare Radioaktivität (Mohr 1969).

Auch im Odenwald haben Granite, Diorite, Gneise keine größere wasserwirtschaftliche Bedeutung. Hier konnten zwar auf Störungen und Kluftzonen sowie in der örtlich bis 30 m mächtigen Vergrusungsdecke (und in spärlich auftretenden Marmoren) örtlich etwas größere Wassermengen erschlossen werden. Quellschüttungen liegen aber meist erheblich unter 1 l/s. Zunehmend geht man in Anbetracht der steigenden Bevölkerungsdichte, der gestiegenen hygienischen Anforderungen und der Ansiedlung von Industrie und Gewerbe zu Fernwasserversorgungen aus benachbarten, besser wasserführenden Ablagerungen (z. B. des Quartärs) über.

Kleine Aufbrüche kristalliner Gesteine im *Schwarzwald* und in den *Vogesen* zeigen ebenfalls nur geringe Wasserführung (zahlreiche, aber kleine Quellen). Doch überraschen in einigen Stollen des aufgelassenen Gangerz- und Kohlebergbaus relativ große Grundwasserzuflüsse, besonders dann, wenn der Bergbau Störungen oder größere offene Kluftzonen angetroffen hatte, die für kleine Versorgungen genutzt werden können. Der grusige, bis zu 5—6 m dicke Verwitterungsschutt der Granite führt auch in hohen Lagen des Gebirges zu zahlreichen, allerdings sehr kleinen, aber ausdauernden Quellen. Große tiefreichende Störungszonen begleiten und kreuzen die beiden Gebirgsmassive, an denen Thermal- und Thermomineralwässer natürlich aufsteigen. Durch Fassungen und Bohrungen wurden sie erschlossen und nutzbar gemacht.

Es handelt sich (nach Deutloff et al. 1974) im Schwarzwälder Raum um NaCl-Thermen im Norden, um Akrotothermen am Westrand des südlichen Gebirgsteils und um Säuerlinge der „Renchprovinz“ im mittleren Teil des Gebirges. Aus der erstgenannten Provinz ist vor allem *Baden-Baden* zu erwähnen, wo auf einer SW-NE streichenden Verwerfungszone zahlreiche Thermalquellen mit maximal 69° C und 2,5—3 g/kg Konzentration entspringen. Der NaCl-Gehalt dürfte dem Oberrheingraben entstammen, die hohe Temperatur auf die große Tiefe hinweisen, aus der die Wässer aufsteigen. Auch die über 20° C warmen, gering mineralisierten Thermen von *Badenweiler* steigen auf Störungszonen auf, die bis ins Kristallin hinabreichen. Die Säuerlinge des *Renchtales* und seiner Nebentäler weisen wohl auf einen jungen magmatischen Tiefenherd hin.

In den Vogesen zeigen ebenfalls Thermomineralquellen, wie z. B. die 70° C warmen, Na-SO_4-Wässer von *Plombières* eine Tiefenzirkulation der Wässer an.

Im *französischen Zentralplateau* sind in den verbreitet auftretenden Graniten örtlich größere Grundwassermengen auf Klüften und Störungen nachgewiesen worden. Die Verwitterungszone über den Graniten enthält auch im Zentralplateau mäßige Grundwasserreserven, die in vielen kleinen Quellen für kleine Wasserversorgungen genutzt werden.

Am ergiebigsten sind bei Bohrungen gelegentlich mehrere Dekameter tief verwitterte Senken im Granit, besonders wenn sie sich auch als morphologische Niederungen zu erkennen geben und wenn ein hydraulischer Kontakt zu den Vorflutern besteht bzw. hergestellt werden kann. Der Einsatz der Geophysik zum Aufsuchen solcher Senken ist möglich und nützlich. Das Grundwasser ist meist sehr weich und leicht sauer.

Im *Armorikanischen Massiv Frankreichs* (Bretagne), in *Südengland* (Cornwall) und in *Irland* sind im Prinzip entsprechende Beobachtungen gemacht worden.

In Irland hat (nach ALDWELL 1978) der Leinster Granit der Eastern Uplands in Bohrungen von 15—30 m Tiefe bis zu 1 l/s ergeben, besonders wenn verwitterte Zonen angetroffen wurden, die örtlich bis 30 m Tiefe reichen. Im Granit von Galway und South Wexford wurden in Bohrungen von 50—80 m Tiefe bis zu 5 l/s gefunden. Die relativ hohe Permeabilität scheint hier an Felsit-Dykes gebunden zu sein. Die Verbreitung dieser Granite ist aber gering.

Einige Beobachtungen im Kristallin *Spaniens* hat M. A. DE SAN JOSE (1978) mitgeteilt. Danach führt das granitisierte und metamorphosierte Grundgebirge, das im Zentralsystem an die Oberfläche tritt und sich von Portugal aus über die Guadarrama etwa 400 km weit nach NE erstreckt, allgemein in Bohrungen nur kleine Grundwassermengen. Voraussetzungen sind oberflächennahes intensives Kluftnetz, Verwitterungstaschen und mit Verwitterungsschutt angefüllte Senken, die mit dem Gewässernetz in Verbindung stehen. Die gewinnbaren Wassermengen liegen meist unter 3 l/s. Größere Ergiebigkeiten können bei Störungs- bzw. Zerrüttungszonen erwartet werden, die sich wie vertikale Aquifere verhalten und zuweilen starke hydrostatische Drucke, aber keine ausreichende Grundwasserneubildung aufweisen.

Zuflüsse, die während der Konstruktion von Tunnel beobachtet wurden, sind erhöht, lassen aber meist schnell nach. Immerhin können Quellen in diesen Zonen Dauerschüttungen von 10—15 l/s übersteigen, meist liegen sie allerdings bei 1—3 l/s.

Interessant sind die im spanischen Zentralsystem gemachten Beobachtungen über die hydrogeologische Wirksamkeit von *Ganggesteinen*, die im Vergleich zum Nebengestein kleinere oder größere sekundäre Permeabilität aufweisen können und entweder als „absperrende Gänge" oder als „wassersammelnde Gänge (Kollektoren)" wirken. Diese unterschiedlichen Eigenschaften sollten allgemein bei der Planung von Bohrungen genutzt werden, wenn bemerkenswerte Gänge in hydrogeologisch günstiger Position auftreten.

Der in den letzten Jahren überall gestiegene Wasserbedarf (sommerlicher Spitzenbedarf in der Sierra de Guadarrama infolge der Nähe zu Madrid, Bedarf von Segovia und landwirtschaftlicher Zonen im Duerotal sowie von Madrid selbst) hat zur Anlage zahlreicher Oberflächenwasser-Speicher geführt, da die Aquifere im Kristallin für die Versorgung bei weitem nicht ausreichen.

Schließlich sind die kristallinen Massive der *österreichischen, italienischen und schweizerischen Alpen* zu erwähnen, die meist starke Durchbewegung zeigen und z. T. steilstehende Gefügestrukturen wie im Aar- und Gotthard-Massiv oder ± flachliegende Faltenstrukturen wie in den „kristallinen Deckenkernen" im Wallis südlich der Rhône, im Tessin nördlich der Magadino-Ebene u. a. O. Nur in stark zerklüfteten und tektonisch zerrütteten

Partien ist eine intensive Wasserbewegung auf Kluft- und Bruchflächen möglich, die sich in Tunnel und Stollen arbeitserschwerend bemerkbar gemacht haben.

Für die Wasserversorgung der Bevölkerung werden Bohrungen in kristallinen Gesteinskomplexen im allgemeinen nicht ausgeführt, zumal Schuttquellen aus Bergsturzmaterial und Gehängeschutt ergiebiger sind als das anstehende Gestein. THURNER (1965) betrachtete die Schuttfächer in den österreichischen Alpen als die wichtigsten Wasserspeicher; sie sollen 28—35% Porenvolumen besitzen und Quellen von 2—5 l/s speisen.

In Anbetracht der vielfältigen und relativ jungen geologischen Bewegungen im gesamten Alpenraum ist das Auftreten vieler Mineral- und Thermalwässer verständlich, die z. T. an das Kristallin gebunden sind. Von den radioaktiven Quellen seien die Thermen von *Bad Gastein* und *Bad Hofgastein* erwähnt, bei denen es sich (nach JOB und ZÖTL 1969) um vadose, in der Tiefe des Gebirges erhitzte Wässer handelt, die Mineralgehalt und Radioaktivität dem Kontakt mit Erzgängen innerhalb des Tauernkristallins verdanken. 21 Quellen schütten ca. 5000 m^3/d mit 46,6° C Maximaltemperatur.

5.1.4 Kristallingebiete in Afrika, Nord- und Südamerika

In den übrigen Teilen der Erde nehmen Magmatite und Metamorphite so große Flächen ein (> 20% der Landoberfläche), daß es nur möglich ist, einige Erfahrungen bei der hydrogeologischen Prospektion hier anzudeuten.

So sind u. a. in *Westafrika* tausende von Brunnenbohrungen in den letzten Jahren ausgeführt worden, bei denen die Anwendung geologischer, geophysikalischer und geomorphologischer Methoden zur Auswahl der Bohransatzpunkte sich als sehr nützlich erwiesen hat. In geologischer Hinsicht besteht der Sockel dieser westafrikanischen Länder, wie Abb. 5.4 zeigt, im wesentlichen aus 2 Baueinheiten, und zwar präkambrischen Magmatiten sowie präkambrischen stark gefalteten Schieferserien, denen Sandsteine, Arkosen, Kon-

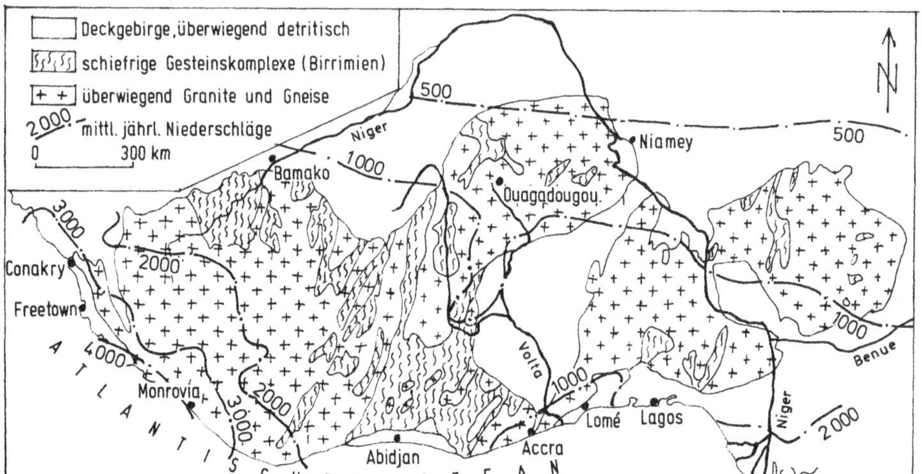

Abb. 5.4. Verbreitung kristalliner Gesteine in Westafrika. (Z. T. nach GUIRAUD 1975)

glomerate und Tuffite eingelagert sind (Birrimien). Beide Gesteinskomplexe sind von zahlreichen Bruchstörungen betroffen, die bei nicht zu starker Verwitterungsdecke sich geomorphologisch (z. B. im Verlauf des Gewässernetzes) bemerkbar machen (GUIRAUD 1975) und luftphotographisch oder geophysikalisch weiter lokalisiert werden können. Da die Gesteine des Sockels vielfach nahe der Oberfläche liegen (z. B. Ghana, Togo, Dahome), sind die Voraussetzungen für derartige Vorerkundungen gut (Abb. 5.5).

Wenn die Verwitterungsdecke in größerer Dicke und Verbreitung erhalten ist, kann ihr tieferer, sandiger Teil, insbesondere in Taschen des Grundgebirges, für kleine Wassergewinnungsanlagen von großem Interesse sein (ARCHAMBAULT 1960, BRGM-Paris 1968, GUIRAUD 1975). Auch Trockenzeiten in der

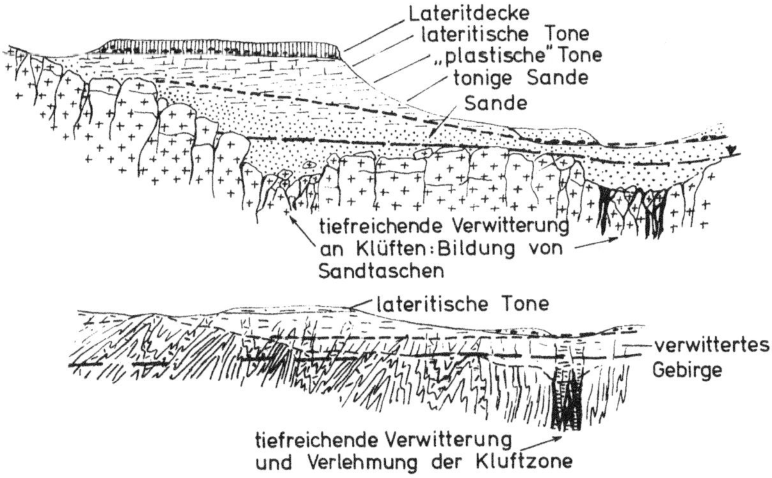

Abb. 5.5. Schematische hydrogeologische Profile durch granitische und alte schiefrige Gesteine des Sockels in Westafrika. (Nach GUIRAUD 1975, umgezeichnet)

Sahel-Zone können bei günstiger Brunnenposition überbrückt werden. Wasserhöffige Talalluvionen sind meist nicht vorhanden.

Ähnliche Erfahrungen haben DAVIS und DE WIEST (1966) aus *USA* und anderen Teilen der Erde mitgeteilt (s. Tab. 9). Immer wird der Mangel an

Tabelle 9. *Mittlere Leistung von Brunnen in kristallinen Gesteinen (l/s).* (Nach DAVIS und DE WIEST 1966, S. 326)

	Granit	Gabbro	Gneis
Connecticut, USA	0,78		0,72
Maryland, USA		0,66	0,72
Virginia, USA	0,72		1,02
North Carolina, USA	1,02	1,8	1,38
Maine, USA	1,5		
Southern New England, USA	2,28		0,54
Pretoria—Johannesburg, S.A.	0,63		
Western Rajasthan, Indien	0,36		
Schweden	0,54		0,63

ausreichender vorheriger Erkundung oder die nicht ausreichende geomorphologische Untersuchung des Geländes beklagt und die daraus resultierende Zahl von Fehlbohrungen. Die bei großen Bohrprogrammen örtlich angetroffenen hohen Ergiebigkeitswerte zeigen, daß es vereinzelt wasserführende Zonen gibt. Ihre Auffindung bedarf in jedem Fall der besonderen Erkundung.

In *NE-Brasilien* stehen kristalline Gesteine des präkambrischen Sockels auf 500 000 km² Fläche zu Tage an. In diesem großen Gebiet leben viele Millionen Menschen, und die unregelmäßigen und oft mehrjährigen Trockenheiten haben verheerende Folgen. Rebouças gab (1975) nach Erfahrungen

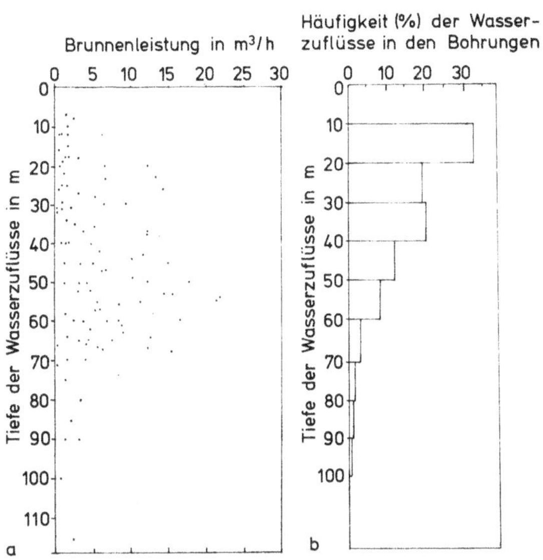

Abb. 5.6. Tiefe der Wasserzutritte (Brunnentiefe) a) in Beziehung zur Brunnenleistung im Kristallin von Porto Alegre — Brasilien (nach Hausmann 1975), b) zur Häufigkeit (%) der Zuflüsse bei 220 Bohrungen im ariden NE-Brasilien (nach Rebouças 1975)

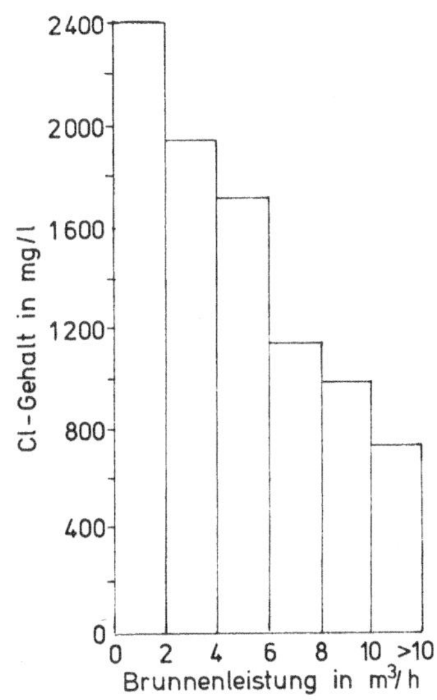

Abb. 5.7. Cl-Gehalt und Brunnenleistung bei 230 Brunnenbohrungen in NE-Brasilien. (Nach Rebouças 1975)

bei der Herstellung von 400 Brunnen eine mittlere spezifische Ergiebigkeit von 0,1 m³/h · m an, betonte die Unterschiedlichkeit bei nahe nebeneinander stehenden Brunnen und die günstige Wirkung überlagernder wasserführender Sande auf die Ergiebigkeit im Granit. Das Optimum der Brunnentiefe wurde — in Übereinstimmung mit Davis und Turk (1964) — mit etwa 40 m ermittelt (Abb. 5.6). Die Ansatzpunkte liegen vorwiegend auf Brüchen, die durch Luftphotographie geortet wurden. Die Qualität des erbohrten Wassers ließ allerdings oft viel zu wünschen übrig. Nur bei 37% der Brunnen wurden $<$ 2000 mg/l festen Rückstand gefunden, überwiegend NaCl. Der Gehalt steigt bei fallender Brunnenleistung (Abb. 5.7). Das tiefere Wasser ist nicht nur weniger reichlich vorhanden, sondern oft auch mehr versalzen.

Auch in *Nordargentinien* sind bei Brunnenanlagen der letzten Jahre ähnliche Beobachtungen gemacht worden (Huidobro 1975). Granite und Metamorphite der Sierras Pampeanas in Santiago del Estero haben bei einem subtropischen bis tropischen Klima (549 mm mittl. jährl. Niederschlag und 21° C mittlere Temperatur) Brunnenergiebigkeiten zwischen 0,1 und 0,35 l/s in der Sierra de Guasayán und 0,9 bis 1,3 l/s in der Sierra de Ambargasta gezeitigt. Gneise und Glimmerschiefer lieferten sogar 2,0 bzw. 2,5 l/s. Die Brunnen wurden durchweg auf Störungen und Kluftzonen angesetzt, dabei wurden geoelektrische Sondierungen zu Hilfe genommen. Die Grundwässer sind im allgemeinen von guter Qualität.

5.1.5 Zusammenfassung der Erfahrungen für den Bereich der Magmatite

Zusammenfassend läßt sich bezüglich der Hydrogeologie der Magmatite aufgrund der Beobachtungen aus vielen Ländern Europas und auch aus anderen Kontinenten herausstellen:

a) Gewinnbare Wassermengen

Die Durchlässigkeit und Speicherfähigkeit des Gebirges hängt vom Vorhandensein offener Fugen und tiefreichender Störungen ab, damit also von der geologisch-tektonischen Geschichte des Gebirges.

● Offene Fugen reichen meist nur einige Dekameter tief. Darunter läßt die Ergiebigkeit im allgemeinen schnell nach. Ausnahmen kommen vor.

● Fugen können sekundär auf verschiedene Weise ganz oder teilweise geschlossen sein.

● Offene Fugen in morphologisch hoher Position sind für die Wassergewinnung nicht interessant (z. B. hohe Lagen im Schwarzwald, Odenwald etc., kristalline Massive der Alpen); sie laufen in Trockenzeiten und Frostperioden relativ schnell leer. In flachem oder nur leicht gewelltem Terrain, besonders aber in morphologischen Senken, kann ein echter Kluftaquifer mit hydraulischen Verbindungen zwischen den Klüften und Kluftsystemen vorliegen (s. Abb. 5.8). Es bestehen oft gewisse Möglichkeiten für Grundwassergewinnung.

● Bei letztgenannten Verhältnissen liegen Quellschüttungen und Brunnenergiebigkeiten im allgemeinen zwischen 0,1 und 1 l/s; in Schweden sind statistische Medianwerte von 0,33 bis 0,6 l/s (allerdings mit breiter Streuung: 0—10 l/s und mehr), u. a. in Abhängigkeit von der Bedeckung (z. B. dichter, abschirmender Geschiebemergel bzw. -lehm oder wasserführender Glazialkies). Permeabilitäten werden in der ČSSR mit durchschnittlich $3 \cdot 10^{-6}$ m/s angegeben. Die Transmissivität ist in Schweden mit 10^{-5} bis 10^{-6} m²/s, in der ČSSR mit 10^{-5} bis 10^{-4} m²/s ermittelt worden. Spezifische Ergiebigkeit beträgt 1,0 bis 0,1 l/s · m.

● Bei einzelnen Gesteinskomplexen (z. B. Rapakiwi in Finnland und UdSSR, Teplitzer Quarzporphyr und Erzgebirgsgranit in der ČSSR) wird stärkere Klüftigkeit und größere Fugendurchlässigkeit beobachtet.

● Störungen und Störungszonen können die Durchlässigkeit des Gebirges wesentlich erhöhen, sie bewirken auch im angrenzenden Gebirgsbereich zusätzliche Fugenbildung (Nebenstörungen). Quellschüttungen und Brunnenergiebigkeiten sind meist viel größer als bei normalen Fugen. In Tunnel und Stollen sind Wassereinbrüche aus Störungszonen gefürchtet. Anfängliche Maximalzuflüsse lassen nach geraumer Zeit meist stark nach, der verbleibende Dauerzufluß ist aber oft wesentlich höher als die übliche Ergiebigkeit des Gebirges.

● Bei Störungen, an denen permeable jüngere Sedimente gegen Kristallin grenzen, kann ein Einsickern der Niederschlagswässer in die offenen Fugen des Kristal-

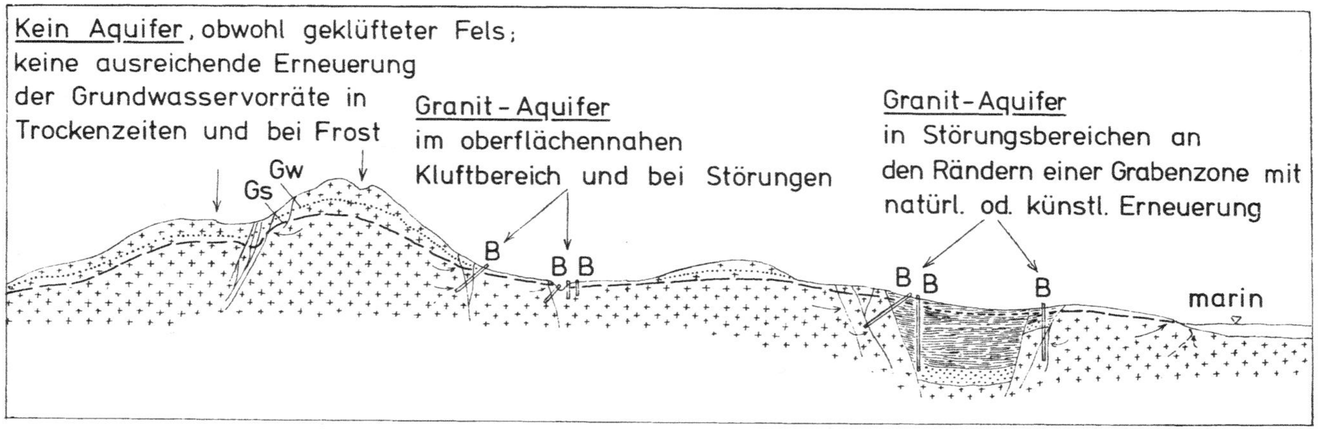

Abb. 5.8. Schematische Darstellung des Auftretens von Grundwasser im kristallinen Gebirge und seiner möglichen Erschließung. In Abhängigkeit von der Morphologie, von der Tiefe der Zerklüftung, der Verwitterungstiefe und von Störungen bestehen unterschiedliche Möglichkeiten für die Gewinnung von Grundwasser. Geologische, geophysikalische, morphologische und luftphotographische Erkundung sind notwendig

Kreuze = Granit; waagrechte Strichelung = impermeable Grabenfüllung; Punkte = sandig-kiesige Schicht im Graben; Pfeile im Untergrund = Fließrichtung des Grundwassers; *Gw* Grundwasserspiegel im Winter; *Gs* Grundwasserspiegel im Sommer; *B* sinnvolle Bohransatzpunkte lins und von dort aus eine unterirdische Speisung permeabler Beckensedimente erfolgen. So können auch bei impermeabler Bedeckung der Grabensedimente die gewinnbaren Wassermengen sehr beträchtlich sein (Beispiel Südböhmen; s. auch Abb. 5.8.)

● An tiefreichenden Störungen des Gebirges treten oft Mineral- und Thermalquellen auf.

● Die unterschiedliche Wirkung von Gängen ist zu beachten (s. Erfahrungen in Spanien, s. S. 98; Irland, s. S. 98; vergl. auch Teneriffa, s. S. 214; Oahu, s. S. 217; Deccan, s. S. 222).

● In Verbindung mit granitischen Gesteinen sind in fast allen Klimabereichen oberflächennahe oder bis mehrere Dekameter tief reichende Verwitterungsbildungen (Vergrusungen oder Blockbildungen) vorhanden, besonders in Taschen und Senken, die gerade bei Granit relativ hohlraumreich und permeabel sind — im Gegensatz zu Gneis und metamorphen Schiefern. Obwohl hier überwiegend Festgesteine besprochen werden, müssen diese Verhältnisse erwähnt werden, zumal alle Übergänge von klüftigem Festgestein zum porösen Lockergestein bestehen. Der Zerfall des Gesteins und die Vergrusung können im Anfangsstadium nur auf Klüften vor sich gegangen sein oder bereits das ganze Gestein betroffen haben, das sich aber noch in situ befindet. Das zersetzte Material kann aber auch schon — teilweise oder ganz — umgelagert sein und in Senken sich gesammelt haben. In jedem Falle ist eine erheblich größere Ergiebigkeit zu erwarten. Geologische und geophysikalische sowie geomorphologische Erkundung sind notwendig, Satellitenaufnahmen sind auch in ariden Gebieten oft nützlich.

Auch Blockströme, Gebirgsstürze, Schuttfächer (z. B. im Hochgebirge) sind für die Granitlandschaft typische Erscheinungen, die hydrologisch wichtig sind.

b) *Wasserqualität*

● Das Wasser aus kristallinen Gesteinen ist allgemein weich und aggressiv. Die Filtermöglichkeit ist — außer in Verwitterungszonen — ziemlich gering, daher ist gegen Verschmutzung Vorsorge zu treffen.

c) *Wasserbedarfsdeckung*

● In großen Kristallinflächen mit dünner Besiedlung, besonders im Norden Europas, aber auch in dünnbesiedelten semiariden Gebieten anderer Kontinente, kann der Bedarf ausreichend aus dem Kritallin gedeckt werden. Dies galt früher auch für die meisten mitteleuropäischen kristallinen Gebirgskerne.

● Bei anwachsender Bevölkerungszahl, Ansiedlung von Industrie und Versorgung größerer Städte sind andere Maßnahmen notwendig, wie künstliche Anreicherung des Aquifers oder Anlage von Speichern von Oberflächenwasser z. B. ČSSR, Zentralspanien u. a. O. oder Fernwasserversorgung (z. B. Böhmer- und Bayerischer Wald, Erzgebirge).

d) *Maßnahmen zur Erkundung und Gewinnung*

● Geologische und geophysikalische Prospektion, morphologische Studien, Analyse des tektonischen Gefüges. Darauf gründend: planvolles Ansetzen der Bohrungen, gegebenfalls Schrägbohrungen

● Bei ungünstigem Ergebnis ist Bohrlochsprengung zu erwägen

● Ausnutzung von Verwitterungs- und Störungszonen, Einsatz der Luftbild- und Satellitenbildauswertung

● künstliche Anreicherung bzw. ständige Erneuerung des Grundwassers durch Verbindung mit Oberflächenwasser, besonders in Verwitterungszonen und -taschen.

Literatur

ALDWELL, C. R. (1978): The broad hydrogeological landscape of Ireland ... In: Explanatory Notes of sheet B 4 — London of the Internat. Hydrogeol. Map of Europe 1 : 1 500 000. BGR-Hannover und UNESCO-Paris.

ARCHAMBAULT, J. (1960): Les eaux souterraines de l'Afrique occidentale. Publ. C. I. E. H., Ougadougou. Impr. Berger-Levrault, Nancy.

BERNSTEIN, K.-H. (1962): Der Chemismus erzgebirgischer Thermalwässer. Kurzreferate d. Vorträge, 9. Jahrestag. Geol. Ges. DDR, Erfurt.

B. R. G. M. (1968): Hydrogéologie des roches éruptives et métamorphiques en zones tropicales et arides. Bull. B. R. G. M., 2me sér., Sect. III, 2 et 3., Orléans.

CARLÉ, W. (1966): Zur Herkunft des Kochsalzgehaltes der vogtländischen und nordwestböhmischen Mineralwässer, vor allem des Karlsbader Mineralwassers. Z. dtsch. geol. Ges. **115**, 425—453, Hannover.

CARLSSON, L., CARLSTEDT, A. (1977): Estimation of transmissivity and permeability in Swedish bedrocks. Nordic Hydrology **8**, 103—116.

DAVIS, S. N., DE WIEST, R. J. M. (1967): Hydrogeology, 2. Aufl., 463 S., New York — London.

—, TURK, L. J. (1964): Optimum depth of wells in crystallin rocks. Ground Water **2**, 6—11.

DEUTLOFF, O., et al. (1974): Le massif de Bohême ... In: Notice explicative de la Carte Hydrogéol. Internat. de l'Europe 1 : 1 500 000, feuille C 5—Berne. BfBo-Hannover und UNESCO-Paris.

EGOROV, S. V., NICOLAEV, J. V. (1979): Explanatory Notes for the Internat. Hydrogeol. Map of Europe 1 : 1 500 000, sheet E 3—Moskwa. BGR-Hannover und UNESCO-Paris.

GATTINGER, T. E., et al. (1974): Le massiv de Bohême ... In: Notice explicative de la Carte Hydrogéol. de l'Europe, feuille C5—Berne, BfBo-Hannover und Unesco-Paris.

GOTTE, W., RICHTER, G. (1960): Geologische und bergmännische Probleme beim Anfahren einer wasserführenden Gangzone im Brander Revier. Freiburger Forschungshefte **A 176**, 5—25.

GRAHMANN, R. (1944): Die hydrogeologischen Grundlagen der Wasserversorgung Sachsens und des nördlichen Sudetenlandes. Abh. Reichsamt Bodenforschung, N. F. 209, Berlin.

GUIRAUD, R. (1975): Elements pour une orientation nouvelle de la recherche des eaux souterraines dans les régions à substratum métamorphique ou éruptif de l'Afrique occidentale. Mém. IAH, vol. XI (Congr. of Porto Alegre/Brazil), Porto Alegre.

HAUSMAN, A. (1975): Behaviour of the crystalline as an aquifer in greater Porto Alegre. Mém. IAH, vol. XI (Congr. of Porto Alegre/Brazil), Porto Alegre.

HECHT, G. (1974): Wässer. In: Geologie von Thüringen, S. 940—964. Gotha/Leipzig: VEB H. Haack.

HIEKEL, W. (1963): Grundwasservorkommen in den Talböden kristalliner Mittelgebirge, dargestellt am Beispiel der Vesser und Zahmen Gera im mittleren Thüringer Wald. Wiss. Z. Univ. Jena **12**, Math.-Nat. Reihe 2/3, 341—353, Jena.

HÖRNSTEN, A., DE GEER, J. (1977): La Scanie. In: Notice explicative de la carte hydrogéol. internat. de l'Europe 1 : 1 500 000, feuille C 4 — Berlin, S. 23—24. BGR-Hannover und UNESCO-Paris.

HOPPE, W. (1952): Die hydrogeologischen Grundlagen der Wasserversorgung in Thüringen. Jena: Fischer.

— (1972): Zur Herkunft des Kochsalzgehalts der Mineralwässer im ostthüringisch-vogtländischen Schiefergebirge und der angrenzenden Gebiete. Geologie **21**, 2, 133—148, Berlin.

— (1972): Die Mineral- und Heilwässer Thüringens (Geologie, Chemie, Geschichte, Nutzung). Geologie, Beiheft Nr. 75, 1—183, Berlin.

HUIDOBRO, O. R. (1975): Las aguas subterraneas del basamento de la sierras pampeanas. Mem. IAH, vol. XI (Congr. of Porto Alegre/Brazil), 147—157, 5 Abb., 2 Tab., Porto Alegre.

HYYPPÄ, J. (1980, im Druck): Finland. In: Internat. Hydrogeol. Map of Europe 1 : 1 500 000, sheet D 3 — Stockholm. BGR-Hannover und UNESCO-Paris.

JETEL, J. (1977): Le massif de Bohême et la région du Barandien; in: Notice explicative de la carte hydrogéol. internat. de l'Europe, feuille C 4 — Berlin, 25—27, BGR-Hannover und UNESCO-Paris.

JOB, C., ZÖTL, J. (1969): Zur Frage der Herkunft des Gasteiner Thermalwassers. Steir. Beitr. z. Hydrogeol. S. 51—115, 19 Abb., 11 Tab., Graz.

KARRENBERG, H., et al. (1970—1980): Internationale hydrogeologische Karte von Europa 1 : 1500 000, Blätter B2, B3, B4, B5, B6, C3, C4, C5, E3, E6. BGR-Hannover und UNESCO-Paris.

MICHLER, W. (1972): Über das Vorkommen kalziumchloridhaltiger Mineralwässer am Südrand des Thüringer Waldes. Z. Physiotherapie **24**, 3, 207—216, Leipzig.

— (1973): Beiträge zur Hydrogeologie des Oberen Vogtlandes. Dissertation Univ. Halle-Wittenberg.

MOHR, K. (1969): Zur paläozoischen Entwicklung und Lineamenttektonik des Harzes, speziell des Westharzes. Clausthaler tekt. Hefte **9**, 19—110, Clausthal-Zellerfeld.

PERSSON, G., et al. (1979): Explanatory notes for the Internat. Hydrogeol. Map of Europe 1 : 1.500.000, sheet C 3 — Oslo. BGR-Hannover und UNESCO-Paris.

—, (1980, im Druck): Explanatory notes for the Internat. Hydrogeol. Map of Europe 1 : 1.500.000, sheet D 3 — Stockholm. BGR-Hannover und UNESCO-Paris.

PRIEHÄUSER, G. (1971): Über Trinkwasservorräte im Zersatz kristalliner Gesteine im Bayerischen Wald. Geol. Bl. f. Nordost-Bayern **21**, 2/3, 127—135, Erlangen.

REBOUÇAS, A. DA CUNHA (1975): Conditions générales d'alimentation des zones aquifères du socle cristallin de la région semi-aride du Brésil. Mém. de l'Assoc. Internat. Hydrogéol., vol. XI (Réunion de Porto Alegre), Porto Alegre.

— (1975): Orientation nouvelle pour l'exploitation des eaux souterraines de socle cristallin de la zone semiaride du Brésil. Mém. de l'Assoc. Internat. Hydrogéol., vol. XI (Réunion de Porto Alegre), Porto Alegre.

SAN JOSÉ, M. A. DE (1978): Système central. In: Notice explicative feuille B 5 — Paris-Sud de la Carte Hydrogéol. Internat. de l'Europe 1 : 1 500 000. BGR-Hannover und UNESCO-Paris.

SIQUEIRA, L. (1967): Contribution of geology to the research of groundwater in crystaline rocks. Dubrovnik Symposium (1965), AIHS-publ. no 73., Gentbrugge.

STETTNER, G. (1971): Die Beziehungen der kohlensäureführenden Mineralwässer Nordostbayerns und der Nachbargebiete zum rhegmatischen Störungssystem des Grundgebirges. Geol. Bav. **64**, 385—394, München.

THURNER, A. (1967): Hydrogeologie. Wien—New York: Springer.

5.2 Metamorphite (Gneise, Glimmerschiefer, Phyllite)

(mit Beiträgen von R. HOHL)

Die hier zu betrachtenden Metamorphite sind in all jenen Gebieten weit verbreitet, in denen die im vorigen Kapitel beschriebenen Aquifere der Magmatite auftreten. d. h. vor allem in den ausgedehnten Flächen des „Baltischen Schildes“ Nordeuropas und des „Kanadischen Schildes“ Nordamerikas, aber auch in vielen europäischen Mittelgebirgskernen, den im Tertiär herausgehobenen Bruchschollen des variszischen und des armorikanischen Gebirges Paläo-Europas sowie in den kristallinen Kernen der jungen Faltengebirge, wo sie in Begleitung oder als Ummantelung kristalliner Gesteinskomplexe an die Tagesoberfläche treten. Auch in anderen Kontinenten nehmen sie z. T. riesige Flächen ein.

Petrographisch umfaßt diese Gesteinsgruppe sehr unterschiedliche Festgesteine; hydrogeologisch jedoch haben sie wichtige Gemeinsamkeiten:

— eine relativ geringe bis sehr geringe Fugenbildung, bedingt durch ihre starke Schiefrigkeit und den hohen Anteil an Glimmer- bzw. Tonmineralien im mineralischen Gesteinsbestand und

— eine oft sehr tiefgründige Verwitterung mit einem tonig-schluffigen Zersetzungsprodukt.

Gneise

Da bei vielen Gneisen mineralogische Verwandschaft und texturelle Übergänge zu normalen Graniten bestehen, ist bei granitähnlichen Gneistypen (Granitgneisen) eine bessere Fugenbildung und Fugendurchlässigkeit zu beobachten als bei stark geschieferten Sedimentgneisen. Die Unterschiede sind aber oft nicht groß. In einigen Fällen sind schon im vorigen Kapitel Daten über Durchlässigkeit von Gneisgesteinen gegeben worden. In vielen Ländern liegen — z. T. durch Mangel an Aufschlüssen bedingt — nicht genügend Beobachtungen über das hydrogeologisch unterschiedliche Verhalten von granitischen und gneisigen Gesteinen vor.

Im „Baltischen Schild" *Schwedens, Finnlands* und des *NW von USSR* gehören Gneise zu den verbreitetsten Gesteinen, sie wurden z. T. bei der auf S. 43 angeführten Statistik miterfaßt und in Abb. 3.6. und 5.3 mitdargestellt. Mediane Brunnenergiebigkeiten liegen bei 320 l/h, mit großer Streuungsbreite in Abhängigkeit von der tektonischen Position und den vielen anderen, im vorigen Kapitel besprochenen Bedingungen.

In Bergbaugebieten der ČSSR haben sich Gneise in der Tiefe öfter als trocken gezeigt, in einem gewissen Gegensatz zu den immerhin mäßigen, an Störungen gelegentlich auch starken Wasserzuflüssen im Granit. In oberflächennahen Bereichen von Gneisen wird in der ČSSR mit spezifischen Brunnenergiebigkeit von im Mittel etwa 0,01 l/s · m gerechnet.

Im *Erzgebirge* (DDR) sind Gneise (neben Glimmerschiefern und Phylliten) weit verbreitet und unterschiedlich ausgebildet. Die Wasserführung der Gneise und Glimmerschiefer ist auch dort meist weniger günstig als die der granitischen Gesteine. Die spezifischen Ergiebigkeiten liegen bei 0,01 l/s · m und darunter, so daß aus über 100 m tiefen Brunnen vielfach kaum mehr als 2 bis 3 m^3/h zu gewinnen sind. Örtlich können Gneise, nicht aber Glimmerschiefer, in ihren oberen Zonen grusig zersetzt sein, so daß kleine Quellen austreten oder flache Brunnen und Sickerfassungen möglich sind. Im oberen Vogtland wurden in Gneisen und Glimmerschiefern Quellschüttungen unter 0,1 l/s beobachtet.

Im Gegensatz zu den festen Gesteinen besitzt im Erzgebirge das aufgelockerte Anstehende von Gneisen wegen der Armut des Gebietes an wasserführenden Lockergesteinen für Kleinwasserversorgung eine größere Bedeutung (Saker und Jordan 1977). In Störungszonen oder Gangbereichen kann die Verwitterung bis 20 m Tiefe erreichen, zeichnet sich dort aber oft durch Verlehmung aus. Meist beträgt die Mächtigkeit aber nur 1,5 m. Nimmt man die tiefer folgende Blockzone wegen ihrer Bedeutung für die Grundwasserspeicherung dazu, ergibt sich eine Mächtigkeit bis 15 m. In der obersten Zone I vollständiger Zerkleinerung (0,1 bis 0,5 m) wurde im Freiberger Gneiskomplex die Transmissibilität mit $T = 5 \cdot 10^{-6}$ m^2/s, in der mittleren Schuttzone II (0,3 bis 1,2 m) mit $T = 1 \cdot 10^{-4}$ m^2/s und in der darunter folgenden Blockzone III (5 bis 13 m) mit $T = 1 \cdot 10^{-4}$ m^2/s bei einer mittleren Durchlässigkent von $k_f = 1{,}4 \cdot 10^{-5}$ m/s bis etwa $0{,}5 \cdot 10^{-4}$ m/s festgestellt. Daraus ergibt sich, daß Grundwasserfassungen möglichst die gesamte Verwitterungszone bis zum Grundkörper (Monolithzone IV nach Tschurinow 1968) durchteufen sollten. Die Ergiebigkeit von Quellen und zahlreichen Brunnen (im Mittel 5,4 m tief) zeigt eine Grundwasserspende von 0,75 bis 2,3 l/s · km².

Auch die Gneise (und Glimmerschiefer) im Kristallin des *Thüringer Waldes* (Ruhla) sind hydrologisch von geringer Bedeutung und erlauben aus Tiefbrunnen im allgemeinen keine größere Entnahme als 1,5 m³/h (Hecht 1974), oft sogar noch weniger, wie ein 100 m tiefer Brunnen im Glimmerschiefer mit nur 0,3 m³/h Leistung (Hoppe 1952) gezeigt hat. Sofern die Gesteine nicht stärker verwittert sind, ist das Wasser aus den Metamorphiten weich und arm an gelösten Bestandteilen.

Abgesehen von einem früher als „Gesundbrunnen" genutzten, nur schwach mineralisierten Wasser (147 mg/kg) von Ruhla sind auf der anderen Seite des Thüringer Waldes an die Südrandstörung gebundene Säuerlinge von *Bad Liebenstein* zu erwähnen, die in Spalten und einer 126 m breiten Zerrüttungszone aufsteigen und das Kristallin und den Granit ebenso durchsetzen wie die überlagernden Serien des Rotliegenden und Zechsteins. Von mehreren Bohrungen, die zum Teil wirtschaftlich erfolglos waren, werden zwei Bohrungen von 150 bzw. 175 m Tiefe, die das Kristallin nicht erreicht haben, im Wechsel mit rund 5 m³/h Förderleistung balneologisch genutzt. Die Wässer sind eisenhaltige Na-Ca-Cl-Säuerlinge von etwas unterschiedlicher Zusammensetzung, deren Mineralisation sich aus dem Zechsteinsalz und -sedimenten, der hohe Eisengehalt wohl zumindest teilweise aus dem Kristallin herleiten läßt, während das CO_2 sicher mit dem tertiären Vulkanismus der Rhön in Verbindung steht, aber vermutlich (Hoppe 1966) an einen peripheren Magmaherd im Gebiet von Bad Liebenstein und eine Spaltenkreuzung (NW-SE und NNE-SSW) gebunden ist, wofür die geothermische Tiefenstufe von 24,8 m/1° C und die tägliche CO_2-Förderung von insgesamt 250 kg sprechen.

Im Gegensatz zu den hydrogeologisch recht ungünstigen Gneisen sind die *Granulite* des rund 50 km langen und 20 km breiten sächsischen Granulitgebirges im mittelsächsischen Berg- und Hügelland trotz im einzelnen schwankender Ergiebigkeiten positiver zu beurteilen, da alle durchgeführten Bohrungen zwischen 30 und 150 m Tiefe erfolgreich waren. Die mittlere spezifische Ergiebigkeit liegt höher als 0,06 l/s · m und erreicht vielfach 0,1 bis 0,2 l/s · m. Die Höffigkeit im Granulit ist im Mittel viermal bzw. zehnmal so groß wie im Granit bzw. Gneis. Besonders dort, wo etwa N-S streichende, klüftige Granitgänge den Granulit durchsetzen, läuft immer Spaltenwasser zu, so daß Ergiebigkeiten um 0,5 l/s · m zu verzeichnen sind. Auch die Granulite sind bisweilen grusig aufgelockert, so daß oft Schachtbrunnen ausreichend Wasser führen. Die mittlere Abflußspende im Granulit beträgt 0,7 bis 1 l/s · km².

Glimmerschiefer und Phyllite

Diese Gesteine können in der hydrogeologischen Betrachtung zusammengefaßt werden. Sie sind im allgemeinen noch ungünstiger zu beurteilen als die Gneise und müssen als ausgesprochen grundwasserarm oder -frei gelten, es sei denn, daß sie Quarzitbänke oder Marmorlinsen enthalten oder von reinen Quarzgängen bzw. von hellen oder dunklen Ganggesteinen durchschlagen werden oder örtlich quarzdurchtrümerte Fältelungszonen aufweisen. Aber selbst in solchen Fällen sind keine allzu großen Erwartungen zu stellen, da bei der leichten Verwitterbarkeit dieser Schiefer die Fugen eingelagerter fester Bänke erfahrungsgemäß meist durch Einschwemmung tonigen Materials geschlossen und wasserundurchlässig sind.

Im *Erzgebirge* wird das Gneisgebiet im NW von einem Glimmerschiefermantel umgeben, auf den dann phyllitische Gesteine folgen. Solche Gesteine finden sich in großer Verbreitung auch im *Vogtland* und im *Schiefermantel des Granulitgebirges.* Viele Bohrungen in phyllitischen Gesteinen sind auch bei Teufen über 100 m trocken geblieben, zumal dann, wenn ihre Lagerung steil bis saiger ist. Beim Antreffen spröder Zwischenlagen beträgt die spezifische Ergiebigkeit 0,004 bis 0,008 l/s · m, unter besonders günstigen Umständen kann sie 0,01 bis 0,02 l/s · m erreichen.

Im *vogtländischen* Phyllitgebiet wurde eine Reihe Bohrbrunnen von im Mittel 60 bis 70 m Tiefe zur Versorgung von Kleinstädten und Wirtschaftsbetrieben niedergebracht, die ausnahmslos mächtigere Quarzitschiefer mit einzelnen dünneren phyllitischen Lagen und Zulauf aus Spalten in unterschiedlicher Tiefe aufweisen. Die spezifische Ergiebigkeit ist mit rund 0,1 bis 0,2 l/s · m unter diesen Verhältnissen nicht ungünstig. In einzelnen Fällen wurden 0,3 l/s Dauerleistung erreicht (Michler 1973). Die Wässer sind sehr weich bis weich bei geringem Mineralisationsgrad, die pH-Werte schwanken im Mittel zwischen rund 5,5 und 6,6. Fast immer führen sie freies CO_2. Die Fe-Gehalte sind vielfach erhöht bis sehr hoch (2 bis 7 mg/kg), da das CO_2 eisenhaltige Minerale und Kluftbeläge löst, wie dies die eisenhaltigen Säuerlinge von Bad Elster zeigen (5.1.2). So erklärt sich auch der zwischen 8 und 180 mg/kg schwankende Sulfatgehalt durch Oxydation von Schwefelkies.

Im *Rheinischen Schiefergebirge* treten Sericitgneise und Phyllite im Vortaunus und Phyllite des Ordoviz im Hohen Venn auf. Die Sericitgneise sind feinschiefrig und enthalten z. T. Quarzgänge sowie dickbankige Quarziteinlagerungen. Diese sind zwar geklüftet, doch können nennenswerte Wassermengen nur gelegentlich aus ihnen gewonnen werden. Die Phyllite verwittern wegen ihrer blättrigen Beschaffenheit leicht und liefern tonige, zähe, schwere Böden. Bohrungen, die einige Ortschaften versorgen, haben jedoch Ausnahme-Leistungen zwischen 1 und 8 l/s (Stengel-Rutkowski 1979).

Ähnliche Gesteine treten im *Odenwald, Schwarzwald* und in den *Vogesen* auf, sind aber auch dort für die Wasserversorgung der Bevölkerung ohne Belang.

Ein besonders typisches Schichtglied sind in verschiedenen Teilen der Westalpen die *„Bündener Schiefer"* („schistes lustrés"), die bedeutende Mächtigkeit erreichen, lithologisch monoton sind, und deren Wasserzirkulation wenig tief reicht, während der Oberflächenabfluß vorherrscht.

Diese Schieferzonen der Alpen geben oft Veranlassung zur Entstehung von Rutschungen, weil das oberflächennahe Material durchlässiger sein kann als das ungestörte Gebirge und daher als Grundwassersammler wirkt.

Auf Klüften im Bündener Schiefer entspringen an mehreren Stellen Mineralquellen, so in *Rhäzüns* am Hinterrhein ein alkalisch-erdiger Eisensäuerling von 17,6° C, bei *Schuls* im Unterengadin erdige Eisensäuerlinge und bei *Tarasp* im Unterengadin ein salinisches, erdig-sulfatisches Sauerwasser.

Literatur

HECHT, G. (1974): Wässer. In: Geologie von Thüringen, S. 940—964. Gotha/Leipzig: VEB H. Haack.

HOPPE, W. (1952): Die hydrogeologischen Grundlagen der Wasserversorgung von Thüringen. Jena: Fischer.

MICHLER, W. (1973): Beiträge zur Hydrogeologie des Oberen Vogtlandes. Dissert. Univ. Halle-Wittenberg.

SAKER, J., JORDAN, H. (1977): Zu hydrogeologischen Eigenschaften der Verwitterungszonen erzgebirgischer Gneise. Z. angew. Geol. 23, 12, 606—611, Berlin.

STENGEL-RUTKOWSKI, W. (1979): Das östliche Rhein. Schiefergebirge. In: Hydrologischer Atlas der Bundesrepublik Deutschland. Bonn—Bad Godesberg: Deutsche Forschungs-Gem.

TSCHURINOW, M. W. (1968): Handbuch für Ingenieurgeologie. Moskau: Verlag Nedra.

5.3 Nichtkarbonatische Gesteine des gefalteten Paläozoikums in Europa (Quarzite, Sandsteine, Konglomerate, Grauwacken, Siltsteine, Tonsteine, Diabase, Schalsteine, Keratophyre und Tuffe)

Die hier aufgeführten Gesteine treten in allen Systemen des Paläozoikums auf. Sie sind vor allem in der *Kaledonischen Geosynklinale* (nordwestliche Umrandung des „Baltischen Schildes" in Norwegen, Schottland, Wales und Irland) sowie in den *mitteleuropäischen variszischen und armorikanischen Geosynklinalen* entwickelt, und zwar sind es in ersterer vorwiegend die Schichten des Altpaläozoikums in großer Mächtigkeit, in letzteren dazu auch — und heute besonders weit an der Tagesoberfläche verbreitet — solche des Devons und Karbons.

Im Kern der Kaledonischen Geosynklinale handelt es sich um viele tausend Meter mächtige Sandsteine, sandige Schiefer und Schiefer des Kambriums und Ordoviz, z. T. auch des jüngsten Präkambriums und des älteren Silurs, so in Norwegen, Schottland, Wales. Zum Ordoviz gehören außerdem sehr mächtige submarine „grüne Gesteine" (andesitische bis basaltische, später auch saure Laven und Tuffe). Eine besondere Fazies bilden eintönige dunkle „Graptolithen-Schiefer", die jedoch hydrogeologisch ohne Interesse sind.

In der Variszischen Geosynklinale fehlen Ablagerungen des Proterozoikums, Kambriums, Ordoviz und Silurs nicht (Hohes Venn und Ebbe-Sattel im Rheinischen Schiefergebirge, Vogtländisch-Thüringisches Schiefergebirge), vor allem sind aber die klastischen Gesteine des Devons und älteren Karbons in den zahlreichen Kernen der heutigen Mittelgebirge verbreitet, die als „Bruchstücke" des gefalteten variszischen Gebirges (des Rhenoherzynikums) an die Oberfläche treten (Ardennen, Rheinisches Schiefergebirge, Harz, Thüringisches Gebirge, Sudeten). Karbonatische Ablagerungen sind lokal und regional stark beteiligt.

Das W-E verlaufende Band des gefalteten mitteleuropäischen Devons (und Unterkarbons) wird im Norden von den Ablagerungen des Oberkarbons im Bereich der *„Subvariszischen Saumtiefe"* begleitet.

Vergleichbare Bildungen gibt es u. a. in dem *Appalachen-Gebirge* der östlichen USA, das aus einem den „Kanadischen Schild" umsäumenden Trog hervorgegangen ist: ein paläogeographisches Spiegelbild zu Nordeuropa. Auch in anderen Teilen der Erde sind entsprechende Gesteine vielfach in großer Mächtigkeit und Verbreitung abgelagert worden, ebenfalls z. T. in karbonatischer Fazies.

Aus diesen weiten Bereichen der Verbreitung werden im folgenden die *devonischen Gesteine des Rheinischen Schiefergebirges, des Harzes und des Vogtländisch-Thüringischen Schiefergebirges* eingehend als Beispiele beschrieben, da sie hydrogeologisch als recht gut bekannt gelten können (Kap. 5.3.1—5.3.3). Beobachtungen über die Hydrogeologie der *steinkohlenführenden Karbonformation des Ruhrreviers* als ein repräsentatives gefaltetes Teilstück der Subvariszischen Saumsenke schließen sich an (Kap. 5.3.4). Es folgen vergleichende Betrachtungen über einige andere Teile der subvariszischen Saumsenke (Kap. 5.3.5).

Auf die Beschreibung weiterer, ähnlich aufgebauter Gebirge der Erde kann in diesem Rahmen verzichtet werden.

5.3.1 Rheinisches Schiefergebirge

Das Rheinische Schiefergebirge wird überwiegend aus mächtigen Folgen von Sandsteinen, Grauwacken, Quarziten, Siltsteinen, sandigen und siltigen Tonsteinen aufgebaut; untergeordnet sind Arkosen und vereinzelt Konglomerate beteiligt. Regional oder örtlich sind den Sedimenten Lager und Gänge von Diabasen, Schalsteinen sowie — nicht sehr häufig und meist wenig mächtig — Keratophyre und deren Tuffe zwischengeschaltet. Im Unterdevon und unteren Mitteldevon überwiegt oft der schiefrige Anteil. Sandsteine haben regional vor allem im unteren Mitteldevon große Mächtigkeit und Verbreitung, treten gebietsweise aber auch im Oberdevon hervor und sind dann oft plattig und als Kalksandstein ausgebildet. Quarzite sind im wesentlichen an das Unterdevon gebunden und besonders im Süden des Rheinischen Schiefergebirges verbreitet, treten aber auch sonst auf.

Im oberen Mitteldevon sind gebietsweise mächtige Kalke und Dolomite entwickelt, die naturgemäß eine stärkere Wasserführung aufweisen und für die Wasserwirtschaft des Landes große Bedeutung haben. Sie werden jedoch in diesem Zusammenhang nicht näher behandelt.

Auf eine stratigraphische Gliederung und detaillierte lithologische Beschreibung der bis viele tausend Meter mächtigen, äußerst wechselvollen, ganz überwiegend klastischen Gesteinsfolgen mit zahlreichen Lokalnamen kann hier verzichtet werden. In der folgenden Betrachtung werden die verschiedenartigen Gesteinstypen zu Gruppen zusammengefaßt, die sich im allgemeinen hydrogeologisch ähnlich verhalten. Zur Erklärung von Besonderheiten in der Hydrogeologie der Gesteinskomplexe ist jedoch die Großgliederung des Gebirges, insbesondere auch dessen jüngere tektonische Zerstückelung zu beachten, die eine wesentliche Vorbedingung für die potentielle Wasserführung ist. Daher sei auf Abb. 5.9 und Abb. 2.7 hingewiesen. Erstere gibt gewisse Anhaltspunkte für die Lage von Störungen und Kluftzonen, die vielfach Dehnungstendenzen haben und durch ihr Klaffen die Wasserbewegung erleichtern und die Speicherfähigkeit erhöhen. Hier ist im Süden die *Idsteiner Senke,* weiter nördlich das *Usinger und Limburger Becken,* Abschnitte des *Lahntales* und des *Dilltales,* im Zentrum das *Neuwieder Becken* sowie die zahlreichen die *Hessische Senke* und das *Niederrheinische Einbruchsfeld* begleitenden Randstörungen und Abbruchstaffeln zu nennen.

Quarzite

Die Quarzite des Unterdevons sind sehr feste und dichte Gesteine, die kein nennenswertes Porenvolumen besitzen. Wegen ihrer Sprödigkeit sind sie bei der Gebirgsbildung stark zerbrochen und zerstückelt worden, sie werden von zahllosen Fugen durchzogen, in denen — falls geöffnet — das Wasser sich gut bewegen kann. Der sandige Verwitterungsboden über dem Ausbiß der gelegentlich steil stehenden Bänke läßt weit mehr Wasser einsickern, als bei

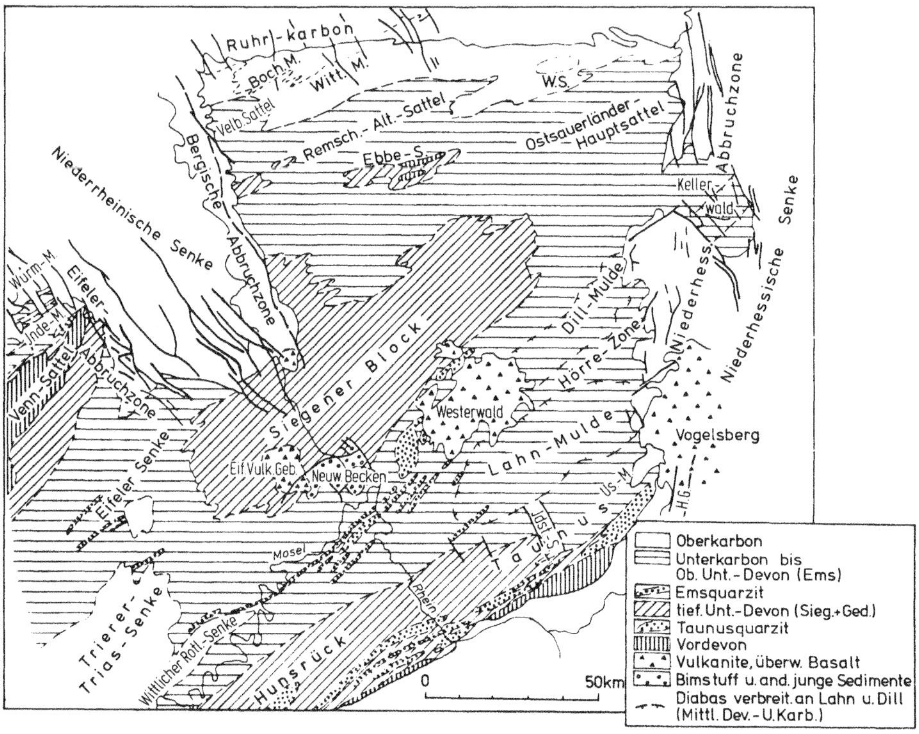

Abb. 5.9. Hydrogeologisch wichtige Großstrukturen des Rheinischen Schiefergebirges

Schieferuntergrund. Zudem haben die Verbreitungsgebiete oft hohe Niederschlagsraten, da sie meist die höchsten Bergzüge im Süden des Rheinischen Schiefergebirges bilden. Zwei stratigraphisch verschiedene Quarzitzüge treten auf, der Taunus- und der Emsquarzit (s. Abb. 5.9).

Der *Taunusquarzit* ist ein feinkörniger weißer bis hellgrauer plattiger oder bankiger Quarzitsandstein, in dessen oberen Lagen häufig Schiefer in Bänken, Linsen oder Flasern eingeschaltet sind. Er ist im Hochtaunus in schiefrigen Gesteinen des Gedinne muldenförmig eingelagert und vermag auf diese Weise große Wassermengen zu speichern (Pfeiffer 1955, Michels 1957). Bei günstiger geologischer Position ist es vielfach möglich gewesen, das Wasser durch Stollen zu fassen (Abb. 5.10) und den Bedarfszentren der Städte Wiesbaden, Bad Schwalbach, Rüdesheim, Aßmannshausen, Geisenheim, Kronberg, Oberursel und Bad Homburg zuzuführen. Der Abfluß in den Stollen kann durch Dammtüren (Stautüren) nach Bedarf geregelt werden; bei Schließung wirkt der Fugenraum des Taunusquarzits wie ein unterirdischer Wasserspeicher.

Die Stadt Wiesbaden besitzt außer mehreren weniger tiefen Stollen 4 Tiefstollen, die auf die beschriebene Weise ihr Wasser vornehmlich aus eingefalteten Mulden des Taunusquarzits beziehen, z. T. auch aus Quarzitlagen und Konglomeraten, die den unterlagernden und streckenweise über Stollenniveau aufragenden Hermeskeilschichten dem Stollen zufließen.

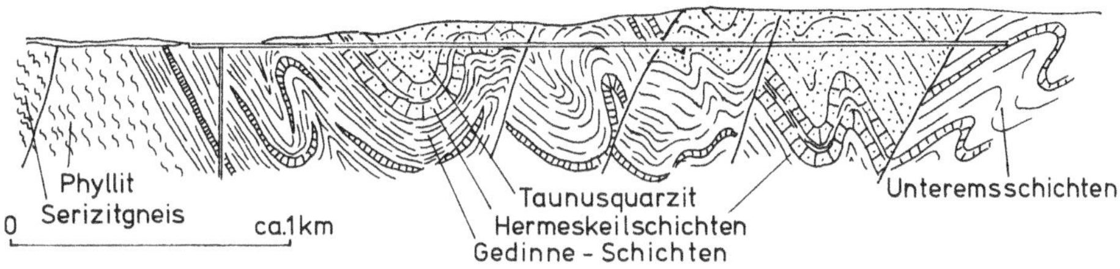

Abb. 5.10. Profil durch die Taunusquarzitfalten bei Wiesbaden mit dem Schläferskopfstollen. (Nach Pfeiffer 1955, umgezeichnet)

Tabelle 10. *Die Tiefstollen der Städte Wiesbaden, Bad Homburg, Rüdesheim und Geisenheim*

		Länge (m)	mittlere Überdeckung (m)	Stauvermögen durch Verschlüsse (m³)	Länge der Quarzitstrecken (m)	Wassermenge ohne Stau (m³/d)
Münzbergstollen	(Wiesbaden)	2.909	125	600.000	670	2.900
Schläferskopfstollen	(Wiesbaden)	2.792	100		1.300	2.100
Kellerskopfstollen	(Wiesbaden)	4.251	150	400.000	1.570	3.300
Kreuzstollen	(Wiesbaden)	1.490	115	300.000	490	900
Braumann-Stollen (B. H.)		1.900				2.000
Rüdesheim		500				80
Geisenheim		1.100				200

Die 4 Wiesbadener Stollen liefern jährlich ca. 4,45 hm³ = 144 l/s oder 1 l/s auf 80 m Stollen bzw. 0,012 l/s je Stollenmeter. (Gesamthärte im Mittel 2,38° dH). Das Einzugsgebiet der Stollen beträgt etwa 30 km². Die Anlagen nehmen das Grundwasser im Taunusquarzit sehr stark in Anspruch, so daß hier kaum noch weitere Erschließungsmöglichkeiten bestehen.

In nordöstlicher Fortsetzung des Hochtaunuskamms ist — wegen ungünstiger Voraussetzungen für das Ansetzen von Stollen — mittels Bohrungen versucht worden, Zerrüttungszonen der Quarzitzüge anzutreffen. Bei Niedernhausen haben mehrere Bohrbunnen ca. 25 l/s im Taunusquarzit erschlossen, bei Schlangenbad jedoch nur 1—2 l/s (Stengel-Rutkowski, 1979). Im Abfall zum tief eingeschnittenen Rheintal sind die Quarzite überwiegend entwässert; es treten hier auch keine Quellen auf. Doch dürften die Quarzite dort, wo sie den Rhein erreichen, ihr Grundwasser in die Talfüllung oder in den Fluß austreten lassen. Umgekehrt ist bei einer Entnahme unterhalb des Flußniveaus mit erheblichem Zufluß aus dem Tal und dem Fluß zu rechnen. Westlich des Rheins setzen sich die Quarzitzüge fort (s. Abb. 5.9).

Für die Wassererschließung aus diesen Schichten mittels Bohrungen kommen einerseits Störungszonen, andererseits die Grenzlinien zwischen Taunusquarzit und den liegenden Hermeskeilschichten, sowie zwischen diesen und dem darunter folgenden Gedinne in Frage, die sich im Ausstreichen durch Quellenlinien auszeichnen. Das Wasser dieser Quellen fließt vielfach im Gehängeschutt ab und tritt nicht immer sogleich zu Tage.

Der etwas weiter nördlich auftretende *Emsquarzit* ist hellgrau bis weiß, feinkörnig, glimmerarm, sehr fest, plattig bis bankig abgesondert und wird häufig von feinsandigen, hellgefärbten Tonschiefern durchsetzt. Er wird von den Unterems-Schichten unterlagert, die in ihrem südlichen Verbreitungsgebiet aus Grauwackensandsteinen, Quarziten, quarzitischen Grauwacken, Grauwackenschiefern und Tonschiefern bestehen, und von mächtigen Oberems-Schichten überlagert, die vorwiegend aus weichen, bei der Verwitterung zerbröckelnden Grauwacken und Tonschiefern sich aufbauen. Auch beim Emsquarzit und den quarzitischen Partien des Unterems gilt, daß an größeren — oft durch Gangquarz angezeigten — Störungen sowie an den Grenzen zu unter- und überlagernden Tonschiefern zahlreiche, z. T. stärkere Quellen auftreten, die für mehrere Gruppen-Wasserwerke gefaßt sind und z. Zt. noch ausreichen. Auch Bohrungen haben in jüngerer Zeit in Störungszonen gute Ergebnisse erbracht (Geib 1967, Geib und Weiler 1979).

Quarzitbänke im leicht metamorphen Kambrium des Hohen Venn (Eifel) wurden schon im vorigen Kapitel (5.2) erwähnt. Sie weisen nur eine geringe Wasserführung auf. Die aus Quarzit, Grauwacken und Schiefer aufgebaute Hörrezone hat Brunnenleistungen von 1—4 l/s.

Quarzite, Grauwacken und Konglomerate, die den unterdevonischen Rimmertschichten des Bergischen Landes und des Sauerlandes in großem Ausmaß eingeschaltet sind, führen wegen ihrer Klüftigkeit soviel Grundwasser, daß es zur Bildung (meist kleiner) Quellen kommt.

Sandsteine, Grauwacken und Mischgesteine

Sandstein- und Grauwackenfolgen treten besonders im unteren Mitteldevon auf, wie z. B. der mächtige *Mühlenbergsandstein* des Oberbergischen, der klüftig und wasserhöffig ist, und in dem Wassergewinnungen durch Quellfassungen oder Tiefbrunnen möglich sind. Die Grundwasserspenden betragen nach Weyer (1972) 5—7 $l/s \cdot km^2$. Es sei auch auf Tab. 6 (S. 58) hingewiesen.

Auch im Unterdevon sind klastische Gesteine verbreitet, so in der Gedinne-Stufe des Hohen Venn und des Ebbe-Gebirges Arkosesandsteine und Konglomerate, die auf stärkeren Klüften wasserführend sind. Ähnliches gilt für gebankte Glimmersandsteine der *Hermeskeilschichten*, die neben den Quarziten die wichtigsten Wasserleiter unter den paläozoischen Gesteinen des südlichen Rheinischen Schiefergebirges bilden. Sandsteine und sandige Schiefer des Ems ergeben in Bohrbrunnen nur wenige l/s, auf Störungen jedoch bis 10 l/s und mehr, z. B. bei Camberg, Niederselters, Oberbrechen und Usingen.

Im Oberdevon sind mehrere stark geklüftete und örtlich mächtige Sandsteinpakete entwickelt, so z. B. am Nordrand des Venns und im Attendorner Raum, die Wassergewinnungen von mehr als örtlicher Bedeutung gestatten.

Siltsteine, Tonsteine und Mischgesteine in gebänderter oder flasriger Art

Derartige Gesteine bauen vor allem die mehr als 4000 m mächtigen *Siegener Schichten* des mittleren Unterdevons im zentralen Teil des Rheinischen Schiefergebirges auf; in den jüngeren Partien dieser Schichtfolgen wechseln sie zunehmend mit Grauwacken- und Sandsteinlagen. Die meist ungünstigen, lithologisch bedingten Voraussetzungen für die Grundwassergewinnung werden noch durch die Hochlage des „Siegerländer Blocks" und das Fehlen jüngerer Störungen verstärkt. Die Grundwasserspenden betragen bei Erndtebrück nur 0,9 bis 1 l/s · km^2.

In der linksrheinischen Nordeifel haben Schichten dieses Alters eine ähnliche Ausbildung, wenn auch Grauwacken und Sandsteinpartien bis 20 m mächtig werden. Entsprechende Fazies herrscht — wie erwähnt — verbreitet auch in den *Emsschichten* des höheren Unterdevons, speziell auch im Oberbergischen Raum (s. Tab. 6). Die Grundwasserführung ist ziemlich schwach, da nur die klüftigen Einlagerungen Grundwasser führen. Die Neubildung ist durch die starke Verlehmung der Hochflächen eingeschränkt, und tiefe Täler sorgen für den Abfluß des Grundwassers in kleinen Quellen. Bohrungen, in Tälern auf unter dem Talniveau zu erwartende Grauwacken- oder Sandsteinbänke angesetzt, können 1 l/s (max. bis 3 l/s) erbringen, zumal wenn sie in der Nähe einer Störung oder einer Störungskreuzung liegen. Dies genügt oft für Landgemeinden oder Einzelversorgungen. Auch alte Stollen des aufgegebenen Buntmetall-Erzbergbaus geben oft nicht mehr.

Faziell ähnliche, mächtige Siltsteinfolgen mit oder ohne Einlagerungen von Grauwacken und Sandsteinen sind im *Mitteldevon* beiderseits des Rheins sowie im Sauerland weit verbreitet. Sie sind relativ wenig wasserhöffig, vor allem wenn die Grauwackenbänke zurücktreten, was in einigen sehr mächtigen Schichtgliedern der Fall ist. Über die Grundwasserspenden dieser Komplexe werden in Tab. 6 (s. S. 58) detaillierte Angaben gemacht.

In einigen Schichtfolgen des Mitteldevons treten karbonatische Lagen auf, die wegen ihres Hohlraumreichtums die Wasserführung des Gebirges wesentlich verbessern. Zudem haben sich in einigen Regionen während des oberen Mitteldevons mächtige reine Kalke und Dolomite entwickelt, die örtlich eine wichtige Grundlage für die Wasserversorgung der Gebirgslandschaften mit ihrer relativ dichten Besiedlung und Industrie darstellen können, obwohl die Fassung dieser Karstwässer im allgemeinen schwierig und hygienisch oft bedenklich ist.

Überwiegend grauwacken- und sandsteinfreie geschlossene *Tonsteinfolgen* haben im Rheinischen Schiefergebirge ebenfalls eine weite Verbreitung. Eine extreme Stellung nehmen die *Hunsrückschiefer* ein, d. s. feste dunkle Tonschiefer, die nur selten klüftige, quarzitische oder grauwackenähnliche Zwischenlagen enthalten. Das Gestein ist wohl im allgemeinen als ziemlich dicht anzusprechen (Die Wegsamkeit untersuchte speziell Hofmann 1969); das aus ihm aufgebaute Gebirge wird jedoch gelegentlich von stärkeren Klüften oder Störungen durchzogen, die sich im Gelände durch weiße Gangquarzfüllung zu erkennen geben. Auf diesen angesetzte Bohrungen haben vielfach zu bescheidenen, aber für die Versorgung vieler Gemeinden wichtigen Erfolgen geführt (GEIB 1967)[1]. Andere Bohrungen, die nicht in dieser Weise systematisch angesetzt wurden, blieben ergebnislos. Nach STENGEL-RUTKOWSKI (1979) können im Hunsrückschiefer des Westtaunus 1—2 l/s bei mittlerer Bohrtiefe von 70 m, nur ausnahmsweise bis zu 8 l/s auf Störungen gewonnen werden (z. B. Taunusstein, Laufenselden, Idstein).

Petrographisch und hydrogeologisch ähnliche, fast reine Tonschiefer gibt es im *Gedinne* (besonders im Süden des Gebirges), sie ermöglichen Wassererschließungen nur in kleinstem Umfang. Das Gleiche gilt für die tiefen Siegener und für die *Remscheider Schichten* des oberen Unterdevons im Bergischen Land, die Lenne- und Wissenbacher Schiefer im Sauerland sowie für die verbreitet auftretenden und z. T. sehr mächtigen Tonsteine und mergeligen Tonsteinfolgen des Oberdevons (z. B. *Velberter Schichten,* in denen willkürlich angesetzte, bis über 100 m tiefe Bohrungen völlig trocken blieben). Die Grundwasserspenden liegen i. allg. zwischen 0,5 und 1,5 l/s · km², häufig auch darunter. Die überwiegend aus Tonsteinen aufgebauten Folgen des Kulms am Nord- und Ostrand des Gebirges haben Grundwasserspenden von 0,8 l/s · km²; trotz klüftiger Einlagerungen von Sandsteinen und Kieselschiefern reichen die Mengen zu Ortsversorgungen meist nicht aus.

Diabase, Schalstein und Roteisenstein

Die Kluftwasserführung dieser Gesteinstypen ist sehr unterschiedlich. Bohrbrunnen im Bereich der *Lahn*mulde haben in Vulkaniten und Schiefern des Mittel- und Oberdevons nach STENGEL-RUTKOWSKI (1979) Leistungen bis zu 20 l/s erbracht. Die Schalsteine erwiesen sich dagegen als unergiebig, ebenso massiger Diabas. In der *Dill*mulde zeigte die Erzgrube „Königszug", im Schelder Wald bei 500 m Tiefe und einer Fläche von rd. 4,5 km² einen Zulauf zwischen 30 und 65 l/s aus dem Deckdiabas. Bohrbrunnen ergaben bei günstiger Lage aus Diabas- und Tonsteinkomplexen > 10 l/s (für die Städte Dillenburg, Gladenbach und Biedenkopf genutzt).

Viele stillgelegte Eisenerzgruben sind heute wichtige Grundwasserlieferanten, so in der Lahnmulde die Gruben „Georg-Joseph" bei Runkel-Wirbelau mit 40 l/s, „Allerheiligen" bei Weilburg mit ca. 30 l/s, „Königsberg" bei Biebertal-Gießen mit ca. 100 l/s, in der „Dillmulde Grube „Constanze" bei Langenaubach zusammen mit anderen Gruben 100 l/s (STENGEL-RUTKOWSKI 1979).

Die paläozoischen Vulkanite des Sauerlandes (Hauptgrünsteinzug, mächtige Diabasgänge sowie der Hauptkeratophyr des oberen Lennegebietes haben nach DEUTLOFF 1979 eine günstige mittelhohe Grundwasserführung.

Zusammenfassender Überblick

Insgesamt sind in den klastischen und vulkanischen Gesteinskomplexen des Rheinischen Schiefergebirges die *Grundwasserbildung und -gewinnungsmöglichkeit* — trotz hoher Niederschläge in den nördlichen und zentralen

[1] Nach brieflicher Mitteilung von K. W. GEIB wurden 1—3 l/s häufig, im Extremfall 15 l/s erreicht.

Teilen des Gebirges (800—1400 mm/a) — nur als mäßig gut zu bezeichnen. Durch den schnellen lithologischen Wechsel und die starke Faltung der Schichten sind im allgemeinen nur kleine Aquifere ausgebildet, deren Speichervermögen relativ gering ist. Bei der hydrogeologischen Beschreibung bestimmter Gesteinstypen bzw. -gruppen in den vorangegangenen Ausführungen ist zwar versucht worden, charakteristische, lithologisch bedingte Unterschiede herauszustellen, es ist aber auch schon darauf hingewiesen worden, daß der Einfluß der Lithologie auf die Wassergewinnungsmöglichkeit relativ gering sei und daß vielmehr die tektonische Position der Bohrung eine wichtige Rolle spiele. Diesem Gedanken sind u. a. HILDEN und v. KAMP (1974) nachgegangen und haben für devonische Gesteine nach Archivunterlagen die Fördermengen und Bohrtiefen von 436 Wasserbohrungen statistisch untersucht. Die wesentlichen diesbezüglichen Ergebnisse sind in Abb. 5.11. zusammengestellt:

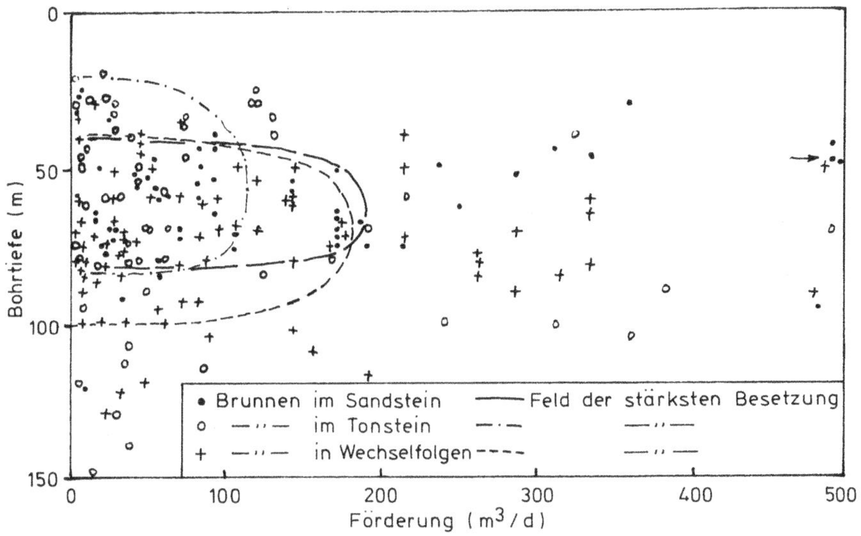

Abb. 5.11. Beziehung zwischen Bohrtiefe und Brunnenleistung bei Bohrungen in Sandsteinen, Tonsteinen und Wechsellagerungen von Sandsteinen und Tonsteinen im Devon des Rheinischen Schiefergebirges; Bohrungen in Diabas und Keratophyr wurden der Sandsteingruppe zugerechnet. (Nach HILDEN und v. KAMP 1974, umgezeichnet)

60 Bohrungen waren in *Sandsteinen* zwischen 40 und 80 m tief (nur eine mehr als 100 m; das Mittel betrug 54 m), d. h. dies ist erfahrungsgemäß die günstigste Bohrtiefe. Die tägliche Leistung betrug bei den meisten Brunnen zwischen 15 und 180 m^3/d (ca. 0,6 bis 7,5 m^3/h = ca. 0,2 bis 2,0 l/s). Nur 4 Bohrungen (auf Störungen?) erreichten 500 m^3/d (= > 5,8 l/s). Dies ergab ein arithmetisches Mittel von 184 m^3/d und einen Zentralwert (Median) der Förderleistung von 98 m^3/d.

61 Bohrungen in *Tonsteinen* waren 20 bis 80 m tief, 8 tiefer als 100 m (Mittel 62 m). Die meisten lieferten nicht mehr als 40 m^3/d (= 0,4 l/s). 2 Bohrungen ergaben > 500 m^3/d, wahrscheinlich Zuflüsse auf Störungen oder aus Talalluvionen. Das arthimetische Mittel betrug 129 m^3/d. Der Zentralwert der Förderleistung war 48 m^3/d.

Die in *wechsellagernden Sandsteinen und Tonsteinen* stehenden 113 Bohrungen waren meist 40 bis 100 m tief, 8 waren tiefer als 100 m (Mittel 70 m). Die Ergiebigkeit schwankte zwischen 5 und 180 m³/d (= 0,05 bis 2,0 l/s). Die Förderleistung zeigte Kulminationen im Bereich zwischen 5 und 100 m³/d sowie zwischen 140 und 180 m³/d. Das arithmetische Mittel betrug 170 m³/d, der Zentralwert 90 m³/d.

Die vorgenannten Ergebnisse decken sich teilweise mit denen älterer statistischer Untersuchungen bei 108 Bohrungen in devonischen Schiefern, die Grauwacken- und Sandsteineinlagerungen enthalten (Pfeiffer 1955) und deren durchschnittliche Tiefe 61 m betrug. Dabei hatten 58,3% der Bohrungen[1] nur $<$ 1 l/s, aber immerhin ca. 25% hatten $>$ 2 l/s und ca. 10% $>$ 3 l/s ergeben. In gleichen Gesteinen betrug der Zufluß in Stollen stillgelegter Erzgruben in günstigen Fällen 1 l/s auf je 60 lfd. Meter Stollenlänge, in ungünstigen Fällen nur auf sehr viel größere Stollenlängen (Pfeiffer 1955).

Entsprechend diesen Ausführungen besteht in den größten Teilen des Rheinischen Schiefergebirges die Möglichkeit, mittels Bohrungen bei maximal etwa 80 m Tiefe in Sandsteinen einige l/s Grundwasser zu gewinnen, ausreichend für kleinere Ortschaften oder kleinere Industrie- und Gewerbebetriebe. In Mischgesteinsfolgen ist die Aussicht meist nicht viel ungünstiger. In Tonsteinen können jedoch im allgemeinen nur deutlich geringere Wassermengen erwartet werden. Bei größerem Bedarf ist — in Standstein- und Tonsteingebieten — eine sorgfältige Vorbereitung durch geomorphologische, geophysikalische und geologische Untersuchung notwendig, speziell eine tektonische Analyse. Luftbildauswertung sollte diese Bemühungen stärker als bisher unterstützen. Auch Grundwasserabflußspenden können wichtige Hinweise auf die Möglichkeit der Grundwassererschließung geben (vgl. auch Kap. 3.5.3).

In Kalksteingebieten des Rheinischen Schiefergebirges gibt es viele Möglichkeiten, noch größere Wassermengen zu gewinnen. Hier bestehen aber — wie schon erwähnt — oft hygienische Bedenken oder Schwierigkeiten bei der Festlegung von Schutzgebieten.

In *chemischer Hinsicht* bestehen im allgemeinen keine Einschränkungen bei der Wahl der Bohransatzpunkte. Das Grundwasser ist meist gering mineralisiert, es ist weit verbreitet sauerstoffarmes Alkali-Hydrogenkarbonatwasser. Der Lösungsinhalt beträgt bei Quellen und Bohrungen zwischen 50 und 200 mg/l; Stollenwässer sind oft etwas höher mineralisiert als Quellwässer. Die Wasserhärte liegt zwischen 3 und 6° dH, Fe- und Mn-Gehalte wechseln stark. Klastische Schichtfolgen mit Kalksteinanteilen haben etwas höher mineralisierte Grundwässer (100 bis 500 mgl/l, 6 bis 20° dH). Die Schichten des Karbons haben durch Verwitterung von Pyrit bis 120 mg/l Sulfat. Eine Versalzung von Tiefenwasser ist im allgemeinen unbekannt, sie kommt nach Stengel-Rutkowski (1979) aus einigen Linearen des östlichen Rheinischen Schiefergebirges vor. Kohlensäure tritt — in Verbindung mit dem jungen Vulkanismus — in vielen Gebieten auf.

Bei zunehmend dichterer Besiedlung und intensiverer Industrialisierung, wie dies in vielen Gebieten des Rheinischen Schiefergebirges schon der Fall ist oder vor sich geht, müssen die im Schiefergebirge gewonnenen bzw. gewinnbaren Wassermengen durch Zufuhren oder Speicherung ergänzt werden, so aus Kalksteingebieten, aus alten, stillgelegten Roteisensteingruben, aus Talsperren oder mit Fernleitungen aus Nach-

[1] Völlige Fehlbohrungen waren dabei nicht berücksichtigt worden, insofern war eine statistisch nicht zulässige Auswahl getroffen worden.

bargebieten. Dies ist im Rheinischen Schiefergebirge in großem Maße verwirklicht (GEIB und WEILER, 1979; STENGEL-RUTKOWSKI, 1979; DEUTLOFF 1979).

Mineral- und Thermalwässer sind vorwiegend an junge Einbruchbecken und Störungszonen gebunden, sie stehen nicht originär mit den devonischen und karbonischen Gesteinen in Zusammenhang, wohl aber mit dem im gleichen Gebiet verbreiteten tertiären und quartären Vulkanismus.

5.3.2 Harz (R. HOHL)

In der nordöstlichen Fortsetzung des Rheinischen Schiefergebirges ist der *Harz* das am weitesten nördlich gelegene deutsche Mittelgebirge, das eine nach NE stark herausgehobene Pultscholle bildet und dessen Umrisse vor allem von mesozoischen und jüngeren Störungen gekennzeichnet sind. Die verschiedenen geologischen Ein-

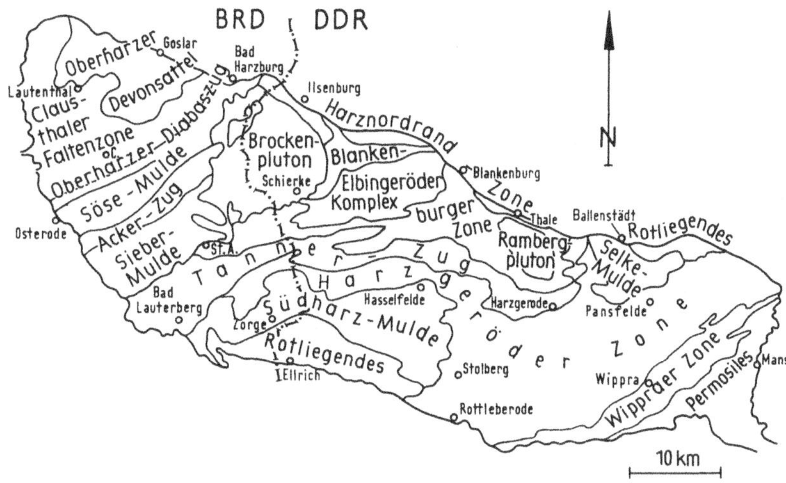

Abb. 5.12. Die geologischen Einheiten des Harzes (R. HOHL)

heiten (Abb. 5.12.) lassen eine nach SE zunehmende tektonische Beanspruchung der vorwiegend devonischen bis unterkarbonischen, im Unterharz auch silurischen Sedimente erkennen. Die Ablagerungen des Harzes sind im Rhenoherzynischen Trog der variszischen Geosynklinale entstanden, der im Devon durch die Oberharz- und Mittelharzschwelle gegliedert war. Im NW der Mittelharzschwelle ist die flachmarine „rheinische Fazies" mit Sandsteinen und kalkigen Grauwacken entwickelt, im SE die hochmarine „herzynische" Fazies mit den charakteristischen Herzynkalken. Durch die Gliederung des Trogs in Becken- und Schwellenbereiche ist die fazielle Gesteinsausbildung sehr variabel und differenziert. Charakteristische Sedimente des Eugeosynklinalstadiums sind Tonschiefer, Kalksteine und Kieselschiefer. Zu Beginn des Mitteldevons verlagerte sich die rheinische Fazies aus dem Harz nach Norden, und es bildete sich ein von der Oberharzschwelle gegliedertes tiefes Becken, in dem in einer schwefelwasserstoffreichen Umgebung die weit verbreiteten dunklen herzynischen Wissenbacher Schiefer mit der Sulfidlagerstätte des Rammelsberges bei Goslar sedimentiert wurden. An den Flanken der Schwelle kam es auf durch Dehnung gebildeten Spalten zu submarinen Ergüssen von Diabasen und später von Keratophyren mit Roteisenerz (Elbingerode) und bis 400 m mächtigen Schalsteinserien, während auf Untiefen mächtige Riffkalke entstanden. Im höchsten Oberdevon begann das Miogeosynklinalstadium mit unterschiedlich ausgebildeten Grauwackensedimenten des Flysches, die in mehreren Becken, im Mittel- und Oberharz vor allem im Unterkarbon bis in das tiefe Oberkarbon abgelagert wurden. Sie bilden Absätze von Trübeströmen (Turbidite) und (seit dem unteren Unterkarbon) von wassergesättigten Schlammströmen (Olisthostrome), die mächtige Gesteinsmassen von den Hängen der Schwellen in die Becken verfrachteten und sich mit den Turbiditen vermischten. Durch die untermeerische gravitative Verfrachtung der gleitfähigen Serien wurden unterschiedliche Gesteine und Serien gleichzeitig verlagert und ältere und jüngere Massen „umgestapelt“, so daß in einem solchen Paket sich chaotische Blöcke (Olistholithe) verschiedener Art und Größe finden und die ältesten Komplexe zuoberst liegen (LUTZENS 1972, 1973, SCHWAB 1977). Im Unterharz steigerten sich die durch Schlammströme ausgelösten Rutschmassen bis zu Gleitdecken, so daß die voraufgehende Gliederung der Geosynklinale in Tröge und Schwellen weitgehend verwischt wurde. Erst nach der Platznahme dieser lithologisch und stratigraphisch heterogenen Massen von Flächenausdehnung und Rauminhalt in Dimensionen von Kilometern setzte die Hauptfaltung und innere tektonische Gefügeprägung der Gesteine ein.

Die lithostratigraphischen und tektonischen Verhältnisse sind *hydrogeologisch* von grundlegender Bedeutung. Die gefalteten Gesteinsserien besitzen praktisch kein Porenvolumen mehr, so daß Wasser nur in ihrer meist geringmächtigen Verwitterungszone sowie auf erweiterten Klüften, Spalten und Störungszonen zirkulieren kann. Dabei sind die Klüfte mit zunehmender Tiefe geschlossen. Da Tonschiefer und verwandte Gesteine über weite Erstreckung vorherrschen, sind die Klüfte und Trennfugen meist mit tonig-schluffigen Verwitterungsmassen erfüllt, so daß von vornherein nur geringe Grundwassermengen zu erhoffen sind, während der oberflächliche Abfluß hoch ist. Die sehr große Flächen bedeckenden Olisthostrome und Gleitdecken, besonders der Harzgeröder Zone, aber auch der Selke- und Südharzmulde mit ihren chaotischen, ortsfremden Folgen erschweren die Voraussage über die Verbandsverhältnisse, Lagerung und damit über die Wasserführung beträchtlich, so daß auf eine detaillierte stratigraphisch-lithologische Gliederung des Harzpaläozoikums in tabellarischer Form in diesem Zusammenhang verzichtet werden kann. Sie wäre hydrogeologisch nur bedingt verwertbar. Lediglich mächtigere Quarzite, Kieselschiefer, Diabase und ähnliche Gesteine versprechen infolge größerer Sprödigkeit und erhöhten Kluftvolumens örtlich Erfolge.

Gewisse Möglichkeiten der Wassererschließung bestehen in den Kieselschiefern der Selkemulde und in den Kalksteinen bzw. an der Grenze Kalkstein/Schalstein-Keratophyr-Serie im Elbingeröder Komplex, die als Karstwässer hier nicht zur Diskussion stehen.

Im Harz finden sich zahlreiche kleine und niederschlagsabhängige Quellen, meist Verwerfungs- und Hangschuttquellen, während Schichtquellen ohne Bedeutung sind. Eine Schüttung von 30 m³/d (0,34 l/s), nur selten höher, kann in Trockenjahren bis auf 10 m³/d (0,1 l/s) zurückgehen. Im Mittel liegt die Ergiebigkeit niedriger und erreicht nur 0,1 bis 0,2 l/s. Bohrbrunnen für Gemeindeversorgungen, landwirtschaftliche Betriebe und Gaststätten zwischen rund 12 und über 70 m Tiefe sind mehrfach mit geringem Erfolg niedergebracht worden. Dabei sind die Leistungen um so höher, je mehr sprödere und klüftige Quarzitlagen oder Quarzitschiefer, zwischengeschaltete Diabaslagergänge und Grauwackenbänke angetroffen wurden. Oft haben aber zunächst festgestellte Ergiebigkeiten im Laufe der Jahre erheblich nachgelassen. Die Leistungen bewegen sich zwischen 0,9 und 2,5 m^3/h, in vielen Fällen bei meist erheblicher Absenkung des Ruhewasserspiegels um 10 bis über 40 m zwischen 3,6 und 4,2 m^3/h (nur selten bis 7,2 m^3/h). Die spezifischen Ergiebigkeiten der Brunnen liegen vorwiegend um 0,03 bis 0,04, z. T. bis 0,08 l/s · m. Wo höhere Werte angegeben werden, sind die geologischen und hydrologischen Unterlagen unzureichend oder falsch. Die Grundwasserspende liegt um 0,5 bis 0,6 l/s · km^2, teilweise auch nur bei 0,4 l/s · km^2, im Bereich mächtigerer klüftiger Gesteine kann sie bis 1 l/s · km^2 erreichen, selten auch bis 1,3 l/s · km^2.

Die Wässer sind weich bis mittelhart, besitzen in Abhängigkeit von den wasserführenden Lagen einen unterschiedlichen Fe-Gehalt von 0,1 bis 3,6 mg/l (Diabase), ph-Werte von 6,4 bis 7,4, selten bis 7,8 und aggressive CO_2 zwischen 0 und 5, öfter aber auch bis um 35 mg/l. Erhöhte Nitratwerte beruhen auf anthropogenen Verunreinigungen.

Unter den geschilderten Umständen ist es verständlich, daß die Trinkwasserversorgung meist durch die Nutzung von Oberflächenwasser, Quellfassungen, Sickerleitungen, Stollenwässer und zahlreiche flache Schachtbrunnen von meist um 10 bis 15 m Tiefe erfolgt.

Stollenwässer wurden u. a. zur Sicherstellung der Wasserversorgung von Clausthal-Zellerfeld untersucht (Adler und Hintze 1970). Im alten Bergbaugelände des Kahleberges wurden in devonischen Sandsteinen mit tonigen Zwischenlagen, quarzitischen Sandsteinen und Tonschiefern (Oberems) zwar größere Wassermengen festgestellt, doch sind die Wässer wegen hohen Sulfat- und Bleigehaltes unbrauchbar. Dagegen lieferte ein Versuchsstollen im Huttal innerhalb des Oberharzer Diabaszuges und kulmischer Grauwacken, Ton- und Kieselschiefer 2,5 l/s reines Grundwasser bei konstanter Temperatur von 7° C, wobei die Menge um ± 25% schwankt. Das Wasser ist eisenreich.

Wichtiger als die Nutzung von Quellen und das Niederbringen von Bohrungen ist wegen der geringen Wasserführung des gefalteten Paläozoikums die Anlage von *Talsperren*, deren Füllung infolge der hohen Niederschläge mit dem Maximum von 1600 mm/a am Gipfel des Brockens kaum größere Schwierigkeiten bereitet. Im Oberharz sind es die Sösetalsperre bei Osterode, die über eine 200 km lange Leitung u. a. die Stadt Bremen mit Trinkwasser versorgt, die Odertalsperre bei Bad Lauterberg, die Eckertalsperre bei Bad Harzburg, die Okertalsperre und die Innerste-Talsperre bei Lindthal, die dem Hochwasserschutz und der Landeskultur dient, weil diese Sperre wegen der Schlackenhalden und Abwässer des Bergbaus kein Trinkwasser liefern kann. Die Rappbode-Sperre im Unterharz der DDR mit dem Hochwasserschutzbecken „Kalte Bode“ (4,5 Mill. m^3), einem Überleitungsbecken (1,2 Mill. m^3) und einem 1,7 km langen Stollen zum Hauptbecken (110 Mill. m^3) dient — außer der Elektroenergiegewinnung — über Fernwasserleitungen der Wasserversorgung des Vorlandes mit den Industriegebieten und Großstädten des Raumes Magdeburg—Halle—Leipzig.

Am nördlichen Harzrand treten oberflächennah oder in Bohrungen im Bereich der Nordrandstörung und der anschließenden Aufrichtungszone eine Reihe *Mineralwässer* (Salzwässer) im Paläozoikum und im Granit aus, deren Chemismus sich nach SE etwas verändert. Während im NW Na-Cl-Wässer vorherrschen, sind von Thale und Wernigerode an Na-Ca-Cl-Wässer sowie Sulfatwässer stärker verbreitet, von denen eine Reihe entgegen Literaturangaben nicht mehr vorhanden ist bzw. nicht mehr dem Charakter von Mineralwässern entspricht, da Konzentration und Chemismus Schwankungen unterworfen sind. Die Chlorcalcium-Quelle *Thale* weist zudem eine hohe Radioaktivität auf (um 30 nCi/l), die auf den unterlagernden Ramberg-Granit zurückgeführt wird. Die Quellen konzentrieren sich auf bestimmte Abschnitte der Harzaufschiebung, während in den Zwischengebieten keine Soleaustritte vorhanden sind. Vor allem an den Schnittpunkten der rheinisch streichenden Lineamente mit den parallel zum Harzrand verlaufenden Staffelbrüchen dürften Zerrüttungszonen und Spalten entstanden sein, die die Möglichkeit zum Austritt von Mineralquellen geschaffen haben (MOHR 1969).

Während allgemein die Ansicht vertreten wird, daß die Mineralisation der Wässer vorwiegend auf die Ablaugung des benachbarten Zechsteins und salzführender mesozoischer Schichten zurückzuführen ist und die Solen in den zerklüfteten Serien mit zahlreichen Querstörungen über mehrere Kilometer harzwärts wandern, ist man neuerdings zu der Auffassung gelangt, daß die auffälligen Na-Ca-Cl-Wässer als diagenetisch bedingte, tiefe Schichtwässer angesehen werden können (EGERTER und MICHLER 1976). Da im Harz ein tertiärer Basaltvulkanismus fehlt, sind Säuerlinge nicht vertreten.

Die Mineralwässer werden teilweise balneologisch (z. B. Bad Harzburg, Chlorcalcium-Quelle Thale, Behringer Brunnen Bad Suderode) oder als Tafelwässer bzw. zur Herstellung von Erfrischungsgetränken (Darlingerode, Harzer Mineralbrunnen Gernrode, Siebenspringsquelle Thale, Hubertusbrunnen Bad Suderode) genutzt.

5.3.3 Vogtländisch-Thüringisches Schiefergebirge (R. HOHL)

Das Vogtländisch-Thüringische Schiefergebirge gehört zur Saxothuringischen Zone des Variszikums Mitteleuropas und liegt zwischen der Mitteldeutschen Kristallinzone (Ruhla-Brotterode, Kyffhäuser und metamorpher Untergrund des Thüringer Beckens) im NW und dem Erzgebirge im SE. Es gliedert sich von NW nach SE in folgende tektonische Großelemente, die mit je 15 bis 25 km Breite vornehmlich in der Hauptfaltung (sudetische Phase) der mit starken Magmenbewegungen verbundenen variszischen Tektonogenese entstanden sind (Abb. 5.13):

— Schwarzburger Sattel (früher Westthüringer Hauptsattel), der im NW an den Thüringer Wald grenzt und sich nach NE in den Nordsächsischen Sattel fortsetzt.

— Teuschnitz-Ziegenrücker Mulde (Ostthüringische Hauptmulde)

— Bergaer Sattel (früher Ostthüringer Hauptsattel)

— Vogtländische Mulde, vom Bergaer Sattel durch die Vogtländische Störung getrennt, mit der Dinant-Mulde von Mehlteuer als nach NW vorgelagertem, exzentrischen Muldentiefsten.

Durch diesen Faltenbau setzt eine Reihe von NW-SE gerichteten Querelementen, unter denen die Frankenwälder Querzone die bedeutendste ist. An ihrem Nordrand werden die gefalteten Serien diskordant von Permosiles überlagert.

Am Aufbau der sedimentären Folgen des Schiefergebirges sind Schichten vom Jungproterozoikum bis zum Dinant (Unterkarbon) beteiligt. Die ältesten Gesteine stehen im Scheitel des Schwarzburger Sattels mit proterozoischen und sehr wahrscheinlich kambrischen Schichten an. In der Kernzone sind sie stärker regionalmetamorph ausgebildet (LÜTZNER 1974). Im Kambrium und Ordovizium überwiegen klastische Serien, die einen megarhythmischen Aufbau zeigen. Seit Beginn des Ordoviziums handelt es sich um Ablagerungen der variszischen Geosynklinale. Unterschiedliche Abfolgen des Silurs und Devons bauen die Großsättel und -mulden auf. Im Oberdevon des Vogtlandes kann man eine schiefrige, eine kalkige und eine durch den Diabasvulkanismus ausgezeichnete Fazies unterscheiden. Bereits im Dinant begannen sich die späteren Antiklinalen als Schwellen mit einer besonderen Fazies abzuzeichnen. Größtenteils tiefoberdevonisch sind mächtige Intrusionen und submarine

Effusionen von Diabasen, zu denen zahlreiche Pyroklastika kommen. Die lithostratigraphisch-paläogeographische Entwicklung der Sedimente ist in den einzelnen Teilbereichen des Schiefergebirges variabel, so daß die z. T. mächtigen Gesteinsfolgen zahlreiche Lokalnamen erhalten haben, auf die in diesem Zusammenhang verzichtet wird.

Alle diese Serien sind in der variszischen Tektonogenese gefaltet worden und meist ziemlich dicht. Da Tonschiefer und verwandte Sedimentite vorherrschen, sind, ähnlich wie im Harz, selbst Spalten und Störungen vielfach mit feinkörnigen Verwitterungsmassen erfüllt und dann trocken. Stehen solche Gesteinsfolgen dazu noch mehr oder weniger steil, sind Versuche, aus ihnen Wasser zu erschließen, von vornherein zum Mißerfolg verurteilt, wie z. B. mehrere erfolglose, rund 65 bis 220 m, ja bis um 290 m tiefe Bohrungen zum Zwecke der Industriewasserversorgung in der steil bis saiger stehenden kon-

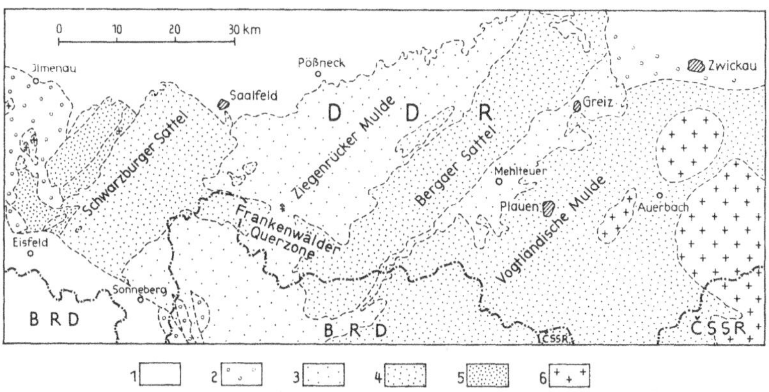

Abb. 5.13. Gliederung des Vogtländisch-Thüringischen Schiefergebirges
1 Zechstein bis Känozoikum; *2* Oberkarbon und Rotliegendes; *3* Unterkarbon; *4* Kambrium bis Devon; *5* Proterozoikum; *6* Granit

taktmetamorphen *Leipziger Grauwacke* des Jungproterozoikums (feinkörnige, schwach kontaktmetamorphe, geschieferte, spröde Grauwacken mit Bändern oder mächtigeren Lagen von Aleurolithen) und Bohrungen im *Schiefermantel des Granulitgebirges* zeigen (HOHL 1963, A. MÜLLER 1964).

Wie unbedeutend die Wasserführung von Tonschiefern sein kann, wird u. a. in den großen Dachschieferbrüchen des Kulms im Thüringischen Schiefergebirge bei Saalfeld (Lehesten, Loquitztal) dokumentiert, die niemals mit Wasserzuflüssen zu kämpfen haben und trocken sind, ebenso wie der Schiefertiefbau. Ähnliche Beobachtungen liegen aus kleineren Schieferbrüchen des Ordoviziums und Devons vor.

Damit ist die Grundwassersuche und -erkundung im thüringischen Schiefergebirge nur dort zweckmäßig, wo sprödere Einlagerungen oder Schichten wie quarzitische Sandsteine, klüftige Grauwacken oder Kieselschiefer, aber auch Diabase und Diabaslagergänge sowie Diabastuffe und -mandelsteine auftreten, deren Verbreitung sich öfter durch kleine Quellaustritte im bedeckten Gelände bemerkbar macht (Abb. 5.14 und 5.15). Wegen ihrer Sprödigkeit und engscharigen Klüftigkeit haben sich besonders die silurischen *Kieselschiefer* als relativ günstiger Aquifer des Schiefergebirges bewährt, zumal sie vielfach im Liegenden und Hangenden mit Diabasen hydraulisch verbunden sind.

Zahlreiche Quellen im Ausstrichbereich der Kieselschiefer weisen Schüttungen von meist unter 0,5 l/s auf, während um 50 m tiefe, immer erfolgreiche Bohrungen bei einem hydrologisch richtigen Ansetzen außerhalb der aktiven Grundwasserzone und unter Berücksichtigung der Ernährungsgebiete im Mittel spezifische Ergiebigkeiten von 0,2 bis 0,3 l/s · m erreichen, z. T. aber auch Werte um 0,5 bis um 0,7 l/s · m zeigen, wo zusätzlich ein Wasserzufluß aus klüftigen Diabasen vorliegt. Selten liegt die Er-

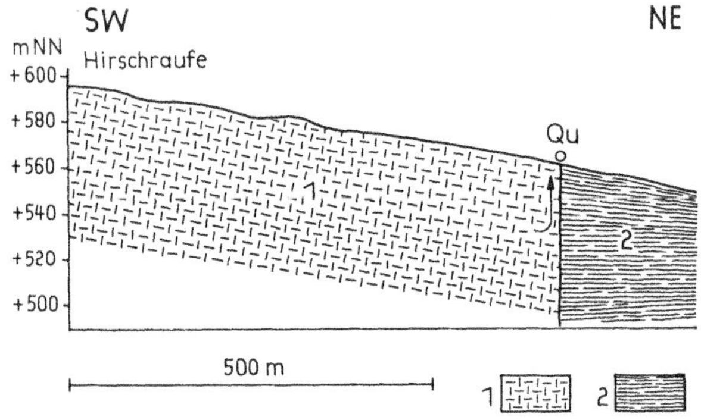

Abb. 5.14. Verwerfungsquelle im Ordovizium des Thüringischen Schiefergebirges (Hoppe 1952, umgezeichnet). *1* Hauptquarzit; *2* Lederschiefer

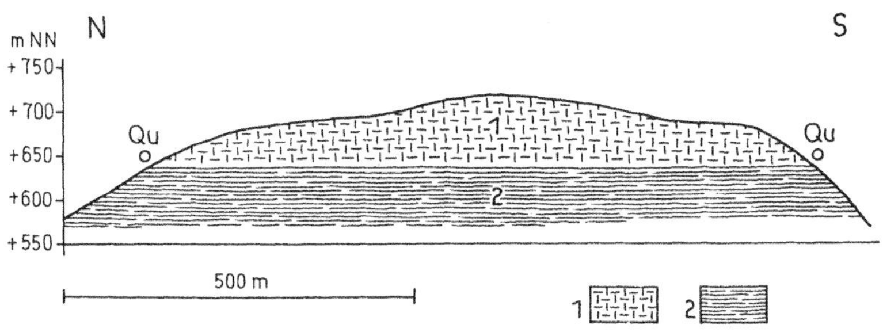

Abb. 5.15. Schichtquellen an der Grenze Schiefer/Quarzit im Ordovizium (Hoppe 1952, umgezeichnet). *1* Phycodenquarzit; *2* Phycodenschiefer

giebigkeit nur bei 0,1 l/s · m. Freilich geht die Leistung von Brunnen im Kieselschiefer bei Dauerbeanspruchung öfter wegen der relativ schnellen Wasserabgabe und Überbeanspruchung des Speicherraumes zurück (Hoppe 1954). Bei bergmännischen Aufschlußarbeiten im Kieselschiefer wurde ebenfalls mehrfach ein höherer Wasserandrang beobachtet, der eine aufwendige Wasserhaltung notwendig machte.

Die Wasserführung der *Schalsteine, Diabastuffe und -mandelsteine* hängt offensichtlich damit zusammen, daß durch Auslaugung des primären Kalkgehaltes ein sekundäres Porenvolumen entstanden ist (Hecht 1974) und daher in gleicher Weise wie bei Porphyr- und Basalttuffen die Gesteinsdurchlässigkeit zunimmt. Vor allem sind die Schalsteine und Diabasmandelsteine in verwittertem Zustand dort, wo dazu Klüfte und Störungszonen kommen, gute Aquifere und können mitunter nicht unerhebliche Grundwassermengen enthalten (KRAUSE 1953). Die maximale spezifische Ergiebigkeit erreicht 0,35 bis mehr als 2 l/s · m, wenn auch im Durchschnitt nur mit 0,1 bis 0,25 l/s · m gerechnet werden kann. Die meist devonischen *Diabase* selbst liefern aus 40 bis 60 m tiefen Bohrungen unterschiedliche Wassermengen, die meist zwischen 0,8 und 1,5 l/s schwanken, im Bereich von Störungen aber bis um 5 l/s ansteigen können. Die spezifische Ergiebigkeit beträgt im Mittel 0,05 bis 0,15 l/s · m, wobei in Störungen gleichfalls höhere Werte bis 0,35 l/s · m und höher erzielt wurden.

Größere hydrogeologische Bedeutung hat auch der *Hauptquarzit* des höheren Ordoviziums mit spezifischen Ergiebigkeiten um 0,05 bis 0,1 l/s · m. Dagegen beträgt die Ergiebigkeit der quarzitischen Feinsandsteine, hellen Quarzite und der Tonstein/Quarzit-Wechsellagerung der Serien des tieferen Ordoviziums nur um 0,01 bis 0,02 l/s · m. Treten höhere Werte auf, liegt nachweisbar der Einfluß von Verwerfungen oder Quarzgängen vor, wobei Werte von 0,04 l/s · m möglich sind.

Im Gegensatz zu den besprochenen Gesteinen liegen die Ergiebigkeiten in *Tonsteinen* unterschiedlichen Alters im Mittel nur um 0,002 bis 0,01 l/s · m, oft sogar mit 0,001 l/s · m noch niedriger, nur selten höher, sofern günstige tektonische Verhältnisse vorhanden sind. Etwas positiver ist die Grauwacken/Tonschiefer-Wechsellagerung in hydrogeologischer Sicht zu beurteilen, die mittlere spezifische Ergiebigkeiten um 0,025 bis 0,03 l/s · m erbracht hat. Der Höchstwert erreicht hier, ähnlich wie in den kontaktmetamorphen jungproterozoischen Grauwacken der Oberlausitz, 0,06 l/s · m.

Erfolgreicher sind Wasserbohrungen im silurischen Ockerkalk sowie in den teilweise verkarsteten und dazu klüftigen oberdevonischen Knotenkalken und Kalkknotenschiefern, deren mittleres Brunnenergiebigkeitsmaß mit 0,03 bis 0,3 l/s · m vergleichsweise angeführt sei.

Einen Überblick über die Brunnenergiebigkeiten im vogtländisch-thüringischen Schiefergebirge vermittelt die Tab. 11.

Die Niedrigstabflußspenden im Schiefergebirge dokumentieren mit 0,06 l/s · km^2 ebenso wie die Mittelwerte um 1,2 bis 1,47 l/s · km^2 das nur unbedeutende Wasseraufnahmevermögen der Gesteine. Die Wässer des Schiefergebirges sind bei Vorherrschen der Tonsteine, Grauwacken und quarzitischen Sandsteine meist weich bis sehr weich, soweit nicht durch anthropogene Einflüsse der natürliche Chemismus verändert wurde oder Kalksteine in die Serien zwischengeschaltet sind. Oft beträgt die Gesamthärte nur 1 bis 2° dH. Auch SO_4- und Fe-Gehalt sind niedrig. Nur in den Alaunschiefern und mitunter in einer Reihe dunkler Tonsteine ist die Nichtkarbonathärte infolge eines höheren Schwefelkiesgehaltes der Gesteine größer und übertrifft die Karbonathärte, im Gegensatz zu Wässern aus Diabasen und Diabastuffen, für die eine höhere Karbonathärte kennzeichnend ist. Werte für die Gesamthärte von mehr als 10° dH sind selten. Ausgesprochene Mischwässer führen die Kieselschiefer infolge oft weitreichender Ernährungsgebiete (HECHT 1974). Der Gehalt an aggressiver Kohlensäure wurde in Diabasen mit 5 bis 15 mg/kg und in Tonschiefern des Thüringischen Schiefergebirges mit 10 bis 30 mg/kg bestimmt (GRÄBE 1961). Einen Überblick über die Grundwassertypen in den vor- und altpaläozoischen Gesteinen des Thüringer Schiefergebirges hat HECHT (1974) gegeben.

Schon seit langem sind im Schiefergebirge Mineralquellen vom Typ der Hydrogenkarbonat-, Hydrogenkarbonat-Mischwässer und Säuerlinge bekannt, die besonders auf herzynisch (NW-SE) streichenden Störungszonen aufsteigen. Die eisen- und radonhaltigen Säuerlinge von *Bad Steben* und Umgebung im Frankenwälder Schiefergebirge sind im wesentlichen an die SE-NW streichende Carlsgrüner Störung und Parallelstörungen gebunden (VON HORSTIG 1966). Ähnlich wie bei den Quellgruppen von Bad Elster, Bad Brambach und Mariánské Lázně (Marienbad) sind tiefe, bis in den obersten Erdmantel reichende Schollenmechanik (Tiefenstörungen) sowie

Tabelle 11. *Brunnenergiebigkeiten im Thüringisch-Vogtländischen Schiefergebirge;* nach HECHT (1974) unter Verwendung der Angaben von GRAHMANN, GRÄBE, HOPPE, CLAUS, HOHL und anderen

Gesteine bzw. Schichtengruppe		spezifische Ergiebigkeit l/s · m minimale	maximale	Mittelwerte	Bemerkungen
Jungproterozoikum		—	—	unter 0,0001	
Frauenbach-Serie	Ordovizium	0,0008	0,013	0,007	
Phycoden-Serie	Ordovizium	0,008	0,036	0,01...0,02	z. T. in Quarzgängen
Griffelschiefer	Ordovizium	—	—	kleiner als 0,001	
Hauptquarzit	Ordovizium	0,005	0,17	0,05 ...0,1	z. T. Verwerfungen
Lederschiefer	Ordovizium	0,008	0,05	0,01 ...0,02	z. T. Diabas und Kieselschiefereinfluß
Kieselschiefer	Silur	0,007	0,66	0,2 ...0,3	
Diabasmandelstein, -tuff, Schalstein	Devon	0,002 (unzersetzt)	2,6 (zersetzt)	0,1 ...0,25	
Devonschiefer		—	—	kleiner als 0,006	
Tonschiefer des Dinant		0,003	0,03	0,002...0,005	
Tonschiefer-Grauwacken-Wechsellagerung des Dinant		0,01	0,06	0,02 ...0,03	
Diabas		0,01	1,55	0,05 ...0,15	

Im Bereich der permosilesischen und tertiären Verwitterung bzw. Zersetzung werden teilweise — vor allem im Bereich von Wechsellagerungen — höhere Werte zwischen 0,1 und 0,3 erreicht.

Kreuzungen und Torsionen für das Entstehen der schlotartigen Förderkanäle von Bedeutung (STETTNER 1971).

Die CO_2- und eisenhaltigen Wässer von *Bad Lobenstein* treten an der Lobensteiner (Frankenwälder) Hauptverwerfung im Süden des ostthüringischen Schiefergebirges aus. An der Störung grenzen tiefordovizische Serien an das in Kulmfazies entwickelte Dinant der Ziegenrücker Mulde. Der Eisengehalt (mehr als 10 mg/kg bis 20 mg/kg) hängt mit zerklüfteten Spateisensteingängen und der Lösungstätigkeit der CO_2-haltigen Wässer zusammen. In älteren Zeiten ist hier ein nicht unbedeutender Bergbau umgegangen, in dessen Bereich mehrfach kleinere Quellen austreten.

Einem auflässigen Bergbau auf silurische Alaunschiefer verdanken die *Saalfelder Heilquellen* der Feengrotten am Nordrand des Schwarzburger Sattels ihr Entstehen. Eine starke Zerklüftung der Schichten in unmittelbarer Nähe der Randstörung des Schiefergebirges ist für die Infiltration der Niederschlagswässer von Bedeutung, nicht weniger mit verschiedenen Gangmineralen und Erzen gefüllte, dichtgescharte

Spalten. Im Bereich der Alaunschiefer der alten Bergbaustollen und Weitungsbaue mischen sich absteigende, saure Oberflächenwässer mit alkalischen, auf Spalten aufsteigenden Wässern der Tiefe. Die Wässer der Feengrotten führen besonders Eisen, Tonerde, Sulfate und Phosphate, dazu Arsen und eine große Anzahl von Spurenelementen. Die Gesamtinhaltsstoffe des arsenhaltigen Fe-Al-SO_4-Wassers erreichen 6044,36 mg/kg. Die Wässer wurden längere Zeit als Versandheilwässer in den Handel gebracht. Gegenwärtig wird nur ein durch eine Bohrung im Gebiet der Feengrotten erschlossenes, schwach mineralisiertes Wasser als Tafelwasser („Gralsquelle") genutzt (HOPPE 1972).

5.3.4 Zusammenfassung von Erfahrungen bei gefalteten Gesteinen des Variszischen Gebirges (Kap. 5.3.1—5.3.3)

Zusammenfassend ist über die Hydrogeologie der nichtkarbonatischen Festgesteine des gefalteten europäischen (und sicher auch außereuropäischen) Paläozoikums zu sagen:

● Die Porendurchlässigkeit spielt infolge hohen Diagenesegrades der Gesteine im allgemeinen keine Rolle.

● Bei der Kluftbildung beeinflußt die Lithologie der Gesteine in gewissem Umfang die hydrogeologischen Verhältnisse. Quarzite und kompakte Grauwackenfolgen zeichnen sich durch relativ gute Wasserführung auf den Fugen des Gebirges aus. Ungünstige lithologische Ausbildung mit schwacher Fugenbildung ist weit verbreitet. Das räumliche Auftreten günstiger Gesteinsfolgen ergibt sich aus der stratigraphischen und tektonischen Großgliederung der Gebirgskörper. Statistische Ermittlungen haben Anhaltspunkte über die Erwartungen ergeben, die aufgrund der lithologischen Ausbildung der Schichten gehegt werden können.

● Eine Klein- und Großklüftung sowie eine tektonische Blockzerstückelung, die teilweise alt, teilweise geologisch jungen Datums ist, sind eine wichtige Voraussetzung für bessere Grundwasserführung. Tektonische Umstapelungen von Schichtpaketen (Harz) beeinflussen negativ die hydrogeologischen Erwartungen. Auffälligstes Beispiel für die Bedeutung der Störungen ist u. a. die Wasserführung auf Quarzgängen im Hunsrückschiefer. Auch sonst sind „herausfallende" gute Werte verbreitet, meist aus tektonischen Gründen. Die Beachtung der tektonischen Situation eines Bohrpunktes ist demnach wichtig. Dabei ist bemerkenswert, daß die Hauptöffnungen der Störungszonen oft *neben* den mit „Letten" verschmierten und abgedichteten Störungen sich befinden.

● Die Ortung von Störungslinien ist vielfach sehr schwierig. Luftbild und Satellitenbild geben dazu Möglichkeiten, die bisher nicht genügend genutzt werden. Geophysikalische und geomorphologische Untersuchungen müssen die geologischen ergänzen. Abflußmessungen in Trockenzeiten können wesentliche zusätzliche Erkenntnisse über den günstigsten Bohrpunkt und über das Einzugsgebiet bringen.

● Der Bereich der im wesentlichen durch Entspannung des Gebirges (nicht durch Verwitterung, wie vielfach angenommen wird) geöffneten Trennfugen erstreckt sich etwa bis 80 m Tiefe u. O. Nur bis zu dieser Tiefe kann im allgemeinen mit Grundwasser in nennenswerter Menge gerechnet werden. Ausnahmen kommen vor, sind aber selten.

● Durch Verwitterung, die je nach ihrem geologischen Alter verschiedener Art und Tiefe sein kann, und durch Lehmeinspülungen können Störungen sekundär verstopft sein. Durch Mineralneubildungen können sie „verheilt" sein.

Literatur

Adler, R. E., Hintze, J. O. (1970): Hydrogeologische Untersuchungen im Oberharz. Der Aufschluß **21**, 1, 55—77, Heidelberg.

Deutloff, O. (1978): Erläuterungen zur Karte „Hydrogeologie". In: Deutscher Planungsatlas, Bd. 1, Nordrhein-Westfalen. Hannover—Düsseldorf: Ak. f. Raumforsch.

— (1979): Das rechtsrheinische Schiefergebirge zwischen Sieg u. Ruhr. In: Hydrogeologischer Atlas der Bundesrepublik Deutschland. Bonn—Bad Godesberg: Deutsche Forsch.-Gem.

Egerter, H.-G., Michler, W. (1976): Über einige Mineralwasservorkommen am Harznordrand. Hercynia N. F. **13**, 3, 340—352, Leipzig.

Geib, K. W. (1967): Die hydrogeologischen Verhältnisse im Mittelrheingebiet und im vorderen Hunsrück. Mainzer Naturwiss. Archiv **5/6**, 107—113, 4 Abb., Mainz.

—, Weiler, H. (1979): Das Rheinische Schiefergebirge in Rheinland-Pfalz. In: Hydrologischer Atlas der Bundesrepublik Deutschland. Bonn—Bad Godesberg: Deutsche Forsch.-Gem.

Gräbe, R. (1961): Die Grundwasserverhältnisse im Ostthüringischen Schiefergebirge. Ergebnisse hydrogeologischer Untersuchungen und Kartierungen im Kreise Lobenstein. Freiberger Forschungshefte **C 117**, 1—45, Berlin.

Hecht, G. (1974): Wässer. In: Geologie von Thüringen, S. 940—964. Gotha/Leipzig: VEB H. Haack.

Hilden, H. D., v. Kamp, H. (1974): Erschließung von Grundwasser durch Bohrungen im rechtsrheinischen Schiefergebirge des Landes Nordrhein-Westfalen. Fortschr. Geol. Rheinld. u. Westf. **20**, 237—258, 8 Abb., 3 Tab., Krefeld.

Hölting, B., Thews, J. D. (1976): Hydrogeologische Daten in der Geologischen Karte 1 : 25 000 und anderen Kartenwerken von Hessen. Gas- u. Wasserfach **117**, 245—251, 1 Abb., 6 Tab., München.

Hofmann, W. (1969): Wasserwegsamkeit und Grundwasserregeneration in den Schichten des Unterems- und des Hunsrückschiefers in und westlich der Idsteiner Senke. Diss., 135 + 57 S., 50 Tab., 2 Kart., Mainz.

Hohl, R. (1963): Einige Probleme der Industriewasserversorgung im Raum Leipzig. Ber. Geol. Ges. DDR **8**, 49—67, Berlin.

Hoppe, W. (1952): Die hydrogeologischen Grundlagen der Wasserversorgung in Thüringen. Jena: Fischer.

— (1954): Die Grundwasserführung der Gesteine Thüringens. Geologie **3**, 6/7, 876—890, Berlin.

— (1972): Die Mineral- und Heilwässer Thüringens. Geologie, Beiheft **75**, 1—183, Berlin.

Horstig, G. v. (1962): Erläuterungen zur Geologischen Karte von Bayern 1 : 25 000, Blatt Nr. 5636 Naila, 192 S., München.

Kamp, H. v. (1969—1978): Hydrogeologie. In: Erl. Geol. Kt. Nordrh.-Westf. 1 : 25 000, Blätter Drolshagen (1969), Wiehl (1970), Plettenberg (1970), Hallenberg (1972), Eckenhagen (1972), Hohenlimburg (1972), Eslohe (1973), Lennestadt (1978), Attendorn (1978), Erndtebrück (1978). Krefeld.

Krause, H. (1955): Hydrogeologische Beobachtungen im Oberdevon am NW-Rand des Bergaer Sattels. Z. angew. Geol. **1**, 3/4, 120—123, Berlin.

Langguth, H. R. (1966): Die Grundwasserverhältnisse im Bereich des Velberter Sattels (Rhein. Schiefergeb.). Min. Ernähr., Landwirtschaft u. Forsten, Düsseldorf.

Lützner, H. (1974): Regionalgeologische Gliederung und Stellung Thüringens. In: Geologie von Thüringen (W. Hoppe, G. Seidel, Herausgeber), S. 47—74, Gotha/Leipzig: VEB H. Haack.

Lutzens, H., Schwab, M. (1972): Die tektonische Stellung des Harzes im variszischen Orogen. Geologie **21**, 6, 627—641, Berlin.

— (1973): Zur Altersstellung der Olisthostrome und Gleitdecken im Harz unter besonderer Berücksichtigung der Initialmagmatite. Z. geol. Wiss. Themenh. **1**, 137—144, Berlin.

Michel, G. (1975): Groundwater extraction in fissured rocks in Northrhine-Westfalia.

Mém. of Int. Assoc. of Hydrogeol., vol. XI (Congr. of Porto Alegre), Porto Alegre, Brazil.

Michels, F. (1957): Unterdevon. In: Erläut. zu Bl. Frankfurt der Hydrogeol. Übersichtskarte der BRD, 1 : 500 000, Remagen.

Mohr, K. (1969): Zur paläozoischen Entwicklung und Lineamenttektonik des Harzes, speziell des Westharzes. Clausthaler tekton. Hefte **9**, 19—110, Clausthal-Zellerfeld.

Müller, A. (1964): Geologische Ergebnisse einiger neuer Bohrungen im Prätertiär von Leipzig und Umgebuig. Geologie **13**, 6/7, 668—681, Berlin.

Pfeiffer, D. (1955): Der Taunus. In: Erläut. zu Bl. Köln der Hydrogeol. Übersichtskarte der BRD, 1 : 500 000. Remagen.

Reh, H. (1954): Die Mineralquellen des Bades Liebenstein in Thüringen. Geologie **3**, 6/7, 891—916, Berlin.

Schwab, M. (1977): Zur geologischen und tektonischen Entwicklung des rhenoherzynischen Variszikums im Harz. Veröff. Zentralinst. Physik der Erde AdW DDR **44**, 117—147, Berlin.

Stengel-Rutkowski, W. (1976): Idsteiner Senke und Limburger Becken im Licht neuer Bohrergebnisse und Aufschlüsse (Rhein. Schiefergebirge). Geol. Jb. Hessen **104**, 183—224, 9 Abb., 2 Tab., Wiesbaden.

— (1979): Das östliche Rheinische Schiefergebirge. In: Hydrologischer Atlas der Bundesrepublik Deutschland. Bonn—Bad Godesberg: Deutsche Forsch.-Gem.

Stettner, G. (1971): Die Beziehungen der kohlensäureführenden Mineralwässer Nordostbayerns und der Nachbargebiete zum rhegmatischen Störungssystem des Grundgebirges. Geol. Bav. **64**, 385—394, München.

Weyer, K. U. (1972): Ermittlung der Grundwassermengen in den Festgesteinen der Mittelgebirge aus Messungen des Trockenwetterabflusses. Geol. Jb. C, Heft 3, 15—114, 40 Abb., Hannover.

5.3.5 Klastische Gesteine des gefalteten Teils der Subvariszischen Saumsenke, am Beispiel des Steinkohlenreviers der Ruhr (Wechselfolgen von Sandsteinen, Siltsteinen und Tonsteinen)

Dem im Abschnitt 5.3.1 behandelten, vorwiegend aus klastischen Gesteinen des Devons bestehenden Rheinischen Schiefergebirge ist im Norden die *Subvariszische Saumsenke* vorgelagert, in der sich viele tausend Meter mächtige klastische Sedimente des Karbons, besonders des Oberkarbons, abgesetzt haben.

Letztere enthalten die zahlreichen Kohlenflöze des Ruhrreviers sowie des Aachener Bergbaubezirks. Entsprechende Ablagerungen führen auch in anderen Steinkohlen-Bergbaugebieten Mittel- und Westeuropas Kohlenflöze, die überall mengenmäßig in der Gesamtschichtenfolge stark zurücktreten und hydrogeologisch keine Bedeutung haben.

Einen Überblick über die — meist unterirdische — Verbreitung des Oberkarbons im mitteleuropäischen Raum gibt die Abb. 5.16. Darin sind auch die derzeitigen Kohlengewinnungsgebiete eingetragen.

Beispielhaft für die Hydrogeologie eines gefalteten, mächtigen Schichtenkomplexes in einem karbonischen Steinkohlenbecken sollen hier die Verhältnisse des Ruhrreviers näher dargestellt werden. Dies erscheint sinnvoll, obwohl die Gesteine lithologisch nicht sehr stark von denen des Devons unterschieden sind. Es handelt sich aber im Ruhrgebiet in vielfacher Hinsicht um eine Grundwasserlandschaft besonderer Art, und zwar vor allem:

— wegen wichtiger hydrogeologischer Eigenheiten des Gebirges (vor allem wegen der zahlreichen, hydrogeologisch so effektiven Quer- und Diagonalbrüche),

— wegen der unterschiedlichen, insgesamt aber sehr starken Grubenwasserzuflüsse und der dadurch notwendigen bergbaulichen Wasserwirtschaft,

— wegen der grundwasserchemischen Probleme,
— wegen der schwierigen Wasserversorgung in Anbetracht der äußerst dichten Besiedlung und Industrieballung,
— wegen der komplizierten Abwasserbeseitigung, bzw. -bewirtschaftung und
— wegen der hervorragenden Beobachtungsmöglichkeit bis > 1000 m Tiefe in einem großen Gebiet von > 100 km Erstreckung.

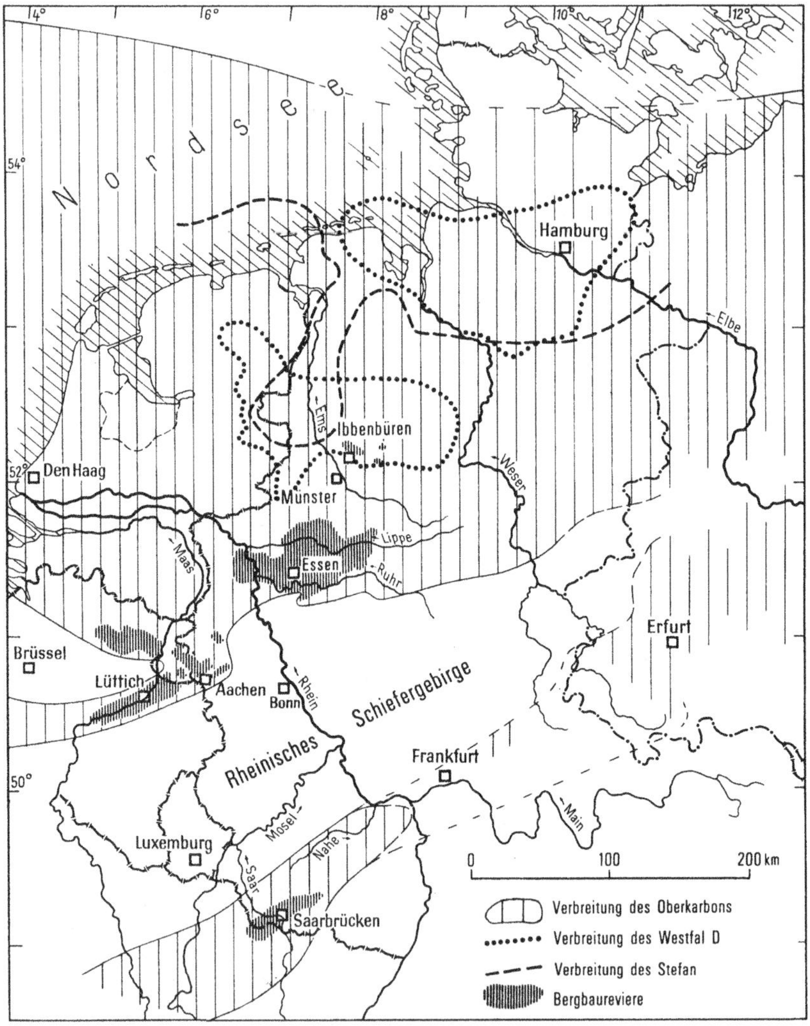

Abb. 5.16. Die Verbreitung der steinkohlenführenden Schichten des Oberkarbons und die Bergbaureviere in der Bundesrepublik Deutschland und in angrenzenden Gebieten. (In NW-Deutschland vervollständigt nach Teichmüller und Bartenstein 1979)

Die anderen Steinkohlenreviere des mittel- und westeuropäischen Belts weisen in Anbetracht ähnlicher lithologischer und tektonischer Situationen z. T. vergleichbar vielschichtige hydrogeologische Verhältnise auf; auf sie wird in einigen Fällen verwiesen.

5.3.5.1 Hydrogeologischer Überblick über das Ruhrkarbon und sein Deckgebirge

Auf die devonischen Schichten des Rheinischen Schiefergebirges legen sich an dessen Nordrand konkordant die Sedimente des Unterkarbons, die in Westeuropa verbreitet mächtige Kalke und Dolomite (in „Kohlenkalkfazies") enthalten und deshalb auch eine Sonderstellung einnehmen; diese werden in diesem Zusammenhang jedoch nicht behandelt. — Darüber folgt das mehr als 1000 m mächtige, sogenannte *Flözleere* (Namur A + B) und schließlich das mächtige *flözführende Oberkarbon* (Namur C bis Westfal C). Alle Schichtfolgen tauchen nach Norden hin in größere Tiefe ab, und es legen sich dabei kontinuierlich jüngere Schichten des Oberkarbons auf die älteren. Die Sandstein- und Schieferserien sind im Südteil des Beckens zu

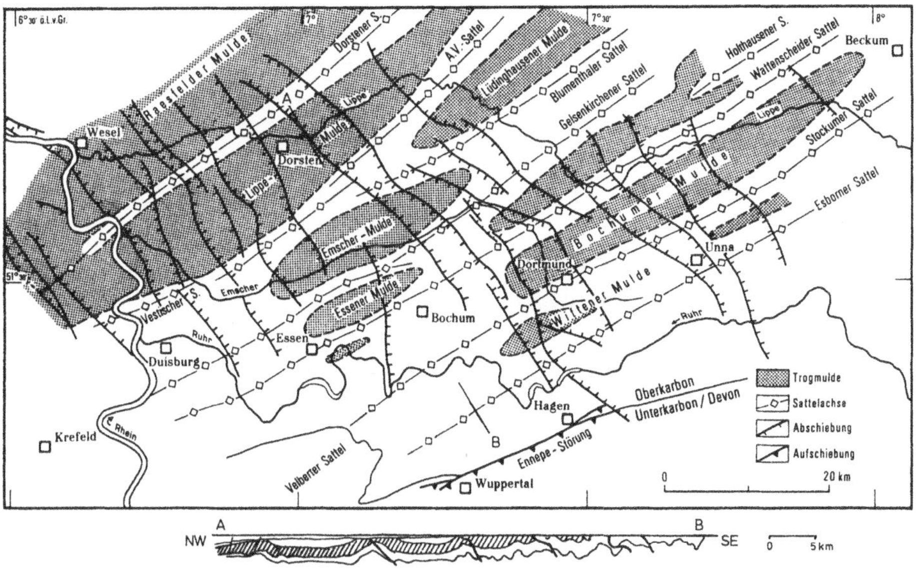

Abb. 5.17. Tektonische Übersichtsskizze des Rheinisch-Westfälischen Steinkohlenbezirks. Es sind nur die wichtigsten Faltenstrukturen und die Hauptquerstörungen mit > 200 m Verwurfshöhe eingetragen, die zahlreichen Blattverschiebungen sind nicht vermerkt. (Nach Drozdzewski 1979.) Im Profil sind die „Bochumer" und „Essener" Schichten durch Schraffur hervorgehoben. (Nach Stahl 1949)

SW-NE streichenden, verhältnismäßig engen und spitzen Falten zusammengeschoben, die nach Norden hin immer weiter und flacher werden (siehe Profil in Abb. 5.17). Vom mittleren Teil des Münsterschen Beckens nach Norden zu (bis zur südlichen Nordsee) muß mit weitgehend flacher Lagerung der in der Tiefe anzunehmenden und örtlich erbohrten Karbonschichten gerechnet werden.

Entsprechend dem jüngeren geologischen Alter der Sedimente, die sich im Norden des Ruhrreviers einstellen (Westfal D und Stefan) und der weniger großen Versenkungstiefe, die diese Schichten erfahren haben, ist prinzipiell bei diesen eine relativ geringere Diagenese und eine höhere Porosität zu erwarten. Darauf und auf Abweichungen von diesem „Soll" wird noch zurückzukommen sein (s. Kap. 5.4).

Außer der vorerwähnten Faltung treten streichende, meist wasserabdichtende *Störungen (Überschiebungen = „Wechsel")* mit z. T. großer Schubweite und oft mitgefalteter Schubbahn sowie querschlägige, SE-NW verlaufende, vielfach stark wasserführende *Querbrüche* und diagonal streichende, ebenfalls hydrogeologisch bedeutsame *Zerrüttungszonen mit Blattverschiebungen* auf, die alle in Zusammenhang mit der Faltung entstanden sind, an denen aber z. T. in jüngerer geologischer Zeit Bewegungen stattgefunden haben. Die größeren Bruchstörungen durchqueren das ganze Ruhrgebiet (s. Abb. 5.17) und sind nur z. T. südwärts in die Verbreitungsgebiete des Unterkarbons und des Devons zu verfolgen. Auch dies ist hydrogeologisch und hydrochemisch von Bedeutung. Ihre Fortsetzung nach Norden ist wegen der starken Überdeckung mit jüngeren Sedimenten noch weitgehend unbekannt; die Intensität der Bruchtektonik dürfte aber in nördlicher Richtung bald abnehmen.

Abgesehen von einem relativ kleinen Areal zwischen Duisburg und Dortmund, in dem das Oberkarbon zu Tage ausstreicht, wird es transgressiv und diskordant von Schichten der *Oberkreide* überlagert, die entsprechend dem vom Karbon beschriebenen Trend des Abtauchens nach Norden ebenfalls in dieser Richtung eintauchen; sie werden dabei mächtiger und es stellen sich immer jüngere Oberkreide-Schichten ein (bei den nördlichsten Schächten im Raum der Lippe bereits 700—800 m, im noch nicht bergbaulich erschlossenen Münsterland bis > 1400 m mächtiges Deckgebirge).

In einigen Grabengebieten im W und NW des Ruhrgebietes schalten sich zwischen Karbon und kretazischem Deckgebirge Ablagerungen des Zechsteins und des Buntsandsteins ein, die in kleineren Schollen vor der Transgression der Oberkreide erhalten geblieben sind. An keiner Stelle treten sie an die Tagesoberfläche, beeinflussen aber oft stark die hydrogeologischen Fragestellungen im unterlagernden Karbon, besonders beim Schachtbau. Auch die starke chemische Belastung der Grubenwässer wird teilweise mit den Zechstein-Salzen in ursächlichen Zusammenhang gebracht.

Alle Deckgebirgsschichten sind für den im unterlagernden Karbon umgehenden Bergbau hydrogeologisch wichtig: sie erleichtern oder erschweren ihn. Darauf wird im folgenden mehrfach eingegangen. Es wird aber auch auf die Darstellungen auf Seite 202 verwiesen, in denen das hydrogeologische Verhalten der — z. T. vom Bergbau beeinflußten — Deckgebirgsschichten erörtert wird. Das Bild der Grundwasserlandschaft ist jedenfalls sehr komplex, wie die folgenden Ausführungen weiter bestätigen werden.

5.3.5.2 Hydrogeologische Verhältnisse im Oberkarbon des Ruhrgebietes

Lithologisch handelt es sich insgesamt um eintönige Schichtfolgen von Schiefern und Sandschiefern, von Sandsteinen und feinkonglomeratischen Sandsteinen. Der Anteil der Sandsteine an der Gesamtmächtigkeit wechselt in den verschiedenen Schichtstufen. Die sogenannten Bochumer und Essener Schichten sind überwiegend schiefrig, während in den älteren Sprockhöveler und Wittener Schichten sowie in jüngeren Abfolgen (Horster und Dorstener Schichten) Sandsteine etwas häufiger eingelagert sind. Bekannte Konglomerat- und Sandsteinbänke sind z. B. Kaisberg- und Wasserbankkonglomerat, Finefrau-Sandstein u. a.

Die Sandsteinbänke und -bankfolgen stellen die eigentlichen Aquifere des Ruhrkarbons dar. Ihre Porosität und primäre Durchlässigkeit sind zwar gering, wie auf Seite 9 u. 33 beschrieben. Es wurde S. 9 auch dargelegt, daß die eigentliche Porosität zur Tiefe hin sowie in Abhängigkeit vom geologischen Alter noch abnimmt. Die Bänke sind aber stark geklüftet und ganz überwiegend als *Fugenaquifere* zu betrachten. In den tiefen Abbaubereichen (600—1000 m) des gesamten Reviers sowie im südlichen Ausbiß des ältesten flözführenden Karbons handelt es sich ausschließlich um Fugenaquifere, deren Hohlräume in den vom Bergbau noch unbeeinflußten Bereichen mit Wasser gefüllt sind. Wenig permeable Schiefertonpartien im Liegenden und Hangenden solcher Sandsteine können das in diesen enthaltene Grundwasser weitgehend absperren. In solchen Fällen kann man von mehreren getrennten Grundwasserstockwerken sprechen, wenn auch deren Ausdehnung infolge der Faltung meist räumlich eng begrenzt ist. Lokale Grundwasserscheiden trennen solche Grundwasservorkommen. Sie können aber dem Bergbau erhebliche Schwierigkeiten bereiten, zumal sie durch Querstörungen miteinander hydraulische Verbindung haben können, über die das Grundwasser nicht aufgeschlossener und nicht abgepumpter Nachbarfelder oder die Grubenwässer benachbarter Grubenräume zufließen können.

Wo Sandsteinzüge (im Südteil des Reviers) an Talhängen angeschnitten sind, können gelegentlich Quellen (auch Schuttquellen) mit geringer Schüttung angetroffen werden (Semmler 1964), die im Sommer häufig versiegen. Unterhalb der Talsohlen können mächtige Sandsteinpakete für kleinere Fassungen interessant werden, wenn der Bergbau das Grundwasser nicht abgezogen hat. Das Auffinden solcher Grundwasserkörper ist oft schwierig, da sie sehr von der — oft komplizierten — Tektonik abhängen. In Sattelköpfen und Mulden — weniger auf Flanken — sind starke Zerklüftungen der Sandsteinbänke anzutreffen (s. auch H. Schneider 1973, S. 23/24).

Nach Bode (1944) wurden bei Witten in den mächtigen Sandsteinen im Liegenden von Flöz Sonnenschein sowie in einem Sandstein der Girondelle-Gruppe mit 4 Bohrungen von 24 m, bzw. 17 m Tiefe je 7—8 l/s erschlossen. In den überwiegend schiefrigen Partien des Flözführenden und im Flözleeren sind solche Ergiebigkeiten nicht zu erwarten. Langguth (1966) gibt für den Pumpversuch einer 60 m tiefen Bohrung im Flözleeren (Schiefer mit Sandsteineinlagerungen) bei Breitscheid ca. 2,5 l/s an; eine 55 m tiefe Brunnenbohrung westlich der Gemeinde Eggerscheidt blieb im Kulmtonschiefer praktisch trocken.

Langguth (1966) schätzte die Trockenabfluß-Flächenspende für das Flözleere auf 2—3 $l/s \cdot km^2$, die für Alaunschiefer auf < 1 l/s.

Ungleich wichtiger als die Wasserführung der Sandsteinbänke sind für die bergbauliche Wasserwirtschaft Wassermenge und Wasserbewegung auf den *Querstörungen* des Gebirges. Die Gestalt solcher Gebirgsspalten und -spaltensysteme wurde in Kap. 2 (S. 22) beschrieben. Weit über 100 „kleine“ und „große“ Sprünge sind bekannt, teilweise mit hohen Verwerfungsbeträgen (bis zu 900 m) und bis zu 20 km Länge (Kukuk 1938, S. 311). Sie sind nicht an allen Stellen sichtbar offen und wasserführend, vielmehr hängen Spaltenbildung und Wasserführung stark von der lithologischen Beschaffenheit des Nebengesteins (Sandstein, Konglomerat) ab. Im Schieferton sind sie oft „verdrückt“; hydraulische Kontakte sind aber meist in anderen Niveaus (als den gerade beobachteten) anzunehmen.

Im Ausgehenden des Karbons im südlichen Ruhrrevier war früher die relativ reichere Wasserführung der Sprünge an den reihenförmigen Anordnungen von Hausbrunnen zu erkennen.

Beim Vordringen des Bergbaus in den Bereich eines wasserführenden Querbruches oder eines Blattes strömt das Wasser so lange aus, bis es aus dem Zuflußgebiet des Bruches (d. h. aus dem Bruchsystem und aus den von ihm geschnittenen Fugenaquiferen) insgesamt abgeflossen ist. Es wird im Normalfall mit einem größeren Wasserschwall beginnen, mit einem Druck entsprechend dem hydraulischen Gefälle, der nach geraumer Zeit mengenmäßig abnimmt und in einen verminderten aber stetigen Abfluß übergeht. Der Dauerzufluß kann erheblich bleiben und den Bergbau nicht nur arbeitsmäßig, sondern auch wegen der Wasserhebungskosten stark belasten. Der Zufluß aus dem Blumenthal-Sprung auf der Zeche Auguste Victoria betrug 1951: 1,8 m^3/min (= ca. 30 l/s) und 1974: 1,1 m^3/min = ca. 18 l/s (PILGER 1960).

Wird die wasserführende Spalte in einem tieferen Niveau erneut vom Bergbau angefahren, werden voraussichtlich die Zuflüsse auf der oberen Sohle schnell nachlassen und auf der unteren Sohle zunehmen. Auf diese Weise sind im Ruhrgebiet viele „Wassereinbrüche" auf tieferen Sohlen erfolgt, wenn nicht schon auf Nachbarzechen die Wässer in größerer Tiefe angezapft worden waren. Besondere Schwierigkeiten sind immer dann zu erwarten, wenn die zu durchörternden Sprünge sandsteinreiche Schichtfolgen queren.

Nachweise über die Herkunft eingebrochener Wässer bzw. über den Verbleib auf einer oberen Sohle verschwundener Wässer sind durch Färbung mit Uranin AP unter Beachtung bestimmter Voraussetzungen vielfach erfolgreich durchgeführt worden (SEMMLER 1953, 1956, SEMMLER und SCHMIDT 1958).

Die *chemische Beschaffenheit* des Grundwassers im Karbon ist sowohl regional als auch im vertikalen Profil sehr unterschiedlich:

In dem deckgebirgsfreien südlichen Band (südlich der Linie Mülheim—Essen—Dortmund—Soest), wo das Niederschlagswasser schnell einsickern kann, sind zunächst meteorisch stark beeinflußte *Hydrogen-Karbonat-Wässer* anzutreffen. Darunter folgen bis in Tiefen von 500 m überall *Sulfat-Wässer* (Gesamtlösungsinhalt relativ gering: max. einige 1000 mg/l), deren Sulfatgehalt im wesentlichen auf Oxydation der in den oberkarbonischen Schiefern reichlich enthaltenen Eisensulfide zurückgeführt wird (MICHEL 1963, 1964, PUCHELT 1964, MICHEL et al. 1974).

Dagegen treten im mittleren und nördlichen Teil des Reviers unter dem überwiegend dichten Deckgebirge allgemein *Chlorid-Wässer* auf (s. Abb. 5.18.), und zwar sulfatfreie NaCl-Solen mit gelöstem Barium und Strontium und vielen anderen Stoffen beladen. Nicht versalzene Grundwässer sind in diesem Bereich des Karbons nur lokal angetroffen worden; hier muß man ausnahmsweise mit Zuflüssen von Niederschlagswasser über Störungszonen rechnen.

Die Solen haben — verbreitet — erhöhte Temperatur. MICHEL et al. (1974) geben für den Blumenthaler Sprung in der Zeche Auguste Victoria 55,5° C an, aber auch von Wässern aus Sandsteinklüften und Flözen von verschiedenen untertägigen Punkten des Reviers Temperaturen von 33 bis 46° C. Die Solen sind (nach JACOBSHAGEN und MÜNNICH 1964) relativ alt, an den untersuchten Stellen wohl älter als 30000 Jahre. Die Konzentration der Solen nimmt mit der Teufe zu, sie schwankt zwischen einigen 1000 mg/l und über 200000 mg/l. Hauptbestandteile sind (nach MICHEL 1964) etwa:

Cl'	96—100 mval%	$Na^{\cdot}$	80—87 mval%
SO_4''	0 mval%	$Ca^{\cdot\cdot}$	10—12 mval%
HCO_3'	meist < 0,5 mval%	$Mg^{\cdot\cdot}$	3— 6 mval%

Im Südteil des Reviers sind unter der Zone der Sulfat-Wässer ebenfalls Chlorid-Wässer zu erwarten. Die Solen können auf den Querstörungen relativ leicht und weit wandern, wenn durch bergbauliche Grundwasserabsenkung hydraulisches Gefälle erzeugt wird, und zwar sowohl nach Norden wie nach Süden (z. B. im früheren Blei-Zinkerzbergbau bei Lintorf im südwestlich angrenzenden Unterkarbon).

Über den Ursprung dieses versalzenen Tiefengrundwassers ist in der Vergangenheit viel diskutiert worden. PUCHELT (1964) hat mit Recht darauf hingewiesen, daß der ziemlich gleichartige Chemismus über einen so weiten Raum hinweg auf einheitlichen Ursprung schließen läßt. Der Herkunft von *NaCl* aus der Diagenese des ursprünglichen Porenwassers (von Meerwasserbeschaffenheit) als Produkt einer wechselvollen erdgeschichtlichen Entwicklung (mit „paläohydrogeologischen Zyklen" nach MICHEL et al. 1974) wird heute der Vorrang gegeben, während die Subrosion

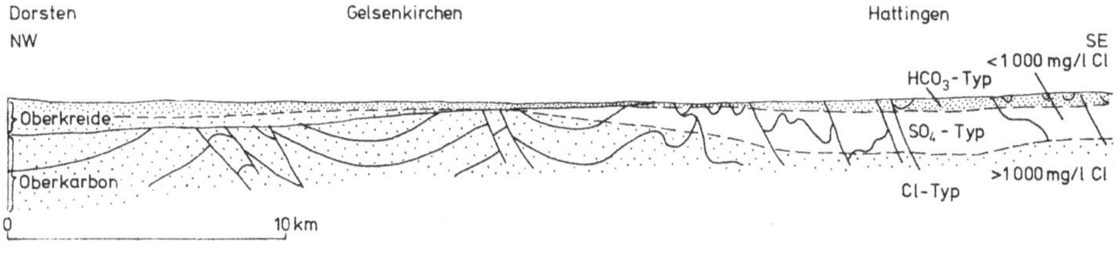

Abb. 5.18. Die Verbreitung der hydrochemischen Grundwassertypen, dargestellt in einem schematischen Querprofil durch das Ruhrgebiet. (Nach MICHEL, 1964, S. 163)

von Zechsteinsalzlagern nur örtlich zur Erklärung von Sonderphänomenen herangezogen wird. Eine Abnahme von *Sulfat* in den Chloridwässern ist durch die Tätigkeit von Bakterien erklärbar, es fehlt vollständig unterhalb einer örtlich verschiedenen Tiefe (etwa — 600 m NN). In Grubenstandswässern ist es allerdings vorhanden. Der *Ca-Gehalt* nimmt — petrographisch schwer erklärbar — zur Tiefe hin zu, wahrscheinlich infolge Basenaustauschvorgängen. Der *Mg-Gehalt* dagegen geht zur Tiefe hin zurück, wahrscheinlich durch Ausfällung. Ausnahmen scheint es aber in der Nähe des Zechstein-Salinars zu geben. *Barium* und *Strontium* treten in relativ hohen Gehalten in den Grubenwässern auf. Sie wurden (nach MICHEL et al. 1974, SCHERP und STRÜBEL 1974) von der Sole während der Heraushebung des Rheinischen Schiefergebirges (Uplift-Gebiet) aus altpaläozoischen Sedimenten aufgenommen. Entsprechend dem unterschiedlichen Lösungsverhalten von $BaSO_4$ und $SrSO_4$ in NaCl-Lösungen fielen beide getrennt aus, und zwar in sehr verschiedenen Stockwerken: Baryt in Klüften des (Devons und) Oberkarbons, Coelestin bzw. Strontianit im Oberkreide-Deckgebirge des Münsterlandes. Lithium und Bor werden als angereicherte biophile „Spurenelemente" angesehen (PUCHELT 1964). Der auffallend hohe Bromgehalt (bis 130 mg/l beobachtet) ist bis heute nicht befriedigend erklärt.

Schwermetalle fehlen (nach Untersuchungen von FRICKE 1953, 1957) i. allg. in den chloridischen Solen des Ruhrgebietes, sie fehlen insbesondere auch auf den Blei- und Zinkerz führenden Brüchen wie den der Zeche Auguste Victoria (PILGER 1960).

Lediglich an 2 Stellen sind bemerkenswerte Zn-Gehalte von 1,12 bzw. 1,77 mg/l nachgewiesen, und zwar bei Solen in Essen-Kray und Wanne-Eickel (Zeche Pluto; FRICKE und WERNER 1957).

Freie Kohlensäure ist in Ruhrgebietswässern allgemein nur in geringen Mengen vorhanden. Höhere Werte sind erst weiter östlich in den dortigen Mineralquellen (Hamm, Nateln, Waldliesborn, Westernkotten) zu beobachten. Sie werden in Zusammenhang mit dortigen Strukturen des tieferen Untergrundes gebracht und haben keine Beziehung zum Sedimentationstrog des Ruhrgebietes (FRICKE 1952).

Überlegungen zur *Bilanz der Solemengen* und zur *chemischen Stoffbilanz* der Solen des Ruhrgebietes ergaben — in Anlehnung an PUCHELT (1964) — unter der Annahme von 3000 km^2 Verbreitungsgebiet und 4000 m Sedimentmächtigkeit eine ursprünglich vorhanden gewesene Porenwassermenge von größenordnungsmäßig etwa 6000 km^3. Diese ist zum großen Teil während der Diagenese, d. h. schon während des Karbons ausgepreßt worden. Es mag soviel Porenwasser im Gebirge erhalten geblieben sein, wie der vorhandene Gesamthohlraum gestattete. Da Porenraum fast vernachlässigbar gering war (mit Ausnahme der Sandsteinbänke in den jüngsten flözführenden Schichten), stand im wesentlichen nur der Fugen- und Störungshohlraum zur Verfügung. Setzen wir diesen im Südrevier bis zur Tiefe von 100 m mit 10%, im Gesamtrevier bis 1100 m Tiefe mit 3% an, so können — unter Berücksichtigung der nach N abtauchenden Karbonoberfläche — etwa 50—60 km^3 Sole die Hohlräume des Karbons erfüllen. Davon ist ein nicht unwesentlicher Teil vom Bergbau bereits abgepumpt.

Die Menge der abgepumpten Sole läßt sich nicht angeben, da die Zahlen für die Gesamtpumpmenge (s. unten!) auch die im Südteil des Reviers eindringenden Niederschlagswässer umfassen.

Zur *chemischen Stoffbilanz* eines Teils der Inhaltsstoffe hat PUCHELT (1964) die Wasserzuflüsse von 39 Zechen mit 18912 l/min (= 315 l/s) und die dabei weggeführten Mengen einiger gelöster Stoffe ermittelt. Da der Anteil der Wasserzuflüsse dieser Zechen mit 6,2% der jährlichen Grubenwasserzuflüsse des ganzen Reviers angegeben werden konnte, können — zwar nicht genau, da der Süden des Reviers weniger stoffbeladenes Wasser führt — überschläglich die abgeführten Gesamtmengen geschätzt werden:

Tabelle 12. *Förderung einiger gelöster Inhaltsstoffe bei 39 Grundwasserzuflüssen (315 l/s) in 15 Zechen des Ruhrgebiets* (nach PUCHELT 1964, S. 182), in t/a

Barium	1779,65
Stontium	1297,23
Lithium	71,65
Brom	237,0
Jod	12,64

5.3.5.3. *Zur bergbaulichen Wasserwirtschaft im Ruhrgebiet*

Die vom Bergbau erschlossenen, gepumpten und über die Vorflut abgeführten Wassermengen sind — entsprechend der geologischen Situation — in den einzelnen Teilen des Reviers pro Zeche sehr unterschiedlich (R. SCHMIDT 1973):

● Bei ausstreichendem Karbon im Süden des Reviers, in Abhängigkeit von den Niederschlägen, bis zu 36 m^3/min = 600 l/s, vorwiegend aus Fugenaquiferen und Störungen (Beispiel: Zeche Heinrich; andre Zechen dieses Raumes sind meist stillgelegt)

● Bei Deckgebirge bis zu 400 m Mächtigkeit im mittleren Ruhrrevier (bis zur karbonischen Emschermulde) etwa 0,5—10 m^3/min = etwa 8—166 l/s, vorwiegend aus Fugenaquiferen und Störungen und mit örtlichen Zutritten von Deckgebirgs-Grundwasser (Beispiele: Zeche Friedrich der Große in Herne 0,5, Zeche Germania in Dortmund-Marten 10 m^3/min)

● Bei Deckgebirge von mehr als 400 m Mächtigkeit im nördlichen Ruhrrevier etwa 1 m^3/min = 17 l/s, vorwiegend aus tektonischen Störungen (Beispiel: Zeche Auguste Victoria in Marl-Hüls

Das Verhältnis Kohleförderung zu Wasserförderung wird von Norden nach Süden immer ungünstiger, die wirtschaftliche Belastung durch die Wasserhebung immer stärker.

Im mittleren Revier haben einige Zechen deshalb eine relativ geringere Wasserhebung, weil die umgebenden Zechen den Wasserspiegel stark senken. Umgekehrt sind durch die Stillegung von Zechen in den letzten 15 Jahren besonders im Südrevier weiterbetriebene Nachbarzechen gezwungen gewesen, die aus der Nachbarschaft zufließenden Grubenwässer mit zu heben; sie sind dadurch an den Rand der Wirtschaftlichkeit gedrängt worden. Diese Schwierigkeiten sind durch eine vom Gesamtbergbau getragene Pumpgemeinschaft ausgeglichen worden.

Insgesamt wurden in der Zeit von 1960 bis 1963 von den Zechen des niederrheinisch-westfälischen Industriebezirks (= weiteres Ruhrgebiet) 140 Mill m^3/a Grubenwasser (= Grundwasser) zu Tage gefördert (im gesamten westdeutschen Steinkohlenbergbau ca. 208 Mill m^3/a). Dies entspräche im Ruhrrevier ca. 20—25% des Nutzwasserbedarfs der Zechen (u. a. als Kühlwasser, für Aufbereitungen, Kokereien etc.). In Wirklichkeit wurde in diesem Zeitraum nur 7% dieses Grubenwassers genutzt und dies auch nur im Südteil des Reviers, da das hochversalzene, im mittleren und nördlichen Revier anfallende Tiefengrundwasser nicht zu verwenden ist (s. Mogk 1965). Es wird weitgehend der Vorflut zugeleitet.

Der Bergbau ist gezwungen, das benötigte Brauchwasser bei weniger starken Qualitätsansprüchen dem Oberflächenwassernetz (Kanäle) zu entnehmen, bei gesteigerten Qualitätsansprüchen (Trinkwasser) das wasserführende oberkretazische oder quartäre Deckgebirge zu nutzen oder auf Fremdbezug zurückzugreifen. Die Schwierigkeiten der Bedarfsdeckung in einem solchen Ballungszentrum, in dem der tiefere Untergrund bei weitem nicht ausreichende Möglichkeiten bietet, lassen sich an den Zahlen des gesamten „Wasserumschlags" der Zechen erkennen (Mogk 1965):

genutztes Grundwasser (Gruben- und Deckgebirgswasser)	84 Mill. m^3/a
genutztes Oberflächenwasser	894 Mill. m^3/a
Fremdbezug	219 Mill. m^3/a
insgesamt	1197 Mill. m^3/a

Zu Beginn der sechziger Jahre waren 97 Schachtanlagen mit eigenen Einrichtungen zur Nutzwasserversorgung versehen, von denen 4 Schachtanlagen jeweils > 5 Mill. m^3/a, 24 Schachtanlagen je 1—5 Mill. m^3/a und 34 Schachtanlagen je 0,1—1 Mill. m^3/a gewonnen haben (Mogk 1965).

5.3.5.4. Gewinnung von nutzbarem Grundwasser außerhalb der Grubenbereiche und Beseitigung von Abwässern

Da die Versorgung des „Ballungszentrums Ruhrrevier“ mit Wasser von Trinkwasserqualität aus den Festgesteinen des Karbons nicht annähernd möglich ist, wird eine Zuführung aus anderen Gewinnungsgebieten notwendig, und zwar überwiegend aus benachbarten Regionen mit guten Porenaquiferen.

Sie sei hier zur Vollständigkeit des wasserwirtschaftlichen Bildes erwähnt, obwohl dies nicht mehr zum Thema dieses Buches gehört. Die zugeführten Mengen betrugen 1973 (nach Koenig und Imhoff)

— aus den Halterner Sanden (Oberkreide) und aus dem Quartär rd. 120 hm^3/a
— aus dem Ruhrtal (Niederterrasse, Uferfiltrat und angereichertes Grundwasser) rd. 600 hm^3/a
— Rheintal (Niederterrasse und Uferfiltrat) rd. 100 hm^3/a

Um die großen Mengen aus dem Tal der Ruhr, eines relativ kleinen Flusses, sicherzustellen, ist dort eine sehr intensive Wasserbewirtschaftung mit z. Zt. 5 großen und 9 kleinen Talsperren (Gesamtstauraum 471 Mio m^3) zwecks Erhöhung des Niedrigwasserabflusses der Ruhr, 4 Stauseen zur biologischen Klärung, > 100 Wasserwerke mit z. T. künstlichen Grundwasseranreicherungen notwendig; Träger sind Wasser- und Talsperrenverbände und Wasserwerke.

Überaus große Wassermengen müssen nach Nutzung und Verschmutzung schadlos beseitigt werden. Soweit es sich um *natürliche* Belastungen handelt, sind auch bei deren Beseitigung hydrogeologische Fragen angesprochen:

So treten die mit $BaSO_4$ und $SrSO_4$ belasteten Chlorid-Wässer, wie erwähnt, vor allem auf Störungszonen in die Grubenräume ein. Die hier gelegentlich gestellte Frage, ob die klaffenden Störungen nicht durch Injektionen — wenigstens teilweise — abgedichtet werden können, muß nach dem Gesagten weitgehend verneint werden. Die vielfältigen, unbekannten und kaum eindeutig explorierbaren hydraulischen Verbindungen lassen sich nicht insgesamt unterbinden. Außerdem würden die Kosten und die Gefahren für tiefer gelegene Grubenräume viel zu hoch sein. — Eine andere, zeitweise diskutierte Lösung betraf die Verlegung einer großdimensionierten Leitung mit Dükerstrecken zwecks Ableitung der Sole zur Nordsee. Auch dieser Vorschlag ist nicht realisierbar, da die Ba-Fracht sehr bald zur Ausfällung von $BaSO_4$ und Verstopfung der Leitung führen würde. — Eine Versenkung in den tiefen Untergrund ist aus gleicher Überlegung heraus nicht durchführbar.

Es bleibt nur die Einleitung in die Vorflut, d. h. in den Rhein, wie es über den „Abwasserfluß des Ruhrgebietes“, die Emscher, seit langem geschieht. Dies hat zu Einsprüchen seitens der unterstrom liegenden Benutzer des Rheinwassers geführt. Mogk (1965) führte dazu aus, daß der Ruhrbergbau nur 18% (= 45—47 kg/s NaCl) der Versalzung des Rheins bei Emmerich verursacht und diese über 50 Jahre praktisch gleich geblieben ist. (Dagegen ist die Kalisalzförderung im Elsaß im gleichen Zeitraum erheblich angestiegen und damit die Menge der in den Oberrhein eingeleiteten Kaliabwässer.)

Auch in anderen Fällen haben die großen natürlichen Fugen und Spalten des Karbons sowie die vom Bergbau geschaffenen Hohlräume zu Überlegungen geführt, Abwässer der Zechen selbst sowie schädliche Stoffe der Industrie zu versenken. Unter den letzteren sind z. B. Abwässer der chemischen und der metallverarbeitenden Industrie (es gibt im Ruhrgebiet z. B. mehr als 1000 galvanische Betriebe) zu verstehen. Sie sind z. T. giftig und können von Kläranlagen nicht ohne weiteres bewältigt werden. Solche Überlegungen wurden dadurch besonders angeregt, daß eine größere Zahl von Gruben in der letzten Zeit stillgelegt wurde. Eine solche Verwendung der Hohlräume des Karbons mit dauernder Verschmutzung oder Vergiftung der Grundwasserräume ist wegen der vielfältigen unterirdischen Verbindungen und der möglicherweise später einmal wieder notwendigen Nutzung der nicht ausgebeuteten Kohlenvorräte in großer Tiefe oder des Wassers in den jetzt z. T. ersoffenen Grubenräumen nicht möglich. Die Möglichkeit, ja die Wahrscheinlichkeit, in noch in Betrieb befindlichen Zechen mit sehr tiefer Grundwasserabsenkung die Wässer aus stillgelegten Nachbarzechen anzuziehen, ist eingehend dargelegt worden. — Auch eine Ableitung solcher Abwässer in die überlagernden, teils klüftigen Schichten des Zechsteins oder in die porösen Sedimente des Buntsandsteins ist nicht möglich.

Literatur

BODE, H. (1944): Zur Hydrologie des Ruhrgebietes. In: Hydrogeologische Forschungen. Abhandl. Reichsamt f. Bodenforsch. N. F. Heft 209, Berlin.

DEUTLOFF, O. (1979): Das Ruhrgebiet. In: Hydrologischer Atlas der Bundesrepublik Deutschland. Bonn-Bad Godesberg: Deutsche Forsch.-Gem.

DROZDZEWSKI, G. (1979): Grundmuster der Falten- und Bruchstrukturen im Ruhrkarbon. Z. dtsch. geol. Ges. **130**, 51—67, 9 Abb., Hannover.

FRANK, W. H. (1965): Die künstliche Grundwasseranreicherung an der Ruhr in ihrer geschichtlichen Entwicklung und zukünftigen Bedeutung. Gas- u. Wasserfach **106**, 1095—1101, 6 Abb., München.

FRICKE, K. (1952): Herkunft des Salz- und Kohlensäuregehaltes der Mineralwässer im weiteren Ruhrgebiet. Bergbau-Rundschau **4**, 3; 147—153, Herne.

— (1953): Der Schwermetallgehalt der Mineralquellen. Z. Erzbergb. Metallhüttenw. **VI**, 7, 257—266, Stuttgart.

—, WERNER, H. (1957): Geochemische Untersuchungen von Mineralwässern auf Kupfer, Blei und Zink. Heilbad u. Kurort, Gütersloh.

HARNISCH, H. (1967): Die Grubenwasserwirtschaft des Ruhrbergbaus aus der Sicht der Pumpengemeinschaft. Glückauf **103**, 1268—1272, 5 Abb. Essen.

IMHOFF, K. R. (1977): Bewirtschaftung und weiterer Ausbau der Ruhrtalsperren. Wasserwirtschaft **67**, 229—236, 12 Abb., 7 Tab., Stuttgart.

JACOBSHAGEN, V., MÜNNICH, K. O. (1964): C^{14}-Altersbestimmungen und andere Isotopen-Untersuchungen an Thermalsolen des Ruhr-Karbons. Z. dtsch. geol. Ges. **116**, 1, 160, Hannover.

KOENIG, H. W., IMHOFF, K. R. (1973): Wassergüte- und Wassermengenwirtschaft an der Ruhr. Gas- u. Wasserfach **114**, 406—412, 9 Abb., München.

KUKUK, P. (1938): Geologie des Niederrheinisch-Westfälischen Steinkohlengebietes. Berlin: Springer.

LANGGUTH, H. R. (1966): Die Grundwasserverhältnisse im Bereich des Velberter Sattels (Rhein. Schiefergebirge). 82 S., 8 Abb., 23 Diagr., 14 Tab., 4 Taf., Minister f. Ern., Landw. u. Forsten, Düsseldorf.

MICHEL, G. (1963): Untersuchungen über die Tiefenlage der Grenze Süßwasser-Salzwasser im nördl. Rheinland und anschließenden Teilen Westfalens, zugleich ein Beitrag zur Hydrogeologie und Chemie des tiefen Grundwassers. 12 Abb., 10 Tab., Forsch.-Ber. d. Landes Nordrh.-Westf. Nr. 1239, 131 S., Opladen.

— (1964): Betrachtungen zur Hydrochemie des tiefen Grundwassers im Ruhrgebiet. Z. dtsch. geol. Ges. **116**, 1, 161—166, 1 Abb., Hannover.

—, RÜLLER, K.-H. (1964): Hydrochemische Untersuchungen des Grubenwassers der Zechen der Hüttenwerk Oberhausen AG. Bergbau-Archiv **25**, 4, 21—27, Essen.

—, RABITZ, A. (1965): Kolloquium über Grubenwasser im Ruhrkarbon. Glückauf **101**, 1093—1094, Essen.

—, —, WERNER, H. (1974): Betrachtungen über die Tiefenwässer im Ruhrgebiet. Fortschr. Geol. Rheinld. u. Westf. **20**, 215—236, 3 Abb., 2 Tab., Krefeld.

MOGK, G. (1965): Aufgaben und Leistungen der Wasserwirtschaft im deutschen Steinkohlenbergbau. Glückauf **101**, 173—178, Essen.

PATTEISKY, K. (1954): Die thermalen Solen des Ruhrgebietes und ihre juvenilen Quellgase. Glückauf **90**, 1334—1348 u. 1508—1519, Essen.

PILGER, A. (1960): Über die Soleführung in den Störungen des Ruhrkarbons an einem Beispiel auf der Zeche Auguste Victoria. Bergfreiheit **25**, 287—293, Herne.

PUCHELT, H. (1964): Zur Geochemie des Grubenwassers im Ruhrgebiet. Z. dtsch. geol. Ges. **116**, 1, 167—203, 12 Abb., zahlr. Tab., Hannover.

—, NIELSEN, H. (1967): Untersuchungen über die Verteilung der Schwefelisotope in den Grubenwässern des Ruhrreviers. Glückauf-Forschungshefte **28**, 6, 303—310, 4 Abb., Essen.

SCHERP, A., STRÜBEL, G. (1974): s. Literaturverzeichnis zu Kap. 3.

SCHMIDT, R. (1971): Die bergmännische Wasserwirtschaft im Rheinisch-Westfälischen Steinkohlenrevier (nur Kurzreferat). In: Zusammenfassung der Vorträge zum 7. Internat. Kongreß für Stratigraphie und Geologie des Karbons, Krefeld.
SCHNEIDER, H. (1973): Die Wassererschließung, 2. Aufl., 885 S. Essen: Vulkan-Verlag.
SEMMLER, W. (1953): Färbeversuche zur Ermittlung hydraulischer Zusammenhänge im Bergbau mit Uranin AP. Glückauf 80, 214/23, Essen.
— (1955): Die Grubenwasserzuflüsse im Ruhrbergbau und ihre Abhängigkeit von den Niederschlägen. Bergbau 6, 205—210, 10 Abb., Hattingen.
— (1956): Färbeversuche mit Uranin im Bergbau. Technische Mitteilungen 49, Heft 10.
— (1960): Die Herkunft der Grubenwasserzuflüsse im Ruhrgebiet. Glückauf 96, 502—511, 8 Abb., Essen.
— (1960): Der Abbau von Steinkohle unter Berücksichtigung der zusitzenden Wässer im Ruhrbergbau. Bergfreiheit 25, 143—149, 6 Abb., Herne.
—, SCHMIDT, R. (1958): Die Anwendung des Farbstoffes Uranin AP zur Nachweisung hydraulischer Zusammenhänge unter u. über Tage. Bergfreiheit 3/1958, 10 S., 9 Abb., 5 Tab., Herne.

5.3.6 Vergleiche mit anderen gefalteten Teilen der Subvariszischen Saumsenke

5.3.6.1 Aachen-Erkelenzer Steinkohlenrevier

Im benachbarten Aachen-Erkelenzer Steinkohlenrevier, wie das Ruhrgebiet dem gefalteten Teil der Subvariszischen Saumsenke angehörig, sind die hydrogeologischen Verhältnisse in mancher Hinsicht mit denen des Ruhrreviers gut vergleichbar. Auch dort geht das Steinkohlengebirge im S zu Tage aus, ist in der südlich gelegenen Inde-Mulde und im südlichen Teil der nördlich angrenzenden Wurm-Mulde lebhaft gefaltet, zeigt örtlich auch überkippte Lagerung; nach N hin gehen die Falten in flachwellige Verbiegungen über. Auch hier zerlegen zahlreiche Querstörungen das Gebirge in Schollen, die im allgemeinen nach NE hin staffelförmig absinken, im Erkelenzer Horst (Grube Sophia Jacoba) noch einmal auftauchen, um dann nach NE in für den Bergbau nicht mehr erreichbare Tiefen zu verschwinden.

Der größte Teil des ca. 45 × 20 km großen Steinkohlenreviers ist von einem nach N und NE mächtiger werdenden Deckgebirge, hier allerdings überwiegend tertiären Alters, überdeckt, das durch die vielfach eingeschalteten Tone eine gewisse abdichtende Wirkung ausübt. Dabei haben die das Karbon unmittelbar überdeckenden, stark tonigen Ablagerungen (unbestimmten Alters), der sogenannte „Baggert“, von jeher eine besondere Bedeutung für die Grubenwasser-Zuflüsse im Aachener Revier. Wo dieser Baggert lückenhaft vorhanden ist, hat der Bergbau meist unter starkem Wasserzudrang zu leiden.

Die Wasserführung des Steinkohlengebirges ist wie in anderen Revieren hauptsächlich an Klüfte der in den Schieferfolgen eingeschalteten Sandsteinbänke gebunden, die besonders in den tieferen Kohlscheider Schichten (= Bochumer Schichten des Ruhrgebietes) in größerer Häufigkeit und Mächtigkeit auftreten. Im Unterschied zum Ruhrgebiet haben die großen Querstörungen sich vielfach nur in der Nähe des Deckgebirges wasserreich gezeigt, während sie auf den tieferen Sohlen trocken waren (HERBST 1964).

Hydrochemisch handelt es sich in den oberen Sohlen um Ca-(Mg)-Hydrogenkarbonat-Wässer, ebenso wie in den überlagernden, verschieden alten

Deckgebirgsschichten. In den tieferen Sohlen des Aachener Reviers, besonders der östlichen Schollen, sind dagegen fast reine Na-Cl-Wässer mit geringem Hydrogenkarbonat-Anteil und im allgemeinen fehlenden Sulfatgehalt verbreitet. Cl-Gehalte erreichen hier Werte von 17000 bis 20000 mg/l; mit steigenden Gehalten ist zur Tiefe hin zu rechnen. Im westlichen Teil des Reviers sind die Cl-Gehalte im allgemeinen geringer, in der südlichen, heute stillgelegten Inde-Mulde sind keine Salzwässer bekannt geworden.

Die bergbauliche Wasserwirtschaft hatte 1965 19 Mill m^3 Grubenwasser zu bewältigen = 37 m^3/min oder 2,4 m^3/t verwertbarer Förderung. Dies bedeutet rund das Doppelte der finanziellen Belastung pro t Kohleförderung im Vergleich mit dem Ruhrgebiet.

Nach N und NE schließt sich das *niederländische Kohlenrevier* an, in dem im Prinzip die gleichen chemischen Grundwassertypen festgestellt worden sind (Kimpe 1963). Hier sind keine höheren Na-Cl-Konzentrationen als in den Gruben des Aachener Reviers beobachtet worden, wie es bei der Annahme von Zuflüssen aus abgelaugten Zechstein-Salzvorkommen im Norden erwartet werden müßte. Im übrigen liegt hier schon die Grenze der Salzverbreitung 60—80 km weit entfernt „und in einer ganz anderen tektonischen Einheit“ (Herbst 1964).

5.3.6.2 Steinkohlenrevier von Ibbenbüren

Das nur 5 × 14 km große, isolierte Steinkohlenvorkommen von *Ibbenbüren* und 2 kleinere inselartige Karbonvorkommen von *Hüggel* und *Piesberg*, die mehr als 60 km nördlich des Ruhrrevier-Nordrandes liegen und von diesem durch das Münstersche Kreidebecken getrennt sind, werden hier besonders erwähnt, weil sie einerseits das bisher gezeichnete Bild der Hydrogeologie karbonischer Schichtfolgen in wichtigen Zügen bestätigen und ergänzen, andererseits weil die Vorkommen eine Übergangsstellung zu der ungefalteten, tief versenkten Karbonformation Norddeutschlands, der nordöstlichen Niederlande und der südlichen Nordsee einnehmen, die im folgenden Kapitel 5.4 behandelt wird.

Begrenzt wird das Ibbenbürener Karbon von NW-SE verlaufenden „Randstörungen“ mit Verwurfsbeträgen bis zu 2000 m, die — soweit bisher bekannt — echte Verwerfungen mit ausweitender Tendenz darstellen und die in ihrer Richtung den Querbrüchen des Ruhrgebietes entsprechen. In der Richtung der Randverwerfungen verläuft auch das Generalstreichen der Schichten, diese fallen mit 3°—25° nach N ein. NE-SW verlaufende Brüche, hier Querverwerfungen genannt, zerlegen das Karbonvorkommen in einzelne Blöcke, ihre Verwurfshöhen betragen 20—200 m, im sogenannten Bockradener Graben 210—500 m. Sie setzen sich z. T. in das nördliche und südliche Vorland hinein fort, durchsetzen also die Karbonrandverwerfungen.

Die südliche Randverwerfung hat eine 2—10 m mächtige tonige Ausfüllung und hat aus diesem Grunde bisher nirgendwo nennenswerte Wassermengen geführt. Die sogenannten Querverwerfungen dagegen zeigen „Offene Spalten und Schlottensysteme“, die allerdings mit zunehmender Tiefe, d. h. ab etwa 500 m sich weitgehend schließen. In Oberflächennähe „geht die Zertrümmerung der Sandsteinpakete häufig so weit, daß nur noch loses Haufwerk von Gesteinsbruchstücken nebeneinander liegt" (BÄSSLER 1970). Ab 600—700 m Tiefe sind statt Zerrung zunehmend Pressungserscheinungen beobachtet worden (Abb 5.19).

Lithologisch besteht die 1800 m mächtige Oberkarbonfolge, von der ca. 900 m aufgeschlossen sind, zu 70% aus Sandsteinen mit Konglomeraten und zu 30% aus Schiefertonen mit Kohlenflözen. Bemerkenswert ist eine 400 m mächtige flözfreie rote Sandsteinfolge als jüngste hier vorhandene Karbon-

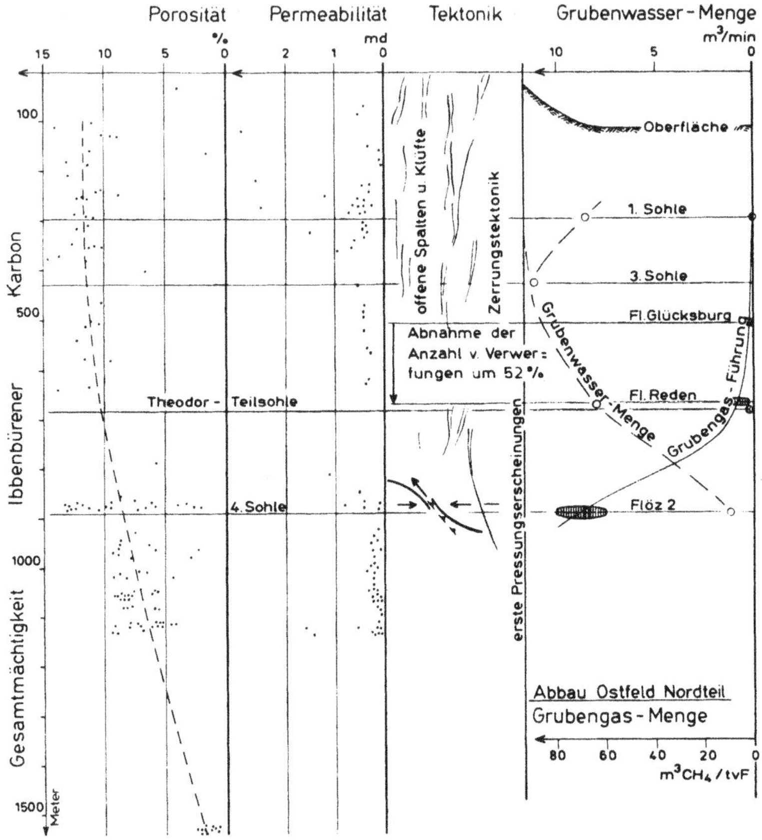

Abb. 5.19. Gesteinsphysikalische und tektonische Daten der Sandsteine sowie Grubenwasserzuflüsse und Grubengas-Führung im Ibbenbürener Bergbau. (Nach BÄSSLER 1970)

sedimente, mit einem relativ hohen Porenraumgehalt. Eine hohe Inkohlung, die mit einer langfristigen Aufheizung des Gebirges durch das nahe gelegene, sog. Bramscher Massiv in Zusammenhang gebracht wird, ist typisch und vielleicht auch die Ursache für quarzitische Bindemittel vieler Sandsteine, für baldige Verringerung der Porosität zur Tiefe hin und für das Auftreten einer starken Grubengasführung im tieferen Teil der Lagerstätte.

Das nutzbare Porenvolumen, das bis ca. 700 m Tiefe im allgemeinen 10—15% beträgt, nimmt — ebenso wie der Fugenraum — darunter deutlich ab und erreicht bei 1550 m Werte von nur 2—3% (Abb 5.19). Die

Durchlässigkeit der Sandsteine liegt aber (nach BÄSSLER 1970) auch bei den porösen Sandsteinen meist unter 1 Millidarcy (Abb. 5.19). Dabei ist eine freie Bewegung des Grundwassers nicht möglich. Aber durch die bergbauliche Störung des Gebirgsverbandes wird ein wesentlicher Teil der in den Fugen und Poren gespeicherten Wassermengen — wenigstens örtlich — frei. Sie haben seit Beginn des Bergbaus 1865 in 4 Abbausohlen von 2 auf 35 m^3/min zugenommen, und zwar steigen die Zuflüsse immer dann sprunghaft an, wenn neue Aufschlußarbeiten erfolgen, z. B. das Auffahren einer neuen Tiefbausohle. Anschließend nehmen sie wieder ab. Die Zuflüsse in der 900 m-Sohle sind nur noch gering, während die Grubengasmenge sprunghaft zunimmt (Abb. 5.19). Die Zuflüsse haben in geringeren Teufen auch eine starke Abhängigkeit von den Niederschlägen gezeigt — trotz der weithin deutlichen Ausbildung eines „schwebenden Grundwassers" in der das Karbon überziehenden dünnen Löß- und Geschiebelehmdecke. Zur Tiefe werden die meteorologischen Einflüsse geringer und hören ab ca. 700 m praktisch auf.

Hydrochemisch finden wir daher:

— oberflächennah (in tektonischen Störungszonen und in der Nähe von Grubenbauten auch tiefer hinabreichend) gering mineralisiertes, meteorologisch beeinflußtes Wasser vom Ca-(Mg)-Cl-(HCO_3)-Typ mit mittleren Verweilzeiten von einigen tausend Jahren,

— darunter gleichalte, aber durch Sulfid-Oxydation veränderte Ca-(Mg)-SO_4-Wässer und

— schließlich stark mineralisierte Tiefenwässer vom Na-(Ca, Mg)-Cl bzw. Na-Cl-Typ, als ^{3}H- und ^{14}C-freie Porenwässer der Karbonsedimente aufzufassen. Sie besitzen ein ^{14}C-Modell-Alter von über 30.000 Jahren und bilden im allgemeinen die stark versalzenen Grubenwässer der tieferen Lagerstättenbereiche. Nach BÄSSLER (1970) sind keine Anzeichen vorhanden, daß heute Zufuhren durch Ablaugung der rings um den Karbon-Horst auftretenden Salzlagerstätten erfolgen; ob dies früher geschah, ist nicht festzustellen.

Ibbenbüren ist das durch Grubenwasser am stärksten belastete Steinkohlen-Revier in der Bundesrepublik Deutschland, wie die folgende Aufstellung zeigt:

	Grubenwasserförderung		
	Mill m^3/1965	m^3/min	m^3/t v. F.
Ruhrrevier	136	260	1,2
Aachener Revier	19	37	2,4
Ibbenbürener Revier	26	50	11,8
Saarrevier	30	57	2,1

Die Gesamtwassermenge setzt sich aus vielen Einzelzuflüssen zusammen, die bei Durchörterung von Sprüngen und hinter den Abbaufronten des Bergbaus zusitzen, zunächst bis zu 12 m^3/min betragen und im Laufe von Monaten oder Jahren auf einen Bruchteil zurückgehen. Dabei verändern sich oft die chemischen Verhältnisse des zufließenden Wassers sehr wesentlich (BÄSSLER 1970).

Durch S-Isotopen-Untersuchungen hat BÄSSLER (1970) festgestellt, daß die Grubenwässer einen zur Tiefe hin zunehmenden δ^{34}S-Wert zeigen (von —4,1 bis + 21,2‰) — im Gegensatz zu den Evaporiten des Zechsteins, des Röt und des

Malm, die eng begrenzte Häufigkeitsverteilungen zeigen. Die Vorstellung eines stetigen Nachschubs von versalzenem Grundwasser aus dem Verbreitungsgebiet der Salzlager ist wohl auch auf diese Weise widerlegt.

Literatur

Bässler, R. (1970): Hydrogeologische, chemische und Isotopen-Untersuchungen der Grubenwässer des Ibbenbürener Steinkohlenreviers. Z. dtsch. geol. Ges. Sonderh. Hydrogeol. Hydrochem. S. 209—286, 28 Abb., 1 Tab.-Anh., Hannover.

De Sitter, L. U. (1947): Diagenesis of oil-field brines. Bull. Amer. Assoc. Petrol. Geol. **31**, No. 11, 2030—2040.

Herbst, G. (1964): Die Grubenwässer im Steinkohlenrevier von Aachen-Erkelenz. Z. dtsch. geol. Ges. **116**, 1, 70—75, 2 Abb., Hannover.

Kimpe, W. F. M. (1963): Geochemie des eaux dans le Houiller du Limbourg (Pays-Bas). Verh. Kon. Ned. Geol. Mijnbouwk. Gen., Geol. Serie, S. 25—45, 16 Abb.

5.3.7 Zusammenfassung von Erfahrungen in gefalteten Schichtfolgen der Subvariszischen Saumsenke (Kap. 5.3.5—5.3.6)

Für die Hydrogeologie terrigener gefalteter Ablagerungen in der Randsenke des Variszischen Gebirges lassen sich aufgrund der mitgeteilten Erfahrungen und von Beobachtungen in anderen Ländern mit ähnlichen hydrogeologischen Verhältnissen folgende Grundzüge zusammenfassend herausstellen:

Hydrogeologische Parameter

● Sandsteinbänke bilden in den mächtigen Schieferfolgen vielfach wiederholte, mäßig ergiebige Fugenaquifere. Das Maß der Fugenbildung hängt von der Art und der Intensität der Tektonik ab, die Öffnung der Fugen von der geologischen Position und der Tiefe der Erdoberfläche sowie von der geologischen Geschichte. Die Porosität ist im allgemeinen gering — mit Ausnahme der jüngsten Sandsteinbänke (im Norden des Ruhrreviers und in Ibbenbüren). Porosität und Fugenöffnungen nehmen zur Tiefe hin stark ab.

● Brüche im gefalteten Gebirge haben meist große hydrogeologische Bedeutung; sie verbinden die Fugenaquifere, sind selbst z. T. klaffend und wassererfüllt und gestatten oft einen weiten Wassertransport quer zur Richtung der Falten — auch z. T. über den Bereich des Karbons hinausgehend. Im Aachener Revier und bei Ibbenbüren schließen sie sich meist zur Tiefe hin.

● Brunnenergiebigkeiten lassen sich in Anbetracht des Bergbaus nur noch örtlich angeben, sie liegen bei mehreren Litern/s. Zuflüsse aus Störungszonen im Bergbau können mehrere m^3/min betragen, die meist nach Monaten oder Jahren teilweise nachlassen.

Grundwasserchemismus

● Es besteht eine zonare Gliederung des Wasserchemismus zur Tiefe hin. In deckgebirgsfreien Teilen aller Reviere treten oberflächennah HCO_3-Wässer, darunter bis in Tiefen von einigen hundert Metern Ca(Mg)-SO_4-Wässer auf, beide Typen mit relativ geringen Lösungsinhalten. Im Liegenden, sind vor allem unter abgedeckten Teilen des Karbons überall sulfatfreie Na-Cl-Wässer anzutreffen (im Ruhrgebiet bis 200 g/l, im Aachener Revier bis 20 g/l. Süße Wässer dringen örtlich auf Bruchlinien durch das Deckgebirge in das teilweise entwässerte unterlagernde Karbon ein.

- Konzentration und Temperatur der Solen nimmt zur Tiefe hin zu, sie sind mit vielen gelösten Stoffen beladen.
- Die Solen sind relativ alt und meist nicht durch Ablaugung von Salzlagern des Zechsteins (oder anderer Formationen, z. B. bei Ibbenbüren) entstanden.

Bergbauliche und öffentliche Wasserwirtschaft

- Im Süden des Ruhrreviers ist — bei fehlendem Deckgebirge — die pro Zeche zu hebende Grundwassermenge sehr erheblich (bis zu 600 l/s), im nördlichen Ruhrgebiet — unter dem teilweise schützenden Deckgebirge dagegen nur etwa 17 l/s je Zeche. Insgesamt wurden 1965 in den 3 nordrhein-westfälischen Steinkohlenrevieren 5780 l/s (= 347 m^3/min) Grubenwasser gefördert. Diese große Menge vermittelt einen Eindruck von der starken Wasserführung des gefalteten, bruchtektonisch beanspruchten und vom Bergbau beeinflußten Karbons.
- Das geförderte Wasser ist versalzen und für die meisten Verwendungszwecke zu sehr verschmutzt.
- Die Ballung von Industrie und Bevölkerung erfordert die Zufuhr von Wasser aus anderen Regionen: 1973 insgesamt 820 hm^3/a.
- Für die Beseitigung der großen verschmutzten Wassermengen aus dem Bergbau und aus dem Nutzungsbereich von Bevölkerung und Industrie ist eine regionale Abwasserbewirtschaftung notwendig. Besondere Probleme bilden dabei die z. T. aus den Bergbau-Abwässern stammenden NaCl-Mengen und die hohen Bariumgehalte.

Maßnahmen zur weiteren Erkundung und Gewinnung

- Chemische Untersuchungen, auch der „Spurenelemente“
- Altersbestimmungen und S-Isotopen-Bestimmungen zur weiteren Klärung der Herkunft der Tiefenwässer
- Färbeversuche zur Klärung hydraulischer Verbindungen

Die hier gegebene Darstellung gilt generell auch für andere Gebiete der Erde mit gefalteten paläozoischen Sedimentgesteinen, sofern die angegebenen Randbedingungen vergleichbar sind.

5.4 Klastische Gesteine des ungefalteten Paläozoikums in den europäischen Tafelgebieten (ohne Rotliegendes)

5.4.1 Ungefaltete Vorland-Sedimente des variszischen Gebirges zwischen Ruhrgebiet und Nordsee (ohne Rotliegendes)

Bei der Besprechung des Karbon-Vorkommens von Ibbenbüren wurde erwähnt, daß dieses eine Übergangsstellung zwischen dem gefalteten Südteil des Subvariszikums und den Vorland-Sedimenten, d. h. dem ungefalteten, tief versenkten Karbon-Komplex Norddeutschlands, der nördlichen Niederlande, der südlichen Nordsee und angrenzender Gebiete einnimmt. Bei Ibbenbüren ist die Bruchtektonik noch recht stark, aber die Faltung tritt sehr zurück, und die Porosität der Sandsteine nimmt in den hier bereits auftretenden jüngsten Schichtfolgen des Karbons bemerkenswert zu.

Nördlich des Ruhrgebietes ist, wie die Abb. 5.16 zeigt, die Verbreitung des Westfal D und des Stefans durch Bohrungen weithin nachgewiesen, besonders in der Ems-Zone und im Bereich dei Nordsee. Über Porositäten und Durchlässigkeiten sind bisher keine zusammenfassenden Übersichten publiziert worden. Es ist aber aus der verbreitet festgestellten, relativ geringen Inkohlung der jüngsten Karbonschichten (> 30—40% flücht. Best. von kohliger Subst.) und aus den Beziehungen zwischen Inkohlung und Nutzporosität der Speichergesteine nach Bartenstein und Teichmüller (1974; s. auch Abb. 2.3) vielleicht der Schluß zu ziehen, daß die Nutzporosität bei jungkarbonischen Sandsteinen in Teilen des in Frage stehenden Raumes zwischen 12 und 28% liegen kann, besonders bei Schwellenlage (Krebs 1975). Die meist starke Versenkung in mehrere tausend Meter Tiefe hat aber die Verkittung durch Karbonat-, Serizit- oder andere Mineralbildung in den Porenräumen begünstigt. So ist eine Zunahme der Nutzporosität und Permeabilität bei Sandsteinen mit abnehmendem geologischen Alter nach den in der Literatur bisher mitgeteilten Ergebnissen nicht überall erkennbar.

Einige Beispiele mögen dies erläutern:

Im *Westfal C* betragen die Nutzporositäten der UB150 bei Ibbenbüren 5—8% (Huffmann 1971), in der Bohrung Norddeutschland 8 bei Bentheim 0,3—4,4% (Bisewski 1971). Die entsprechenden Permeabilitäten für Luft wurden mit 0,1—0,3 bzw. 0,1—0,5 md angegeben.

Im *Westfal D* wurden u. a. folgende Angaben zur Nutzporosität gemacht: Ibbenbüren-Bockraden 8—14% (Huffmann 1971), Norddeutschland 8 0—2,8,%, Oberlanger Tenge Z 1 bei Meppen 2,5—8% (Fabian et al. 1962), Hoya Z 1 südwestlich Bremen 3,8—11,7% (Hecht et al. 1962), Rehden 0,6—12% (Fabian und Müller 1962), Grothusen Z 1 bei Emden maximal 6% (Trusheim 1959).

Die Permeabilitäten für Luft wurden bestimmt bei Bhg. Norddeutschland 8 zu < 0,1 md, bei Hoya Z 1 zu < 0,5 md und bei Rehden zu 0,3—3 md (max. 35 md). Die Gasführung in Rehden wurde von Fabian und Müller (1962, S. 1134) als Kluftförderung gedeutet.

Im *Stefan* liegt die Nutzporosität in der Bohrung Oberlanger Tenge Z 1 bei 10% (Fabian et al. 1962), in der Bohrung Wielen Z 1 bei 7—14% (Schuster 1962), in der Bohrung Adorf Z 6 bei 2—4% (max. 5) (Hüttner 1962), in Bohrung Ortland Z 1 bei 3,0—7,5% (Fabian und Müller 1962). Die Permeabilitäten betrugen in Mittel- und Grobsandsteinen bei Wielen 13—43 md, bei den beiden letztgenannten Bohrungen < 0,1 md.

Aus dem Nordseeraum sind nur wenig Werte bisher bekannt geworden.

In Gebieten mit großen Nutzporositäten sind — abgesehen von den Prospektionserfolgen in der Nordsee — auch in Norddeutschland viele exploitable Ölvorkommen und Lagerstätten trockener Erdgase in oberkarbonischen Festgesteinen bekannt geworden (Bartenstein und Teichmüller 1974). In Bereichen, in denen die Karbon-Schichtfolgen langandauernd magmatisch stark aufgeheizt oder wo sie 6000 m bzw. tiefer versenkt worden sind („Hamburger Becken"), ist die ehemalige Porosität sehr reduziert.

Unter dem 3000—5000 m mächtigen Oberkarbon ist in weiten Teilen der norddeutschen Senke ca. 2000 m Namur, dann Dinant, ein terrigenes Oberdevon und z. T. karbonatisches Mitteldevon verbreitet (s. Bohrung Münsterland). Darunter ist Kambrosilur zu erwarten. Alle Schichtfolgen sind zwar nicht gefaltet, aber Lagerungsstörungen werden von vielen Bohrungen beschrieben.

Die Entstehung der Solen ist — wie in den vorher schon besprochenen Ablagerungsräumen paläozoischer Sedimente — durch Diagenese alter eingeschlossener Meereswässer zu erklären. Die Einwirkung der im Zechstein darüber abgelagerten Salzlager und des in überlagernden mesozoischen Sedimenten vorhandenen salzigen Grundwassers ist als gering oder praktisch fehlend anzusehen. In Tonsteinen ist eine Paläosalinität durch Bestimmung der relativen Na-Sorptionen nachzuweisen (Ludwig 1971, Vinogradov und Ronov 1956). Die klimatischen Ablagerungsbedingungen (arid/semiarid/humid) lassen sich bei den überwiegend rotgefärbten Sedimenten des oberen Westfal D und Stefan durch Bestimmung des Bor-Gehaltes ermitteln (Ernst 1962).

5.4.2 Baltischer Schild in der Umgebung der Baltischen Syneklise

Das vorbeschriebene Sedimentbecken im Vorland des variszischen Gebirges wird nordostwärts etwa in der Linie Kopenhagen—Bornholm—Warschau durch eine mäßige oder vollständige Heraushebung des Kristallins des Baltischen Schildes begrenzt, verbunden mit einer grundlegenden Änderung der stratigraphischen und lithologischen Voraussetzungen für die über dem Kristallin abgelagerten paläozoischen Sedimente. Im Gegensatz zu den mächtigen Schichtfolgen vornehmlich jungpaläozoischen Alters im norddeutschen Becken sind diese auf dem Baltischen Schild meist stark reduziert; lediglich in der Baltischen Syneklise erreichen altpaläozoische Sedimente bemerkenswerte Mächtigkeiten. Über dem Kristallin ruht westlich der Ostsee in flacher Lagerung im allgemeinen eine geringmächtige kambrische terrigene Schichtfolge mit porös-klüftigen Sandsteinen, die ein gewisses Interesse für die Wasserversorgung besitzt.

So wird im Südosten Schonens ein Grundwasservorkommen in klüftig-porösen kambrischen Sandsteinen genutzt; die mittlere Ergiebigkeit wird mit 5 l/s angegeben (Hoernsten 1978).

Die darüber liegenden verwitterten Schiefer und Alaunschiefer des Altpaläozoikums besitzen nur eine geringe Grundwasserführung, die stark von der tektonischen Beanspruchung des Gesteins abhängt. Die mittlere Ergiebigkeit der bis 150 m tiefen Brunnen beträgt etwa 0,5 l/s. Das Grundwasser enthält manchmal Schwefelwasserstoff. Gelegentlich werden die Schiefer von Basaltgängen durchschlagen, die lokal eine Auflockerung des Gesteinsverbandes und damit eine höhere Grundwasserführung der Gesteine bewirken. Der Verlauf der Gänge wird durch die quartären Deckschichten hindurch magnetometrisch erkundet.

Östlich der Ostsee haben die Schichten des mittleren Kambriums und Ordoviz bei ausstreichender oder wenig tiefer Lagerung erhebliches Interesse für die Wasserversorgung, bei mitteltiefer Lagerung wegen der Erdölführung.

Bei einer Erdöllagerstätte nordöstlich des Kurischen Haffs wird angegeben, daß es sich um einen klüftig-porösen Speichertyp handelt, daß die Porosität im Mittel nicht 3—8% übersteigt, die Permeabilität nicht 60 md. Im Raum östlich Kaliningrad (Königsberg) beträgt die Porosität der Sandsteine im Durchschnitt 10—14%, die Permeabilität über 100 md (Maksimov und Botneva 1973). Die im Kambrium und Ordoviz des zentralen Teils der Baltischen Syneklise angetroffenen Wässer sollen „gering sulfatische Laugen vom Chlorkalziumtyp mit einer Mineralisation von 100—194 g/l“ sein.

Die Erdöllagerstätten und Erdölanzeichen gehören — regional gesehen — einem Gürtel an, der im E, SE und S der Kurischen Senke (= Danziger Senke), den Kern der Baltischen Syneklise umgibt. In dem Maße, wie die Schichten ostwärts sich herausheben, ist mit Aussüßung des Grundwassers und seiner Nutzungsmöglichkeit zu rechnen („Auswaschung der Randzonen der Syneklise").

5.4.3 Baltischer Schild in der nördlichen Umrahmung des Moskauer Beckens

Östlich und nordöstlich des im vorigen Abschnitt besprochenen Teiles des Baltischen Schildes herrschen grundsätzlich analoge geologisch-tektonische und hydrogeologische Verhältnisse. Von dort liegen viele bemerkenswerte Beobachtungen vor. Aquifere von ungewöhnlich hohem geologischen Alter, die sich in den meisten Teilen Europas als praktisch nicht wasserhöffig erwiesen haben, werden hier in großem Maße genutzt. Eine etwas eingehendere Darstellung in diesem Rahmen scheint gerechtfertigt. Sie stützt sich im wesentlichen auf die Erläuterungen zur Internat. Hydrogeol. Karte von Europa, Blatt Moskau—Leningrad (1979) von Egorov und Nikolaev.

Südlich des Ladoga- und des Onega-Sees sowie des Golfes von Finland ruht auf dem Kristallin des Baltischen Schildes — im Onega-Ladoga-Isthmus auf dem metamorphen Jotnium — zunächst ein ungefaltetes und wenig diagenetisch verändertes *Eokambrium.* Es handelt sich vor allem um die *Valdai-Serie* (die älteren eokambrischen Gesteinsserien treten hier nicht an die Oberfläche), die den porös klüftigen Gdov-Aquifer enthält; er wird von der praktisch undurchlässigen Kotlin-Serie überdeckt. Im Onega-Ladoga-Isthmus gibt es sogar 2 Aquifere, in grabenartigen Versenkungen am Ladoga-See noch weitere, in älteren eokambrischen, 400—500 m mächtigen Schichtfolgen. Es sind wasserführende Sandsteine mit Zwischenlagen von Sanden, Siltsteinen, Silten und Tonen. Z. T .sind die Sandsteine grobkörnig (gritstones).

Normale Mächtigkeit 40—30 m, in der Tiefe bis 120—160 m, auf dem Isthmus nur 1—10 m. Die Produktivität wird auf dem Karelischen Isthmus und im Subclint-Flachland als beträchtlich angegeben. Die spezifische Ergiebigkeit reicht von einigen Zehntel bis 1—2 l/s, die mögliche Brunnenleistung ist meist 3—10 l/s, lokal > 10 l/s. Im Onega-Ladoga-Isthmus ist die Ergiebigkeit bedeutend niedriger (spezifische Ergiebigkeit nicht mehr als 0,3 bis 0,5 l/s). Das Wasser ist gespannt, das Druckniveau nimmt zum Meer und zu den Seen hin ab. Im Gebiet von Leningrad besteht eine piezometrische Depression infolge starker Nutzung dieses Aquifers.

Süßwasser ist nur im nördlichen Teil des Karelischen und des Onega-Ladoga-Isthmus vorhanden. Beim südwärtigen Abtauchen der Schichtfolgen nimmt die Salinität schnell zu (bis 200 g/l in der Valdai-Region). Es handelt sich um Ca-HCO^3- und Na-Ca-HCO^3-Wässer, die in Na-Ca-Cl-Wässer übergehen; dabei steigt der Br-Gehalt bis zu 300—500 mg/l an.

Innerhalb der abdeckenden *Kotlin-Serie* ist auf dem Onega-Ladoga-Isthmus (nur hier) ein wasserführender Horizont entwickelt, der aus Sandsteinen, Sanden, Siltsteinen und Ton besteht und 25—30 m mächtig ist.

Die spezifische Ergiebigkeit beträgt 0,1—0,3 l/s, jedoch steigt die Brunnenleistung (z. B. in der Nähe der Stadt Podporozhje) bis auf 3—4 l/s. Das Grundwasser ist gespannt, und das Druckniveau liegt in den Tälern der Flüsse Svir und Ojat über der Erdoberfläche. Süßwasser vom Na-Ca-HCO_3-Typ ist nur in einem begrenzten Gebiet vorhanden; beim Abtauchen der Schichten steigt die Salinität an.

Dieser Kotlin-Aquifer ist im Onega-Ladoga-Isthmus die zuverlässigste Grundlage der Wasserversorgung.

Das Eokambrium wird konkordant von *kambrischen und ordovizischen Sedimenten* überlagert, die — wie die unterlagernden eokambrischen Schichtfolgen und wie die kambro-silurischen Schichten im schwedischen Anteil des Baltischen Schildes — nur schwach diagenetisch verändert sind und z. T. gute Aquifere im weiteren Bereich der Russischen Tafel darstellen.

Zuunterst liegen *geklüftete kambrische Sandsteine und Siltsteine* mit Zwischenlagen von Ton in einem schmalen Streifen der Subclint-Zone und südlich des Ladoga-Sees. Die Folge ist im Norden 10—15 m, nach S hin bis 30—40 m mächtig.

Die spezifische Ergiebigkeit beträgt gewöhnlich nicht mehr als 0,1—0,2 l/s, die mögliche Brunnenleistung 0,5—3 l/s. Das Wasser ist gespannt und nur in einem 3—4 km breiten Streifen parallel dem Ausbiß süß. Mit dem Abtauchen nimmt die Salinität zu, sodaß in der Moskau-Depression Na-Ca-Cl-Solen mit 100 g/l und Br-Gehalte von 250 mg/l angetroffen werden.

Darüber folgt der 60—120 m mächtige *Blaue Ton,* der die verbreitetste undurchlässige Lage des ganzen Gebietes bildet.

Er wird von einem *kambrisch-ordovizischen porös-klüftigen Aquifer* überlagert, der in einem schmalen Streifen am Fuß des Clint ausstreicht, unter dem ordovizischen Plateau 20—30 m, anderwärts auch 120—150 m erreichen kann. Er besteht aus Sandsteinen, Siltsteinen, Sandlagen, gelegentlich Tonen und Schiefern.

Der Aquifer ist mäßig produktiv, die spezifische Ergiebigkeit beträgt 0,1—0,5 l/s, die mögliche Brunnenleistung wird auf 1—5 l/s geschätzt. Quellschüttungen am Clint aus diesem Komplex betragen nur 1/100—1/10 l/s. Zur Tiefe hin geht das im Ausstrichbereich süße Grundwasser auch hier in salziges über (bis 200 g/l und Br-Gehalte bis 1 g/l). Der Aquifer spielt eine große Rolle für die Wasserversorgung in der Subclintzone und im anschließenden Teil des Ordovizischen Plateaus.

Die darüber lagernden klüftigen und verkarsteten karbonatischen Gesteine des *Ordoviz* werden hier übergangen.

Es folgt ein *klüftig-poröser Aquifer des Mitteldevons* (Pyarnu-Horizont), überwiegend aus Sandsteinen bestehend, denen untergeordnet Tone und Siltsteine eingeschaltet sind und deren Mächtigkeit im N und NE 10—30 m, weiter südlich 60—90 m beträgt.

Die spezifische Ergiebigkeit wird mit etwa 0,1—0,2 l/s angegeben. Das Wasser ist gespannt und meist versalzen.

Darüber legt sich der *mitteldevonische geklüftete und* verkarstete Narov-Komplex, dann folgt der *mittel- und oberdevonische poröse Aquifer* von Sanden und schwach zementierten Sandsteinen mit Zwischenlagen von Tonen und Siltsteinen, der im Onega-Ladoga-Isthmus direkt unter dem Quartär liegt. Der Komplex ist 75—150 m, nordostwärts sogar bis 200 m mächtig.

Die spezifische Ergiebigkeit wird mit 0,3—0,5 l/s angegeben, die Brunnenleistung kann 3—10 l/s betragen. Nahe dem Ausbiß ist das Wasser süß und wird für die Wasserversorgung genutzt; zum Moskauer Becken hin wird das Grundwasser salzig.

Das höchste Devon, Unter- und Oberkarbon sowie Perm werden weitgehend aus karbonatischen Gesteinen aufgebaut. Sie sind demnach in petrographischer und hydrogeologischer Hinsicht nicht mit den gleichalten Gesteinsfolgen des Molassebeckens des Variszischen Gebirges zu vergleichen. Auch die Mächtigkeiten sind wesentlich geringer.

5.4.4 Böhmen

Im Zentrum Böhmens liegen in einer SW—NE streichenden Mulde über den kristallinen und metamorphen Gesteinen des Sockels wenig metamorphe, praktisch ungefaltete präkambrische Serien (Schiefer, Grauwacken und Spilite), paläozoische Sedimente und saure Effusiva in großer Mächtigkeit (Myslil, Chaloupska 1964; Zima 1967; Jetel 1977).

Die *präkambrischen Schichtfolgen des sogenannten Barrandiums* sind im allgemeinen arm an Grundwasser, die Permeabilitäten sind relativ gering, die spezifischen Ergiebigkeiten liegen zwischen 0,05 und 0,1 l/s · m, die Quellschüttungen bleiben meist unter 1 l/s. Auch die *klastischen Sedimente, Schiefer und Vulkanite des Paläozoikums* sind kaum als höffiger anzusprechen. Spezifische Brunnenergiebigkeiten betragen im Mittel etwa 0,06 l/s · m, Quellschüttungen 0,3 l/s, maximal 3 l/s. Vergleichsweise sei angeführt, daß im Kern des Barrandiums verkarstete, tektonisch zerstückelte devonische und silurische Kalke eine beschränkte, aber im allgemeinen bessere Möglichkeit zur Grundwasserbildung und -gewinnung zeigen.

Wesentlich jüngere porös-klüftige Aquifere sind in den *Permokarbon-Becken Inner-Böhmens* enthalten, die praktisch ungefaltet sind und aus Wechsellagerungen von Sandsteinen, Arkosen und Tonsteinen mit wichtigen Steinkohlenflözen bestehen. Sie treten südlich der Linie Turnov—Litoměřice—Doupovské hory unter der Kreidebedeckung hervor. Im Süden füllen sie die kleinen Becken von Manětín, Radnice, Plzeň und Český Brod aus. In Richtung auf die nordöstliche Randstörung von Lužice schalten sich zunehmend permische Melaphyre und Porphyre ein.

Kennzeichnend für das Permokarbon ist die schnelle und stetige Abnahme der Durchlässigkeit und Porosität mit zunehmender Tiefe. Während an der Oberfläche (bis in Tiefen von 50 m bis 100 m) die Durchlässigkeitswerte zwischen 7×10^{-6} und 6×10^{-5} m/s, die spezifischen Ergiebigkeiten zwischen 0,1 und 1 l/s · m und die Transmissivitäten zwischen $9 \cdot 10^{-5}$ und $6 \cdot 10^{-4}$ m²/s variieren, beträgt die Durchlässigkeit in 1000 m Tiefe nur noch 10^{-9} m/s. Die Permeabilität nimmt innerhalb 100 m Teufenunterschied bisweilen um 60—70% ab (Jetel 1977). Die wenigen Quellen im Ausstrichbereich des Permokarbons schütten weniger als 1 l/s, Bohrbrunnen erreichen maximale Ergiebigkeiten von 10 l/s, in einigen Randbereichen einige Zehner l/s. Die Brunnentiefe sollte 100 m nicht übersteigen, da bereits in Tiefen von 250 m bis 600 m Salzwasser angetroffen wird (Typ Na-Cl und Ca-Cl), das eine ausgeprägte vertikale Zonalität aufweist (Jetel 1977). Die bis zu 66 g/l mineralisierten Wässer sind reich an Bor (508 mg) und Strontium. In der Umgebung von Slaný und Mseno treten hochmineralisierte Wässer (60 g/l) aus, die an bathygenem CO_2 gesättigt sind.

5.4.5 Hinweise auf ungefaltetes Paläozoikum in anderen Teilen der Erde

In *Afrika* ist flachliegendes Paläozoikum in weiter Verbreitung über präkambrischem „dichten" Grundgebirge bekannt. So beschrieb u. a. KLITZSCH (1972) aus dem Becken von Murzuk und Kufra (mittlere Sahara) marine und kontinentale Sandsteine des Kambriums, des Ordoviziums, des Devons und Karbons, die nach Kernuntersuchungen bei Erdölbohrungen Porositäten von 3—21% (i. allg. 8—12%) aufwiesen, wobei keine deutliche Teufenabhängigkeit festzustellen war (tiefste Kerne und Tests bei rund 2500 m Tiefe in kambroordovizischen Sandsteinen). Im jungpaläozoischen, rein kontinentalen Oberbau der Becken (Oberkarbon und Mesozoikum) wurde im allgemeinen „recht reines bis schwach brackisches Süßwasser" festgestellt, in den tiefer liegenden Schichten nur in einem ca. 100 km breiten Bereich beckenwärts vom Ausbiß einer abdeckenden Schicht. Salzwasser findet sich im Oberbau nur dort, wo marine Überflutungen im Mesozoikum oder Tertiär stattfanden. Es wird die Auffassung einer Abriegelung des Grundwassers in den Beckenstrukturen vertreten, — im Gegensatz zur vielfach geäußerten Annahme einer weiträumigen Wanderung rezenten oder pluvialen Grundwassers vom Süden nach Norden.

Aus den USA sollen vergleichsweise zwei Beispiele kurz beschrieben werden, bei denen die höhere Porosität des ungefalteten Paläozoikums wirtschaftlich intensiv genutzt wird:

— Im weitgespannten Herscher Dome, Illinois, 80 km südlich von Chikago, besteht der 30 m mächtige Galesville-Sandstone im mittleren Teil der kambrischen Schichtfolge aus weißen, fein- bis mittelkörnigen, ziemlich gleichkörnigen wenig verfestigten Sandsteinen mit 18,5% Porosität und ca. 800 md. Dies und die Abdeckung durch die 40 m mächtige Ironton-Stufe mit dunklen Tonsteinbänken und sehr dichten bis feinkristallinen, 1—2 Fuß dicken Dolomitbänken ermöglichen die Nutzung als künstlicher unterirdischer Gasspeicher für Chikago durch die Natural Gas Storage Company of Illinois (Jahresausgleichspeicher).

— Im Florissant Project bei St. Louis besteht der 20—30 m mächtige St. Peter-Sandstone des mittleren Ordoviz aus wasserklaren, sehr gleichkörnigen, bindemittelfreien, wenig verbackenen Quarzkörnern von ca. 0,1—0,3 mm. Er hat eine Porosität von 18% und eine Permeabilität von 400—600 md. Auch hier ermöglicht die vorzügliche Beschaffenheit eines altpaläozoischen Sandsteins und eine Abdeckung durch den als dicht angesehenen Trenton-Dolomit die Nutzung als bedeutender Gasspeicher.

5.4.6 Zusammenfassung für den Bereich des ungefalteten Paläozoikums

Hydrogeologische Parameter

● Unterschiedliche, örtlich oder gebietsweise auch höhere Porositäten und Permeabiliäten in den jüngsten Sandsteinen der ungefalteten karbonischen Becken-Ablagerungen Norddeutschlands und angrenzender Gebiete. Diesbezügliche Einschränkungen, vor allem durch übertiefe Absenkungen der Schichtfolgen und durch regionale Aufheizungen. Fugenöffnungen dürften im allgemeinen verhältnismäßig gering sein. Über hydrogeologische Auswirkungen größerer Tiefenbrüche ist nichts bekannt.

● In wenig oder nur mäßig abgesenkten Bereichen des Baltischen Schildes und Böhmens sind Porositäten und Fugenhohlräume auch bei geologisch sehr alten, klastischen Gesteinen in großem und wasserwirtschaftlich wichtigem Maße erhalten geblieben. Dies trifft für präkambrische und eokambrische Sedimente Böhmens und NW-Rußlands zu sowie für die verschiedenen paläozoischen terrigenen Aquifere des Baltischen Schildes beiderseits der Ostsee, der nordwestlichen UdSSR und Böhmens. In Tab. 13 sind einige bisher bekannt gewordene hydrogeologische Parameter für diese Räume zusammengestellt. Sie läßt u. a. erkennen, daß die möglichen Brunnenleistungen durchwegs recht beachtlich sind.

Wasserqualität und Auftreten von Kohlenwasserstoffen

● Im Ausgehenden und in einem jeweils schmalen Streifen parallel zum Ausbiß ist das Grundwasser im Altpaläozoikum NE-Europas süß und nutzbar. In dem Maße, wie die Schichten beckenwärts abtauchen, stellt sich eine höhere Mineralisation ein, die Wässer werden ungenießbar. Die Konzentrationen steigen mit der Tiefe an;

Tabelle 13. *Präkambrische und paläozoische Sandstein-Aquifere auf dem Baltischen Schild und in Böhmen*

	Porosität %	Permeabilität m/s	Permeabilität md	Transmissivität m^3/s	spezifische Ergiebigkeit l/s·m	mögliche Brunnenleistung l/s	Quellschüttung l/s
Präkambrium in Böhmen					0,05—1		
Eokambrium (Valdai-Serie) im karelischen Isthmus u. Subclint					0,2 —2	3—10, lokal >10	
im Onega-Ladoga-Isthmus					0,3 —0,5		
Eokambrium (Kotlin-Serie) im Onega-Ladoga-Isthmus					0,1 —0,3	örtlich 3—4	
Kambrium im Ladoga-Gebiet					0,1 —0,2	0,5—3	
Kambrium östlich der Ostsee (Ishora-Horizont)	3—8 10—14		60 >100				
Kambrium in Südschweden						5*	
Kambrium — Ordoviz in Clint und ordov. Plateau					0,1 —0,5	1—5	<0,1
Mitteldevon in weiterer Umgebung von Leningrad					0,1 —0,2		
Mittel- und Oberdevon in weiterer Umgebung von Leningrad					0,3— 0,5	3—10	
Altpaläozoikum Böhmens					0,06		0,3—3
Permokarbon Böhmens		$7 \cdot 10^{-6}$ bis $6 \cdot 10^{-5}$		$9 \cdot 10^{-5}$ bis $6 \cdot 10^{-4}$	0,1 —1	10 und mehr	<1

* = „mittlere" Ergiebigkeit

diese Beobachtungen stimmen mit den in der subvariszischen und Vorland-Senke gemachten überein.

● Hohe Br-Gehalte werden in allen überdeckten Aquiferen angegeben, die Konzentrationen nehmen mit zunehmender Tiefe zu.

● In geeigneten Strukturen und geologischen, bzw. lithologischen Fallen des Altpaläozoikums finden sich am Osthang der Baltischen Syneklise statt der erwähnten Wässer lokal Erdöl und Erdgas, z. T. nur in Spuren, an vielen Stellen ausbeutbar. Die Vorkommen sind nach der herrschenden Meinung durch aufsteigende laterale Migration aus der Tiefe der Syneklise entstanden, sie setzen in gleicher Weise ausreichende Porositäten wie die Grundwässer für ihre Bewegungsmöglichkeit voraus.

● Die Möglichkeit technischer Nutzung der höheren Porositäten für künstliche unterirdische Gasspeicherung wird an 2 Beispielen aus den USA aufgezeigt.

Literatur

Autorenkollektiv, zusammengestellt von Tugolesow, A. (1971): Erdöl- und Erdgassuche im Ostseebecken. Z. angew. Geol. **17**, 3, 73—80, Berlin.

Bartenstein, H., Teichmüller, R. (1974): Inkohlungsuntersuchungen, ein Schlüssel zur Prospektierung von paläozoischen Kohlenwasserstoff-Lagerstätten? Fortschr. Geol. Rheinld. u. Westf. **24**, 129—160, 17 Abb., 1 Tab., Krefeld.

Bisewski, L. (1971): Das jüngere Oberkarbon der Bohrung Norddeutschland 8 bei Bentheim. Fortschr. Rheinld. u. Westf. **18**, 263—280, 1 Taf., 2 Abb., 1 Tab., Krefeld.

De Geer, J., Hörnsten, Å. (1977): La Scanie ... In: Notice explicative de la carte hydrogéol. internat. de l'Europe, feuille C 4-Berlin. BGR-Hannover und UNESCO-Paris.

Egorov, S. V., Nikolaev, Yu. V. (1979): International Hydrogeological Map of Europe, scale 1 : 1 500 000. Explanatory Note, Sheet E 3 — Moskva. BGR-Hannover und UNESCO-Paris.

Ernst, W. (1962): Die fazielle und stratigraphische Bedeutung der Bor-Gehalte im jüngsten Oberkarbon und Rotliegenden Nordwestdeutschlands. Fortschr. Geol. Rheinld. u. Westf. **3,2**, 423—428, Krefeld.

Fabian, H.-J., Gaertner, H., Müller, G. (1962): Oberkarbon und Perm der Bohrung Oberlanger Tenge Z1 im Emsland.

—, Müller, G. (1962): Zur Petrographie und Altersstellung präsalinarer Sedimente zwischen der mittleren Weser und der Ems. Fortschr. Geol. Rheinld. u. Westf. **3,3**, 1115—1140, 4 Taf., 3 Abb., Krefeld.

Hecht, F., Hering, O., Knobloch, J., Kubella, K., Rühl, W. (1962): Stratigraphie, Speichergesteinsausbildung und Kohlenwasserstoff-Führung im Rotliegenden und Karbon der Tiefbohrung Hoya Z 1. Fortschr. Geol. Rheinld. u. Westf. **3**, 1061—1074, 3 Taf., 1 Tab., Krefeld.

Hüttner, H. (1962): Das Stefan-Profil der Bohrung Adorf Z 6. Fortschr. Geol. Rheinld. u. Westf. **3,3**, 1109—1114, 1 Abb., Krefeld.

Huffmann, H. (1971): Gesteinsphysikalische Daten von Sandsteinproben aus der Untertagebohrung 150 und den Bohrungen Bockraden 1 und 2 der Steinkohlenwerke Ibbenbüren. Fortschr. Geol. Rheinld. u. Westf. **18**, 111—120, 1 Abb., 5 Tab., Krefeld.

Jetel, J. (1977): Le massif de Bohême et la région du Barrandien. In: Notice explicative de la carte hydrogéol. internat. de l'Europe, feuille C 4-Berlin. BGR-Hannover und UNESCO-Paris.

Klitzsch, E. (1972): s. Literaturverzeichnis zu Kap. 5.6.

Krebs, W. (1975): Geologische Aspekte der Tiefenexploration im Paläozoikum Norddeutschlands und der südl. Nordsee. Erdöl/Erdgas-Zeitschr. **91**, 277—284, 3 Abb., Hamburg, Urban-Verlag.

Ludwig, G. (1971): Die Paläosalinität oberkarbonischer Tonsteine der Untertagebohrung 150 Ibbenbüren. Fortschr. Geol. Rheinld. u. Westf. **18**, 101—110, 4 Abb., Krefeld.

Maksimow, S. P., Botnewa, T. A. (1973): Die Bildungsbesonderheiten der Erdöllager in kambrischen Schichten der Baltischen Syneklise. Z. angew. Geol. **19**, 4, 164—168, 3 Abb., 1 Tab., Berlin.

MYSLIL, V., CHALOUPSKA, M. (1964): Notice explicative pour la maquette de la carte hydrogéol. de l'Europe: la partie méridionale du Massif Bohémien. Mém. Assoc. internat. Hydrogéol. V (Congr. d'Athènes 1962), S. 395—396, Athènes.

SCHUSTER, A. (1962): Das Stefan in der Bohrung Wielen Z 1. Fortschr. Geol. Rheinld. u. Westf. **3**,**3**, 1097—1108, 3 Abb., 1 Tab., Krefeld.

VINOGRADOV, A. P., RONOV, A. B. (1956): Evolution of the chemical composition of clays of the Russian platform. Geochemistry internat. **2**, 123—139, Washington.

ZIMA, K. (1967): Quelques connaissances sur la circulation des eaux souterraines dans les formations non karstifiées en Tchécoslovaquie. Assoc. internat. Hydrol. scient., Publ. **74** (t. II Actes coll. Dubrovnik 1965), S. 489—495, 3 Abb., Gentbrugge.

5.5 Das Molassestockwerk des paläozoischen Gebirges (Oberkarbon und Rotliegendes)

5.5.1 Allgemeines (R. HOHL und H. KARRENBERG)

Nach der Faltung und Heraushebung des variszischen Gebirges bildeten sich — besonders im Bereich der saxo-thuringischen Zone — weitgespannte, kontinentale, „intramontane" Becken, die sich mit mächtigen Molasseaufschüttungen, dem Schutt der umgebenden Gebirge bzw. Schwellen und mit mächtigen vulkanischen Gesteinsmassen füllten. Die Entwicklung der Molasseablagerungen setzte teilweise bereits im höchsten Dinant, vor allem aber im Oberkarbon ein. Die oft zu Beginn erst kleinen Becken vereinigten, vertieften und verbreiterten sich im Unteren und vor allem im Oberen Rotliegenden [1].

In der moldanubischen Zone des variszischen Gebirges sind ähnliche intramontane Becken wesentlich weniger ausgedehnt und weniger tief (einige hundert Meter Sedimentmächtigkeit). In der rheno-herzynischen Zone fehlt eine solche Eindeckung mit festländischem Gebirgsschutt des Rotliegenden fast ganz, aber das weite subvariszische, im Oberkarbon zeitweise noch marine Senkungsfeld im norddeutschen Raum senkte sich während des Rotliegenden weiter ab, regional sogar sehr intensiv (z. B. Unterelbe-Trog mit Salinar), aber mit geringer Beteiligung von Vulkaniten (5.5.5). Die Sedimente dieses Raumes haben in der neueren Erdöl- und Erdgasprospektion ein besonderes Interesse gefunden.

Die wichtigsten Molassetröge im sächsisch-thüringischen Raum (Abb. 5.20) sind:

— der *Saaletrog* mit dem Halleschen Permokarbonkomplex, in dessen Troginnern vulkanische Gesteine fehlen — im Gegensatz zu den randlichen Bereichen — und die Molassen um 2000 m erreichen,

— der *Werdau-Hainichener Trog* („Erzgebirgisches Becken") mit den Steinkohlenflözen des Westfal D von Zwickau-Ölsnitz, wo allein die Ablagerungen des Rotliegenden bis 1000 m Mächtigkeit erreichen,

— der *Döhlener Trog* bei Dresden mit um 600 m mächtigen sedimentären und vulkanischen Bildungen sowie Steinkohlenflözen des Unterrotliegenden (Autun).

Außerdem ist eine Reihe kleinerer Permosilesvorkommen [1] zu nennen, z. B. im Raum *Leipzig* und am *Kyffhäuser*.

---

[1] Weil die terrestrischen bis limnisch-fluviatilen, klastischen Molassesedimente in der Nähe der Karbon/Perm-Grenze oft nicht sicher einzustufen sind, werden sie häufig zusammengefaßt als *Permokarbon* oder *Permosiles* (Rotliegendes = Unterperm und Oberkarbon = Siles).

Einen besonderen Charakter besitzt der *Eruptivkomplex im Raum Halle (Saale)*, an den sich nach SE der über 2000 km² große *Nordsächsische Vulkanitkomplex* anschließt. Mit seinen mehr als 1000 m mächtigen unterschiedlichen Laven, Ignimbriten und Tuffen, nur wenigen Sedimenten des Autun und seltenen Bildungen des Saxon, die ohne scharfe Grenze in den terrestrischen Zechstein übergehen, nimmt dieser Komplex auch hydrogeologisch eine Sonderstellung ein und wird gesondert beschrieben (5.5.3).

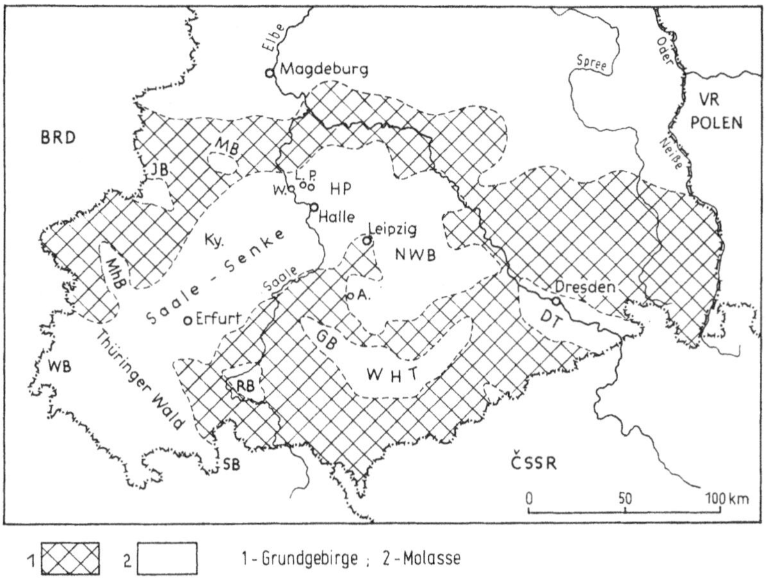

Abb. 5.20. Übersichtsskizze der Permosilesvorkommen in Sachsen und Thüringen (DDR), unter Verwendung einer Karte von G. Katzung (Paläogeographie des Autun), ergänzt von R. Hohl. *A* Altenburg; *DT* Döhlener Trog; *GB* Geraer Becken; *HP* Hallescher Permosiles-Komplex; *IB* Ilfelder Becken; *Ky* Kyffhäuser; *L.* Löbejün; *MB* Meisdorfer Becken; *MhB* Mühlhäuser Becken; *NWB* Nordwestsächsisches Becken; *P.* Plötz; *RB* Rudolstädter Becken; *SB* Stockheimer Becken; *W.* Wettin; *WB* Werra-Becken; *WHT* Werdau-Hainichener Trog („Erzgebirgisches Becken")

Die wichtigsten Molassevorkommen westlich des Thüringer Waldes werden unter dem Begriff *Saar-Nahe-Werra-Trog* (als Teil des früheren Saar-Saale-Troges) zusammengefaßt (s. Abb. 5.26). Dazu gehören:

— das *osthessische Oberrotliegende*, das im Bad Hersfelder Raum mit mehr als 600 m Mächtigkeit erbohrt wurde (Treischfelder Bohrungen) und das zutage anstehende Rotliegende des *Richelsdorfer Gebirges*,

— das Rotliegende am Nordrand des Spessart- und des Odenwald-Kristallins,

— die ca. 140 km lange *Saar-Nahe Senke* und die kleinere *Wittlicher Senke*.

5.5.2 Hydrogeologische Verhältnisse der permosilesischen Sedimente im sächsisch-thüringischen Raum (R. Hohl)

Die unter ariden und semiariden Klimabedingungen gebildeten, meist roten, klastischen Molassesedimente bestehen aus Konglomeraten, Sandsteinen unterschiedlicher Körnung, auch Arkosen, sowie Ton- und Schluffsteinen

(Schiefertonen), dazu örtlichen Einschaltungen von Vulkaniten und deren Tuffen. In den tieferen Teilen der Tröge treten gelegentlich Steinkohlenflöze und Brandschiefer auf, in deren Bereich die umgebenden Sedimente eine graue bis schwarze Färbung aufweisen. Der für die festländischen Bildungen bezeichnende, rasche horizontale und vertikale lithologische Wechsel der Fazies sowie ihrer Mächtigkeit auf oft kürzester Entfernung von wenigen Zehnern bis Hunderten von Metern, die vielfache Wechsellagerung durchlässiger und schwer bis undurchlässiger Schichten hat hydrogeologisch größte Bedeutung und läßt eine im einzelnen veränderliche Grundwasserführung erwarten. Im allgemeinen nimmt die Leistung von Brunnen in diesen Serien mit zunehmender Mächtigkeit und Anzahl der durchlässigen Sandsteine, Konglomerate und verwandter Gesteine (im Sinne mehrerer, übereinanderlagernder kleiner Grundwasserstockwerke, mithin mit der Tiefe der Bohrungen) zu, die meist zwischen 30 und 150 m liegen. Die Erfahrung lehrt, daß die Wasserführung in der Regel an wenige, oft nur geringmächtige feinklüftige Lagen gebunden ist. Daher sind Porenwasserzuflüsse unbedeutend, dagegen Zerklüftung, Zerrüttungszonen und Verwerfungen sowie lokale Auflockerungen von Sandsteinen und besonders Konglomeraten für die Wassererschließung entscheidend, so daß beim Antreffen solcher Trennfugen oft eine auffällige Erhöhung des Wasserzulaufs vorhanden ist. Das sedimentäre Permosiles ist in Sachsen und Thüringen im ganzen als bescheidener Kluftwasseraquifer anzusprechen.

In der *Saale-Senke* (Saale-Trog) treten das Siles und besonders das Rotliegende im Raum von *Halle (Saale)* und im *Thüringer Wald* in großer Mächtigkeit zutage. Ein jetzt auflässiger Steinkohlenbergbau im Halleschen Permosileskomplex des Raumes *Wettin-Löbejün-Plötz* hat das Siles (Stefan) und Autun zudem gut aufgeschlossen. Die rhythmisch gegliederten Molassefolgen sowie Vulkanite werden hier über 1000 m mächtig. Im Steinkohlenbergwerk Plötz war die Wasserhaltung mit ca. 10 000 m^3/d beträchtlich. Allerdings erfolgte der Zulauf auch aus pleistozänen Schottern im Hangenden des festen Gebirges über Spalten bis in die Grubenbaue.

Eine Reihe Bohrungen im Oberkarbon von 40 bis 100 m Tiefe, vereinzelt auch bis 140 m, hat z. T. überflurgespanntes Grundwasser in Mengen von 1,4 bis 1,8 l/s erschlossen, wobei der artesische Überlauf allmählich nachgelassen hat. Eine 625 m tiefe Bohrung im Rotliegenden und darunter im Siles erbrachte einen Überlauf von 5 l/s, der im wesentlichen auf Spaltenwasserzutritt in unterschiedlicher Tiefe beruht. Einige Überlaufquellen schütten um 1 l/s. In Bohrbrunnen in karbonischen Schichten, die in klüftigen Sandsteinen bzw. in Störungszonen stehen, beträgt die spezifische Ergiebigkeit im Mittel 1,4 bis 0,4 l/s · m bei Dauerentnahmen von 10 bis 20 m^3/h. Bei stärkerer Absenkung des Ruhewasserspiegels läßt die Ergiebigkeit infolge Abnahme der Klüftigkeit mit der Tiefe nach. Im Unterrotliegenden ist die Ergiebigkeit mit 0,2 l/s · m niedriger, in den stark klüftigen Porphyrkonglomeraten des Oberrotliegenden dagegen wesentlich höher, so daß sich diese Gesteinsgruppe für Brunnenbohrungen anbietet. Gelegentlich wurden in Störungsbereichen Ergiebigkeiten bis um 10 l/s · m beobachtet, so daß Entnahmen von 50 bis 90 m^3/h möglich sind. Im Bereich der Halleschen Störung und ihrer Parallelelemente besteht allerdings die Gefahr, daß versalzene Zechsteinwässer zusitzen. Wo permosilesische Sedimente oberflächlich anstehen, sind sie mitunter etwas aufgelockert, so daß dort längere Sickerleitungen in 1,5 bis 2,0 m Tiefe möglich sind und in einem Falle mittels eines 2 km langen

Drainagenetzes im Mittel etwa 2000 m³/d Wasser liefern, die Gesamtmenge aber niederschlagsbedingt im Jahresverlauf zwischen 900 und 5000 m³/d schwankt. Die Grundwasserspende ist oft nicht größer als etwa 1 l/s · km².

Chemisch zeichnen sich die Wässer aus dem Permosiles des Halleschen Raumes durch höhere Gesamthärte (20 bis 40° dH), die sowohl Karbonat- und Nichtkarbonathärte umfaßt, und erhöhte Fe-Gehalte (0,1 bis 0,2, z. T. 0,3 mg/kg) bei pH-Werten um 7 aus.

Weit verbreitet sind permosilesische Bildungen im *Thüringer Wald,* dazu in kleineren Schollen seines südlichen Vorlandes und in einer Reihe kleinerer Becken, z. B. dem von Gera (Ostthüringen). Während die Basissedimente und bis 1000 m mächtige, überwiegend intermediäre Vulkanite noch in das Siles (Stefan) gestellt werden, sind die Hauptserien der mächtigen Innenmolasse unterrotliegenden Alters (Autun). Die vorwiegend roten, groben Sedimente mit nur örtlichen Vulkaniten der überlagernden Schichten gehören dem Oberrotliegenden (Saxon) an (Andreas, Enderlein und Michael 1974). Ähnliche permosilesische Abfolgen wurden durch Bohrungen im tieferen Untergrund des Thüringer Beckens erschlossen. Die Konglomerate und Sandsteine sind meist ziemlich fest und besitzen zudem ein tonig-kieseliges Bindemittel, sodaß bei geringem Porenvolumen die Wasserführung fast nur an größere Trennfugen gebunden ist. Wo einzelne Konglomerate in Oberflächennähe aufgelockert sind, können sich Porenaquifere mit höherer Wasserführung ausbilden (Hoppe 1954).

Unter den gegebenen lithologischen und tektonischen Verhältnissen schwanken die Ergiebigkeiten in den oft 50 bis 150 m tiefen Bohrungen in weiten Grenzen. Relativ günstig sind Bohrungen in den Sedimenten der Tambacher Schichten, in denen man durchschnittlich mit 0,6 bis 0,7 l/s · m rechnen kann. Im Gesamtgebiet sind für das sedimentäre Rotliegende von Hecht (1974) Werte zwischen 0,006 und etwa 5 l/s festgestellt worden. Vielfach sind die Brunnen artesisch. Schicht-, Verwerfungs- und auch Hangschuttquellen finden sich häufig. Ihre Schüttung bleibt aber wegen der starken Zertalung des Thüringer Waldes und der daher nur kleinen Ernährungsflächen gering und schwankt beträchtlich.

Im allgemeinen sind die Wässer aus dem Rotliegenden des Thüringer Waldes weich bei einer Gesamthärte unter 4° dH. In Tiefbrunnen mit stark gespannten Wässern treten aber Gesamthärten bis 18° dH auf, wobei Karbonathärte vorherrscht. Auch der Fe-Gehalt ist nur selten erhöht. Dagegen macht aggressive CO_2 öfter eine Entsäuerung der Wässer notwendig. An der Grenze zum Zechstein können die Rotliegendwässer — ähnlich wie am Harzrand — erheblich aufgehärtet und versalzen sein, wie bei Eisenach und Gera beobachtet worden ist. In der Eisenacher Mulde geht die Veränderung im Grundwasserchemismus schlagartig zwischen 220 und 200 m über NN vor sich. Unterhalb dieses durch den Hauptvorfluter bestimmten Niveaus ist der Kluftwasseraquifer des Saxon mit verhärtetem und versalzenem Grundwasser erfüllt (GH: 115° dH; NKH: 109° dH; Cl: $>$ 1100 mg/l; Hecht 1974).

Die Tabelle 14 vermittelt einen Überblick über den Chemismus der Wässer im Rotliegenden Thüringens.

In Sachsen ist Permosiles in der Elbtalzone mit dem Porphyrgebiet von Meißen und dem 5 km breiten und 22 km langen *Döhlener Trog* aufgeschlossen. Auch dieses Becken enthält ca. 700 m mächtige klastische Sedimente

Tabelle 14. *Chemismus der Rotliegendwässer Thüringens* (HECHT 1974)

Durch Zechstein	unbeeinflußt	beeinflußt
Kationen- bzw. Anionensumme	1 bis 8 mval	8 bis 37 mval
Grundwassertyp	Ca-HCO_3-SO_4 selten: Ca-SO_4-HCO_3	Ca-SO_4-HCO_3 $CaSO_4$ Ca-Mg-SO_4-HCO_3 Ca-Mg-HCO_3-SO_4 Ca-Na-HCO_3-Cl Ca-Na-HCO_3-SO_4

(Konglomerate, Sandsteine, Tonsteine, Schiefertone) in unregelmäßiger Folge und Verteilung, 5 Steinkohlenflöze, Brekzientuffe, Tuffite und Vulkanite. Es ist durch Steinkohlenbergbau hydrogeologisch stark beeinflußt, so daß mehrere Brunnenbohrungen keine Erfolge brachten. Andere Bohrungen zeigten Ergiebigkeiten von 0,05—0,1 l/s · m. Der mittlere Abfluß aus dem Grubengelände von Freital-Zauckerode betrug nach GRAHMANN (1944) 80 l/s.

Der *Werdau-Hainichener Trog* (Erzgebirgisches Becken) ist das hydrogeologisch wichtigste Permosilesgebiet im Raum Sachsen-Thüringen-Harz, in dem das Rotliegende um 1000 m mächtig wird und oberflächlich auf weite Erstreckung ansteht, während silesische Bildungen nur vereinzelt randlich ausstreichen. Der bis 1100 m Tiefe erreichende, erst jüngst auflässige Steinkohlenbergbau im Lugau-Oelsnitzer und im Zwickauer Revier hat auch in hydrogeologischer Hinsicht gute Einblicke ermöglicht. Außerdem stehen im Trog zahlreiche Tiefbrunnen, die mit einer Anzahl von mehr als 100 allein in Karl-Marx-Stadt besonders für die Wasserversorgung von Industriewerken niedergebracht worden sind, sich aber teilweise mehr oder weniger beeinflussen. Die weiteste Verbreitung und Mächtigkeit besitzen die Bildungen des Unterrotliegenden (ein Überblick über die Schichtenfolge ist u. a. aus BLÜHER (1960) und PIETZSCH (1962) zu gewinnen.

Einzelne 40 bis 60 m tiefe Bohrbrunnen in den Hainichener Schichten haben Brunnenergiebigkeiten von 0,03, 0,1 und 0,5 l/s · m (GRAHMANN 1944). Sie zeigen, daß die an Spalten gebundene Wasserführung örtlich starken Schwankungen unterworfen ist.

Eine Sonderstellung nehmen Salzwässer ein, die in einer Vielzahl mehr oder weniger starker Zutritte aus Klüften in den Konglomeraten und Sandsteinen auftreten, und die in der Mitte des vorigen Jahrhunderts zeitweise zur Gewinnung von Kochsalz und Chlorkalzium genutzt wurden. Die nicht horizontbeständigen Solen wurden sowohl im Oberkarbon als auch im Autun des Oelsnitzer und in den tiefen Schächten des Zwickauer Reviers beobachtet. Die Zuflüsse betragen vielfach zwischen 0,5 und 0,6 l/s, die Temperatur der Wässer liegt um 20° C. Die Mineralisation erreicht bei verhältnismäßig weiten Schwankungen teilweise hohe Werte. Die Chloridgehalte des gehobenen, erheblich verdünnten Mischwassers der Zwickauer Gruben (80 l/s) liegen bei 6500 mg/kg, der Höchstwert wurde mit 91 235 mg/kg bestimmt. Die Sulfatgehalte schwanken zwischen 700 und 10 000 mg/kg, die für Hydrogenkarbonat um 350 bis 415 mg/kg. Auch die Werte für Kalium (bis 700 mg/kg), Natrium (Mischwässer um 2300, unverdünnte Wässer aus Klüften bis 25 000 mg/kg), Kalzium (um 2000 bis 7350 mg/kg und höher), Magnesium (550 bis 2050 mg/kg),

Lithium (um 20 mg/kg), Brom (in einem stark verdünnten Salzwasser 25 mg/kg), Jod (0,04 mg/kg im Mischwasser), dazu Eisen (bis 500 mg/kg) und Mangan (bis 90 mg/kg) sind erhöht bzw. so hoch, daß eine Sole vorliegt, die hinsichtlich ihrer Konzentration außerhalb der Salinarverbreitung, ähnlich wie im Ruhrgebiet, ungewöhnlich ist (SCHRÄBER 1968). Die höchsten Konzentrationen wurden dort beobachtet, wo nicht in Bewegung befindliches, seit Jahrzehnten angesammeltes Standwasser abgeworfene Feldesteile erfüllt (BLÜHER 1960).

Die Herkunft der Solen ist umstritten und bis heute nicht eindeutig geklärt. SCHRÄBER (1968) leitete die Wässer wegen ihrer weitgehenden Übereinstimmung mit den Thüringer Zechsteinsolen, besonders ihrem kennzeichnenden Lithium-, Brom- und Jodgehalt sowie der Elementverteilung aus dem Thüringer Becken her.

Eine solche Auffassung widerspricht der für das Karbon im Ruhrgebiet gegebenen neueren Erklärung als Produkte einer wechselvollen erdgeschichtlichen Entwicklung (PUCHELT 1964, MICHEL 1974; vgl. 5.3.4.2). Die Möglichkeit der Interpretation als fossile Tiefenwässer (HOPPE 1972, MICHLER 1973) wurde bereits für die Mineralwässer der westböhmisch-nordbayrisch-vogtländischen Mineralwasserprovinz diskutiert (S. 95). Helium-, Argon-, Neon-Isotopenuntersuchungen (SEIFERT 1978) haben ergeben, daß in den Kluftwässern des Werdau-Hainichener Troges ein beträchtlicher Anteil rezenten Wassers enthalten ist, die Mineralisation und die überschüssige Heliumkonzentration aber auf ältere Grundwasseranteile hinweisen. Die Wässer sind auf jeden Fall älter als das Mischwasseralter, ohne daß mit den Edelgasisotopen ihre Herkunft eindeutig zu klären wäre [1].

Die lithofaziell sehr wechselvollen Serien im Werdau-Hainichener Trog sind im wesentlichen Kluftaquifere und trotz schwankender Ergiebigkeit hydrogeologisch von größerer Bedeutung. Die unterschiedliche Zerrüttung der Abfolgen und eine mitunter stärkere Auflockerung, besonders der konglomeratischen Lagen, schaffen günstige Voraussetzungen für die Wassererschließung, zumal lagerungsbedingt Tiefbohrungen oft artesischen Überlauf zeigen, der allerdings erfahrungsgemäß im Laufe der Zeit nachläßt, so daß kurzfristige Messungen oder Pumpversuche keine ausreichende Beurteilung der Dauerergiebigkeit zulassen. Ganz allgemein gilt, daß die Brunnenergiebigkeiten ausreichend sind, um Mittel- und Kleinstädte sowie Dörfer und Industriewerke mit Grundwasser zu versorgen.

Die Bohrbrunnen besitzen Tiefen zwischen 80 und 120 m; einige sind tiefer (bis 250 m), ohne daß damit höhere Leistungen erreicht würden. Die Fördermenge je Brunnen bewegt sich zwischen 3,6 und 144 m^3/h (1 bzw. 40 l/s). Die Brunnenergiebigkeit liegt im Mittel bei 0,2 bis 0,6 l/s · m, wobei der Wert 0,4 l/s · m am häufigsten ist. Werden stärker klüftige oder zerrüttete Lagen angebohrt, in denen Konglomerate oft grusig aufgelockert sind, können Werte bis 2,5 l/s · m zustandekommen. Beobachtungen über die Wasserführung des Rotliegenden konnten besonders beim Schachtabteufen in den Steinkohlenrevieren gesammelt werden (Abb. 5.21 und 5.22). In den Leukersdorfer Schichten des östlichen Verbreitungsgebietes mit vorherrschend Konglomeraten und Sandsteinen steht eine Anzahl Bohrbrunnen zwischen 32 und 55 m Tiefe, die zwischen 4 und 5, in einem Falle sogar 16 l/s Wasser liefern. Das Brunnenergiebigkeitsmaß beträgt 0,2 l/s · m. Zwei Brunnenbohrungen in nur 150 m Abstand voneinander zeigen eine durch Dauerpumpversuche und Dauerbeanspruchung nachgewiesene Leistung von 12 bzw. nur 4 l/s. Das bedeutet, daß wohl vor allem

[1] Untersuchungen mit anderen Isotopen (Tritium, ^{14}C, ^{18}O, Deuterium) und zum gesamten Chemismus scheinen noch erforderlich zu sein.

Verwerfungen bei größeren Ergiebigkeiten die entscheidende Rolle spielen. Besonders in den Mülsener Schichten des Oberrotliegenden wurden Bohrungen gestoßen, die gezeigt haben, daß der Wasserzulauf zwar im wesentlichen aus Klüften und Schichtfugen erfolgt, aber auch aus Konglomeraten Porenwasser zusitzt. Teilweise sind auch diese Brunnen artesisch und weisen bei Dauerpumpversuchen, beson-

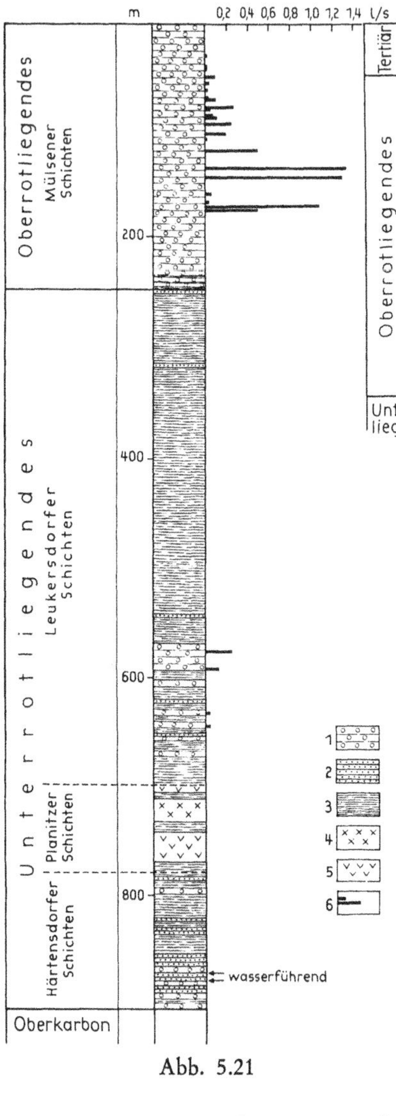

Abb. 5.21

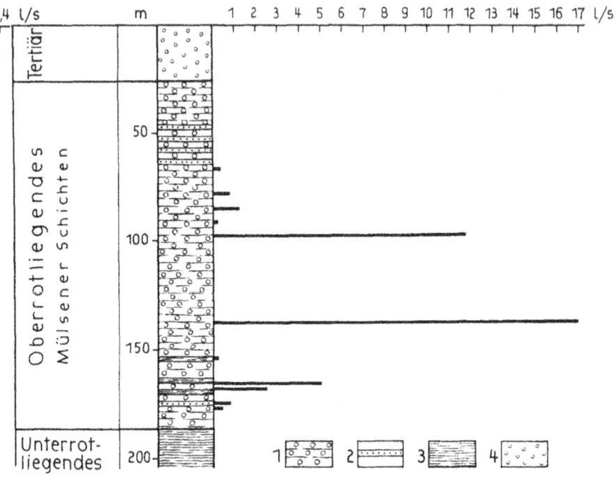

Abb. 5.22

Abb. 5.21. Wasserführung des Rotliegenden in einem Steinkohlenschacht des Zwickauer Reviers (Blüher 1960, verändert und ergänzt). *1* Konglomerate; *2* Sandsteine; *3* Schiefertone; *4* Melaphyr; *5* Tuffe; *6* Wasserführung

Abb. 5.22. Wasserführung der Mülsener Schichten (Oberrotliegendes) in einem Zwickauer Steinkohlenschacht (Blüher 1960, verändert). *1* Konglomerate; *2* Sandsteine; *3* Schiefertone; *4* Tertiär

ders in der Nähe größerer Verwerfungen, mehrfach höhere Ergiebigkeiten auf als in den Schichtgruppen des Unterrotliegenden (mehr als 1,25 l/s · m). Freilich ist auch hier ein Leistungsabfall im Laufe der Jahre mehr oder weniger deutlich, z. B. 4 l/s Überlauf, ein Jahr später 3 l/s, nach weiteren 3 Jahren nur noch 0,35 l/s bzw. 3,5 l/s und nach über 20 Jahren nur noch 0,83 l/s, wobei in beiden Fällen die Gesamthärte des Wassers von rund 10° dH auf 60 bzw. von 8,6 auf 30° dH zugenommen hat (Blüher 1960). Die alte, 790 m tiefe, erfolglose Steinkohlenbohrung „Glückauf", in Thurm bei Glauchau aus den Jahren 1872 bis 1875 erbrachte wahrscheinlich aus den Mülsener Schichten bei einer mittleren Ergiebigkeit von 1,4 l/s · m ein Wasser von 8° C, wie das auch andere Bohrbrunnen in den gleichen Horizonten zeigen. Im ganzen liegen die Brunnenergiebigkeiten im Oberrotliegenden zwischen 0,2 und 1 l/s · m; höhere Werte sind nicht häufig. Das Saxon des Troges kann als der für die Wassererschließung günstigste Bereich beurteilt werden.

Die nicht versalzenen Grundwässer des Rotliegenden reagieren meist schwach alkalisch und bewegen sich in der Gesamthärte zwischen 10 und 17° dH, wobei das Verhältnis von Karbonat- zu Nichtkarbonathärte unterschiedlich ist. Eisen- und Mangangehalt sind niedrig (Fe unter 0,1 mg/kg) oder nur leicht erhöht (0,17 mg/kg), Manganwerte liegen zwischen 0 und 0,04 mg/kg, die für die angreifende Kohlensäure zwischen 0 und 12 mg/kg. Je weiter der Weg des Niederschlagswassers in der Tiefe ist, um so mehr kann es sich als Grundwasser mit Stoffen anreichern, so daß bei geringen Entfernungen zwischen Ernährungs- und Entnahmegebiet weniger mineralisierte Wässer auftreten.

Im Raum von *Altenburg südlich von Leipzig* und der Umgebung finden sich stark klüftige Konglomerate und Sandsteine mit Lagen von Schiefer-

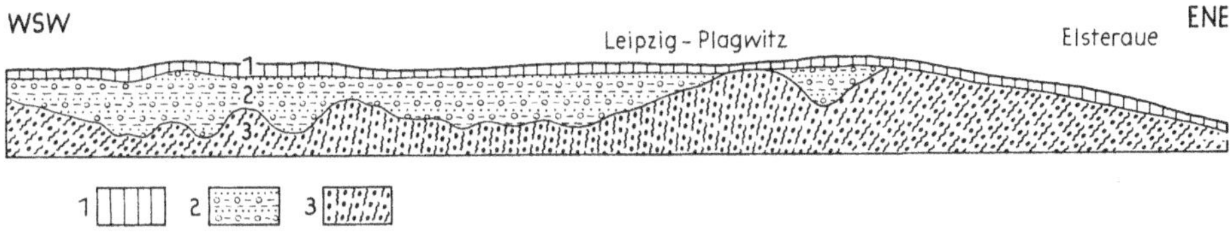

Abb. 5.23. Lagerungsverhältnisse (schematisch) von Oberkarbon und Jungproterozoikum in Leipzig-West; Länge des Schnittes 1200 m. *1* Pleistozän; *2* Konglomerate, Sandsteine und Schiefertone (Westfal D); *3* Leipziger Grauwacke (Riphäikum)

tonen, die zum Oberrotliegenden bzw. kontinentalen Zechstein gehören und hydrogeologisch günstig zu beurteilen sind.

Die im Raum *Leipzig-West* anstehenden und im Untergrund verbreiteten, um 50 bis 150 m mächtigen Konglomerate, Sandsteine und Schiefertone (Ton- und Schluffsteine) des Siles (Westfal D, z. T. C), die diskordant auf der jungproterozoischen Leipziger Grauwacke lagern und Vertiefungen und Senken einer alten, wellig-kuppigen Landoberfläche ausfüllen (Abb. 5.23), sind als Aquifer für die Anlage von Industriebrunnen dort von einer gewissen Bedeutung, wo sie mächtiger werden, während die unterschiedlich hoch aufragenden Grauwacken selbst kein Wasser führen (vgl. Kap. 5.3.4.2).

Die Brunnenergiebigkeit in rund 50 bis 100 m tiefen Bohrbrunnen beträgt bei einer Mächtigkeit der oberkarbonischen Schichten zwischen 20 und 80 m, im Mittel 0,04 l/s · m, so daß Entnahmen bis 40 m³/h möglich sind. Erfolglos blieben dagegen bis 180 m tiefe Bohrungen, die zwischen Leipzig und Halle (Schkeuditz) in einer im ganzen tonig-schluffigen Schichtenfolge des Rotliegenden gestoßen wurden (Hohl 1963).

Die oberkarbonischen und oberrotliegenden klastischen Sedimente des *Kyffhäuser-Gebirges* werden übergangen, ebenso die entsprechenden Ablagerungen am Südharzrand, speziell in den Becken von *Ilfeld* und von *Meisdorf,* da sie keine grundlegend neuen Einsichten gegenüber den besprochenen größeren Becken bringen.

5.5.3 Hydrogeologische Verhältnisse der Vulkanitkomplexe des Molasse-Stockwerkes in Thüringen und Sachsen (R. HOHL)

Abgesehen von wenigen Tiefbohrungen in den permosilesischen Vulkaniten des Thüringer Waldes und des Werdau-Hainichener Troges liegen Beobachtungen über die hydrogeologischen Verhältnisse der porphyrischen Gesteine aus dem Halleschen Permosileskomplex und besonders aus dem Nordwestsächsischen Vulkanitkomplex vor, wo nicht nur zahlreiche Steinbrüche gute Einblicke in die Wasserführung ermöglichen, sondern auch eine Reihe Tiefbohrungen zur Wasserversorgung niedergebracht wurde.

Im *Werdau-Hainichener Trog* haben Bohrungen in den Vulkaniten der Planitzer Schichten Brunnenergiebigkeiten von 0,1 bis 0,4 l/s · m, selten bis 0,9 l/s · m erbracht. Ein in der aktiven Grundwasserzone bis 143 m geteufter Brunnen im Porphyr ergab keinen Wasserzufluß und blieb trocken. Günstig für die Wassererschließung sind rheinisch (NNE-SSW) streichende Porphyr-(und auch Quarz-)gänge, die als Dehnungsbereiche immer zerrüttet sind, so daß sich im Gelände kleine Quellaustritte bemerkbar machen. Bohrungen im Bereich solcher Gänge bringen immer einige l/s Wasser und niemals Mißerfolge. Diese Gangstrukturen sind auch im bedeckten Gelände mittels Lesesteinkartierung und zusätzliche geoelektrische Sondierungen gut zu verfolgen.

Im *Thüringer Wald* haben sich besonders die Porphyrtuffe infolge ihres erhöhten Porenvolumens und stärkerer Zerklüftung als wasserführend erwiesen, bei einer mittleren Brunnenergiebigkeit um 0,3 l/s · m.

Im *Halleschen Permosileskomplex* stehen nur wenige Bohrungen in porphyrischen Gesteinen des Siles (Stefans) und Unterrotliegenden. Der subvulkanische, großkristalline *Untere Hallesche Porphyr* ist oberflächlich 1—3 m (selten mehr) grusig zerfallen und weist teilweise erweiterte, verwitterungsbedingte Klüfte auf, die aber hydrogeologisch nur eine geringe Rolle spielen.

Große, bis um 50 m tiefe Steinbrüche mit 1,2 bis 3,5 ha Fläche sind trocken oder zeigen nur einen Spaltenwasserzulauf zwischen 0,6 und etwa 2,0 l/s, selten mehr, wenn die Steinbrüche bei Vertiefung die passive Grundwasserzone erreichen. Eine Tiefbohrung (über 1000 m) hat im Porphyr an drei Stellen wasserführende Spalten angeschnitten, so daß zunächst 0,08 l/s artesisch überliefen, die aber später bis auf 0,006 l/s zurückgingen. Das vor allem aus dem benachbarten Zechstein zusitzende Wasser besaß einen Salzgehalt von 10 bis 15% und diente bis um die Jahrhundertwende zur Salzgewinnung. Einige Quellen im Unteren Porphyr schütten um 3 l/s.

Der kleinkristalline *Obere Hallesche Porphyr* verwittert infolge seiner Struktur nur schwer, und die Auflockerungszone erfaßt lediglich die obersten 1 bis 2 m. Seine Wasserführung ist daher allein auf die Klüftung beschränkt.

Der *Nordwestsächsische Vulkanitkomplex* (Abb. 5.24) gehört mit rund 2000 m^2 Fläche zu den größten Gebieten variszischer subsequenter Vulkanite in Europa, in dem neben Laven in hohem Maße Ignimbrite und Pyroklastika verbreitet sind. Die Bildungen lagern diskordant dem gefalteten variszischen Untergrund auf. Geringmächtige Basissedimente sind nur örtlich vorhanden. Die Vulkanite und die Pyroklastika werden in *drei Folgen* gegliedert und mit zahlreichen Lokalnamen belegt, auf die hier weitgehend verzichtet wird.

Allgemein wurden in den einzelnen Vulkanitfolgen zunächst andesitoide Magmen gefördert, auf die rhyolithoide Vulkanite folgen. Viele Porphyre werden von unterschiedlichen Tuffen begleitet. Vulkanotektonische Erscheinungen haben erhebliche Lagerungsveränderungen hervorgerufen. Große Absenkungen (Calderen) sind besonders während und nach der Förderung der Ignimbrite entstanden, deren randliche Brüche oft die Aufstiegswege für die nachfolgenden Schmelzen abgaben. Bis in das Pleistozän ist eine junge Bruchtektonik nachweisbar.

Für die Wasserversorgung im Verbreitungsgebiet haben die *andesitoiden Gesteine* der 1. Vulkanitfolge Bedeutung. Die intermediären bis basischen

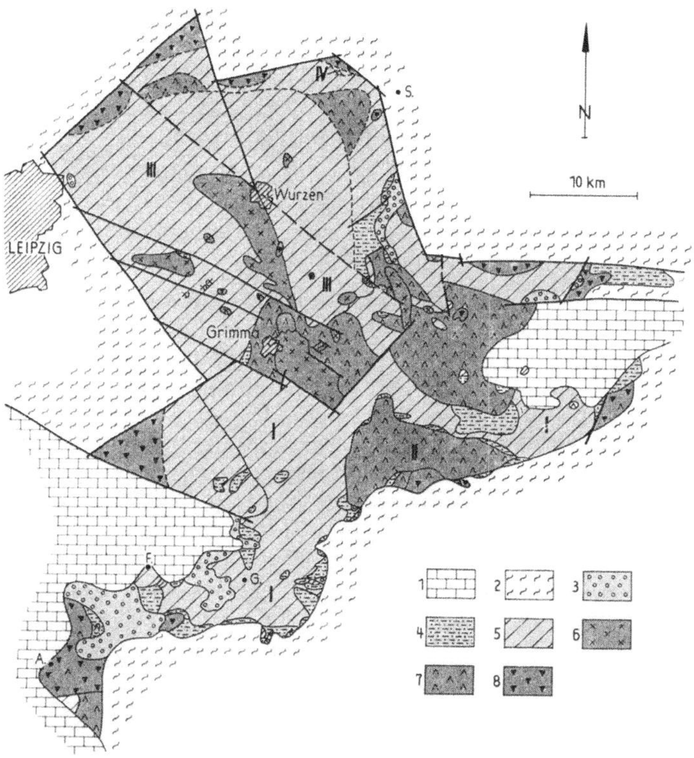

Abb. 5.24. Vereinfachte Übersichtsskizze des Nordwestsächsischen Vulkanitkomplexes (Eigenfeld, Glässer, Röllig 1977, verändert von R. Hohl). *1* Deckgebirge; *2* Grundgebirge; *3* permosilesische Sedimente, ungegliedert; *4* Tuffe, ungegliedert; *5* Ignimbrite; *6* subvulkanische Gesteine; *7* saure Laven; *8* intermediäre bis basische Laven.
I Rochlitzer Porphyr; *II* Leisniger Porphyr; *III* Pyroxenquarzporphyr; *IV* Wildschützer Porphyr. *A.* Altenburg; *G.* Geithain; *F.* Frohburg; *S.* Schildau

„Porphyrite“ und „Melaphyre“ besitzen in ihren oberen Bereichen einen zersetzungsbedingten, relativ porösen Charakter; dazu kommen häufig zwischengeschaltete, hohlraumreiche Klastolaven und relativ breite Störungszonen, die gegenüber den sauren Vulkaniten zum größten Teil eine erhöhte Grundwasserführung ermöglichen (Glässer 1977). Freilich bezieht sich die Ergiebigkeit in Brunnen und Bohrungen nicht immer nur auf die Andesitoide, sondern gelegentlich auch mit auf das gleichzeitig genutzte junge Deckgebirge.

Besonders im *Altenburg-Regiser-Gebiet* findet sich eine Reihe Tiefbrunnen (ca. 50—150 m), in denen Kluft- und Porenwässer (Tuffe) anfallen, so daß die

Brunnenergiebigkeit besonders in der Umgebung der südwestlichen Randstörung mit 1,8—2,3 l/s · m für solche Gesteine beachtliche Werte erreichen kann. Im Mittel liegt sie aber um 0,4—0,6 l/s · m und gestattet Entnahmen um 30—50 m³/h. Außerhalb der Störungszone kann die Ergiebigkeit bis auf 0,03 l/s · m zurückgehen, wenn auch dieser ungewöhnlich niedrige Wert bisher nur in einem Falle beobachtet wurde. Die Wässer sind reich an Eisen (10—30 mg/kg) und oft auch Mangan (0,5 mg/kg), enthalten aggressive Kohlensäure, so daß sie bei Verwendung enteisent und entsäuert werden müssen. Ihre Härte ist meist niedrig. Ihr hoher Fe-Gehalt führt zu einer Verockerung der Filter, so daß die Brunnenleistung nachläßt.

Auch der *Leisniger Porphyr* mit Brekzienlagen ist für die Wassererschließung nicht ungünstig, weil die um 130 m mächtige Lavadecke durch Fließgefüge und Bankungsklüftung eine deutliche Paralleltextur mit Wechsellagerung von 1—3 cm starken Lagen feineren und gröberen Materials zeigt, so daß horizontale 0,05—1 m starke Platten entstehen können. Das Gestein zeigt dann ein fast schichtförmiges Aussehen. Ein gerichteter Zerfall entlang den vorgezeichneten Fugen läßt einen sandig-kiesigen Grus entstehen. Dazu kommen besonders NW-SE streichende sekundäre Klüfte.

Im Mittel ist bei 50—60 m tiefen Bohrungen eine Ergiebigkeit von 0,2—0,4 l/s · m zu erwarten; tiefer nimmt sie rasch ab, weil die Vergrusung nachläßt und auch die Klüfte mehr geschlossen sind, so daß Bohrungen über 60 m Tiefe unzweckmäßig sind. Im grusigen Zersatz tritt Porenwasser auf, dessen Menge durch Zulauf aus Spalten ergänzt wird. Entnahmen um 15—20 m³/h sind in dem sonst grundwasserarmen Gebiet mit akutem Wassermangel auch im Spätsommer und Herbst möglich.

Noch günstiger ist die Brunnenergiebigkeit mit etwa 1 l/s · m in stärker zersetzten Gangporphyren, die auf flachherzynisch streichenden Spalten auftreten (Hohl, Eissmann 1960). Fehlbohrungen im Gebiet des Leisniger Porphyrs sind nicht bekannt. Die Wässer sind mittelhart (um 15° dH), bei erhöhtem Fe-Gehalt (0,6—> 2 mg/kg) und aggressiver CO_2 (über 50 mg/kg). Ihre Temperatur liegt um 10° C.

Unter den *Ignimbriten* sind die Serien des über 150 m mächtigen *Rochlitzer Porphyrs* schon wegen ihrer weiten Verbreitung auch hydrogeologisch erwähnenswert. Im Gegensatz zu den Laven der *Kemmlitzer Porphyre*, die maximal bis 60, im Mittel um 20 bis 35 m tief weitflächig kaolinisiert sind, neigen die Ignimbrite des Rochlitzer Porphyrs zu einer genetisch bedingten grusigen Verwitterung. Bei den mittelsächsischen Kaolinlagerstätten ist ein kontinuierlicher Übergang vom Kaolin über eine 2—4 m mächtige grusige Auflockerungszone in das feste, gebleichte Muttergestein zu beobachten. Der Zersatz führt Grundwasser. Da auch im Kaolin Grundwasser aus noch vorhandenen Spalten und Klüften zusitzt, wie an den Stößen der Kaolingruben vielfach zu sehen ist, und dazu auch aus Trennfugen des unterlagernden Festgesteins, sind aus Bohrungen gewisse Wassermengen zu gewinnen, die für Einzelgehöfte und teilweise auch kleinere Dörfer ausreichen.

Vielfach liegt die Entnahmenge bei 0,8—ca. 1 l/s, kann aber unter günstigen Umständen auch über Jahre hinweg bis 10 l/s erreichen. Im Bereich von Störungszonen und stärker ausgeprägten Vergrusungen bringen 30—75 m tiefe Bohrungen in den Rochlitzer Ignimbriten Ergiebigkeiten zwischen 0,08 und 0,5, selten bis 1 l/s · m und das nur dann, wenn in die Gesteinsfolge zwischengeschaltete Tufflagen von mehreren Metern Mächtigkeit angetroffen werden oder im Hangenden des Gesteins pleistozäne Sande und Kiese vorhanden sind, aus denen das Porenwasser in die geöffneten Klüfte und Störzonen der Tiefe versinkt. Einige Bohrungen zeigen artesischen Überlauf (um 0,3 l/s), z. B. ein 105 m tiefer Brunnen in Geithain, der wegen seines Eisengehaltes (10—12 mg/kg bzw. aggressiver Kohlensäure (um 60 mg/kg) im Jahre 1932 trotz unzureichender Mineralisierung des Wassers als Heilquelle anerkannt, aber bis heute balneotherapeutisch nicht genutzt worden ist (Hohl 1966). Im Mittel beträgt die Brunnenergiebigkeit in den Rochlitzer Ignimbriten keinesfalls mehr als 0,2 l/s · m und ist niedriger als in der Leisniger Lava.

Die Ignimbritablagerungen von *Frohburg* und *Buchheim* sind hydrogeologisch ähnlich, wurden aber bisher für die Wasserversorgung nur wenig genutzt. Die mittlere Ergiebigkeit liegt bei 0,04 l/s · m, vermindert sich aber bei stärkerer Absenkung des Wasserspiegels. Das Wasser stammt im wesentlichen aus Spalten.

Die Lava des *Grimmaer Porphyrs* zerfällt kaum stärker grusig, so daß eine sehr geringe Wasserführung an Klüfte und Störungen gebunden ist und mittels Bohrungen nur unzureichend Wasser gewonnen werden kann.

Eine 150 m tiefe Bohrung in der Flußaue hat unter den jungen Schottern bis 8 m Tiefe den zuoberst etwas aufgelockerten Grimmaer Porphyr und ab 70 m Tiefe Rochlitzer Ignimbrit angetroffen. Bei einer Entnahme von 9 m^3/h (2,5 l/s) errechnet sich die Brunnenergiebigkeit zu 0,05 l/s · m, obwohl ein größerer Teil des geförderten Wassers Seihwasser ist.

Die ignimbritischen *Pyroxenquarzporphyre* und der Dornreichenbacher Porphyr sind ebenfalls nur gering wasserhöffig, wie große, oft trockene oder nur wenige Tropfstellen zeigende Steinbrüche erkennen lassen. Einige alte Brüche sind aber mit Wasser gefüllt. In ihnen läuft Wasser aus flachherzynisch gerichteten Störungszonen und zahlreichen Klüften mit Mengen zwischen 50 und 100, selten bis 300 m^3/d (0,47—3,45 l/s) zu, stammt aber mitunter zumindest teilweise aus überlagernden pleistozänen Sanden und Kiesen, wie auch die starke Abhängigkeit der Wasserführung von den jeweiligen Niederschlägen zeigt.

Anders sind die *gangförmigen Pyroxen-Granitporphyre* in hydrogeologischem Sinne zu beurteilen, die zu grusiger Verwitterung neigen und sich schon dadurch in den Aufschlüssen von den sie umgebenden Pyroxenquarzporphyren abheben. Daher ist in Steinbrüchen im Granitporphyr eine Wasserhaltung erforderlich.

Ein 6 ha großer Steinbruch von 40 m Tiefe erhält seinen Hauptzulauf aus einer meridional bis rheinisch verlaufenden Spalte und erfordert eine Wasserhaltung von rund 500 m^3/d, ein anderer von 3 ha Größe liefert rund 400 m^3/d, d. h. die Zuläufe betragen etwa 5,8 bzw. 4,6 l/s. Obwohl bisher im Granitporphyr Wasserbohrungen infolge ausreichender Wasserführung des Pleistozäns der Umgebung nicht gestoßen wurden, muß man das Gestein zusammen mit den Andesitoiden von Altenburg und dem Leisniger Porphyr in eine Stufe relativ günstiger Wasserführung stellen. Der Wildschützer Porphyr und der Andesitoid des Schildauer Berges werden nur erwähnt.

5.5.4 Zur Hydrogeologie der Sedimente und Vulkanite des Saar-Wetterau-Werra-Troges

Der Rotliegend-Trog *zwischen dem Thüringer Wald und der Fulda* ist durch die zutage anstehenden Gesteine des Richelsdorfer Gebirges (G. Richter 1941) und eine Anzahl Tiefbohrungen (Nentershausen, Kleinensee 3

Weisenborn 2 und Treischfeld 1—5; s. SCHÄFER 1969) nachgewiesen. Er zeichnet sich durch > 600 m sedimentäres Oberrotliegendes aus. Abgesehen von „Kohlensandsteinen“ der Bohrung Nentershausen sind unterrotliegende Sedimente und auch Vulkanite hier bisher nicht bekannt. Nur eine Bohrung gelangte nach Durchörterung des Rotliegenden direkt in die klastische Kulmfazies des Unterkarbons; das Liegende der anderen Bohrungen ist unbekannt.

Das Oberrotliegende konnte lithofaziell in 5 Faziesbereiche unterteilt werden, die eine gewisse Korrelierung der Bohrungen untereinander, aber nicht mit den Serien des nahe gelegenen Thüringer Waldes ermöglichen. Bemerkenswert ist ein > 400 m mächtiger pelitischer Bereich im tieferen Teil des Profils, darüber liegt ein Bereich mit Dünenschichtung, dann ein solcher mit Rippelschichtung, schließlich ein sehr markanter psephitischer Bereich und eine grau entfärbte Partie. Die äolischen Ablagerungen werden mit ähnlichen Bildungen anderer Gebiete (Cornberger Sandstein im Richelsdorfer Gebirge, Walkenrieder Sande am Südharzrand, Kreuznacher Schichten der Nahe-Mulde) verglichen.

Die klastischen, überwiegend rotbraunen Sedimentgesteine führen ein karbonatisches, kieseliges oder toniges Bindemittel, nicht selten besteht mehr als die Hälfte des Gesteines aus karbonatischem Bindemittel. Feldspäte, Biotite und andere Mineralien sind stark zersetzt. Der verbleibende Porenraum beträgt nach SCHÄFER (1969) in allen Psephiten < 1%, selten bis 3%, in den Grob- und Mittelsandsteinen meist < 1—2%, gelegentlich jedoch 5% und mehr. Die Durchlässigkeit ist durch die starke Karbonatisierung der Sedimente meist sehr gering. Die Bor-Gehalte sind durchweg sehr hoch.

Die südwestliche Fortsetzung des Werra-Troges ist z. T. noch unbekannt. Im Bereich der *Wetterau* und der angrenzenden Gebirgssäume, insbesondere am Nordrand von Spessart und Odenwald, treten die konglomeratischen Serien des tieferen Oberrotliegenden in größeren Flächen zutage.

Die Konglomerate haben nach NÖRING (1957) ein toniges Bindemittel „das eine niedrige Poren- und Kluftdurchlässigkeit zur Folge hat“. Daher können Bohrungen in diesen Schichten bei Tiefen von > 50 m praktisch trocken bleiben. In wenigen günstigen Fällen lieferten sie 3 l/s bei Absenkung des Wasserspiegels um > 40 m. Jüngere Schichtfolgen von Schiefertonen, Arkosesandsteinen und Melaphyrlagern lieferten zwischen 1 und 20 l/s. Die Grundwässer sind meist mittelhart.

Im Bereich des heutigen *Mainzer Beckens* steht das aus roten Sandsteinen und Schiefertonen sich aufbauende Oberrotliegende verbreitet in geringer Tiefe an (0 bis 150 m). Es bietet größere Aussicht auf Grundwassererschließung als das überlagernde tonig-siltige Tertiär (Rupelton, Schleichsande). Nach PFEIFFER (1955) können aus dem Rotliegenden bis zu 100 m^3/d, gelegentlich noch mehr gewonnen werden, bei meist artesischem Auftrieb. — Die Tiefbohrung *Olm 1* südlich Mainz hat nach NEGENDANK (1969) bei 150 m das Oberrotliegende angetroffen, bei 1776—1903 die Grenzlagerpartie durchbohrt und bei 3069 m die Basis des Unterrotliegenden noch nicht erreicht. Bei diesen Tiefen kommt eine Grundwassergewinnung zwar nicht mehr in Frage, für die Gasführung und für Speicherzwecke können die Schichtfolgen aber interessant sein.

In der westlich anschließenden großen *Saar-Nahe-Senke* streichen die Gesteine verbreitet zutage aus. Nach Süden zu tauchen sie unter den Buntsandstein des Pfälzer Waldes, im Osten unter das Tertiär des Mainzer Beckens. Die Senke wurde an der Grenze Unter-/Oberrotliegend tektonisch gegliedert, und zwar durch den Pfälzer Sattel (der sich ostwärts in den Alzey-Niersteiner Horst fortsetzt) in die nördliche *Nahe-* und die südliche *Vorhaardt-Mulde* (Pfälzer Mulde). Nach FALKE (1954, 1972) lassen sich zwei große stratigraphische Einheiten unterscheiden: ein überwiegend aus grauen Sedimenten bestehendes, z. T. kohleführendes Unterrotliegendes, das die Sedimentation des kohleführenden Stefan kontinuierlich fortsetzt, und ein aus

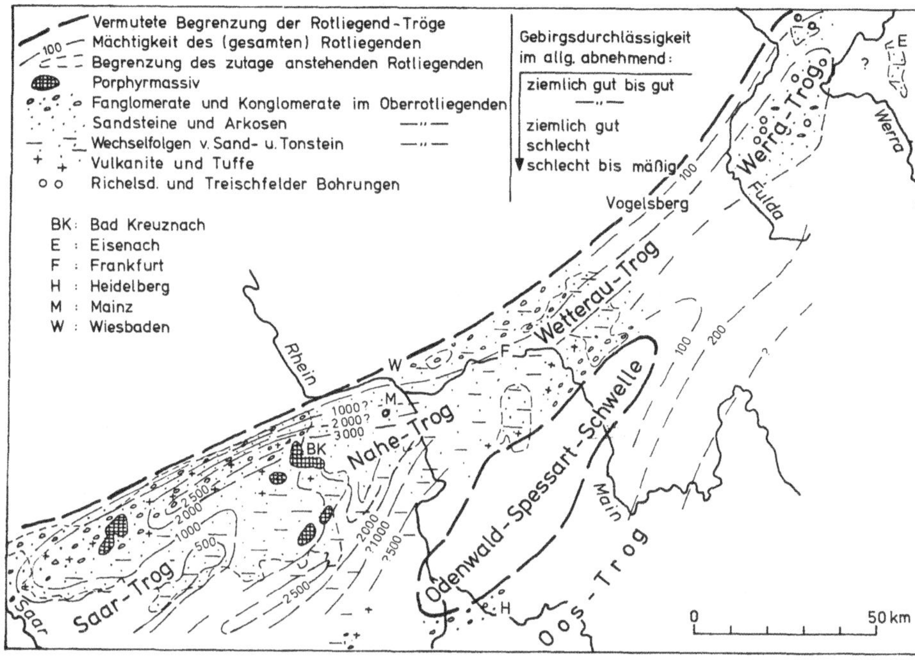

Abb. 5.25. Die Gesamtmächtigkeit des Rotliegenden im Saar-Nahe-Wetterau-Werra-Trog und die lithologische Ausbildung des Oberrotliegenden. (Nach FALKE, NÖRING, SCHÄFER u. a., zusammengestellt von KARRENBERG.) Die Gebirgsdurchlässigkeiten wurden geschätzt

roten klastischen Sedimenten sich aufbauendes Oberrotliegendes. Letzteres wird durch einen starken Vulkanismus mit verbreiteten Deckenbasalten (melaphyrische Grenzlagergruppe nach FALKE 1954) eingeleitet, die von der Saar ostwärts bis über Darmstadt hinaus verfolgt werden können [1]. Mächtige Intrusivstöcke und -lager durchsetzen die Sedimente.

Das überwiegend sedimentäre Unterrotliegende erreicht im Nahetrog bis 2000 m, beiderseits des Saarbrücker Sattels noch Mächtigkeiten von 1000—1500 m. Die Fazies ist sehr wechselvoll, die Korrelierung daher durchweg schwierig.

[1] Ein Teil dieser Vulkanite ist eindeutig effusiv und nach Altersbestimmung permisch. Aber viele intrudierte basische Gesteine sind im nördlichen Rheintalgraben (z. B. in der Bohrung Olm 1 südl. Mainz und in Bohrungen bei Darmstadt) nach NEGENDANK (1969) Na-betonte basische Vulkanite alttertiären Alters.

Das Oberrotliegende liegt meist konkordant zum Unterrotliegenden. Diskordanz ist bisher nur an wenigen Stellen beobachtet worden. Als Grenze werden die ersten Tuffe des Grenzlager-Vulkanismus inmitten buntgefärbter Tonsteine angesehen (Falke 1969). Damit beginnen tektonische Bewegungen, Änderungen der Paläogeographie, insbesondere Belebung der Sedimentation (z. B. Waderner Fanglomerate), vor allem im Raum östlich Idar-Oberstein und nordöstlich Bad Kreuznach. In den jüngeren Kreuznacher Schichten wird die Körnung allgemein feiner, Sandsteine und Tonsteine herrschen vor, Kreuzschichtung ist häufig typisch; Verzahnung mit Waderner Schichten findet statt. Die Mächtigkeit des Oberrotliegenden mag im Nahetrog 700—800 m, im Saartrog bis 1000 m betragen. — Das gesamte Rotliegende erreicht im Nahetrog > 3000 m (Abb. 5.25).

Für die Wassererschließung sind überwiegend die sedimentären Gesteine von einer gewissen Bedeutung. Zwar sind die im Schichtprofil des Unterrotliegenden überwiegenden Schiefertone ungeeignet, aber die Sandsteineinlagerungen können dank ihrer Klüftigkeit bescheidene Erwartungen rechtfertigen, so z. B. in den Oberen Kuseler und Lebacher Schichten der Nahe- und Saar-Senke. Quellen schütten meist > 1 l/s, nur ausnahmsweise bis 4 l/s; alle Entnahmen sind aber stets mit starker Absenkung verbunden. Etwas günstiger werden die mittel- und grobkörnigen Sandsteine des oberen Unterrotliegenden (Tholeyer Schichten) beurteilt. Die verbreiteten, z. T. konglomeratischen und fanglomeratischen Gesteine des unteren Oberrotliegenden (Waderner Schichten), vor allem aber die arkosigen mürben Sandsteine dieser Stufe geben Veranlassung zu zahlreichen Quellen (z. B. Limbach-Quelle bei Kirn 5,8 l/s) und lassen in gut angesetzten Bohrungen Wassermengen erwarten, die für Gemeinden und kleine Städte ausreichen. Die Ergiebigkeiten wechseln örtlich stark. Die sehr mächtigen Kreuznacher Schichten, als jüngstes Glied der Rotliegend-Schichtfolge, bestehen aus Tonsteinen und aus feineren und gröberen Sandsteinen, die meist ein toniges Bindemittel haben und — trotz mürber Konsistenz — ein reduziertes Hohlraumvolumen besitzen. 2 Quellen des Wasserwerks Trollmühle im Landkreis Bad Kreuznach liefern aus Rotliegend-Sandsteinen — als Ausnahme — zusammen 18,5 l/s (Pfeiffer 1955). Die oberste Partie der Kreuznacher Schichten wird von Schiefertonen („Rötelschiefer“) gebildet, die als Wasserstauer wirken.

Nach den Ergebnissen von 57 Rotliegendbohrungen der Nahemulde hat Pfeiffer (1955) Ergiebigkeiten angegeben, die zwischen 0 und 10 l/s liegen, mit deutlichem Maximum bei 1—3 l/s (= 33,3%), im Mittel etwa 2 l/s. Fehlbohrungen sind in dieser Aufstellung nur teilweise berücksichtigt, da diese oft

Tabelle 15. *Ergiebigkeit von Bohrungen in Rotliegend-Sedimenten der Nahe-Mulde* (nach Pfeiffer 1955)

Ergiebigkeit l/s	Anzahl der Bohrungen	%-Anteil
0— 1	15	25,3
1— 3	19	33,3
3— 7	11	19,6
7—10	6	10,5
>10	6	10,5
	57	100,2

unbekannt bleiben. Die Rotliegend-Wässer erreichen selten mehr als 8—10° dH; in den Waderner Schichten ist die Härte relativ am größten.

Die Eruptivgesteine des Rotliegenden sind im allgemeinen für Wassererschließungen wenig geeignet, da primäre Kluftfugen durch Verwitterung weitgehend geschlossen sind. Quellen haben meist sehr geringe Schüttung. In jüngeren Bruchzonen und in besonderen Fällen unter Talniveau sind größere Wassermengen gewinnbar (z. B. Bad Kreuznach 14 l/s und Bad Münster a. St.).

In der nördlich benachbarten kleinen *Wittlicher Senke* stehen > 400 m mächtige Schichten des Oberrotliegenden an. Die Wasserführung ist teilweise gut, das Grundwasser wird in großem Maße genutzt (PFEIFFER 1955).

5.5.5 Zur Hydrogeologie der Ablagerungen im Rotliegendbecken des nördlichen Mitteleuropa

Im nördlichen Mitteleuropa sind Rotliegendablagerungen in großer Verbreitung und Mächtigkeit durch zahlreiche Tiefbohrungen während der letzten zwei Jahrzehnte näher bekannt geworden. Der Komplex kann meist — in ähnlicher Weise wie bei den intramontanen Becken — in eine untere, überwiegend vulkanische Abfolge (= Unterrotliegendes = „Autun") und eine obere, rein sedimentäre Schichtfolge (= Oberrotliegendes = „Saxonien") unterteilt werden. Die Ablagerungen spielen in Anbetracht ihrer im allgemeinen großen Versenkung und der meist stark versalzenen Grundwässer keine Rolle für die Grundwassergewinnung, geben aber durch ihre gute Erforschung mittels Erdöl- und Erdgasbohrungen und zugeordneter intensiver Sedimentforschung der letzten Jahre wichtige Hinweise zur Entstehung der sehr unterschiedlichen und z. T. ungewöhnlichen Rotliegendsedimente insgesamt, also auch der in den Kap. 5.5.2 bis 5.5.4 behandelten Sedimente der „Nebensenken". Die Ablagerungen des in Frage stehenden Hauptbeckens sollen daher — wenn auch nur kurz — hier erläutert werden.

Im *„Unterrotliegend"* überdecken nach PLEIN (1978) saure bis basische Effusivgesteine, verbunden mit Intrusionen, Ignimbriten und Tuffen eines „subsequenten Vulkanismus" ein Gebiet von 180 000 km². Das Hauptverbreitungsgebiet mit den relativ größten Mächtigkeiten liegt im nördlichen Teil der DDR und angrenzenden Teilen des Unterelberaums sowie in Polen. Die Mächtigkeit ist unterschiedlich, maximal > 2000 m, nach Westen hin nimmt sie ab.

Im *„Oberrotliegenden"* ist diese vulkanische Tätigkeit beendet. Die kontinentalen Sedimente erreichen in zwei herzynisch streichenden, gegeneinander etwas versetzten Trögen, die von der südlichen Nordsee bis nach Polen reichen und als „Randtröge" des fennoskandischen Schildes betrachtet werden (VOIGT 1962, PLEIN 1978; s. Abb. 5.26), Mächtigkeiten von > 1400 m im westlichen, bzw. > 800 m im östlichen Trog, Sie breiten sich nach Westen in geringerer Mächtigkeit über die Niederlande und die südliche Nordsee bis Ostengland aus.

Nach der Fazies können 3 Sedimentationstypen unterschieden werden: *fluviatile, äolische* und *Sebkha-Sedimente.* Aquatischer Transport und Bildung großer, von

Süden her weit in das Becken vorgeschobener *Schwemmfächer* sind charakteristisch. Im Inneren des Norddeutschen Beckens treten Gips- bzw. Anhydrit-Knoten und -Knauern in tonig-siltigen Sedimenten auf sowie zahlreiche *Halit*bänke, die insgesamt eine Mächtigkeit von > 200 m erreichen. Der nordpolnische Trog ist frei von Halitablagerungen. *Dünensande* sind am Südrand des Beckens verbreitet, ihre gute Kornsortierung und die Abwesenheit von tonig-siltigen Einschaltungen haben sich als besonders wichtig für das Auftreten von Kohlenwasserstoffen erwiesen. Große Gasvorkommen in den Niederlanden und in der Nordsee sind daran gebunden. Auch für Speicherzwecke können die Gesteinsserien interessant werden.

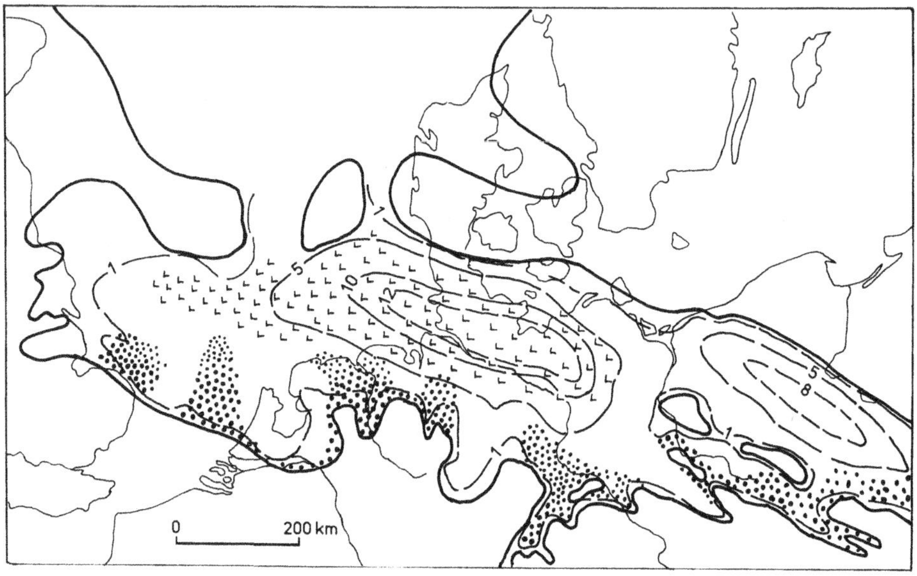

Abb. 5.26. Verbreitung, Mächtigkeit und Fazies des kontinental-sedimentären Oberrotliegenden im nördlichen Mitteleuropa (nach PLEIN 1978, vereinfacht). Mächtigkeitslinien in 10^2 m. Weite Schwemmfächer (Punkte) auf der Südschulter der Becken, Steinsalz (Häkchen) im Innern des norddeutschen Beckens

5.5.6 Zusammenfassung einiger Erfahrungen für den Bereich der Rotliegend-Sedimente und -Vulkanite

● Die mächtigen Molasse-Ablagerungen in den intramontanen Senken zeichnen sich — entsprechend ihrer überwiegend fluviatilen Entstehung und bei den unregelmäßigen Ergüssen und Intrusionen vulkanischer Gesteine — durch einen sehr schnellen *Wechsel der Fazies* aus. Die Gesteine haben, besonders im *Unterrotliegenden,* meist einen hohen Ton-Anteil, geringe Klüftung bzw. geringe Öffnung der Fugen und praktisch keine nutzbare Porosität. Grundwasserzutritte in Bohrungen sind oft an wenige dünne klüftige oder poröse Lagen gebunden, deren Einzugsbereiche klein (sie lassen in der Schüttung bald nach) und kaum abgrenzbar sind.

● Weiträumige Ablagerungen von mächtigen Sandsteinpaketen, Konglomeraten (Porphyrkonglomeraten) und Fanglomeraten, vor allem im *Oberrotliegenden,* weisen günstigere hydrogeologische Verhältnisse auf. Poren- (15—20%) und Klufthohlräume können beträchtlich sein, sowohl in den intramontanen Becken, wie vor allem in den großen Schuttfächern des weiten norddeutschen Trogs. Die Einzugsgebiete lassen sich z. T. abgrenzen.

● In besonders günstigen Fällen wird eine *Stockwerksbildung* mit artesischem Grundwasserauftrieb beobachtet, der sich allerdings vielfach im Laufe der Zeit wieder abbaut.

● *Störungen und Zerrüttungszonen* erhöhen die Ergiebigkeit von Bohrungen. Alte Steinkohlengruben hatten im Siles z. T. beträchtliche Wasserzuflüsse.

● *Porphyrkomplexe* und intermediäre und basische Lager können bei Bohrungen und in Steinbrüchen sich als praktisch trocken erweisen, von Ausnahmen abgesehen. Gangporphyre und Quarzgänge wirken sich günstig aus.

● *Ignimbrite, Pyroklastika, fluidaltexturierte Laven* und *Tuffe* sind oft hohlraumreich und haben beträchtliche Wasserführung. Allerdings sind die Hohlräume in Anbetracht des hohen geologischen Alters und fortgeschrittener Diagenese sowie Mineralneubildung z. T. verstopft. Auch vulkanotektonische Vorgänge (Randbrüche von Calderen) spielen eine Rolle. Vergrusungen sind örtlich wichtig.

● Im allgemeinen ist es möglich, die im Verbreitungsgebiet des Oberrotliegenden und der Vulkanite liegenden kleineren Städte, Gemeinden und Industriebetriebe mit Wasser zu versorgen, sofern das Grundwasser nicht, wie im norddeutschen Becken, zu tief liegt und versalzen ist. Im Unterrotliegenden und im Siles dagegen gibt es kaum ergiebige Gesteinskomplexe.

Literatur

Andreas, D., Enderlein, F., Michael, J., et al. (1974): Siles und Rotliegendes im Thüringer Wald und seinem südlichen Vorland. In: Geologie von Thüringen, S. 356—449. Gotha/Leipzig: VEB H. Haack.

Arzbach, O., Geib, K. W. (1972): Zur Gliederung des sedimentären Oberrotliegenden (Nahe-Gruppe) in der Nahe-Mulde. Mainzer Geowiss. Mitt. 1, 9—16, 5 Abb., Mainz.

Blüher, H.-J. (1960): Zur Hydrogeologie des Oberkarbons und Rotliegenden im westlichen Erzgebirgischen Becken. Geologie **9**, 8, 909—929, Berlin.

Dietrich, M. (1959): Zur Paläogeographie des Oberkarbons und Rotliegenden im Thüringer Becken. Ber. geol. Ges. DDR 326—345, Berlin.

Dorsman, L. (1954): Geolog. occurrence of natural gas in the Netherlands. Geol. en Mijnbouw, 443—448.

Eigenfeld, F., Glässer, W., Röllig, G. (1977): Nordwestsächsischer Vulkanitkomplex. Kurzreferate und Exkursionsführer, Varisz. subsequ. Vulk., S. 15—43, Berlin.

Eissmann, L. (1970): Geologie des Bezirkes Leipzig. Eine Übersicht, 2 Hefte, Naturwiss. Museum Leipzig.

Fabian, H. J. (1954): Oberkarbon und Rotliegendes in neueren Bohrungen im Münsterland sowie in der östlichen und nördlichen Umrandung der Rheinischen Masse. Erdöl u. Kohle **7**, 66—69, Hamburg.

Falke, H. (1954): Die Sedimentationsvorgänge im saarpfälzischen Rotliegenden. Jber. u. Mitt. oberrhein. geol. Ver., N. F. **36**, 32—53, Stuttgart.

— (1966): Zur Geochemie der Schichten der Kreuznacher Gruppe im Saar-Nahegebiet. Geol. Rdsch. **55**, 59—72, 8 Abb., 1 Tab., Stuttgart.

— (1966): Das Unterperm zwischen der Nordsee und dem Alpenraum. AHI del Symposium sul Verrucano. Società Toscana di Scienze Naturali, Pisa, S. 324—354.

— (1971): Zur Paläogeographie des kontinentalen Perms in Süddeutschland. Abh. hess. L.-Amt Bodenforsch. **60**, 223—234, Wiesbaden.

— (1972): The continental permian in North- and South-Germany. Int. Sedim. Petrogr. Series **XV**, 43—113, Leiden.

Gluschko, V. V., Hetzer, H., Katzung, G., Dickensteyn G. Ca., Solowjew, B. A., Tschernyschew, S. M. (1975): Grundzüge des geologischen Baus und der Gasführung des Rotliegenden in der Mitteleuropäischen Senke. Z. angew. Geol. **21,** 6; 253—262, Berlin.

Grahmann, K. R. (1944): Die Aufnahme der Grundwässer im Lande Sachsen. Jb. Reichsamt Bodenforsch. für 1942, **63,** 204—249, Berlin.

Hecht, G. (1974): Wässer. In: Geologie von Thüringen, S. 940—964. Gotha/Leipzig: VEB H. Haack.

Hölting, B. (1969): Zur Herkunft der Mineralwässer in Bad Kreuznach und Bad Münster a. St. Notizbl. hess. L.-Amt Bodenforsch. **97,** 367—378, 1 Abb., 1 Tab., Wiesbaden.

Hohl, R. (1963): Einige Probleme der Industriewasserversorgung im Raum Leipzig. Ber. geol. Ges. DDR **8,** 49—67, Berlin.

— (1966): Zur Kenntnis der Wasserführung porphyrischer Gesteine, besonders des Rochlitzer Quarzporphyrs in Nordsachsen. Geologie **15,** 4/5, 578—594, Berlin.

—, Eissmann, L. (1960): Wasserbohrungen im nord- und mittelsächsischen Porphyrgebiet. Z. angew. Geol. **6,** 2, 78—81, Berlin.

—, Wilsdorf, E. (1966): Der Leisniger Quarzporphyr des nordsächs. Porphyrgebietes und seine Verwitterung. N. Jb. Geol. Paläont. **1966,** 1, 4—13, Stuttgart.

Hoppe, W. (1954): Die Grundwasserführung der Gesteine Thüringens. Geologie **3,** 6/7, 876—890, Berlin.

— (1972): Die Mineral- und Heilwässer Thüringens (Geologie, Chemie, Geschichte, Nutzung). Geologie, Beiheft **75,** 1—183, Berlin.

Katzung, G. (1972): Stratigraphie und Paläogeographie des Unterperms in Mitteleuropa. Geologie **21,** 4/5, 570—584, Berlin.

Lutz, M., Kaasschieter, J. P. H., van Wijhe, D. H. (1975): Geological factors controling Rotliegend gas accumulations in the Mid-European Basin. Proceed. 9th World Petrol. Congr. Tokyo **2,** 93—103, Tokyo.

Mayer-Gürr, A. (1970): Exploration for and production of crude oil and natural gas in Western Germany. J. Petr. **56,** 552, 310—316, London.

Michler, W. (1973): Beiträge zur Hydrogeologie des Oberen Vogtlandes unter besonderer Berücksichtigung der Mineralquellen. Dissert. Univers. Halle-Wittenberg.

Negendank, J. F. W. (1969): Über permische und tertiäre Magmatite im Untergrund des Mainzer Beckens. Geol. Rdsch. 502—512, 5 Abb., Stuttgart.

Nöring, F. (1957): Die jungpaläozoischen Sedimente (Perm) in der Umrandung des Rheinischen Schiefergebirges, im Werra-Schiefergebirge, Richelsdorfer Gebirge und am Rand von Vogelsberg, Spessart und Odenwald — Rotliegendes. In: Erläut. zu Bl. Frankfurt der Hydrogeol. Übersichtskarte 1 : 500 000 der BRD, Remagen.

Pfeiffer, D. (1955): Das Mainzer Becken, die Nahe-Mulde, die Wittlicher Senke. In: Erläut. zu Bl. Köln der Hydrogeol. Übersichtskarte 1 : 500 000 der BRD, Remagen.

Pietzsch, K. (1962): Geologie von Sachsen. Berlin: VEB Deutscher Verlag d. Wiss.

Plein, E. (1978): Rotliegend-Ablagerungen im Norddeutschen Becken. Z. dtsch. geol. Ges. **129,** 71—97, 10 Abb., 6 Taf., Hannover.

Richter, G. (1941): Paläogeogr. u. tektonische Stellung des Richelsdorfer Gebirges im hessischen Raume. Jb. Reichsst. Bodenforsch. **61,** 283—332.

Schäfer, K. (1969): Das Rotliegende der Treischfelder Bohrungen in Osthessen. Notizbl. hess. L.-Amt Bodenforsch. **97,** 152—194, 10 Abb., 3 Tab. Wiesbaden.

Schräber, D. (1968): Zur Kenntnis der Sole im Zwickau-Oelsnitzer Steinkohlenrevier. Z. angew. Geol. **14,** 8, 431—439, Berlin.

Schröder, E. (1952): Vulkanismus und Rotliegendgliederung im Saar-Nahe-Bergland. Z. dtsch. geol. Ges. 103, 253—263, 6 Abb., Hannover.

Scupin, H. (1932): Eine Tiefbohrung auf Wasser im Porphyr des Petersberges bei Halle/Saale. Z. prakt. Geol. **40,** 21—26, Halle (Saale).

Seifert, A. (1978): Methodischer Beitrag zur He, Ne, Ar-Isotopen-Untersuchung an Grundwässern. Z. angew. Geol. **24,** 2, 97—100, Berlin.

Trusheim, F. (1971): Zur Bildung der Salzlager im Rotliegenden und Mesozoikum Mitteleuropas. Beih. Geol. Jb. **112,** 51 S., Hannover.

— (1964): Über den Untergrund Frankens. Ergebnisse von Tiefbohrungen in Franken u. Nachbargebieten 1953—1960. Geol. Bav. **54,** 1—92, München.

TUGOLESOW, D. A. (1971): Probleme der Erdöl- und Erdgassuche im Ostseebecken. Z. angew. Geol. **17**, 73—80, Berlin.

VOIGT, E. (1962): Über Randtröge vor Schollenrändern und ihre Bedeutung im Gebiet der Mitteleuropäischen Senke und angrenzenden Gebiete. Z. dtsch. geol. Ges. **114**, 378—418, Hannover.

5.6 Sandsteine des Mesozoikums

Im „Deckgebirge" über den eingeebneten Rümpfen des Variszischen Gebirges und über den Beckenablagerungen des Rotliegenden und Zechsteins liegt eine Anzahl Sandsteinhorizonte von teilweise recht großer Mächtigkeit. Bei der meist flachen oder wenig geneigten Lagerung haben sie z. T. eine weite Verbreitung, und zwar in vielen Ländern Mittel- und Westeuropas und darüber hinaus. Zum Teil haben sie nur eine regionale Bedeutung. In den meisten Fällen sind sie für die Wasserver-vorgung der in diesen Gebieten liegenden Städte, Dörfer, Gehöfte, für Landwirtschaft und Industrie sehr wichtig.

Trotz der im allgemeinen ähnlichen Ausbildung vieler Sandsteinpakete wechseln der Gesteinsaufbau der Profile und die hydrogeologischen Parameter doch von Ort zu Ort beträchtlich. Die auf wechselnde Ablagerungsbedingungen zurückgehenden faziellen Schwankungen der Lithologie werden von diagenetischen Veränderungen überlagert, denen die Sandsteine seit ihrer Ablagerung ausgesetzt waren. Schon der Habitus der Sand*steine* (als feste Gesteine im Vergleich zu den ursprünglich abgelagerten Sanden) ist eine hydrologisch wirksame Veränderung, die bei der tektonisch meist geringen Beanspruchung der Deckgebirgsgesteine wohl in großem Maße mit Versenkungstiefe und -temperatur im Verlaufe der geologischen Geschichte sowie z. T. mit dem unterschiedlichen geologischen Alter in Zusammenhang steht. Es gibt aber auch lokale und scheinbar regellose Veränderungen. Die Diagenese bewirkt eine gewisse *Schließung der Poren,* eine *Verfestigung* der Sedimente und eine *Fugenbildung,* die tektonisch oder atektonisch entstanden sein kann.

Im allgemeinen sind mesozoische Sandstein-Aquifere günstiger zu beurteilen als solche des variszischen Gebirges. Teilweise sind Vergleiche mit Aquiferen des flachliegenden Paläozoikums von Tafelländern (z. B. des Baltischen Schildes) naheliegend, da in beiden Fällen — zumindest in einzelnen Lagen — Verfestigungen des Sedimentes so gering sein können, daß Übergänge zu Lockerablagerungen auftreten. Solche halbfesten oder wenig verfestigten Gesteine haben aber im Mesozoikum (und besonders im Tertiär) eine ungleich größere Bedeutung (z. B. sandige Ablagerungen des Albien im Pariser und Londoner Becken oder sandige und sandig-mergelige Schichten der Oberkreide nördlich des Ruhrgebietes, s. S. 201).

Als Besonderheit mesozoischer und tertiärer, flachliegender oder wenig geneigter Sandstein-Aquifere sei im Vergleich zu paläozoischen noch besonders angegeben:

— daß sie oft mehrfach übereinander liegen, von „abdichtenden" schiefrigen, tonigen oder mergeligen Schichten getrennt sind und so verschiedene Grundwasserstockwerke mit z. T. gespanntem Grundwasser bilden,

— daß die Prospektion des Grundwassers wegen dieser Stockwerksbildung etwas erleichtert ist gegenüber der in paläozoischen Schichten, zumal die Altersbestimmung der Schichten durch Fossilien meist leichter ist,

— daß die Sandsteine — entsprechend der Lagerung — als landschaftsbestimmende morphologische Rippen oder Geländekanten hervortreten, und am Fuße jeder Kante oft das Grundwasser in Quellen zu Tage tritt, und zwar meist wesentlich ausgeprägter als im Paläozoikum.

Im folgenden wird versucht, wichtige Eigenschaften und Unterschiede im hydrogeologischen Verhalten einiger repräsentativer, mittel- und westeuropäischer Sandstein-Aquifere herauszustellen, ihren Ursachen nachzugehen und einige Folgerungen aufzuzeigen, die sich für die Erkundung der Grundwasservorräte, ihre Gewinnung und Nutzung ergeben.

Es ist in diesem Rahmen nicht beabsichtigt und nicht möglich, einen Überblick über alle mesozoischen Sandstein-Aquifere zu geben, insbesondere nicht über die zahlreichen, wenn auch bedeutenden Sandsteinkomplexe anderer Kontinente. Einige vergleichende Hinweise werden gegeben, z. B. auf die Trias-Aquifere Englands und Frankreichs sowie auf den Nubischen Sandstein Nordafrikas.

5.6.1 Sandsteine der Trias

In der Trias Mittel- und Westeuropas sind mehrere wichtige Sandsteinpakete ausgebildet, wie z. B. der *Buntsandstein* in der Unteren Trias sowie mehrere in der Oberen Trias (Keuper). Letztere haben z. T. nur eine regional begrenzte Verbreitung, sind aber trotzdem für die Wasserversorgung von großen Städten und Dörfern sehr wichtig. Dünne Sandsteinlagen von nur örtlicher hydrogeologischer Bedeutung werden in dieser Darstellung übergangen.

5.6.1.1 Buntsandstein in Deutschland

Der Buntsandstein wird in Deutschland meist in eine untere, mittlere und obere Abteilung unterteilt und ist von örtlich sehr wechselnder Mächtigkeit und Ausbildung (Herrmann 1962). Er kann in Beckengebieten insgesamt über 1000 m mächtig werden (Trusheim 1963) und ist in mittel- und westeuropäischen sowie in den an das westliche Mittelmeer angrenzenden Ländern an der Oberfläche und im Untergrund weit verbreitet. So tritt er z. B. landschaftsbildend nördlich des Schwarzwaldes und der Vogesen, in der Pfalz und an der Saar, in Spessart und Odenwald, in großen Teilen von Franken, Hessen und Niedersachsen auf und steht weithin im Thüringer Becken an. Schließlich ist die Insel Helgoland ein einsamer Zeuge der weiten Ausdehnung im Untergrund des norddeutschen Flachlandes.

Geologischer Überblick

Ein schneller lithologischer Wechsel und das Fehlen von markanten Leithorizonten haben es lange Zeit schwierig gemacht, einzelne Sandstein-Aquifere im Bohrprofil zu identifizieren und von Ort zu Ort zu verfolgen. In der Bundesrepublik Deutschland ist im Jahre 1974 für amtliche Kartierungen eine Gliederung vereinbart worden (Richter-Bernburg, 1974). Sie gründet sich auf zahlreiche Beobachtungen vieler Mitarbeiter, daß gewisse Sandstein- oder Konglomeratkomplexe sich über große Entfernungen hin ausgebreitet haben und somit einigermaßen durchgehende Aquifere bilden, die zwischen mehr feinkörnigen bzw. schiefrig-tonigen Gesteinen eingeschaltet sind und somit von Ort zu Ort verfolgt werden können. Die grundsätzliche stratigraphische Gliederung, die viele Sonderausbildungen und Schicht-„Ausfälle“ kennt und die in „Randgebieten“ wegen der dort vorherrschenden grobklastischen Schüttungen nicht oder nur schwer zu erkennen ist, lautet:

	Hängendes: Muschelkalk		
Ob. Bts.	Rötfolge	so4	= s8
		so3	
		so2	
		so1	
Mittl. Bts.	Solling-Folge	smS	= s7
	Hardegsen-Folge	smH	= s6
	Detfurth-Folge	smD	= s5
	Volpriehausen-Folge	smV	= s4
Unt. Bts.	Salmünster-Folge	suSA	= s3
	Gelnhausen-Folge	suG	= s2
	Bröckelschiefer-Folge	suB	= s1
	Liegendes: Zechstein		

Diese Gliederung schließt keineswegs aus, daß gelegentlich Schwierigkeiten der Identifizierung und Korrelierung in Bohrungen und Aufschlüssen auftreten. Sie schließt auch keineswegs aus, daß auffällige Unterschiede in Durchlässigkeitsdiagrammen von Bohrprofilen durch unrichtige Profil-Korrelierungen verursacht werden.

Der *Untere Buntsandstein* besteht zuunterst gewöhnlich aus „Bröckelschiefer", über dem meist dünnplattige feinkörnige Sandsteine liegen, welche vielfältig mit Letten (Schiefertonen, Peliten) wechsellagern, aber auch grobkörnige Bänke enthalten können, so im süddeutschen Raum den markanten Horizont des Eckschen Konglomerates. Der Pelitanteil mag in Hessen 45% erreichen, die Gesamtmächtigkeit im zentralen Beckenbereich 200—300 m.

Der *Mittlere Buntsandstein*, häufig auch *Hauptbuntsandstein* genannt, enthält in stärkerem Maße gröberkörnige und konglomeratische Sandsteine, die in Süddeutschland fast durchgehend den Komplex aufbauen. Nach Norden schalten sich zunehmend Schiefertone derart ein, daß die Sandsteine sich zu ± geschlossenen Komplexen zusammenschließen, die mehr oder weniger getrennte Aquifere bilden. An der Basis der Sandsteinpakete treten vielfach Konglomeratschüttungen auf. Der Pelitanteil wird in Hessen auf nur etwa 25% geschätzt, die Gesamtmächigkeit erreicht im hessischen Becken bis über 500 m.

Im *Oberen Buntsandstein (Röt)* wechseln bankige Sandsteinpartien mit feinkörnigen Plattensandsteinen und Letten (Schieferton), der Pelitanteil beträgt in Hessen bis zu 90%. In zentralen Teilen des Beckens stellen sich karbonatische und sulfatische Evaporite ein, in Niedersachsen auch ein Salinar, dabei schwillt die Gesamtmächtigkeit in Nordhannover auf 200—300 m an.

Der Bundsandstein ist teilweise von einer intensiven Fugenbildung betroffen, die

— auf tektonische Schollenbewegungen („saxonische Bruchtektonik"),

— auf flächenhaftes Ablaugen des unterlagernden Zechsteinsalzes und unregelmäßiges Nachbrechen des Hangenden („Subrosion", besonders intensiv im „Salzhang"; s. FINKENWIRTH 1970, S. 215) und

— auf mehr örtliche, vulkanotektonische Bewegungen (Lavenabwanderung in den großen Basaltgebieten Hessens) zurückzuführen ist (HÖLTING 1975, 1978).

Hydrogeologischer Überblick

Die lithologische Ausbildung im *Unteren* und *Oberen Buntsandstein* bedingt, daß Gesteins- und Gebirgsdurchlässigkeit im allgemeinen mäßig bis gering sind und die Bedeutung dieser Schichtengruppen für die Wassergewinnung zurücktritt. Ausnahmen kommen vor, so für den Unteren Buntsandstein besonders in Salzhanggebieten (s. FINKENWIRTH 1970).

Der *Mittlere* Buntsandstein hat dagegen erhebliche Bedeutung für die Wasserversorgung, da die Sandsteine und Konglomerate sich im allgemeinen bis zu einer Tiefe von 80 bis 100 m durch ein bemerkenswertes Hohlraumvolumen und Speichervermögen auszeichnen (u. a. EINSELE et al. 1969, 1978).

Über das *Porenvolumen* werden in der Literatur nur relativ wenige Angaben gemacht; sie liegen bei Sandsteinproben von Kernbohrungen aus verschiedenen deutschen Buntsandsteingebieten zwischen 2 und 16% (MATTHESS 1970, DOBNER 1975, MÄRZ 1977, MATTHESS und MURAWSKI 1978, s. auch Kap. 6, S. 17). Das *nutzbare* Poren- und Kluftvolumen ist nach den vorliegenden Messungen der Kluftweiten meist klein: zwischen 0,1 und 0,6% (UDLUFT 1969, 1972, GEORGOTAS 1972, 1978, EINSELE et al. 1978), trotzdem handelt es sich um sehr große Wassermengen, die gespeichert und im Laufe der Zeit wieder abgegeben werden können. Einige *Gesteinsdurchlässigkeiten* aus verschiedenen Teilen des Buntsandsteinbeckens sind aus Tabelle 16 zu ersehen. Sie sind im allgemeinen gering, von regionalen oder

Tabelle 16. *Gesteinsdurchlässigkeiten von Sandstein-Bohrproben aus dem Mittleren Buntsandstein*

	K (md)	Mittel (md)	k_f (cm/s)	Mittel k_f (cm/s)
Merseburger Raum (HAUTHAL 1967)	0,1—1300	12	10^{-7}—$1{,}3\cdot10^{-3}$	$1{,}2\cdot10^{-5}$
Nordhessen (DÜRBAUM et al. 1969)	0—7120	194	10^{-7}—$7\cdot10^{-3}$	$1{,}9\cdot10^{-4}$
Südrhön (UDLUFT 1969)	0,8—900		8.10^{-7}—$9\cdot10^{-4}$	
Spessart (MATTHESS und MURAWSKI 1978)	<0,1—145		10^{-7}—10^{-4}	

lokalen Ausnahmen abgesehen (z. B. Teile des saarländischen Buntsandsteins und der Trierer Bucht sowie des Deckgebirges im westlichen Ruhrrevier) DÜRBAUM et al. (1969) wiesen aber nach, daß auch für den nordhessischen Buntsandstein ca. 20% (max.) der dortigen Brunnenleistungen auf die Gesteinsdurchlässigkeit zurückgeht.

Vergleichende Untersuchungen an Bohrkernen aus dem Mittleren Buntsandstein Nordhessens sowie Pumpversuche ergaben,

— daß Porositäten und Durchlässigkeiten bei einigen Sandsteinkomplexen offensichtlich in Abhängigkeit von der Lage der Bohrungen innerhalb des Sedimentationsraumes (Randfazies/Beckenfazies) schwanken und

— daß diese auch vom Diagenesezustand der Sandsteine abhängen (Zentrale Teile des Beckens zeigen bei relativ stärkerer Absenkung höhere Diagenese, bzw. Verkittung) (s. DÜRBAUM, MATTHESS und RAMBOW 1969, MATTHESS 1970, EINSELE 1979).

Die *Gebirgsdurchlässigkeit* (i. wes. Trennfugendurchlässigkeit) spielt meist eine ungleich größere Rolle. Sie hängt stark von der tektonischen Position ab, die örtlich sehr wechselnde Anisotropieverhältnisse des Gebirges bedingt. Ungünstige Lage einer Bohrung zu Störungs- und Kluftsystemen kann geringere Brunnenleistung zur Folge haben, während bei intensiv zerbrochenen Gesteinskomplexen, besonders in oberflächennahen Auflockerungsbereichen und in Subrosionsgebieten hydraulische Bedingungen erreicht werden können, die denen von Lockergesteins-Aquiferen ähneln (ENGEL und HÖLTING 1970). Nach MATTHESS (1970, S 89) können sogar die Unterschiede gegenüber Karstaquiferen gering werden, da „die in Kluftgrundwasserleitern ermittelten Abstandsgeschwindigkeiten in der gleichen Größenordnung" liegen. In verschiedenen Gebieten von Spessart und Odenwald sind systematisch Kluftmessungen in Aufschlüssen ausgeführt und Photolineationen nach Luft- bzw. Satellitenbildern festgestellt worden (GANGEL 1977, MATTHESS und MURAWSKI 1978, RAWANPUR 1978). Die verschiedenen Methoden kamen zu deckungsgleichen und reproduzierbaren Ergebnissen (s. Abb. 5.27).

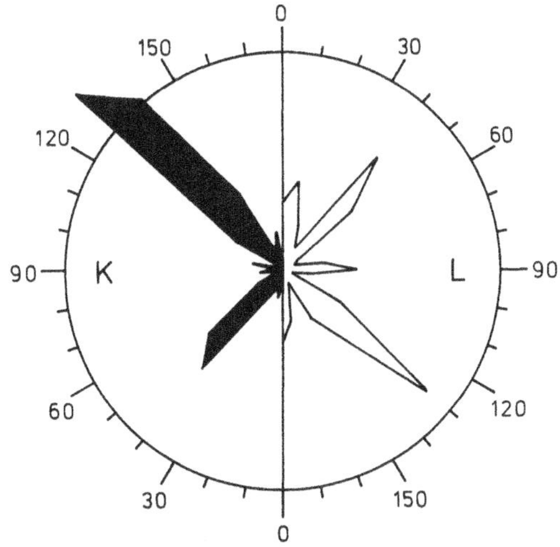

Abb. 5.27. Fast deckungsgleiche Richtungsverteilung von Kluft- und Lineationsnetz, links nach Geländeaufnahmen, rechts nach der Luftbildauswertung. (Nach GANGEL 1977)

Allerdings ist eine direkte hydrogeologische Aussage noch nicht in befriedigender Weise gelungen, obwohl die „Trefferquote" bei Brunnenbohrungen erhöht worden sein soll (NÖRING 1978).

Entsprechend den vorstehenden Ausführungen schwanken Einzelwerte der Gebirgsdurchlässigkeit örtlich sehr stark (um 4—5 Zehnerpotenzen), sie fügen sich aber in eine statistische Normalverteilung ein (EINSELE und MERKLEIN 1978, EINSELE 1979). Sie liegen zwischen 10^{-7} und 10^{-3} m/s, meist sogar zwischen $5 \cdot 10^{-6}$ und $5 \cdot 10^{-5}$ m/s, bzw. 500 und 5000 md. Bei Bohrtiefen von ca. 70 m ist die Transmissivität zwischen $3{,}5 \cdot 10^{-4}$ und $3{,}5 \cdot 10^{-3}$ m²/s anzunehmen. Ähnliche Werte sind für den Buntsandstein des oberen Sinntals, der Südrhön und des Bad Kissinger Raumes ermittelt worden; $T = 1{,}1 \cdot 10^{-4}$ bis $1{,}5 \cdot 10^{-3}$ m²/s (UDLUFT 1971, GEORGOTAS 1972, GEORGOTAS und UDLUFT 1978). In Hessen sind die von MATTHESS gegebenen Werte etwas niedriger, im Saarland etwas höher (EINSELE und SCHIED 1971), ebenso wie in der Trierer Mulde (WEILER 1972).

Im Thüringer Becken wurden aus Pumpversuchen nach der instationären Methode Gebirgsdurchlässigkeiten im Unteren Buntsandstein von 2,0 bzw. $8{,}9 \cdot 10^{-6}$ m/s, im Mittleren Buntsandstein von $2{,}9 \cdot 10^{-4}$ bis $4{,}5 \cdot 10^{-6}$ m/s ermittelt (HECHT 1974).

EINSELE (1978) hat versucht, eine Karte der Gebirgsdurchlässigkeiten im Mittelmain- und Regnitzgebiet zu entwerfen (s. Abb. 5.28). Es war dabei

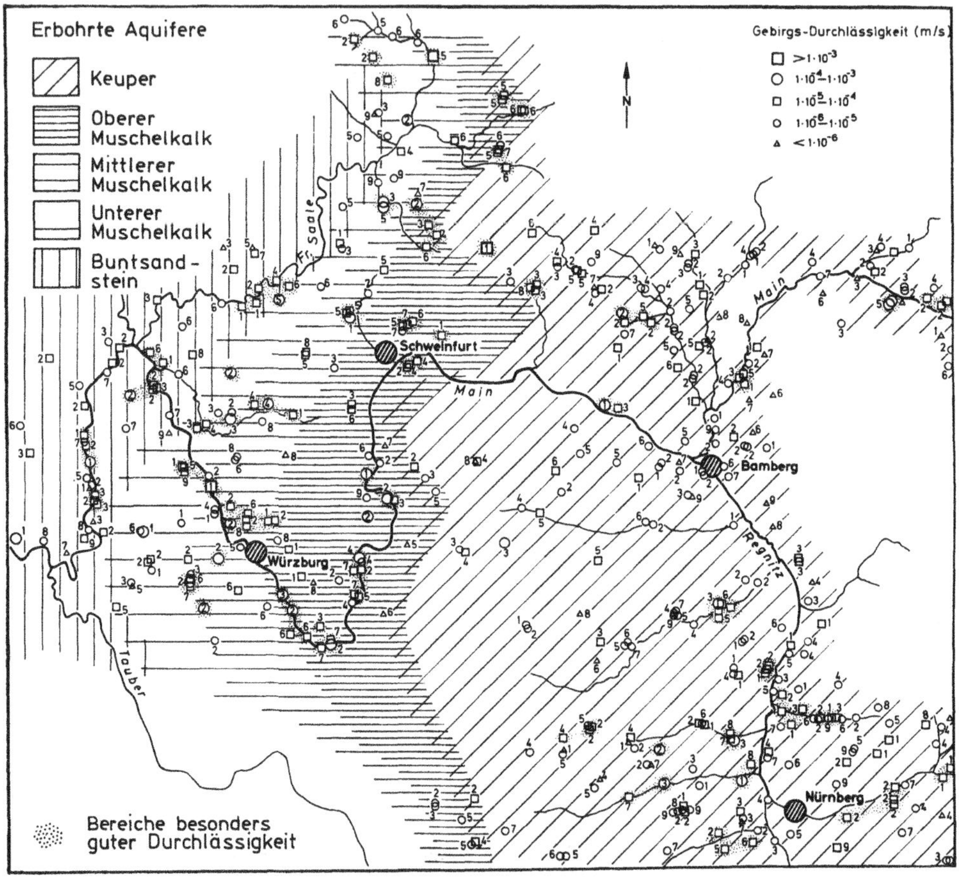

Abb. 5.28. Gebirgsdurchlässigkeiten triassischer Festgesteine im Gebiet des Mittelmains und der unteren Regnitz. (Nach EINSELE und MERKLEIN 1978.) Arabische Ziffern bedeuten Faktoren, mit denen die Grundeinheiten der Gebirgsdurchlässigkeit (Legende) multipiziert werden müssen

nicht möglich, Isolinien für die Gebirgsdurchlässigkeit zu zeichnen — trotz eines umfangreichen Datenmaterials, und zwar „wegen der starken kleinregionalen Streuung und der oft mangelnden Punktdichte". Lokale Gebiete mit erhöhter Durchlässigkeit wurden durch Punktierung hervorgehoben. Regionale Tendenzen so wie örtlich in Hessen lassen sich nicht erkennen.

Eine statistische Auswertung der Daten für die *spezifische Ergiebigkeit* (EINSELE und MERKLEIN 1978) zeigt u.a. — so wie dies bezügl. Gebirgsdurchlässigkeit erwähnt wurde — eine statistische Normalverteilung. Sie liegen zwischen 10^{-5} und 10^{-2}, vorwiegend bei 1 bis $5 \cdot 10^{-3}$ m³/s · m, eine Abhängigkeit von der Brunnentiefe ist nicht zu erkennen.

Auch die *Brunnencharakteristik* zeigt für den Mittleren Buntsandstein in den dafür üblichen Sammeldiagrammen eine sehr starke Streuung. Die Werte liegen in der Größenordnung von 3—6 l/s oder von 11 bis 22 m³/h pro 10 m Absenkung (Einsele und Merklein 1978).

Grundwasserneubildung

Durch sehr zahlreiche und vielfach kontrollierte Abflußmessungen der oberirdischen Gewässer in Trockenzeiten ist in den meisten westdeutschen Buntsandsteingebieten (auch in Teileinzugsgebieten) der mittlere Grundwasserabfluß ermittelt worden. Nach Gangel (1975) und Matthess (1978) beträgt im nördlichen Buntsandstein-Odenwald die mittlere Grundwasserspende A_u = 148 mm/a = 4,7 l/s · km² und die mittlere kleinste Grundwasserabflußspende min A_u = 88 mm/a = 2,8 l/s · km². Im Buntsandstein-Spessart wurde von Matthess und Murawski (1978) ein A_u von 205—246 mm/a = 6,5—7,8 l/s · km² angegeben. Im Kinziggebiet rechnet man mit einer mittleren Grundwasserneubildung von 8,1 l/s · km² = 255 mm/a und in dem von jüngeren Sedimenten überlagerten Mittleren und Unteren Buntsandstein des Schlüchterner Beckens jedoch nur mit 5,8 l/s · km² = 160 mm/a.

Hölting (1978) gab an, daß im hessischen Buntsandstein bei langjährigen mittleren Niederschlagsraten von 600—700 mm die unterirdischen Abflußspenden größenordnungsmäßig im Unteren Buntsandstein max. 2,5 l/s · km² (= 80 mm), im Mittleren Buntsandstein etwa 2—4 l/s · km² (= ca. 63—125 mm) betragen. Im Oberen Buntsandstein wurden die Abflüsse auf $<$ 0,5 l/s · km² geschätzt.

Hölting wies besonders darauf hin, daß diese Werte nicht den nutzbaren Anteil darstellen, und daß im Wasserwerk Allendorf aus 28 Brunnen insgesamt 380 l/s entnommen werden, die dort immerhin eine nutzbare Grundwasser-Neubildungsrate von 2,53 l/s · km² (= 80 mm) anzeigen.

Innerhalb der vorgenannten größeren Niederschlagsgebiete mit ihren mittleren Gebietsabflußspenden besitzen einzelne Teilgebiete abweichende bzw. zu niedrige Grundwasser-Abflußspenden (u. a. Matthess und Murawski 1978, Abb. 78, 79 und Tab. 36, 37). Es gibt Teilgebiete mit 10 l/s · km² und solche ohne Abfluß, in beiden Fällen wohl bedingt durch Verwerfungen und begleitende Klüfte sowie durch günstiges bzw. ungünstiges Schichteinfallen. Die örtlichen Bedingungen wechseln stark.

Grundwasserbeschaffenheit

Im N-, W- und Ostsaum von *Vogesen* und *Schwarzwald* ist das Buntsandsteinwasser in Oberflächennähe und unter geringmächtiger Abdeckung meist weich; bei tieferem Absinken unter die Röt- und Muschelkalkdecke ist allgemein zunächst mit HCO_3- und SO_4-Gehalten und dann sehr bald — z. T. von den Evaporiten des Mittleren Muschelkalks stammend — mit höheren NaCl-Lösungsinhalten zu rechnen.

Auch in der *Pfalz*, im *Saargebiet*, *Spessart* und *Odenwald* ist das Buntsandsteinwasser im Ausbißbereich der Schichten allgemein weich und meist aggressiv. Im Spessart, Odenwald und in der Rhön liegt nach GEORGOTAS und UDLUFT (1978) die Gesamtmineralisation der Wässer im *Unteren* Buntsandstein zwischen 70 und 180 mg/l, der Gehalt an freier CO_2 zwischen 20 und 60 mg/l. Die Wässer sind als „erdalkalisch-hydrogenkarbonatisch" bzw. hydrogenkarbonatisch-erdalkalisch" zu typisieren. Im *Mittleren* Buntsandstein des gleichen unterfränkischen Raumes ist das Grundwasser sehr mineralarm und ausgesprochen aggressiv; die freie CO_2 beträgt um 130 mg/l. Es handelt sich um erdalkalisch-hydrogenkarbonatische oder hydrogenkarbonatisch-sulfatische Typen. Die Wässer des *Oberen* Buntsandsteins (Plattensandstein) haben in Unterfranken eine Gesamtmineralisation um 180 mg/l und sind meist weich (4—7° dH), sie sind erdalkalisch, überwiegend hydrogenkarbonatisch. Quellwässer aus dem Unteren und Mittleren Buntsandstein sind in der Regel weich (1—3° dH), während Wässer aus Bohrungen in diesen Schichten meist etwas karbonatisch sind („Buntsandsteintyp" bei RAMBOW 1977) und daher eine gewisse Härte haben. HÖLTING (1978) unterschied in Hessen die Wässer des Mittleren Buntsandsteins (= < 8° d Gesamthärte) von denen des Unteren Buntsandsteins (= > 8° dH). Im Oberen Buntsandstein kommen nur harte Wässer vor. Bei den Lösungsinhalten herrscht Hydrogenkarbonat vor. Im Unteren Buntsandstein sind auch sulfatische, im Oberen des nördlichen Verbreitungsgebietes auch chloridische Wässer verbreitet. Nördlich des „Kasseler Grabens" nehmen die Buntsandstein-Wässer (nach THEWS 1966, RAMBOW 1977) flächenhaft Mineralwassercharakter an (> 1 g/l gelöste Stoffe), besonders unter Rötbedeckung, und machen dann nordwärts („punktförmig oder linienförmig") chloridischen Grundwässern Platz, deren Zusammenhang mit den in der Tiefe überall anzutreffenden Zechsteinwässern bzw. -solen wohl außer Zweifel steht.

In Thüringen sind die meisten Buntsandsteinwässer weich bis sehr weich (abgesehen von Wässern in Sandsteinen mit kalkigem oder sulfatischen Bindemittel) und müssen entsäuert werden. Die Grundwässer im Röt erreichen aber Gesamthärten von mehr als 100° dH, wobei Gipshärte immer vorherrscht. Der Aufbau der Schichtenfolge bedingt, daß vielerorts bei Bohrungen die Gefahr besteht, besonders bei Überbeanspruchung, versalzene und verhärtete Wässer aus dem unterlagernden Zechstein nachzuziehen. Durch Gipskarstwässer aus dem überlagernden Röt kann es andererseits ebenfalls zu einer erheblichen Aufhärtung kommen (HOPPE 1967, 1969).

Grundwassergewinnung und -nutzung

Der *Untere Buntsandstein* führt im Schwarzwald viele starke Quellen an der Basis und über dem Eckschen Konglomerat, die für Gruppenwasserwerke stark genutzt werden (Schüttung der einzelnen Quellgruppen 18 bis 45 l/s). In der Pfälzer Mulde führt der häufige Wechsel von Sandsteinen und Schieferletten im Unteren Buntsandstein — ebenso wie in anderen Verbreitungsgebieten — zu vielen Quellhorizonten mit maximal 2—3 l/s, meist aber geringerer Einzelschüttung. In Bohrungen werden spezifische Ergiebigkeiten von 0,5 l/s beobachtet. In Subrosionsgebieten kann der Untere Buntsandstein stark zerbrochen und wasserführend sein, das Wasser ist aber vom unterlagernden Zechstein her weithin versalzen (Beispiel Eichsfeld, am SW-Rand des Harzes). Günstige Ausnahmen kommen vor.

Der *Mittlere Buntsandstein* bildet in E- und N-Schwarzwald eine weitverbreitete Decke über dem Kristallin; die morphologisch hoch gelegenen Partien sind naturgemäß wasserarm. Dagegen können die Sandsteine des sm dort, wo sie in Tälern bis unter die Talsohle reichen (und gar an Verwerfungen zerklüftet sind), sehr erhebliche Wassermengen liefern (z. B. Villingen und Pforzheim) (GRAHMANN 1958).

In der Pfälzer Mulde zeigt der Mittlere Buntsandstein sich auch als sehr ergiebig, zumal hier unverfestigte Sande und Kiese lagenweise auftreten. Quellen von > 100 l/s kommen vor, Bohrbrunnen erreichen bei Tiefen von 50—125 m > 40 l/s, ja bis 90 l/s. Spezifische Ergiebigkeiten liegen bei 2—7 l/s · m oder mehr.

Im Saargebiet entnimmt der dortige Steinkohlenbergbau zur Eigenversorgung > 2000 l/s aus dem Buntsandstein, große Teile von Bevölkerung und Industrie werden aus > 200 Bohrungen von oft > 100 m Tiefe versorgt (EINSELE et al. 1969). Auch in Unterfranken werden dort günstige Grundwasserverhältnisse angetroffen, wo der Buntsandstein unter das Maintal absinkt (bis 30—40 l/s können dort in Bohrungen erwartet werden).

In Franken haben Bts-Quellen Schüttungen zwischen 3 und 200 l/s und mehr. Bohrungen erschließen in günstigen Lagen 4—15 l/s. Die spezifischen Ergiebigkeiten betragen danach 2—3 l/s · m, in Ausnahmefällen 7—15 l/s.

In Hessen macht die weite Verbreitung des Buntsandsteins und seine verhältnismäßig gute Gebirgsdurchlässigkeit ihn — nach dem Quartär — zum zweitwichtigsten Grundwasserlieferanten des Landes. In vielen großen Wasserwerken wird dieser Grundwasserschatz für die Versorgung zahlreicher Städte und Dörfer genutzt, und zwar für Kassel, Hess. Lichtenau, Marburg, Fulda, Bad Hersfeld, Eschwege und z. T. Frankfurt, außerdem für 6 überörtliche Wasserverbände.

In Niedersachsen wird die Erschließung vielfach schwieriger. Zwar werden in Südhannover noch bei Bohrungen von 30—200 m Tiefe Leistungen von 2—30 l/s — besonders in Randzonen — erzielt, doch setzt verbreitet eine Mineralisation Grenzen für die Grundwassernutzung.

Im Thüringer Becken nutzen die Bohrbrunnen in der Regel mehrere Grundwasserstockwerke und sind im Mittel um 80 m, in einzelnen Fällen auch zwischen 200 und 300 m tief. Das Brunnenergiebigkeitsmaß liegt zwischen 0,4 und 0,8 l/s · m und beträgt im Durchschnitt um 0,5 l/s · m (HOPPE 1969). Neben dem Unteren Buntsandstein kommt als Hauptaquifer der Mittlere Buntsandstein in Betracht, in dessen Verbreitungsgebiet man mit Grundwasserspenden von rund 3—5 l/s · km² rechnen kann. Zahlreiche Schichtquellen weisen besonders in tektonischen Zerrüttungszonen höhere Schüttungen auf (bis um 15 bis 20 l/s).

Der *Obere Buntsandstein* enthält im nördlichen Schwarzwald einige mittelstarke Quellen, die zu Ortsversorgungen genutzt werden, seine spezifische Ergiebigkeit liegt dort und weiter nördlich zwischen 1 und 4 l/s · m.

5.6.1.2 Vergleich mit dem Buntsandstein in England und Frankreich

In *England* schließt der Begriff „Triassic Sandstone" die „Bunter Series" (Unt. und Ob. Mottled Sandstones und Bunter Pebble Beds) sowie die „Keuper Sandstones" ein. Sie bilden eine mächtige Einheit (bis zu 600 m in West Lancashire und ca. 1000 m am Nordrand des Cheshire Beckens) und sind von sehr großer hydrogeologischer Bedeutung, besonders in den Midlands. Der „Bunter" enthält grobkörnige Sandsteine sowohl wie schwach verfestigte Konglomerate, während die Keuper-Sandsteine feinerkörnig sind. In NW-England wird der Bunter von permischen Sandsteinen unterlagert (ebenso wie im Cotentin, in den Pyrenäen und in Asturien), mit dem sie eine hydraulische Einheit bilden, die „Permo-Trias". Der Bunter wird von praktisch undurchlässigen Keupermergeln überlagert, die das Sandsteingrundwasser spannen. Viele große Midlandsstädte, wie Manchester, Liverpool und Birmingham werden teilweise durch Brunnen aus Trias-Sandsteinen versorgt, und in vielen Fällen hat eine zu starke Entnahme zum Abfall des Wasserspiegels geführt (z. B. sind die Spiegel im Raum Birmingham um 40—75 m in den letzten 50 Jahren gefallen (s. DAY 1978). Dies hat zur örtlichen Anhebung chloridreichen Wassers an der Basis des Aquifers und zu schweren Kontaminationen der Brunnen geführt. Die Erscheinung ist wahrscheinlich auch mitbedingt durch eine ausgedehnte urbane Besiedlung und verhinderte Grundwasserneubildung (LAND 1966).

In S-Nottinghamshire ist der Bunter Sandstone 90 m dick und schwillt weiter nördlich (in S-Yorkshire) auf ca. 180 m an. Er wird hier zur Versorgung von Nottingham, Mansfield, Worksop und Doncaster genutzt.

Zur hydrogeologischen Charakteristik sei vergleichsweise bemerkt, daß — wie von den deutschen Buntsandstein-Vorkommen beschrieben — auch hier der Anteil an Porenwasser im allgemeinen gering ist (etwa 13% in den Midlands), abhängig vom Grad der Zementierung der Sandsteine. Nach DAY (1978) können Transmissivitäten dort ansteigen, wo Fugen und Brüche den Grundwasserfluß begünstigen, so in Nottinghamshire auf 1500 m^2/d (gegenüber 300 m^2/d bei Labortests). In den Midlands werden Transmissivitäten von 350—750 m^2/d angegeben. Aber wo die Sandsteine weniger geklüftet und stärker zementiert sind, werden Werte von 150 m^2/d typisch. Brunnen im Bunter der Midlands liefern ca. 50—100 l/s, in Gruppen bis zu 200 l/s. Im NW (Lancashire und Cheshire) liegen Transmissivitäten zwischen 20 und 2000 m^2/d und Brunnenleistungen zwischen 20 und 40 l/s. In SW-England liegen die Werte tiefer.

Die chemische Qualität ist allgemein gut, das Wasser ist nur mäßig hart, die Karbonathärte überwiegt. In der Tiefe unter Keuperbedeckung führt Kationenaustausch zu nicht genießbarem NaCl-Wasser (DAY 1978), der Übergang vollzieht sich in Nottinghamshire innerhalb 30 km vom Ausbiß, während in York der Abstand viel kürzer ist. Aber Ausnahmen von dieser Regel kommen vor, so bei Stratford on Avon, wo — bei großem Abstand vom Ausbiß — schwach Na_2SO_4-haltige und trinkbare Wässer in der Tiefe auftreten.

In *Frankreich* sind die Sandsteine der Unt. Trias vor allem am W- und N-Abfall der Vogesen („Grès vosgien") verbreitet, sie bilden das Hangende der Kohlenformation Lothringens und sind ein sehr wichtiges Grundwasser-Reservoir.

Sie bilden die äußerste der „konzentrischen Aureolen", die das Pariser Becken umgeben und — in der vertikalen Abfolge — den untersten Aquifer des Deckgebirges, der im Zentrum des Beckens bis über 1000 m abtaucht.

Die Fazies der Sandsteinfolge schließt sich in Lothringen eng an die des Saargebietes an (s. S. 176). Das Grundwasser ist im unbedeckten Aquifer im allgemeinen süß und relativ weich, es tritt in zahlreichen Quellen zutage und wird — mit wechselnden Leistungen — in Brunnen gewonnen.

Nach dem westwärtigen Abtauchen der Sandsteine unter die abdichtenden Schichten des Unteren Muschelkalkes und des Keupers nimmt in der Tiefe der NaCl-Gehalt zu, allerdings im Saar-lothringischen Raum z. T. erst in mehr als 50 km Entfernung vom Ausbiß [1].

5.6.1.3 Sandsteine des Unteren und Mittleren Keupers, vorwiegend in Süddeutschland

Keuper-Sedimente haben im süddeutschen Ablagerungsraum die Eigenart, daß sie sich in besonders deutlicher Weise zu den Beckenrändern hin faziell schnell und stark verändern. Mächtige Sandsteinpakete stellen sich ein. Die lithologisch beeinflußte, wechselnde hydrogeologische Bedeutung rechtfertigt eine kurze Darstellung im Rahmen dieses Buches.

Im nördlichen Vorland der Schwäbischen Alb handelt es sich um den *Lettenkohlensandstein* und *Schilfsandstein*, die örtlich zu Mächtigkeiten von 20—30 m anschwellen, deren Quellen bis 2 l/s schütten, und die auch in Bohrungen erschlossen werden. Das Wasser ist allgemein hart (12—24° dH). Der etwas jüngere *Stubensandstein* ergibt in Bohrungen gelegentlich 10 l/s (12—16° dH).

In östlich anschließenden Teilen Frankens gehen die Myophorienschichten des Gipskeupers (unterer Mittelkeuper) seitlich in den mächtigen *Benker Sandstein* über. Die beckenwärts überwiegend tonigen Lehrbergschichten werden im Raum von Ansbach-Nürnberg durch stark sandige Schichten vertreten. Schließlich entwickeln sich im oberen Mittelkeuper die 150—200 m mächtigen *Coburger-*, *Blasen-* und *Burgsandsteine*.

Alle Sandsteine sind zwar diagenetisch verfestigt, deutlich bis stark geklüftet und bieten gute Fließmöglichkeiten für Kluftwasser. Es muß aber auch mit einem erheblichen Anteil Porenwasser gerechnet werden, zumal die Sandsteine lagenweise, an Störungen und im Verwitterungsbereich ziemlich locker sind.

Das Gesamtporenvolumen liegt im Sandsteinkeuper nach verschiedenen Autoren (s. Poll 1978) im Raum Ansbach bei 30—39%, in der Rhön und in den Haßbergen zwischen 8 und 25% (Mittel etwa 17%). Das nutzbare Kluftvolumen wird im Raum Ansbach oberflächennah mit 0,5 bis 6,8%, in 40—100 m Tiefe mit 0,5 bis 1,5% angegeben (Krauspe 1978).

Die Gebirgsdurchlässigkeiten wurden an zahlreichen Bohrungen durch Pumpversuche festgestellt. Wie Tabelle 17 zeigt, weisen die von Grimm und Hofbauer (1966, 1967) einerseits, sowie die von Poll (1978 a und b) und Einsele und Merklein (1978) mitgeteilten neueren Daten andererseits keine signifikanten Unterschiede auf, obwohl das neuere Zahlenmaterial regional weiter gestreut ist. Im Profil sind deutliche Unterschiede zwischen den tonigen und sandigen Schichten zu erkennen. Innerhalb eines Schichtgliedes zeigen die Werte für die Gebirgsdurchlässigkeit im Sandsteinkeuper erhebliche

---

[1] Die Grenze der Versalzung ist in der Carte hydrogéologique de l'Europe 1 : 1 500 000, Feuille C4 und C5 eingetragen. Bemerkungen dazu in der zugehörigen Notice explicative von Margat 1974, S. 69.

Tabelle 17. *Hydrogeologische Beurteilung des Mittelkeupers im fränkischen Raum (weitere Umgebung von Nürnberg)*

	k_f aus Pumpversuchen			spezif. Erg.	
		Mittel		(l/s · m)	
	(m/s)	(m/s)	(md)	von—bis	Mitt.
Burg- und Blasensandstein (GRIMM und HOFBAUER 1966)	10^{-4}—10^{-5}	$3 \cdot 10^{-5}$	3.000	0,1 —3	0,2—1
Burgsandstein (POLL 1978)	3—12 · 10^{-5}			0,1 —1,8	0,65
Burgsandstein (EINSELE 1978)	10^{-4}—$3 \cdot 10^{-6}$		300—10.000		
Blasensandstein (POLL 1978)	1,1—8 · 10^{-5}			0,29—0,36	0,33
tonig-sandige Lehrberg-Schichten (GRIMM und HOFBAUER 1966)	$4 \cdot 10^{-6}$—$2 \cdot 10^{-6}$	10^{-6}	100		
tonige Lehrberg-Schichten (GRIMM und HOFBAUER 1966)	10^{-6}—$5 \cdot 10^{-7}$	10^{-7}	10		
Lehrberg-Schichten (POLL 1978)	$2 \cdot 10^{-5}$—10^{-7}				0,95
Schilfsandstein (POLL 1978)	10^{-5}—10^{-6}			0,2 —0,8	0,5
Benker Sandstein (POLL 1978)	$2 \cdot 10^{-5}$—$3 \cdot 10^{-6}$			0,25—1,8	1,02

Schwankungen, ihre statistische Verteilung ist normal, wenn auch etwas „schief" (EINSELE und MERKLEIN 1978, Abb. 177), mit einem deutlichen Maximum bei 10^{-4} bis $3 \cdot 10^{-6}$ m/s. Die örtlichen Schwankungen erlauben — trotz einer sehr großen Zahl von Brunnendaten — keine Konstruktion von Isolinien gleicher Gebirgsdurchlässigkeit. POLL (1978, Abb. 33) versuchte zwar, eine solche Darstellung zu geben, bei der das Maß der subjektiven Deutung aber nicht abzuschätzen ist. EINSELE und MERKLEIN (1978, Abb. 176) gaben eine Übersicht der Aquifere mit zusätzlichen punktförmigen Angaben der Gebirgsdurchlässigkeit. Ihr ist der Vorzug zu geben (s. auch Abb. 5.28 in diesem Buch). Nach ANDRES und GEY (1970) wurde für gespanntes Grundwasser eine Abstandsgeschwindigkeit von 2,2 m/a gemessen.

Die spezifischen Ergiebigkeiten (Tab. 17) liegen für den Sandsteinkeuper bei 0,2 bis 1 l/s · m (bei Heidenheim sogar 1,8 l/s · m) und weisen statistisch ebenfalls eine Normalverteilung auf (EINSELE und MERKLEIN 1978, Abb. 177, EINSELE 1979). Ein Zusammenhang zwischen Brunnenleistung und Bohrtiefe ließ sich nicht nachweisen. Auch Diagramme zur Brunnencharakteristik zeigen sehr starke Streuungen.

Als mittlere Grundwasserspende A_u des Fränkischen Sandsteinkeuperlandes errechnete KRAUSPE (1970) 2,1 bis 2,5 l/s · km², MATTHESS (1978) 2,8 l/s · km² = 90 mm, und die mittlere kleinste Grundwasserspende min A_u wurde mit 1 bzw 1,5 l.s · km² = 30 bzw. 45 mm angegeben.

Die hydrochemischen Verhältnisse werden stark von der Geochemie der Sedimente beeinflußt. Im Unteren Keuper zeigen die meisten Sedimente einen erhöhten Dolomitgehalt und die Grundwässer eine Mineralisation von 300 bis 800 mg/l. Erdalkalien und Hydrogenkarbonat sind vorherrschend. Im

Unteren Sandsteinkeuper herrschen Erdalkalien vor, bei den Anionen Hydrogenkarbonat und Sulfat, bei hohen Mineralstoffgehalten (800 mg/l und mehr). Der Einfluß des Gipskeupers ist deutlich. Das Grundwasser im oberen Sandsteinkeuper ist weniger stark mineralisiert (200—650 mg/l, im Mittel ca. 500 mg/l), es ist erdalkalisch-hydrogenkarbonatisch.

Die relativ günstigen hydrogeologischen Verhältnisse im Sandsteinkeuper ermöglichen die Entnahme sehr großer Wassermengen zur Versorgung von Bevölkerung und Industrie im Raum Nürnberg—Fürth—Erlangen—Ansbach.

In der DDR sind Schichten des Keupers vor allem im Zentrum des Thüringer Beckens und im Grabfeld (Südthüringen) verbreitet. Der 45—60 m mächtige Untere Keuper führt in den den vorherrschenden Ton- und Schluffsteinen eingelagerten, wenig mächtigen Sandsteinen, Kalksteinen und Dolomiten Grundwasser, dessen Ergiebigkeit in Tiefbrunnen im Mittel nur um 0,33 l/s · m und dessen chemische Beschaffenheit bei höherem Fe-Gehalt unterschiedlich ist (Hecht 1974). Die Grundwasserführung des Mittleren Keupers (Gipskeuper) ist gering und spielt wegen der hohen Härte und häufigen Versalzung der Wässer wirtschaftlich keine Rolle. Schichtquellen haben meist Schüttungen von < 1 l/s.

5.6.1.4 Sandsteine des Oberen Keupers (Rhät) in der Bundesrepublik Deutschland

In vielen Gebieten ist der im allgemeinen nicht sehr mächtige Rhät-Sandstein nur für kleine Wasserversorgungen wichtig. Im nördlichen Vorland des Harzes ist er bis 25 m mächtig und erlangt dort eine ungewöhnlich große Bedeutung.

Im Gebiet von *Helmstedt* haben bis 200 m tiefe Bohrungen bis zu 22 l/s je Brunnen ergeben. Im Eisenerzrevier von *Salzgitter* enthält der Sandstein viel Wasser, das in einigen Gruben (Hannoversche Treue und Havelahwiese) bei bergbaulichen Maßnahmen gelöst wurde. In der zuletzt genannten Anlage handelte es sich um 7,5 l/s, d. s. ca. 40% der zu pumpenden Gesamtzuflüsse (Kolbe 1964). Es war — auch in größerer Tiefe — Süßwasser, das als fossiles Tiefenwasser aufgefaßt wurde. Hohe NaCl-Gehalte stammen aus Wassereinbrüchen in die Bergbau-Hohlräume.

Die Mächtigkeit und Bedeutung der Rhät-(und Lias-)Sandsteine verringern sich westwärts sehr bald, Nutzungen finden nur noch örtlich statt.

Im Bereich der *Pyrmonter Achse* besteht der Obere Keuper aus einer bis 60 m mächtigen, liegenden z. T. quarzitischen Hauptsandsteinserie, einer mittleren Schiefertonpartie und hangenden Glimmersandsteinen. Das mittlere Grundwasserdargebot (Grundwasserspende zuzüglich Grundwasserentnahme) betrug nach Deutloff (1974) im Zeitraum 1959—1962 für größere Flächen nördlich von Salzfluren 1,7 bis 2,3 l/s : km^2.

5.6.2 Sandsteine des Juras

Sandstein-Aquifere treten in der Juraformation Mitteleuropas gegenüber karbonatischen Grundwasserleitern sehr zurück. Im Unteren Lias ist in Luxemburg und angrenzenden Gebieten der Luxemburger Sandstein, im fränkischen Anteil der süddeutschen Alb der sogenannte Dogger-Sandstein ausgebildet. Auf andere Sandsteinbildungen wird in dieser Darstellung verzichtet.

Der *Luxemburger Sandstein* wird max. 100 m mächtig und hat keine Stockwerksgliederung, er ist fein- bis grobkörnig, häufig konglomeratisch. Er hat meist ein kalkiges, örtlich auch ein kieseliges Bindemitel und in frischem Zustand praktisch keinen Porenraum (van HOYER 1971). Die Wasserbewegung erfolgt überwiegend auf den zahlreichen Klüften und Spalten, gelegentlich wird sie auch durch Hohlräume begünstigt, die durch Auslaugung von kalkigem Bindemittel entstanden sind (ein Übergang zu verkarstungsfähigen Gesteinen ist dann zu beobachten). Der Sandstein verwittert leicht in der Nähe der Oberfläche sowie im Bereich von in die Tiefe setzenden Störungszonen. Dies bewirkt, daß ein großer Prozentsatz der Niederschläge in den Untergrund eindringen kann und eine hohe unterirdische Abflußspende sich ergibt. Die mittlere jährliche Grundwasserneubildung beträgt 5,2, 6,4 bzw. 7,1 l/s · km² bei 3 verschiedenen Einzugsgebieten mit 792 bis 821 mm mittlerem Jahresniederschlag. Die Wässer sinken — bei hoher morphologischer Position — bis zur Basis des Sandsteins ab und treten über den unterlagernden Psilonotenschichten in zahlreichen Quellen aus. Sie werden meistens für die Wasserversorgung der umliegenden Städte und Dörfer genutzt. 1965 wurde nach BINTZ der Trink- und Brauchwasserbedarf von Luxemburg zu 90% aus dem Luxemburger Sandstein gedeckt. Das Wasser ist normalerweise als „erdalkalisch, überwiegend hydrogenkarbonatisch" zu bezeichnen und besitzt in der tiefgreifenden Verwitterungszone einen „ausgezeichneten Filter" hinsichtlich der Qualität (van HOYER 1971).

Der *Dogger-Sandstein* besteht aus bis 100 m mächtigen feinkörnigen „Eisensandsteinen" und wird von undurchlässigen Opalinustonen unterlagert. Seine Grundwasserführung, die sich in zahlreichen kleinen Schichtquellen zeigt, ist vor allem auf die gut ausgeprägte Klüftung zurückzuführen. Lokal kann die Grundwasserführung in porösen Partien, in denen das kalkige oder limonitische Bindemittel ausgewittert ist, ansteigen. Die Brunnenergiebigkeiten liegen zwischen 1 und 15 l/s, und zwar umso höher, je deutlicher die Grundwassersohle unter dem Niveau des Vorfluters liegt (Brunnen der Stadt Weismain 5,7 und 11 l/s). Die Wässer des Eisensandsteins sind gewöhnlich ziemlich hart (10—18° dH), eisenhaltig und aggressiv, hygienisch jedoch meist unbedenklich (APEL et al. 1978).

5.6.3 Sandsteine der Unterkreide

Zahlreiche Sandsteinhorizonte bzw. -pakete in der Kreide Mitteleuropas haben große hydrogeologische Bedeutung; z. T. sind die Ablagerungen weit verbreitet, z. T. sind sie nur regional oder lokal wichtig. Vielfach sind die Aquifere ± stark diagenetisch verfestigt (Wealden-Sandstein, Osning-Sandstein, Hils-Sandstein, Bentheimer Sandstein), andere sind nur schwach verfestigt und zerfallen sehr leicht, insgesamt oder in Lagen (Osning-Sandstein, z. T. Essener und Soester Grünsand). Schließlich kommen Sedimente vor, die schon fast den Charakter von Lockerablagerungen haben, wie die unterkretazischen Kuhfeld-Schichten (BOLSENKÖTTER und KOCH 1974).

Eine Abhängigkeit des Diagenesegrades vom geologischen Alter ist nur schwer zu erkennen; es ist offensichtlich, daß auch in der Kreide diagenetische Verfestigungen noch weit verbreitet sind. Erst im Tertiär nimmt die Bedeutung der Verfestigung bei den klastischen Gesteinen ab.

Auf die Wealden-Sandsteine wird hier nicht näher eingegangen.

5.6.3.1 Osning-Sandstein

Der dem Neokom und Gault angehörige *Osning-Sandstein* besteht aus fein- bis grobkörnigen Quarzsandsteinen, die — Bergrücken bildend — das Münstersche Kreidebecken im NE (Osning) und E (Egge) umrahmen. Die Mächtigkeit nimmt von S nach N von 40 m auf über 200 m zu; im Süden liegen die Sandsteine flach auf stärker gefalteten verschiedenartigen älteren Gesteinen des Mesozoikums, im Norden sind sie steil aufgerichtet. Die hydrogeologischen Bedingungen sind demnach sehr unterschiedlich (schmaler Ausstrich im N, 30—40 km weite Ausbreitung im S des Gebirgszuges).

Die Grundwasserführung beruht vorwiegend auf Schichtfugen und allgemeiner Klüftigkeit, die Porosität spielt keine Rolle. Wichtig ist das örtliche Auftreten von Störungen und damit zusammenhängenden Kluftscharen quer zum Streichen, die auch hydraulische Verbindungen zu anderen Aquiferen herstellen. Auf ihnen treten stärkere Quellen auf, und sie sind wichtig für das Ansetzen von Bohrungen.

Starke Quellen sind im Süden bei Schwaney bekannt, so die Apuhl-Quelle (Schüttung min. 3000 m^3/d, max. 9000 m^3/d) und der Bollerborn bei Altenbeken. Einzelerfolge bei Bohrungen haben immer wieder zu Bemühungen um Erschließung des im Osning-Sandstein vorhandenen Wassers geführt, leider oft mit geringem Erfolg. Stellenweise hat der darüber liegende „Flammenmergel" (s. S. 199) in seinem unteren Bereich eine größere Klüftigkeit (besonders in Oberflächennähe) und bildet so mit dem Sandstein einen gemeinsamen Aquifer, der die Erfolgschancen für Bohrungen erhöht. Bei Altenbeken wurden etwa 18 l/s erbohrt. Das Wasser ist meist weich und aggressiv.

Zur Klärung der sehr unterschiedlichen Grundwasserführung, insbesondere auch der Herkunft der Wässer in den starken Quellen am Fuße des Westhangs der Egge, wurden die Grundwasserspenden in 95 Teileinzugsgebieten mittels Messung der Trockenwetterabflüsse ermittelt (Başkan 1970, s. auch S. 60). Sie zeigten, daß in einigen Bereichen das unterirdische Einzugsgebiet viel größer als das Niederschlagsgebiet ist und die hohen Spenden nur durch unterirdische Zuflüsse aus östlich der Wasserscheide gelegenen Gebieten über Störungen zu erklären sind.

5.6.3.2 Hilssandstein

Der im nördlichen und nordwestlichen Harzvorland auftretende, dem Unteralb angehörende, 10—80 m (in der Eisenerzgrube Georg bei Ringelheim-Salzgitter sogar bis 200 m) mächtige Hilssandstein gilt — gelegentlich zusammen mit dem darüber liegenden „Flammenmergel" (s. S. 199) — als einer der wichtigsten Aquifere dieses Gebietes.

Im Bereich des Salzgitterer Eisenerzbergbaus hat der Hilssandstein sich wegen seiner reichen Wasserführung unangenehm ausgewirkt. Seine meist feinkörnigen Sandsteine haben nach Kolbe (1964) ein nutzbares Porenvolumen von 19%, über das Volumen des Schichtfugen- und Kluftraums wurden keine Angaben gemacht. Die Entwässerungstrichter wurden als sehr tief, steil und sich vielfach überschneidend beschrieben. Größere Wassermengen mit weitreichender Entwässerung waren dort zu beobachten, wo drainierende Störungen auftraten.

Im Sandstein standen oberhalb des Erzlagers sehr erhebliche Wassermengen an, allein im Ringelheimer Erzgraben etwa 70 Millionen m^3. In der dort gelegenen Grube Georg wurde bis in $>$ 110 m Tiefe Süßwasser angetroffen (70—110 mg/l Cl). Es wurde von KOLBE als „fossiles" Tiefenwasser betrachtet, soweit es vom Bergbau noch nicht beeinflußt und durch einsickernde Niederschlagswässer verändert war. Sein Modellalter wurde mit 8000—10000 Jahren angegeben (BRINKMANN 1959). Es handelte sich um Na(Ca)-HCO_3(Cl)-Wasser von sehr geringer Konzentration, es war sehr weich.

Tabelle 18. *Bergbauliche Wasserwirtschaft einiger, z. T. heute aufgelassener*[1] *Erzgruben im Salzgitterer Eisenerzrevier* (Stand 1964, nach KOLBE)

Erzgruben	Georg	Hannov. Treue	Haverlahwiese
Erzförderung (Mio t) (seit 1940)	11	15	46,8
Wasserförderung (Mio m^3) (seit 1940) [2]	39,8	15	18
davon: eingedrungenes Niederschlagswasser	ca. 3,75	ca. 10	?
= Prozentanteil	ca. 9,4	ca. 70	?
Herkunft des übrigen Wassers	Hils-Sandstein	Rhät-Sandstein	Rhät-Sandstein
Verhältnis Erz- zu Wasserförderung	1 : 3		

Zur bergbaulichen Wasserwirtschaft bemerkte KOLBE, daß die Menge des den Gruben zufließenden Wassers bestimmt wurde:

— durch Zahl und Art der Anschnitte des Sandsteins bei den Bergbau-Maßnahmen (jede Durchörterung ergab 1000—1200 l/min Anfangszufluß, der immer als fossiles Wasser aufgefaßt wurde),

— durch Verbruch im Hangenden, der in Anbetracht der großen Abbauhohlräume in intensiver Weise erfolgen konnte,

— durch Einbrüche aufgestauter Wässer (vielfach chloridische Standwässer).

Eine Abhängigkeit der Zuflußmenge von den Niederschlägen war in einigen Fällen deutlich, in anderen Fällen nicht direkt zu beobachten; sie hing auch wesentlich von der Art des Deckgebirges ab. So war bei der Grube Georg nur ca. 9,4% des geförderten Wassers als eingedrungenes Niederschlagswasser zu betrachten, das übrige stammte im wesentlichen aus dem Hilssandstein. Es belastete bei einem Verhältnis von Erz- zu Wasserförderung wie 1 : 3 den Bergbau sehr stark. — Bei anderen Gruben des Reviers stammte das nicht vom Niederschlag herrührende Wasser zum großen Teil aus dem Rhät-Sandstein (s. S. 185).

5.6.4 Sandsteine der Oberkreide im sächsisch-böhmischen Bereich (R. HOHL)

Die sächsisch-böhmische und die nordsudetische Kreide (Cenoman bis Coniac) in der Umrandung des Lausitzer Massivs zeichnen sich durch schnellen und vielfältigen Fazieswechsel sowie reichliche Grundwasserführung in den verschiedenen Sandsteinpaketen aus, die jetzt und in der Zukunft für die Wasserversorgung von größter Bedeutung sind. Die Ablagerungen zeigen

[1] Z. Zt. nur noch Haverlahwiese als Versuchsgrube in Betrieb.

[2] Die gepumpten Grubenwässer konnten z. T. in der Erzaufbereitung verwendet werden, dazu wurden 2 m^3 je Tonne Roherz, d. s. 40 000 m^3/d benötigt.

besonders deutlich die Abhängigkeit der Wassererschließungsmöglichkeit von der örtlichen paläogeographischen Situation im Sedimentationsraum. Dies ist ein wichtiger Grund, weshalb ihnen hier besondere Beachtung geschenkt werden soll.

Die kretazischen Ablagerungen bedecken allein im sächsischen Bereich 700 km² (Elbtalgraben und Elbsandsteingebirge — „Sächsische Schweiz") und setzen sich weit im Gebiet der ČSSR fort. Sie bestehen (Abb. 5.29) in einzelnen

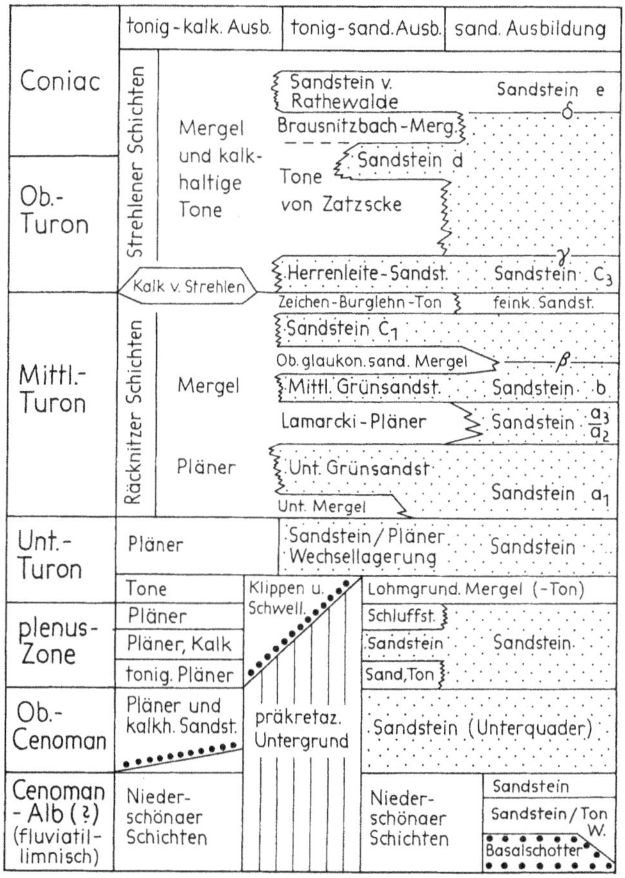

Abb. 5.29. Die stratigraphischen und lithofaziellen Verhältnisse in der sächsischen Kreide. (Von K. A. TRÖGER)

lokalen Senken zuunterst aus terrestrischen Sedimenten des Alb-Untercenoman und aus marinen Schichten des Untercenoman bis Unterconiac. Im Santon erfolgte eine Regression des Meeres.

Die lithofaziellen und damit auch die hydrogeologischen Verhältnisse werden wesentlich von NW—SE und NE—SW verlaufenden Störungslinien im variszisch geprägten Grundgebirge beeinflußt (TRÖGER 1966). Örtlich beeinflussen auch an der Oberfläche oft nicht sichtbare, an Zerrüttungszonen gebundene, tonig zersetzte, tertiäre Basaltgänge die Grundwasserführung, durch die besonders im Aquifer des marinen Cenomans die Verbindung mit der böhmischen Kreide unterbrochen sein kann. Aus den Lagerungsverhältnissen ergibt sich, daß das Ernährungsgebiet im südwestlichen bzw. südöstlichen Teil des Elbtaltroges zu suchen ist.

Das *limnisch-fluviatile Cenoman* spielt als Aquifer wegen der kleinen Ernährungsflächen und eines raschen faziellen Wechsels nur lokal eine gewisse Rolle, führt aber teilweise gespanntes Wasser, das zur Versorgung einer Reihe von Ortschaften genutzt wird.

Im *marinen Cenoman* ist das Gebiet durch eine Inselzone aus Granit und Paläozoikum in zwei Tröge gegliedert, wobei der nördliche Trog durch Inseln und Halbinseln zahlreiche Buchten aufweist, während *ab Unterturon* ein einheitlicher Sedimentationsraum ohne Inseln ausgeprägt ist (Decker 1969, Tröger 1969). In jeder Teilstufe vom Cenoman bis Coniac besteht eine ausgeprägte Faziesdifferenzierung derart, daß der NW-Teil des Elbtalraums tonig-kalkig (Raum Dresden), der SE-Teil (Elbsandsteingebirge) sandig ausgebildet ist. Beide Bereiche sind vielfach durch ein fazielles Übergangsgebiet (Raum Pirna) miteinander verbunden.

Die *Sandsteine („Quadersteine") des marinen Cenomans (Unterquader)* stellen in Sachsen und Böhmen das bedeutendste Grundwasserstockwerk dieses Gebietes dar, das große Mengen gespannten, zum Teil überflurgespannten Wassers enthält. Eine Differenzierung der Fazies von SW nach NE ist mit einer Zunahme der Mächtigkeit nach dem Troginneren verbunden. Im Norden werden bei mittleren Mächtigkeiten um 10 bis 25 bzw. 40 m teilweise bis über 100 m erreicht.

In zahlreichen neueren Bohrungen wurden artesische Wässer mit Überläufen zwischen 3 bis 5 und 20 l/s beobachtet, während schon früher in tiefen Bohrungen spezifische Ergiebigkeiten von 4 bis 6 l/s · m bekannt waren. Jetel (1977) nennt für das Cenoman Böhmens 1 bis 20 l/s, z. T. 50 l/s Ergiebigkeit von Brunnenbohrungen, während Quellschüttungen hier meist weniger als 1 l/s, selten um 10 bis 50 l/s erreichen.

Der Chemismus der Wässer schwankt örtlich beträchtlich. Das weist einmal auf unterschiedliche Ernährungsgebiete hin. Dann aber spielen sicher dort, wo die durchlässigen Sandsteine im Fluß- oder Bachbett angeschnitten sind, Versickerungen und Versinkungen von teilweise kontaminierten Oberflächenwässern, besonders auf Klüften und Spalten eine Rolle, z. B. im Tal der Gottleuba. Das Grundwasser ist dort, wo die Sandsteine porös sind, Porengrundwasser, zum größten Teil aber Kluftgrundwasser. Dort, wo das marine Cenoman ausschließlich als kieseliger Sandstein ausgebildet ist wie im Elbsandsteingebirge, wird der Grundwasserspiegel unmittelbar unter dem Basiston des Turons bis 4 m unterhalb angetroffen, so daß hier praktisch die Höhe des Grundwasserspiegels der Oberkante des marinen Cenomans entspricht (Decker 1963).

Auch in der *sandigen Fazies der Plenuszone* (cenomane-turone Übergangszone) sind kieselige Sandsteine der Aquifer, an dessen Oberkante gespanntes Wasser, in anderen Gebieten aber erst 70 bis 80 m unter dieser Oberkante erbohrt wird.

Auch im *Unterturon* mit um 30 bis um 120 m Mächtigkeit steht eine nordwestliche tonig-kalkige Fazies der sandigen Ausbildung im Elbsandsteingebirge gegenüber. Im allgemeinen trennt der an der Basis der sandigen Fazies lagernde, 5 bis 10 m mächtige Lohmgrundmergel als ein grauer, plastischer, schluffiger, kalkhaltiger Ton das Grundwasserstockwerk des cenomanen Unterquaders bzw. der Plenuszone von dem des Turons. Im Unterturon bilden nur die Sandsteine mit kieseligem Bindemittel einen Grundwasserleiter, worauf eine Reihe Quellaustritte und sehr ergiebige Grundwasservorkommen, besonders auch in Böhmen, hinweisen. Hier gibt JETEL die Durchlässigkeit der Sandsteine um 10^{-4} m/s an, die Ergiebigkeit von Bohrbrunnen außerhalb stärker zerrütteter Zonen im Mittel mit 3 l/s · m und die Grundwasserspenden des Verbreitungsgebietes dieser Serien zwischen 3 und 5 l/s · km².

Im *Mittel- und Oberturon* mit 3 Faziesbereichen (tonig-kalkige Fazies, tonig-sandiger Übergangsbereich, sandige Fazies) stellen die Sandsteinhorizonte der Übergangsfazies im Raum Pirna und besonders die unterschiedlich körnigen Sandsteine der „Sächsischen Schweiz" die Aquifere dar, wobei aus mehreren kleinen Grundwasserleitern der Übergangszone sich in der sandigen Fazies ein einheitlicher Aquifer entwickeln kann, der größere Ergiebigkeiten aufweist. Das Mittelturon wird 82 bis 341 m mächtig, während von Oberturon und Coniac nur Abtragungsreste bis maximal 143 m Mächtigkeit erhalten sind (DECKER 1969). Im höheren Turon ist z. B. eine Quelle mit 15 bis 20 l/s Schüttung bekannt, die auf die nicht unbedeutende Wasserführung dieser stratigraphischen Einheit hinweist.

Innerhalb der sandigen Fazies der sächsischen Oberkreide im Elbgebiet sind im ganzen gesehen drei Hauptaquifere (marines Cenoman, Unterturon, höheres Turon) vorhanden. Die größten Grundwasservorräte sind an die rund 50 bis 200 m, z. T. 300 m unter Oberfläche vorhandenen Serien des Cenomans und Unterturons gebunden, aus denen mit Bohrbrunnen bis 50 l/s Grundwasser zu gewinnen sind.

Im Stadtgebiet von Dresden wurde mehrfach seit 1837 gespanntes Wasser aus geklüfteten Sandsteinen der Oberkreide aus rund 150 bis 250 m tiefen Bohrbrunnen mit mehr oder weniger gutem Erfolg erschlossen.

Die fazielle Differenzierung innerhalb des Cenomans im Raum von Dresden beeinflußt die Brunnenergiebigkeiten erheblich, die beispielsweise mit 0,25, 0,44, 0,63 und 1,42 l/s · m gemessen wurden. Für Böhmen gab JETEL (1977) spezifische Ergiebigkeiten im Cenoman-Sandstein zwischen 0,04 und 1,6 l/s · m, örtlich maximal mit 10 l/s · m an, bei mittleren Transmissivitäten zwischen $5 \cdot 10^{-5}$ und $2 \cdot 10^{-3}$m²/s. Auch der Chemismus der Wässer schwankt beträchtlich, z. B. zwischen 20,6 und 34,1 ° dH, der Fe-Gehalt zwischen 0,2 und 1,6 mg/l und SO_4-Gehalt zwischen 154 und 526 mg/l. Allgemein gilt nach TRÖGER (1969) für das Verbreitungsgebiet der sächsischen Oberkreide, daß alle Schwellen- und Klippenzonen mit einer kalkigen Ausbildung oder fehlendem oberen Cenoman für eine mögliche Wassererschließung ausscheiden.

5.6.5 Bedeutende Sandsteinbildungen des Mesozoikums außerhalb Europas

Mesozoische Sandsteine erreichen außerhalb Europas in einzelnen Fällen außerordentlich große Mächtigkeit und Verbreitung und sind aus diesen

Gründen für die Wasserversorgung dieser Länder von größter Bedeutung, zumal wenn sie in ariden oder semiariden Gebieten auftreten, wie dies häufig der Fall ist. Dort erheben sich dann die Probleme des tieferen und fossilen Grundwassers.

Die Sandsteinfolgen sind vielfach nicht genau stratigraphisch bestimmbar und erstrecken sich oft über mehrere Formationen. Es sei als Beispiel die bis 4000 m mächtige überwiegend triassische *Newark-group* im Vorland der nordamerikanischen Appalachen erwähnt und die ebenfalls triassische Folge der *Red-Beds* im Bereich der Kordilleren-Geosynklinale Nordamerikas. In der Südhemisphäre sind die dem älteren Mesozoikum und Perm angehörenden *Karroo-Schichten* anzuführen, und zwar die im Kapgebirge zuunterst liegenden, z. T. noch marinen Dwyka- und die jüngeren, hauptsächlich limnischen Ecca-, Beaufort- und Stormberg-Serien von wechselnder, aber bis zu 9000 m ansteigender Mächtigkeit (LEUBE 1962). Zerrungstektonik führte dazu, daß gewaltige Mengen vorwiegend plateaubasaltischen Magmas austraten oder intrudierten. Entsprechende Bildungen finden sich auf allen Teilstücken des alten Gondwanalandes.

In Nordafrika und östlich anschließenden Schollen handelt es sich um den *Nubischen Sandstein,* dessen Wasserführung örtlich relativ gut untersucht ist und zu dem einige Erläuterungen folgen sollen.

Als *Nubischer Sandstein* wird der klastisch ausgebildete untere Teil des nordafrikanischen Deckgebirges bezeichnet, der stratigraphisch im unbestimmten Paläozoikum (Mittelkambrium bis Karbon) beginnt und im allgemeinen in der Oberkreide endet. Örtlich erscheint die gleiche Fazies noch einmal im Miozän. Lithologisch handelt es sich um fluviatile, kreuzgeschichtete, fossilleere, eintönige Sandsteinfolgen mit Tonlagen, die dem Buntsandstein ähneln. Sie sind von Ägypten bis Äthiopien und Jemen, von Jordanien bis Algerien verbreitet, erreichen große Mächtigkeiten, und zwar z. B. südlich der Kharga-Oase (Westägypten) 500—600 m, bei Kharga-Ort $>$ 1000 m, zwischen Bahariya-Oase und Quattara-Depression 1600—2000 m (KNETSCH 1962), im Mursukbecken (SE-Libyen, Zentral-Sahara) 1500—2000 m (KLITZSCH 1976), in Jordanien $>$ 1000 m paläozoische (z. T. marine) und bis zu 300 m unterkretazische Sandsteine (BENDER et al. 1962), in Mitteljemen bis 350 m (KARRENBERG 1954).

Die vielfach geschlossenen Sandsteinfolgen zeigen nach Norden zu allgemein eine Zunahme der Tonlagen und einen Übergang in die marine Fazies von Karbon, Trias und Jura (bei Kharga wurden ca. 70% tonige Lagen erbohrt, bei Bahariya bereits 80%). Die Porosität beträgt bei den Sandsteinen 17—46%, die Klüftung wurde von KNETSCH höher bewertet als die Porosität. Die durchschnittliche horizontale Durchlässigkeit hat DIETRICH (1976) mit 3 m/d angegeben und eine mögliche Wasserbewegung über 200 km in 30 000 Jahren errechnet. Er folgerte, daß das Grundwasser sich im letzten großen Pluvial im Beckenbereich gebildet haben müsse; dafür spricht — außer dem Alter des Wassers — nach SONNTAG et al. (1978) auch die ziemlich geschlossene Beckenstruktur des Mursuk-Beckens.

Da das tiefliegende Grundwasser seit langem in den zahlreichen großen Oasen genutzt wird und in den letzten Jahrzehnten durch Tiefbohrungen zusätzlich große Wassermengen für weitere Entwicklungen, insbesondere für land- und viehwirtschaftliche Zwecke gewonnen werden, wird die Frage der Herkunft des Wassers vielfach diskutiert (DROUHIN 1953, EDDIB 1975, SCHNEIDER 1977). Es scheint sicher, daß in ägyptischen, libyschen und algerischen Sandsteinbecken das Wasser flacher Brunnen um 10 000 Jahre, das der Tiefbohrungen bis 30 000 Jahre alt ist (Muennich und Vogel 1962, Klitzsch 1976, Schneider 1977, Sonntag et al. 1978), d. h. daß es aus der Pluvialzeit, die dem Würm-Hoch-Glazial folgte, stammt. Außer den in dieser Zeit versickerten Niederschlägen ist in den ägyptischen Oasen auch eine Auffüllung des Nubischen Sandsteins mit Nilwasser in dem damals tief eingeschnittenen Niltal erörtert worden. Eine solche Erklärung kann nicht für die libyschen Becken herangezogen werden.

Eine Grundwasserneubildung findet bei den praktisch fehlenden Niederschlägen in der zentralen und östlichen Sahara gegenwärtig nicht mehr statt. Darauf weisen das starke Nachlassen des artesischen Drucks bzw. der Schüttungen bei Tiefbohrungen in wenigen Jahren (Knetsch 1962, Schneider 1977). Auch eine Feuchtperiode vor ca. 3000 Jahren scheint die aride Klimaperiode, wie sie seit der großen Pluvialzeit bis heute herrscht, nicht unterbrochen zu haben.

5.6.6 Zusammenfassung einiger Erfahrungen bei mesozoischen Sandsteinen des ungefalteten Deckgebirges

● Räumlich wechselnde Ablagerungsbedingungen im Sedimentationsgebiet eines Sandsteinkomplexes und entsprechende laterale Unterschiede in den Sand- und Tonanteilen der Sedimente haben Porosität und Durchlässigkeit der Gesteine beeinflußt. Die Auswirkung ist regional signifikant. Gröbere Körnung und größere Durchlässigkeiten sind u. a. im englischen und saarländischen Buntsandstein, in randlichen Teilen des süddeutschen Mittelkeupers, in den nördlichen Teilen der sächsisch-böhmischen Sandstein-Ablagerung zu beobachten.

● Unterschiedliche Verfestigung bei der Diagenese, vorwiegend durch karbonatische Bindemittel, hat in mehr kleinregionalem Maß die Durchlässigkeit der Gesteine beeinflußt. Verkieselungen treten zurück, fehlen aber keineswegs. Druck und Temperatur bei mittlerer oder starker Versenkung der Gesteinskomplexe, Drucklösung an den Körnern und Zufuhr chemischer Lösungen im Verlauf der geologischen Geschichte haben die Gesteine unterschiedlich verändert.

● Die geologische Zeit hat offensichtlich keine entscheidende Rolle bei der Verfestigung der Gesteine gespielt. Es gibt Sandsteine mit hoher Porosität ebenso wie Verfestigungen in allen mesozoischen Systemen, oft lagenweise unterschiedlich stark.

● Tektonische Beanspruchung und verschiedenartiges Reagieren der Gesteine haben lokale oder zonale Unterschiede bei den Gesteinsparametern ergeben.

● Gebirgsdurchlässigkeiten werden überwiegend durch das Trennflächengefüge bestimmt, obwohl der Kluftraum meist wesentlich geringer als der Porenraum ist. Störungen können ein großes Hohlraumvolumen bewirken, ebenso die Subrosion (im Bereich des unterlagernden Zechsteins).

● Trennflächen können bis zur Tiefe von 70—80 m geöffnet und u. U. durch Verwitterung oder eingespülten Lehm im oberflächennahen Bereich in unregelmäßiger Weise abgedichtet sein.

● Aus vorstehenden Gründen weist die Durchlässigkeit des Gebirges eine große Variationsbreite auf, so z. B. im Buntsandstein des Maingebietes in der Größenordnung von einer bis zu mehreren Zehnerpotenzen (Einsele 1979). Die Konstruktion von Isolinien der Gebirgsdurchlässigkeit ist wegen dieser verschiedenartigen Einflüsse nicht möglich.

● In vielen ariden Gebieten der Erde spielen Sandsteine des (Paläozoikums und) Mesozoikums mit im allgemeinen hoher Durchlässigkeit eine große Rolle, weil sie große fossile Wassermengen gespeichert haben, die spektakuläre Wassergewinnungen für begrenzte Zeit gestatten.

Literatur

ANDRES, G., GEY, M. A. (1970): Untersuchungen über den Grundwasserhaushalt im überdeckten Sandsteinkeuper mit Hilfe von ^{14}C- und ^{3}H-Wasseranalysen. Wasserwirtschaft **60**, 259—263, Stuttgart.

—, MATTHESS, G. (1978): Grundwasserhöffigkeit im Maingebiet. In: Das Mainprojekt, Schrift. Bayer. L. Amt Wasserwirtsch. H. 7, München.

APEL, R., CARLÉ, W., FRANK, H., STRUCKMEIER, W. (1978): Süddeutsches Schichtstufenland. In: Erl. Internat. Hydrogeol. Karte von Europa 1 : 1 500 000, Bl. C 4 — Berlin. BGR-Hannover und UNESCO-Paris.

BACKHAUS, E., LOHMANN, H., REGENHARDT, H. (1958): Der Mittlere Buntsandstein im Reinhardswald (Nordhessen). Notizbl. hess. L.-Amt Bodenforsch. **86**, 192—201, 2 Abb.,

—, RAWANPUR, A. (1978): Hydrogeol. Verhältnisse der Gersprenz im Vergleich zum Einzugsgebiet der Mümling. In: Das Mainprojekt. Schrift. Bayer. Landesamt Wasserwirtsch., Heft 7, München.

BAŞKAN, E. (1970): Hydrogeol. Verhältnisse am Südostrand des Münsterschen Kreidebeckens und im Eggegebirge unter besonderer Berücksichtigung der Karsthydrologie. Fortschr. Geol. Rheinld. u. Westf. **17**, 537—576, 3 Taf., 11 Abb., 6 Taf., Krefeld.

BECKER, H. (1964): Hydrogeologische Beobachtungen beim Abteufen des Warndtschachtes der Saarbergwerke AG. Z. dtsch. geol. Ges. **116**, Teil 1, 115—130, Hannover.

BENDER, F., et al. (1969): Beiträge zur Geologie Jordaniens. Beihefte Geol. Jb. **81**, Hannover.

BOLSENKÖTTER, H., KOCH, M. (1974): Zur Hydrogeologie des Gebietes zwischen den Strukturen Winterswijk und Epe, unter besonderer Berücksichtigung der Unterkreide. Fortschr. Geol. Rheinld. und Westf. **20**, 91—110, 3 Abb., 3 Tab., Krefeld.

BRINKMANN, R., MÜNNICH, K. O., VOGEL, J. C. (1959): C^{14}-Altersbestimmungen von Grundwasser. Naturwiss. **46**.

DAY, J. B. W. (1978): The aquifers of England and Wales. In: Explanatory Notes for the Internat. Hydrogeol. Map of Europe 1 : 1 500 000, sheet B 4 (London). BGR-Hannover und UNESCO-Paris.

DECKER, F. (1969): Die Geologie der sächs. Elbtalkreide nach neuen Tiefbohrungen. Bergakademie **21**, 8, 495.

DEGENS, E. T., KNETSCH, G., REUTER, H. (1961): Ein geochemisches Buntsandsteinprofil vom Schwarzwald bis zur Rhön. Neues Jb. Geol. Paläont., Abh. **111**, 181—233, Stuttgart.

— (1962): Geochemische Untersuchungen von Wässern aus der ägyptischen Sahara. Geol. Rdsch. **52/2**, 625—639, 3 Tab., Stuttgart.

DEUTLOFF, O. (1974): Die Hydrogeologie des nordwestlichen Weserberglandes in der Umgebung von Bad Salzuflen und Bad Oeynhausen. Fortschr. Geol. Rheinld. und Westf. **20**, 111—194, Krefeld.

DIEDERICH, G. (1966): Fazies, Paläogeographie und Genese des Unt. Buntsandsteins. Notizbl. hess. L.-Amt Bodenforsch. **94**, 132—157, 8 Abb., 1 Taf., Wiesbaden.

— (1973): Die Klüftung im Buntsandstein des Blattes 5721 Gelnhausen. Notizbl. hess. L.-Amt Bodenforsch. **101**, 284—299, Wiesbaden.

DIETRICH, G. (1976): Die Al-Kufrah-Projekte als Beispiel für die Nutzung fossilen Grundwassers. bbr 27/2, 45—48, Köln.

DOBNER, A. (1975): Der Porenraum und die Permeabilität oberfränkischer Sandsteine. Diss. Univ. München, 99 S., München.

DROUHIN, G. (1953): The problem of water resources in North-West-Africa. Reviews of Research on Arid Zone Hydrology. UNESCO, 9—41, Paris.

DÜRBAUM, H.-J., MATTHESS, G., RAMBOW, D. (1969): Untersuchungen der Gesteins- und Gebirgsdurchlässigkeit des Buntsandsteins in Nordhessen. Notizbl. hess. L.-Amt Bodenforsch. **97**, 258—274, 10 Abb., 4 Tab., Wiesbaden.

EDDIB, ALI AHMAD (1975): The development of water resources in Libyan Sahara. Mém. IAH, vol. XI, Congr. of Porto Alegre/Brazil, Porto Alegre.

EINSELE, G. (1979): Tendenzen und Variationsbreite der Durchlässigkeit in einigen Locker- und Festgesteinsaquiferen Süddeutschlands. Mitt. Ing.- und Hydrogeol. **9**, 283—312, 5 Abb., 1 Tab., Aachen.

EINSELE, G. et al. (1969): Hydrogeologische Untersuchungen in der Buntsandsteinzone des südlichen Saarlandes. Geol. Mitt. **9**, 1—74, 24 Abb., 15 Tab., Aachen.

—, MERKLEIN, IRENE (1978): Aquiferdaten von Fest- und Lockergesteinen im Gebiet des Mittelmains und der Regnitz. In: Das Mainprojekt. Schrift. Bayer. Landesamt Wasserwirtsch., H 7, München.

—, RAUERT, W., STAY, B. (1978): Zusammenhänge zwischen Hydraulik, Chemismus und Isotopengehalten an Tiefengrundwasser aus dem Buntsandstein des mittleren Maintals bei Erlach/Lohr.

—, SCHIEDT, H.-R. (1971): Brunnencharakteristik, Dauerleistung, Wasserchemismus und Einzugsgebiet der 30 Tiefbohrungen im Bliestal, Saarland (Buntsandstein u. Muschelkalk). Geol. Mitt. **11**, 185—248, Aachen.

EISSELE, K. (1966): Grundwasserbwegung in klüftigem Sandstein. Jh. geol. L.-Amt Baden-Württ. **8**, 105—111, Freiburg.

ENGEL, FR., HÖLTLING, B. (1970): Die geologischen und hydrogeologischen Verhältnisse und die Erschließung des Grundwassers der Wasserwerke Stadt Allendorf und Wohratal. Wasser und Boden **22**, 5, 105—111, 8 Abb., Hamburg.

FINKENWIRTH, A. (1970): Hydrogeologische Neuerkenntnisse in Nordhessen. Notizbl. hess. L.-Amt Bodenforsch. **98**, 212—233, 1 Abb., 8 Tab., 2 Taf., Wiesbaden.

GANGEL, L. (1977): Luftbildgeologische Untersuchungen im nördlichen Buntsandstein — Odenwald. Geol. Jb. Hessen **105**, 156—167, Wiesbaden.

GEORGOTAS, N. (1972): Hydrogeolog. u. hydrochem. Untersuchungen im Bad Kissinger Raum. Diss. TU München 197 S., München.

—, UDLULFT, P. (1978): Sinn und Fränkische Saale. In: Das Mainprojekt. Schrift. Bayer. Landesamt Wasserwirtschaft., München.

GRAHMANN, R. (1958): Die Grundwässer in der Bundesrepublik Deutschland und ihre Nutzung. 48 Abb., 3 Taf., 2 Karten, Remagen.

GRIMM, A. (1969): Die Grundwasserverhältnisse im Raum Kassel (Nordhessen) unter besonderer Berücksichtigung der Hydrochemie. Göttinger Arb. Geol. Paläont. **2**, 143 S., 23 Abb., 8 Tab., 1 Taf., 21 Beil., Göttingen.

GRIMM, W.-D., HOFBAUER, J. (1966): Die Profilserien der Grundwasserkarten von Bayern 1 : 25 000. Geol. Mitt. **6**, 115—158, Aachen.

— — (1967): Die Grundwasserkarte von Bayern 1 : 25 000. Dt. gewässerkundl. Mitt., Sonderheft, Koblenz.

HAUTHAL, U. (1967): Zum Wasserleitvermögen von Gesteinen des Mittleren Buntsandsteins. Z. angew. Geol. **13**, 8, 405—407, 2 Tab., Berlin.

HECHT, G. (1974): Wässer. In: Geologie von Thüringen, S. 940—964. Gotha/Leipzig: VEB H. Haack.

HERRMANN, A. (1962): Epirogene Bewegungen im germanischen Buntsandsteinbecken und deren Bedeutung für lithostratigraphische Parallelisierung zwischen Nord- und Süddeutschland. Geol. Jb. **81**, 11—72, 3 Taf., 13 Abb., 2 Tab., Hannover.

HÖLTLING, B. (1975): Geologische und hydrogeologische Auswertung von Brunnenbohrungen im Gebiet des Amöneburger Beckens und der östlich anschließenden Hochschollen bei den Städten Alltendorf und Kirtorf (Hessen). Notizbl. hess. L.-Amt Bodenforsch. **103**, 229—263, 6 Abb., 2 Tab., Wiesbaden.

— (1978): Die Buntsandstein-Gebiete des hessischen Berglandes. In: Hydrologischer Atlas der Bundesrepublik Deutschland. Bonn—Bad Godesberg: Deutsche Forschungsgem.

—, LAEMMLEN, M. (1974): Geologische und hydrogeologische Ergebnisse von Brunnenbohrungen am S- und SW-Hang des Knüll-Gebirges/Hessen. Notizbl. hess. L.-Amt Bodenforsch. **102**, 270—295, Wiesbaden.

—, KULICK, J., RAMBOW, D. (1974): Stratigraphische und hydrogeologische Ergebnisse von Brunnenbohrungen in Schichtfolgen des Unteren Buntsandsteins und Zechsteins im Nordteil des Kreises Waldeck/Hessen. Notizbl. hess. L.-Amt Bodenforsch. **102**, 229—269, Wiesbaden.

HOYER, M. VAN (1971): Hydrogeologische und hydrochemische Untersuchungen im Luxemburger Sandstein. Publ. Serv. Géol. Luxembourg **XXI**, 61 S., 15 Abb., 8 Tab., 1 Tafel, Luxembourg.

JETEL, J. (1977): Les bassins cretacées et tertiaires de Bohême. Notice expl. de la Carte hydrogéol. internat. de l'Europe 1 : 1 500 000, feuille C 4 — Berlin. BGR-Hannover und UNESCO-Paris.

KARRENBERG, H. (1954): Stratigraphie des terrains sédimentaires mésozoiques, surmontés des „grès de Nubie" de la région de Sana (Yemen). Bull. Soc. Géol. France 6e sér. **IV**, 656—661, 2 Abb., Paris.

KLITZSCH, E. (1972): Salinität und Herkunft des Grundwassers im mittleren Nordafrika (Sahara). Geol. Jb. **C 2**, 251—260, 1 Abb., Hannover.

—, SONNTAG, CHR., WEISTROFFER, KL., EL SHAZLY, E. M. (1967): Grundwasser der Sahara: Fossile Vorräte. Geol. Rdsch. **65**/1, 264—287, 9 Abb., 1 Tab., Stuttgart.

KNETSCH, G. (1962): Geologische Überlegungen zu der Frage des artesischen Wassers in der westlichen ägyptischen Wüste. Geol. Rdsch. **52**/2, 640—650, 2 Abb., Stuttgart.

—, SHATA, A., DEGENS, E. T., MÜNNICH, K. O., VOGEL, J. C., SHAZLY, M. M. (1962): Untersuchungen an Grundwässern der Ost-Sahara. Geol. Rdsch. **52**/2, 587—610, 5 Abb., Stuttgart.

KÖLBEL, H. (1944): Die tektonische und paläogeographische Geschichte des Salzgitterer Gebietes. Abh. Reichsamt Bodenforsch., N. F. **207**, 1—100, 33 Abb., 8 Taf., Berlin.

KOLBE, H. (1964): Hydrologische Aufgaben im Salzgitterer Eisenerzbezirk. Z. dtsch. geol. Ges. **116**/ 1, S. 141—159, 15 Abb., Hannover.

KRAUSPE, A. (1970): Die Grundwässer des mittleren Keupers und Quartärs im westlichen Mittelfranken. Diss. Univ. (F. U.) Berlin, 204 S.

LAEMMLEN, M. (1966): Der Mittlere Buntsandstein und die Solling-Folge in Südhessen und in den südlich angrenzenden Nachbargebieten. Z. dtsch. geol. Ges. **116**, 908—949, 12 Abb., 4 Tab., 1 Taf., Hannover.

LAND, D. H. (1966): Hydrogeology of the triassic sandstones in the Birmingham-Lichfield district. Water Supply Papers of Geol. Surv. of GB, London.

LEUBE, A. (1962): Grundzüge der geotektonischen Entwicklung Südafrikas. Geol. Rdsch. **52**/2, 721—744, Stuttgart.

MÄRZ, K. (1977): Hydrogeologische und hydrochemische Untersuchungen im Buntsandstein und Muschelkalk Nordbayerns. Hydrochem. hydrogeol. Mitt. **2**, 1—170, München.

MATTHESS, G. (1970): Beziehungen zwischen geologischem Bau und Grundwasserbewegung in Festgesteinen. Abh. hess. L.-Amt Bodenforsch. **58**, 105 S., Wiesbaden.

— (1978): Abfluß der Grundwasserlandschaften. In: „Das Mainprojekt". Schrift. Bayer. Landesamt Wasserwirtsch., München.

—, MURAWSKI, H. (1978): Zuflüsse aus Spessart und Odenwald. In: Das Mainprojekt. Schrift. Bayer. Landesamt Wasserwirtsch., H 7, München.

MUENNICH, K. O., VOGEL, J. C. (1962): Untersuchungen an pluvialen Wässern der Ost-Sahara. Geol. Rdsch. **52**/2, 611—624, 3 Abb., Stuttgart.

NIELSEN, H., RAMBOW, D. (1969): S-Isotopenuntersuchungen an Sulfaten hessischer Mineralwässer. Notizbl. hess. L.-Amt Bodenforsch. **97**, 352—366, 2 Abb., 2 Taf., Wiesbaden.

NÖRING, F. (1978): Hydrogeologische und hydrochemische Untersuchungen im Nidda- und Kinziggebiet. In: Das Mainprojekt. Schrift. Bayer. Landesamt Wasserwirtsch., München.

POLL, K. (1978): Fränkische Rezat und Rednitz. In: Das Mainprojekt. Schrift. Bayer. Landesamt Wasserforsch., H. 7, München.

— (1978): Grundwasser und Grundwasserchemismus des Regnitztalzuges und seiner Einzugsgebiete. In: Das Mainprojekt. Schrift. Bayer. Landesamt Wasserwirtsch., H. 7, München.

RAMBOW, D. (1977): Grenzen der Grundwassernutzung in Nordhessen. Z. dtsch. geol. Ges. 128, 297—304, 2 Abb., Hannover.

RAWANPUR, A. (1978): Gersprenz und Mümling. In: Das Mainprojekt. Schrift. Bayer. Landesamt Wasserwirtsch., H. 7, München.

RICHTER-BERNBURG, G. (1974): Stratigraphische Synopsis des deutschen Buntsandsteins. Geol. Jb. **A 25**, 127—132, 1 Abb., 1 Taf., Hannover.

SCHNEIDER, H. (1977): Bewirtschaftung von Grundwasservorkommen in ariden Gebieten. bbr **28**, 411—419, 13 Abb., Köln.

SCHOTT, W., et al. (1968): Zur Paläogeographie der Unterkreide im nördlichen Mittel-

europa, insbesondere in Nordwestdeutschland. Z. dtsch. geol. Ges. **117**, 388—390, Hannover.
SEILER, K.-P. (1969): Kluft- und Porenwasser im Mittleren Buntsandstein des südlichen Saarlandes. Geol. Mitt. **9**, 75—96, 14 Abb., 3 Tab., Aachen.
SEMMLER, W. (1940): Quellen und Grundwasser im Deckgebirge des Saarbrücker Steinkohlenvorkommens. Z. Berg-, Hütten- und Salinenwesen **88**, 247—271, Berlin.
SONNTAG, CHR., KLITZSCH, E., EL SHAZLY, E. M. KALINKE, CHR., MÜNNICH, K. O. (1978): Paläoklimatische Information im Isotopengehalt ^{14}C-datierter Saharawässer: Kontinentaleffekt in D und ^{18}O. Geol. Rdsch. **67**, 413—423, 4 Abb., Stuttgart.
THEWS, J.-D. (1967): Die Wassergewinnungsmöglichkeiten im bayerischen Buntsandstein — Spessart. Beitr. Geol. Aschaffenburger Raum, 135—163, 1 Abb., 2 Taf., Aschaffenburg.
—, UDLUFT, H., ULBRICH, R. (1957): Die Buntsandsteingebiete im Niederhess. Bergland, am Schiefergebirgsrand, in der Rhön, dem Spessart und Odenwald sowie in Oberfranken. In: Erläuterungen zu Bl. Frankfurt der Hydrogeol. Übersichtskarte 1 : 500 000, Remagen.
TRÖGER, K.-A. (1964): Die Ausbildung der Kreide (Cenoman bis Coniac) in der Umrandung des Lausitzer Massivs. Geologie 13, 6/7, 717—730, Berlin.
— (1969): Stratigraphie und fazielle Ausbildung des Cenomans und Turons in Sachsen, dem nördlichen Harzvorland und dem Ohm-Gebirge. Abh. Staatl. Mus. Min. Geol. **13**, 1—70, Dresden.
TRUSHEIM, F. (1963): Zur Gliederung des Buntsandsteins. Erdöl-Zeitschrift H. 7, 3—18, 8 Abb., Hamburg.
UDLUFT, P. (1969): Hydrogeologie und Hydrochemie der Südrhön. Diss. T. H. München, 132 S., München.
— (1971): Hydrogeologie des Oberen Sinntales. Geol. Bav. **64**, 365—384, München.
— (1972): Bestimmung des entwässerbaren Kluftraums mit Hilfe des Austrocknungskoeffizienten nach Maillet. Z. dtsch. geol. Ges. **123**, 53—63, Hannover.
—, BLASY, L. (1975): Ermittlung des unterirdischen Abflusses und der nutzbaren Porosität mit Hilfe der Trockenwetter-Auslaufkurve. Z. dtsch. geol. Ges. **126** (2), 325—336, Hannover.
VECCHIOLI, J. (1967): Directional hydraulic behaviour of a fractured-shale aquifer in New Jersey. Dubrovnik-Symposium (1965), AIHS-publ. no. 73, Gentbrugge.
WEILER, H. (1972): Ergebnisse von Bohrungen im Buntsandstein im Raum Trier-Bitburg. Mainzer Geowiss. Mitt. **1**, 196—227, Mainz.
WOLBURG, J. (1954): Schwellen und Becken im Emsland — Tektogen mit einem paläogeographischen Abriß von Wealden und Unterkreide. Beihefte zum Geol. Jb., Heft 13, 115 S., Hannover.
ZEINO-MAHMALAT, H. (1973): Hydrogeologie der Sackmulde bei Alfeld/Leine. Geol. Jb. C, Heft 6, Hannover.
ZIMMERLE, W. (1963): Zur Petrographie und Diagenese des Dogger-beta-Hauptsandsteins im Erdölfeld Plön-Ost. Erdöl und Kohle **16**, 9—16, Hannover.

5.7 Mergelgesteine des Mesozoikums und des Tertiärs

Im Mesozoikum und Tertiär treten weit verbreitet und in z. T. sehr großer Mächtigkeit mergelige, feste und halbfeste Gesteine auf, deren petrographische Ausbildung und hydrogeologische Eigenschaften großen Schwankungen unterliegen können.

Je nach ihrem Sand-, Ton- und Karbonatgehalt ändern sich Porosität, Klüftigkeit, Hohlraumbildung durch Brüche, Festigkeit und Verwitterbarkeit, Gesteins- und Gebirgsdurchlässigkeit. Weitere Einflußfaktoren auf Festigkeit und Klüftigkeit sind wechselnde Gehalte an Kieselsäure, Eisenoxiden und -humaten. Im allgemeinen handelt es sich um weniger feste Gesteine, ja es kommen alle Übergänge zu Lockergesteinen vor. Auch Übergänge zu karbonatreichen und verkarstungsfähigen Gesteinen treten auf. Die *Porendurchlässigkeit* spielt nur bei stark sandigen Gesteinstypen eine gewisse Rolle; verbreitet ist dagegen die Kluftbildung und eine entsprechend große *Kluftdurchlässigkeit.*

Im folgenden sollen 4 verschieden alte Gesteinskomplexe besprochen werden, die als charakteristisch für die lithologische Vielfalt und die unterschiedliche hydrogeologische Beurteilung angesehen werden können, stellvertretend zugleich für zahlreiche ähnliche Gesteinskomplexe in vielen anderen Ländern der Erde:

— „Steinmergel" des Mittleren Keupers im nördlichen Teil der Bundesrepublik Deutschland
— „Flammenmergel" des Albien im nördlichen Teil der Bundesrepublik Deutschland
— Oberkretazische Mergelgesteine (Cenoman bis Ober-Santon im Deckgebirge des Steinkohlenreviers der Ruhr
— Mergelsteine der höheren Oberkreide (Campan) im zentralen Teil des Münsterschen Beckens

5.7.1 „Steinmergel" des Mittleren Keupers im nördlichen Teil der Bundesrepublik Deutschland

Der „Steinmergel" ist im westfälisch-lippischen und niedersächsischen Bergland weit verbreitet. Es ist ein in seiner petrographischen und chemischen Zusammensetzung über große Entfernungen ziemlich gleichbleibendes tonig-mergelig-kieseliges Gestein, das nur durch geringe Schwankungen im Gehalt einzelner chemischer Komponenten zwar eine feinstratigraphische Gliederung ermöglicht (Duchrow 1968), aber hydrologisch im allgemeinen als Einheit zu betrachten ist. Es ist sehr intensiv und ungeregelt kleinklüftig, fest und zerfällt kleinstückig. Die primäre Porosität ist vernachlässigbar klein, die Klüftigkeit dagegen verursacht einen relativ großen Hohlraum, der das Gestein als einen guten bis sehr guten Aquifer erscheinen läßt.

Im Bereich der Pyrmonter Achse ist der Steinmergel ca. 40—75 m mächtig, liegt weitgehend flach oder ist wenig geneigt und wird von hydrogeologisch ungünstigem Gipskeuper, der für Wassergewinnungen nicht in Frage kommt, unterlagert bzw. z. T. umgeben. Die 75 m tiefe Bohrung Flacksiek südlich von Bad Oeynhausen, im Rhät angesetzt, hat den ganzen Steinmergel durchteuft und erbrachte 40 l/s. Die Städte Schötmar und Löhne und viele Gemeinde-Wasserwerke werden aus dem Steinmergelkeuper versorgt. Durchschnittliche Leistung 30—40 m^3/h in 70—100 m tiefen Brunnen. Das Wasser ist allgemein weich bis mäßig hart, wenn nicht das extrem harte Wasser im liegenden Gipskeuper angebohrt wird (Deutloff 1978, S. 110).

Der Steinmergel gestattet wegen seiner recht gleichmäßigen Zerklüftung die Konstruktion von Grundwassergleichen und die Anwendung hydraulischer Formeln bei Pumpversuchen, wie dies bei Lockergesteinen üblich ist.

5.7.2 „Flammenmergel“ des Albien im nördlichen Teil der Bundesrepublik Deutschland

Ein weiteres tonig-kalkig-kieseliges Gestein ist der im nördlichen Harzvorland bis zum Weserbergland verbreitete „Flammenmergel“ des Albien. Er ist meist zwischen 10 und 45 m, zwischen Hils und Sackmulde örtlich 90—190 m, bei Bielefeld 110 m und bei Altenbecken nur noch 10—15 m mächtig. Sein wechselnder Gehalt an sedimentärer Kieselsäure und an Feinsand in Quarzitlagen ermöglicht die Beurteilung der unterschiedlichen Festigkeit, Klüftigkeit, Verwitterbarkeit und hydrogeologischer Parameter in einzelnen stratigraphischen Abschnitten. Primäre Schichtung ist weitgehend durch bioturbates Wühlgefüge überarbeitet (JORDAN 1968).

Auch der „Flammenmergel“ ist durch Kleinklüftigkeit ausgezeichnet, und zwar umso mehr, je kieseliger das Gestein ist; auch eine Erhöhung des Kalk- und Sandgehaltes bedingt eine wesentliche Zunahme der Klüftigkeit. Außerdem erhöhen die bei der Faltentektonik entstandenen häufigen Querstörungen sowie andere Brüche allgemein die Wasserführung der bevorzugten klüftigen Lagen des Flammenmergels.

Es handelt sich im nördlichen Harzvorland um einen wichtigen Aquifer für die Wasserversorgung, zumal dieser dort in weitverbreiteten wasserarmen Schichten eingelagert ist. Die Qualität des Wassers ist gut. Am Salzgitterer Sattel vermehren die Flammenmergel die in den Eisenerzgruben von Salzgitter auf Querstörungen aus dem Hilssandstein zufließenden Grubenwässer, die den Bergbau stark belasten. Auch in der Gronauer Kreidemulde sind beide Aquifere durch Klüfte und Kluftscharen miteinander hydraulisch verbunden; es gibt wenige, aber starke Quellen (PREUL 1955).

Auch dieses Gestein gestattet bei ruhiger Lagerung und Fehlen größerer Brüche die Konstruktion von Grundwassergleichen-Plänen und die Anwendung mathematischer Verfahren bei Pumpversuchen.

5.7.3 Oberkretazische Mergelgesteine (Cenoman bis Ober-Santon) im Deckgebirge des Steinkohlenreviers der Ruhr

Mächtige, faziell äußerst vielfältige, überwiegend mergelige Gesteinsfolgen der Oberkreide bilden das Deckgebirge der Steinkohlenformation im nördlichen Ruhrrevier. Die Mächtigkeit des Deckgebirges wächst von 0 m im Süden auf ca. 800—1000 m im Norden des Reviers und > 1400 m im Zentrum des Münsterschen Beckens an. Starke lithologische Veränderungen vollziehen sich sowohl im Schichtprofil wie auch in der regionalen Verbreitung von Schichtfolgen gleichen geologischen Alters (Tabelle 19 und Abb. 5.30).

Die verschiedenen faziellen Ausbildungen sind für den unterlagernden Steinkohlenbergbau, für den Schachtbau und andere baugeologische Maßnahmen, aber auch für Fragen der Wassergewinnung im Ballungszentrum Ruhrgebiet von größter Bedeutung.

Die Schichtfolge beginnt mit dem *Cenoman*, und zwar mit tonigem „Essener Grünsand“ (Aquiclud), der vom Cenomanmergel und Cenomankalk oder „Pläner“ (Aquitard bis Aquifer) überlagert wird [1].

---

[1] Die kalkige Fazies von Cenoman und Turon wird nicht betrachtet, da sie von Karsterscheinungen betroffen ist und somit nicht zum Thema dieses Buches gehört. Die Grünsande sind in Abb. 5.30 nicht besonders dargestellt.

Das *Turon* folgt mit Mergeln und Mergelkalken, denen in zwei verschiedenen Niveaus die „Bochumer“ und „Soester Grünsande“ eingeschaltet sind. Die Fazies der glaukonitischen Mergel bzw. der mergeligen Glaukonitsande ist im Westen des Ruhrgebietes über das ganze Turonprofil ausgedehnt. Im nördlichen Münsterland sind in Bohrungen Mergel im gesamten Profil nachgewiesen. Bei Sand- und Mergelfazies handelt es sich um Aquitards.

Der überlagernde *Emscher-Mergel (Coniac und tieferes Santon)* ist, wie die Abb. 5.30 zeigt, im Osten als relativ dichter Tonmergelstein ausgebildet, in dem mitunter auftretende Klüfte im allgemeinen keine weitreichenden Verbindungen herstellen. Eine Wassergewinnung ist nicht möglich. Er geht etwa

Tabelle 19. *Vielfalt der Faziesausbildungen in der Oberkreide des mittleren und nördlichen Ruhrgebietes und Hinweise auf Veränderungen hydrogeologischer Parameter* (Lokalnamen sind zum besseren Verständnis beigefügt)

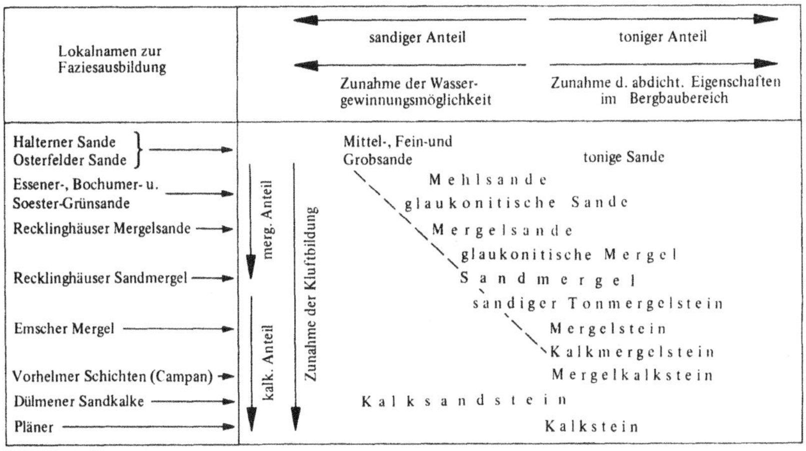

westlich der Mitte des Ruhrreviers (Gebiet von Wanne-Eickel, Herne, Castrop-Rauxel) in sandigen Tonmergelstein über. Die stärkere Sandkomponente bewirkt hier, daß offene Klüfte und Spalten nicht so rasch verschmiert und verschlossen werden.

Abteufschächte von 7—8 m Weite haben Zuflüsse von 8,3 —16,6 l/s aus diesen Schichten ergeben. Im tief gelegenen Emscher-Tal kam es örtlich zu artesischen Wasseraustritten des Kluftwassers aus dem Emschermergel (Wolanski 1966).

Zum westlichen Ruhrgebiet hin ist zwar auch eine sandige Komponente in diesem Schichtpaket vorhanden, die Wasserführung nimmt aber in dieser Richtung wieder ab (dafür gibt es bis jetzt keine sichere Erklärung).

Nördlich des Ruhrreviers bildet der Emschermergel die Grundwasserdeckschicht zu den tieferen Stockwerken des Cenomans und Turons sowie häufig die Sohlschicht für die hangenden Grundwasservorkommen in der höheren Oberkreide.

Das darüberliegende *Untersenon (höheres Santon)* ist im Nordosten des Reviers als Tonmergelstein ausgebildet und enthält etwas Kluftwasser. Das Gestein geht westwärts (etwa bei Lünen, Waltrop) in stärker kluftwasserführende Sandmergel und Mergelsande und schließlich in sehr porenwasserreiche, wenig verfestigte Sande („Halterner Sande“ und „Osterfelder Sande“) [1] über. Diese wechsellagern vielfach mit schwach verfestigten (mergeligen) Sanden und Kalksandsteinen.

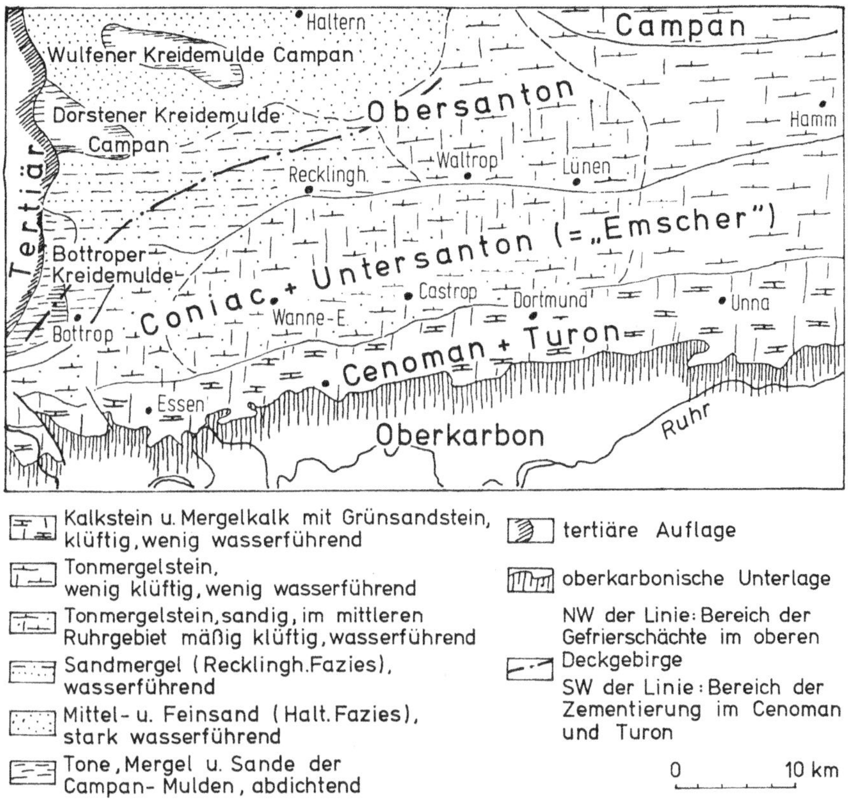

Abb. 5.30. Änderungen der lithologischen und hydrogeologischen Bedingungen im Oberkreide-Deckgebirge des mittleren und nördlichen Ruhrgebietes (z. T. nach WOLANSKI 1966) (In der Legende ist SW durch SE u. E zu ersetzen)

---

[1] Obwohl beide überwiegend sandigen Faziesbereiche nicht mehr zu den Festgesteinen zu rechnen sind, werden sie kurz charakterisiert:

Die *„Halterner Sande“* sind für die Wasserversorgung des Ballungszentrums Ruhrgebiet von außerordentlicher Bedeutung. Sie werden im Mittel 100 m, maximal 300 m mächtig und nehmen eine Fläche von etwa 770 km² ein (HILDEN 1975). Ihre Zusammensetzung variiert zwischen schwach mergeligen Sanden mit Kalksandsteinbänken, reinen „Glassanden“ und braunen eisenschüssigen Sanden.

Ihre Körnung liegt überwiegend im Bereich von Mittelsand mit Anteilen von Feinsand, Grobsand und gelegentlich etwas Feinkies. Bei Durchlässigkeitsbeiwerten von $kf = 1 \cdot 10^{-5}$ bis $1 \cdot 10^{-3}$ (gelegentlich bis $1{,}5 \cdot 10^{-2}$) liegt die Ergiebigkeit von Bohrbrunnen im allgemeinen über 1000 m³/d.

Das Gesamtporenvolumen hat JACOB (1974) im Gebiet der Haard bei Haltern mittels Isotopensondierungen in Bohrlöchern mit 32,3 Vol.-% und den wasserwirtschaftlich nutzbaren Porenraum mit 22,5% (± 1 Vol.-% Fehler) bestimmt. Das gesamte „nutzbare“ Wasservolumen würde danach auf etwa 17 km³ zu veranschlagen sein. Die jährliche Erneuerung dieses Grundwasserschatzes beträgt bei 775 mm Niederschlag, ca. 480 mm Verdunstung sowie

In *hydrochemischer Hinsicht* ist auf die zonale Gliederung des grundwasserführenden Bereichs hinzuweisen (s. S. 134 und MICHEL 1963). Cenoman und Turon führen in der Nähe des Ausbisses Süßwasser (soweit dieses nicht durch den Bergbau entzogen ist), das im nördl. und nordöstl. Revier in Salzwasser übergeht (WOLANSKI 1964). Im N- und Ostrevier stellt der Emschermergel eine vom Bergbau her altbekannte Trennschicht zwischen Sole im Liegenden und Süßwasser im Hangenden dar.

In *montangeologischer Sicht* haben sich einige Faziesbereiche der Oberkreide als ausgesprochen schwierig für den Schachtbau erwiesen. Nach einer Zusammenstellung der bei 81 Schächten und 38 Tiefbohrungen im Ruhrgebiet angewandten technischen Verfahren ließ sich ein nordöstlicher *„Bereich der Zementierschächte"* in den tieferen Deckgebirgsschichten, ein nordwestlicher *„Bereich der Gefrierschächte"* in den oberen Deckgebirgsschichten abgrenzen, während im Mittel- und Südrevier gegebenenfalls nur eine Zementierung bestimmter kürzerer oberflächennaher Gebirgsstrecken erforderlich gewesen ist (s. Abb. 5.30 und WOLANSKI 1966). Als Grund dafür wird die verschiedene fazielle Ausbildung der Oberkreide und deren unterschiedliche Wasserführung angesehen.

5.7.4 Mergel der höheren Oberkreide (Vorhelmer Schichten des Campans) im zentralen Teil des Münsterschen Beckens

Den oberen Abschluß der sedimentären Beckenfüllung im Münsterschen Becken bilden auf einer Fläche von ca. 650 km² etwa 400 m mächtige Mergelgesteine des Campans. Es sind überwiegend petrographisch sehr homogene, meist schwach oder unregelmäßig gebankte Kalkmergelsteine, die in vertikaler oder horizontaler Richtung in eine sandig-mergelige, tonmergelige oder mehr kalkige Fazies übergehen können. Die Lagerung ist nahezu horizontal.

Diese Gesteine sind *hydrogeologisch* insofern von Bedeutung, als die in ihrem großen Verbreitungsgebiet liegenden Städte, Dörfer und Gehöfte trotz großer Schwierigkeiten die im Untergrund liegenden Versorgungsmöglichkeiten intensiv und mit gewissem Erfolg genutzt haben. Auch *baugeologisch* haben sie wegen der Einheitlichkeit des Baugrundes (z. B. für ein Großbauprojekt in den 60er Jahren) die Aufmerksamkeit geweckt. Zahlreiche Bohrungen zur Wassergewinnung, alte Strontianit-Bergbaubetriebe und große Baumaßnahmen haben eine Fülle hydrogeologischer Informationen geliefert, die eine kurze zusammenfassende Darstellung in diesem Rahmen rechtfertigen, auch wenn es sich meist um relativ geringe Wassermengen handelt.

Im allgemeinen galten früher die Campan-Kalkmergel des Münsterlandes — in Übereinstimmung mit den umgebenden Mergelgebieten und den anderer Länder — als ausgesprochen wasserarm (Aquitard bis Aquiclud) und für Fragen der Wasserversorgung meist wenig interessant. Zahlreiche

---

einer Grundwasserspende zwischen 2,45 und 11,25 l/s · km² etwa 212 hm³ (HILDEN 1975). Dieser Menge steht eine gefaßte und verplante Entnahme von z. Zt. ca. 132 hm³/a durch Großwasserwerke und Industrieeigenversorgung gegenüber.

Die ähnlich ausgebildeten und etwa gleichalten *„Osterfelder Sande"* bei Osterfeld-Bottrop sind in die obige Haushaltberechnung einbezogen, ebenso die Mergelsande und Sandmergel der „Recklinghäuser Fazies" und die „Dülmener Sandkalke".

Bohrungen haben 2—5 m³/h geliefert, allerdings waren auch Ausnahmen mit 10—20 m³/h und mehr bekannt geworden. Frühere kleine, untertägige Bergbaubetriebe auf Strontianit hatten etwas stärkere Wasserzuflüsse, welche nach Stillegung der Betriebe Anreiz zur Nutzung für Dörfer und Städte boten.

So hat z. B. die *Stadt Ahlen* in Westfalen die seit den 90er Jahren auflässige Strontianitgrube Klostermann nordöstlich von Ahlen zu einem Wasserwerk ausgebaut. Während des Grubenbetriebs war auf einer Streckenlänge von 1,5 km auf der 2. Sohle in 40 m u. Gel. 60 m³/h (= 16,6 l/s) gefördert worden; diese Zuflüsse haben sich nach Ausbau i. wes. bestätigt. Nach einem Befahrungsbericht (1952) auf der 1. Sohle (20 m u. Gel.) erfolgte der Hauptzufluß mit etwa 75—80% der Gesamtmenge aus einer unmittelbar südlich des Schachts aufsetzenden Querkluft, während auf der übrigen, mehr als 1 km langen Strecke „nur wenig Wasser" zufloß. (Berichte Archiv Geol. Landesamt Nordrh.-Westf.)

Weiterhin wurde bei der schon 1884 aufgelassenen Strontianitgrube Bertha-Maria am westlichen Ortsrand von *Drensteinfurt* ein Grundwasserzufluß zwischen 11,6 und 83,3 l/s — je nach Jahreszeit — gepumpt, die aus einer nach dem Grubenbild 2 km langen Strecke in 40 m Tiefe zuflossen. Auch hier muß mit örtlichen Zuflüssen aus Klüften gerechnet werden. Ein Pumpversuch, 1943 zur Versorgung der Molkerei Drensteinfurt ausgeführt, ergab 11,1 l/s (= 40 m³/h).

Schließlich ist die alte Strontianitgrube Wickensack, südöstlich von Ascheberg zu erwähnen, deren Betrieb 1914 eingestellt und die von 1941—43 nochmals betrieben wurde. 1941 wurde ein Grundwasserzufluß von 41,6—50 l/s (= 150—180 m³/h) gemessen. Dabei erfolgten die Hauptzuflüsse (33 l/s) auf der 14,5 und 24,5 m-Sohle, während unterhalb der 45,5 m-Sohle die Zuflüsse nur noch gering gewesen sind. — Eine Abhängigkeit von den Niederschlägen wurde ausdrücklich hervorgehoben. So schwankte der Grundwasserzufluß im Jahre 1943 zwischen 7,5 und 25 l/s. Zur Klärung der Frage der Nutzung des Wassers für die Gemeinde Ascheberg wurde 1960 eine 60 m tiefe Bohrung neben dem verfüllten Schacht niedergebracht, aus dem durchschnittlich 44 m³/h gefördert wurden.

Oft ist die Erfahrung gemacht worden, daß bei Vertiefung alter Brunnen von 20—30 m auf 50—90 m keine Leistungssteigerung erzielt wurde. Dies war auch bei 2 großen Brunnen-Schachtanlagen von Nordkirchen und Senne der Fall, bei denen 12—14 m³/ha Wasser erschlossen werden sollten (die Lage war vorbestimmt).

Bei *Nordkirchen* wurde 1960/61 ein Schacht von 62,4 m Tiefe abgeteuft, die Zuflüsse nahmen zu bis 7,0 m unt. Gel. auf 0,17 m³/h
bis 12,4 m unt. Gel. auf 0,74 m³/h
bis 14,5 m unt. Gel. auf 3,22 m³/h
bis 17,2 m unt. Gel. auf 3,90 m³/h
bis 62,4 m unt. Gel. auf 3,90 m³/h (= ca. 1,1 l/s).

Unterhalb 14,5 m flossen demnach keine weiteren Wassermengen mehr zu. Zwei Strecken von je 100 m Länge nach W und O sowie zwei Strecken nach N und S von je 50 m Länge blieben völlig trocken (die benötigte Wassermenge wurde durch Schrägbohrungen nach oben in die wasserführende oberflächennahe Zone erzielt).

Eine ähnliche Anlage wurde 1963 südwestlich der Stadt *Wiedenbrück* gebaut. Ein 65 m tiefer Schacht in Campanmergeln zeigte unterhalb der Teufe 44,0 m keine Zunahme der Grundwasserzuflüsse mehr. Der Gesamtzufluß lag im Niveau der Schachtsohle bei 0,65 l/s, war also noch niedriger als bei der vorgenannten Anlage.

Eine 200 m lange Strecke in 58,4 m Tiefe vom Schacht ausgehend, blieb auch hier völlig trocken. Das benötigte Wasser wurde auch hier durch Schrägbohrungen nach oben in einer Menge von 6,6 l/s = 24 m³/h gewonnen.

Schließlich wurden in den Jahren 1965—1969 in Zusammenhang mit der Standorterkundung für einen großen, in 30 m Tiefe geplanten Ringkanal eines Protonenbeschleunigers bei *Drensteinfurt* südlich von Münster viele Bohrungen und Bohrschächte ausgeführt sowie — ausgehend von einem Schacht — eine 200 m lange Probestrecke mittels einer Tunnelbohrmaschine aufgefahren.

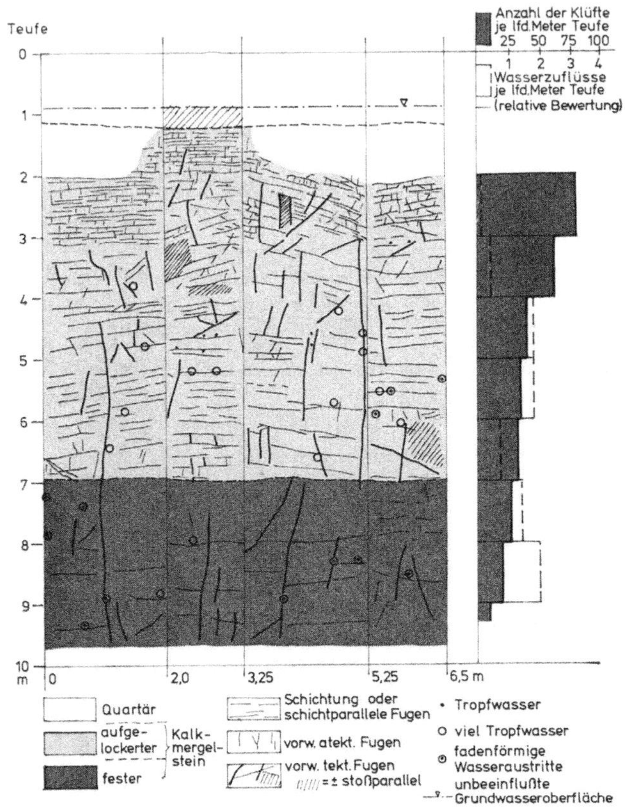

Abb. 5.31. Klüftung in den Wänden des Untersuchungsschachtes 5/1967 (abgewickelt) bei Drensteinfurt, Westfalen, sowie die während der Aufnahme beobachteten Wasseraustrittsstellen und Wassermengen. Der Grundwasserspiegel und die Wasseraustrittsstellen verlagerten sich während des Abteufens des Schachtes nach unten und lagen dann unterhalb 3 m Teufe. (Aufnahme Jäger-Reinhardt, Archiv. Geol. Landesamt Nordrh.-Westf.)

Bei all diesen Aufschlüssen wurde festgestellt:

● *Oberflächennah* ist eine gewisse Auflockerung des festen Gesteins durch ein dichtes und unregelmäßiges Netz meist leichtgeöffneter und wasserführender Trennfugen (Abb 5.31) bis in eine Tiefe von ca. 7—8 m unt. Gel. zu beobachten. Sie ermöglichen einen durchgehenden und mit der Vorflut kommunizierenden Grundwasserkörper (freier Spiegel ca. 1—2 m unt. Gel., jahreszeitliche Schwankungen ca. 2 m, regelmäßiger Absenkungstrichter bei

Pumptests, Grundwasserspende 7,5 l/s · km², Kleinstabflußspende bei Trockenheit 0,45 l/s · km². Die Kluftdurchlässigkeit des Gesteins wurde bis zur Tiefe von ca. 8 m in Pumpversuchen zu $k_f = 1{,}7 \cdot 10^{-4}$ m/s bestimmt, bei Wasserdruckprüfungen in Bohrungen unter Anwendung von Einfachpackern (Lugeon-Tests) zu $3{,}2 \cdot 10^{-4}$ m/s.

● *Unterhalb einer Tiefe von ca. 8 m* schließen sich die Fugen überwiegend und ihre Anzahl nimmt ebenso wie die Verwitterung im allgemeinen stark ab. Die Kluftdurchlässigkeit verringert sich gemäß Pumpversuchen und Packertests größenordnungsmäßig auf $k_f = 10^{-6}$ bis 10^{-7} m/s oder verschwindet in großen Bereichen völlig (z. B. in großen Tunnelstrecken!).

● *Örtlich* wird unterhalb der Auflockerungszone noch eine nicht unbedeutende Wasserführung beobachtet, die offensichtlich an nur sporadisch auftretende tektonische Kluftzonen bzw. Mineralgänge (teilweise mit Kalkspat- und Strontianitfüllung) gebunden ist. Dies ist der Grund für lokale stärkere Zuflüsse in einzelnen alten Gruben sowie in einigen Schächten bei Drensteinfurt. Pumpversuche in Bohrungen und Beobachtungen des Wiederanstiegs des Wasserspiegels im Hauptschacht I/68 ergaben ein Absinken der k_f-Werte von ca. 10^{-4} auf ca. 10^{-6} bei 40 m. In dieser Bohrtiefe wurde ein gemittelter Wert von $7{,}4 \cdot 10^{-6}$ m/s festgestellt.

● Bei dieser örtlichen Wasserführung im Tiefenbereich unterhalb 8 m trat das Wasser in der Tunnelwand aus punktförmigen *röhrenartigen kleinen Öffnungen* im Verlauf der hier zahlenmäßig verminderten Trennfugen aus. Diese sind nicht an Schnittpunkte von Trennfugen gebunden, sie treten z. T., ganz isoliert auf und kommunizieren mit anderen Röhren oder der Oberfläche (Wolters, Reinhardt und Jäger 1972).

● Bei der Zunahme der *sandigen Komponente* im Gestein, wie es in einzelnen Teilen der Campan-Verbreitung und im vertikalen Profil beobachtet wird, ist mit stärkerer Klüftung und Wasserführung zu rechnen.

● *Hydrochemisch* ist bemerkenswert, daß in dem Untersuchungsbereich bis 40 m Tiefe sich der Übergang des oberflächennahen $CaHCO_3$-Wassers zu einem unterlagenden $NaHCO_3$-Grundwasser vollzieht.

Literatur

Althoff, W., Seitz, O. (1934): Die Gliederung des Albium bei Bielefeld. Abh. westfäl. Provinzial-Museum Naturkde. **5**, H. 3, 5—26, Münster.

Deutloff, O. (1974): Die Hydrogeologie des nordwestlichen Weserberglandes in der Umgebung von Bad Salzuflen und Bad Oeynhausen. Fortschr. Geol. Rheinld. u. Westf. **20**, 111—194, 12 Abb., 9 Tab., 4 Taf., Krefeld.

— (1978): Weserbergland und Osnabrücker Bergland. In: Erläuterungen Int. Hydrogeol. Karte von Europa, Bl. C 4-Berlin, S. 108—110. BGR-Hannover und UNESCO-Paris.

Duchrow, H. (1968): Zur Keuper-Stratigraphie in Südostlippe (Trias, Nordwestdeutschland). Z. dtsch. geol. Ges. **117**, 620—662, 4 Abb., 1 Tab., Hannover.

— et al. (1968): Stratigraphie und Lithologie des Keupers im Lippischen Bergland. Z. dtsch. geol. Ges. **117**, 371—387, 12 Abb., Hannover.

Geologisches Landesamt N.-W., Krefeld (1967): Berichte und Gutachten zum Standortvorschlag Drensteinfurt für einen 300 GeV-Protonen-Beschleuniger. Archiv des G. L. A.

HAGELSKAMP, H., MICHEL, G. (1974): Die hydrogeologischen Grundlagen der Wasserversorgung des Regierungsbezirks Detmold. Fortschr. Geol. Rheinld. u. Westf. **20**, 1—26, 3 Abb., 4 Tab., 1 Taf., Krefeld.

HILDEN, H. D. (1975): Erläuterungen zur Hydrogeol. Karte von Nordrhein-Westfalen 1 : 100 000, Bl. C 4306 Recklinghausen. Geol. Landesamt N.-W. Krefeld, 15 Abb., 12 Tab., 2 Taf.

JACOB, D. (1974): Isotopensondierung zur Ermittlung des wasserwirtschaftlich nutzbaren Porenraums der Halterner Sande in der Haard südlich Haltern (Westfalen). Fortschr. Geol. Rheinld. u. Westf., **20**, 405—424, 5 Abb., 2 Tab., Krefeld.

JORDAN, H. (1968): Gliederung und Genese des Flammenmergels (Alb) in Hils- und Sackmulde (Süd-Hannover). Z. dtsch. geol. Ges. **117**, 391—424, 6 Abb., 1 Tab., 2 Taf., Hannover.

— (1968): Stratigraphie und Lithofazies der Kreide in der Sackmulde. Z. dtsch. geol. Ges. **117**, 425—435, 5 Abb., Hannover.

—, SCHMIDT, F. (1968): Zur Altersstellung und Gliederung des Flammenmergels (Oberalb) im Sackwald. Geol. Jb. **85**, 55—66, 1 Abb., 1 Tab., Hannover.

MICHEL, G. (1963): Untersuchungen über die Tiefenlage der Grenze Süßwasser — Salzwasser im nördl. Rheinland und anschließenden Teilen Westfalens. Forsch.-Ber. Land Nordrh.-Westf. **1239**, 131 S., 12 Abb., 8 Anl., Köln/Opladen.

PREUL, F. (1955): Das mesozoische Berg- und Hügelland. In: Erläuterungen zu Blatt Hannover der Hydrogeolog. Übersichtskarte 1 : 500 000. Remagen.

SCHNEIDER, H. (1964): Geohydrologie Nordwestfalens. Berlin: Schmidt-Verlag.

WIEGEL, E. et al. (1957): Erläuterungen zur Hydrogeologischen Übersichtskarte 1 : 500 000, Blatt Münster. 172 S., 15 Abb., 19 Tab., 1 Kte., Remagen.

WOLANSKY, DORA (1964): Die Hydrogeologie des Deckgebirges im niederrheinisch-westfälischen Revier in ihrer Bedeutung für den Bergbau. Z. dtsch. geol. Ges. **116**, 55—69, 5 Abb., Hannover.

— (1966): Die Hydrogeologie des Deckgebirges im niederrheinisch-westfälischen Revier. Geol. Inst. Westfäl. Berggewerkschaftskasse, Bochum, 6 farb. Taf.

WOLTERS, R., REINHARDT, M., JÄGER, B. (1972): Beobachtungen über Art, Anordnung und Ausdehnung von Kluftöffnungen. Symposium „Durchströmung von klüftigem Fels", Proceedings T 1—I, S. 1—13, Stuttgart.

5.8 Vulkanische Gesteine des Mesozoikums und Känozoikums

5.8.1 Allgemeines

In zahlreichen Gebieten der Erde treten Ergußgesteine (Vulkanite) auf, die besonders an Grabenzonen bzw. Schollengrenzen gebunden sind und z. T. außerordentlich große Flächen bedecken. Bei vielen Vorkommen ist der Grundwasserreichtum sehr groß und wird für Bewässerungszwecke sowie zur Wasserversorgung der Bevölkerung in großem Maße genutzt. Anderwärts hat man bei der Wassererschließung in diesen Gesteinen sehr unterschiedliche und teilweise enttäuschende Erfahrungen — besonders in Trockenzeiten — gemacht (HEINDL 1965 u. a.). Daher ist in den letzten 2 Jahrzehnten vielerorts versucht worden, die Wasservorkommen in derartigen Gesteinskomplexen genauer zu erforschen. Daran haben sich viele Länder, z. T. im Rahmen von IHD und IHP, sowie die Vereinten Nationen mit verschiedenen Organisationen beteiligt.

Gesteinsmäßig handelt es sich überwiegend um *Basalte*, wobei sowohl tholeiitische, also relativ SiO_2-reichere, wie alkalireichere Typen vertreten sind. Auch viele andere Gesteinstypen treten, wenn auch in meist geringerer Verbreitung auf, so besonders *Trachyte, Andesite, Dacite, Rhyolite, Phono-*

lite u. a. Alle Gesteine können in Form von *Stöcken, Lagern, Gängen, Laven, Schlacken, Tuffen* und *Aschen* ausgebildet sein. Diese zeigen jeweils sehr unterschiedliches hydrogeologisches Verhalten. Dem besseren Verständnis der in der Literatur verwendeten Fachausdrücke und der hier folgenden hydrogeologischen Darstellung sollen u. a. die folgenden Begriffserläuterungen dienen.

Stöcke, Lager und *Gänge* sind unregelmäßig geformte Teile der vulkanischen Gesteinsmassen, die in umgebende Gesteine eingedrungen und darin erstarrt sind. Sie sind im allgemeinen dicht und weisen nur Abkühlungsklüfte auf (s. Kap. 2.2.5).

Die Laven (Lavaströme, lava flows) sind Teile des subaerisch, subaquatisch bzw. submarin ausgetretenen Schmelzflusses. Sie sind sehr unterschiedlich dick (< 1 m bis > 30 m), liegen oft dicht übereinander und werden örtlich von dünnen Tuff- oder Sedimentlagen sowie von Bodenbildungen getrennt. Sie zeigen außer einer durch Abkühlung verursachten Klüftung, die senkrecht zu Dach und Sohle des Stromes gestellt ist, oft eine durch die Fließbewegung der noch flüssigen Lava verursachte Lamination. Bereits erstarrte Schollen können von den noch flüssigen Teilen des Lavastromes überwalzt werden, und Lava kann teilweise in schon festen Lavatunneln sich bewegen. Beim Erkalten kann die Lava sehr verschiedenartige Oberflächenformen annehmen, so kann *Block lava* (= Aa-Lava) oder Fladenlava (= Pahoehoe-Lava) entstehen. Solche unterschiedlichen Erstarrungsstrukturen werden besonders im oberen Teil der Lavaströme beobachtet, sie sind für die Bewegungsmöglichkeit des Grundwassers sehr günstig, während das Innere der Basaltströme meist eine geschlossene Gesteinsmasse darstellt, die höchstens durch wenig geöffnete Klüfte sich auszeichnet. Ausnahmen kommen vor. — Bei submarin geförderten Laven treten typische, bis 1 m große wulst- bis kissenartige Strukturen auf, die Kissen- oder Pillow-Lava. In den Kissenzwickeln findet sich oft Tuff oder Sediment mit Porenhohlräumen, die eine gewisse Wegsamkeit bewirken.

Schlacken und *Tuffe* (tuffs, pyroclastics) sind rauhe, rissige bis zackige vulkanische Auswurfprodukte verschiedenster Korngrößen, geschichtet oder ungeschichtet. Darunter werden nicht die unverfestigten vulkanischen Lockermassen (= Aschen) verstanden. Es bestehen Übergänge zu stark porösen bis rissigen Teilen von Lavaströmen (Schweißschlacken) und zu Eruptionsbrekzien. Je nach der Zusammensetzung wird zwischen *Agglomerattuff* (aus verkitteten gröberen Stücken und Lapilli), *Aschentuff* (aus vulkanischen Aschen entstanden), *Staubtuff* (aus sehr feinkörnigen Aschen hervorgegangen), *Kristalltuff* (fast nur aus Kristallen oder deren Bruchstücken), *Glastuff* (aus Bruchstücken vulkanischer Gläser) und Glutwolkenablagerungen wie *Gluttuff* (durch pneumatolytisch verursachte Kristallisation verhärtet = Kristallisationstuff), oder *Schmelztuff* (Ignimbrit, welded tuff = durch Verschmelzen der glasigen Gemengteile verhärtet).

Vulkanische Aschen sind feinkörnige vulkanische Auswurfmassen aus zerspratztem Magma, zerriebenem Gesteinsmaterial oder einem Gemisch von beidem (ashes, Tephra, Pyroclastics z. T.) Diagenetisch verfestigte Aschen werden als *Aschentuff* bezeichnet.

Nach dem geologischen Aufbau und der morphologischen Erscheinung unterscheidet man *schild- oder deckenförmige Lavavulkane* mit selten $> 5°$ Neigung und aus Lava und Tufflagen aufgebaute kegelförmige *Stratovulkane* mit bis zu 30° geneigten Hängen. Erstere sind z. B. auf den Hawaii-Inseln und auf Island typisch entwickelt, Lineareruptionen mit Ausfließen gewaltiger Lavamengen sind dabei häufig. Möglicherweise treten gelegentlich auch Arealeruptionen auf. In der geologischen Vergangenheit waren Schild- oder

Deckenvulkane weit verbreitet, u. a. im Miozän Mitteleuropas (z. B. Vogelsberg in Hessen), in der Oberkreide und im Alttertiär von Indien, im Jemen, in Ostafrika, Südbrasilien, u. a. O. Bei dem Typ der Stratovulkane oder gemischten Vulkane fließen Lavaströme von zentralen oder seitlichen Ausbruchstellen eines Kegels über stark geneigte Abhänge schnell ab, werden von Tuff oder Aschendecken und erneuten Lavaströmen in großer Anzahl überdeckt. Die Kegelspitze ist häufig weggesprengt und wird von einer Caldera eingenommen. Gänge durchsetzen das ganze Vulkangebäude ± stark. Vertreter dieses Vulkantyps sind z. B. Vesuv, Ätna, Teide (Teneriffa), Kilimandjaro, Zentralvulkane Islands.

Schließlich sind erdoberflächennahe (flache) Intrusionen magmatischer Schmelzen zu erwähnen, bei denen gasbedingte Blasenbildung sowie Tuffe und Aschen naturgemäß fehlen oder zurücktreten. Der Vulkantyp der *Gasvulkane* braucht in diesem Zusammenhang nicht näher erörtert zu werden.

Die so charakterisierten Ansammlungen vulkanischer Gesteine sind hydrogeologisch sehr verschiedenartig zu beurteilen. Dies soll im folgenden anhand von Beispielen erläutert werden, wobei in Anbetracht der großen Anzahl bedeutender Vulkangesteinsgebiete der Erde eine Beschränkung in den Beschreibungen notwendig ist. Es wird sich zeigen, daß das geologische Alter und die Textur eine wichtige Rolle bei der hydrogeologischen Beurteilung spielen, nicht dagegen die petrochemische Art der Vulkanite. Der Versuch einer vergleichenden Zusammenfassung in bezug auf die hydrogeologischen Aspekte wird am Schluß dieses Kapitels gemacht.

5.8.2 Island (Iceland)

Der isländische Vulkanismus mag als Beispiel für Schildvulkane und große Stratovulkane des Quartärs und der Gegenwart vorangestellt werden, zugleich auch für die außerordentlich hohe Durchlässigkeit junger vulkanischer Gesteinsfolgen. Eine „Verdichtung“ in Abhängigkeit von der Zeit ist dort besonders eindrucksvoll zu beobachten.

a) Geologischer Überblick

Island ist eine junge vulkanische Insel von ca. 100 000 km², vorwiegend aus basischen Effusivgesteinen (Basalte und Palagonite) [1] bestehend. Saure und intermediäre Gesteine sind wesentlich weniger verbreitet.

Diese große Anhäufung vulkanischer Gesteine liegt auf dem Mittelatlantischen Rücken und — entsprechend der plattentektonischen Vorstellung — auf der Furche zwischen den auseinanderdriftenden nordamerikanischen und europäischen Platten. Der Raum zwischen den Platten wird ständig mit basaltischen Massen ausgefüllt, deren Alter diese Drift widerspiegelt derart, daß sie am jüngsten in der vulkanischen Mittelzone sind und nach E und W älter werden (Abb. 5.32). Diese Unterschiede sind hydrologisch wichtig. Die meisten Basaltlaven stammen (nach A. Hjartarson 1980) aus Kraterreihen und einmal tätig gewesenen *Schildvulkanen,* die zwar sehr zahlreich, aber relativ klein sind und die hier keine sehr große Bedeutung

[1] *Palagonite* sind reine basaltische Aschentuffe, die aus Glasbruchstücken und deren zeolithischen Zersetzungsprodukten bestehen. Typisch in Island und in Sizilien.

für die Hydrogeologie haben. Hydrogeologisch wichtiger sind dagegen die *Zentralvulkane,* von denen die quartären gewaltige vulkanische Kegel bilden. Sie sind aus dicken Lagen von Rhyolit, Andesit, Ignimbrit, Tephra und einer Menge basaltischer Gesteine aufgebaut. Große Calderen und Spaltenschwärme sowie Hochtemperatur-Gebiete sind typisch.

Tertiäre Vulkane sind meist erodiert und von jüngeren Laven zugedeckt. Der *quartäre* Vulkanismus zeigt im Vergleich zum tertiären mächtigere sedimentäre Ablagerungen: etwa die Hälfte des vulkanischen Materials liegt in der Form von Palagonit und ähnlichen Gesteinen vor, die unter Wasser- oder Eisbedeckung enstanden sind. Die *Palagonitformation* bildet keine kontinuierlichen Schichten, sondern ist unregelmäßig und heterogen aufgebaut. Sie enthält Kerne von Säulenbasalt und Pillowlaven und bildet daher unregelmäßige Hügel und Berge. Die Durchlässigkeit ändert sich von Ort zu Ort. So gilt „alter" Palagonit in Island als einer der undurchlässigsten, Pillowlaven als einer der durchlässigsten Gesteinkomplexe.

Die Altersgliederung der Lavenstapel ist z. T. mit der Zeitskala aufgrund paläomagnetischer Umkehr möglich gewesen. Danach gelten Gesteine, die älter als 3 Millionen Jahre sind, als tertiär; zu diesem Zeitpunkt findet man auch die ältesten Zeichen einer ausgedehnten Vergletscherung, der ersten von in Island gezählten 30 Vergletscherungszeiten, mit deren Hilfe eine weitere Gliederung der quartären Laven, Aschen und Moränen erfolgt. Die ältesten bekannten Gesteine sind etwa 20 Millionen Jahre alt, sie sind zumeist zeolithisiert und hydrothermal verändert.

b) Hydrogeologie

Islands vulkanische Gesteine können bezüglich ihrer Permeabilität in 2 Gruppen eingeteilt werden, in:

— ziemlich dichte, zeolithisierte, „alte" (tertiäre) und
— poröse, frische, meist „junge" (pleistozäne) Gesteine, ohne oder mit wenig sekundärer Mineralneubildung in Poren und Fugen.

Eine hydrothermale Zersetzung und Zeolithisierung beeinflußt die Permeabilität und verändert die Bewegung des Grundwassers. Dieses fließt in unzersetztem Gestein durch Poren und Fugen, mit zunehmender Zersetzung nur noch

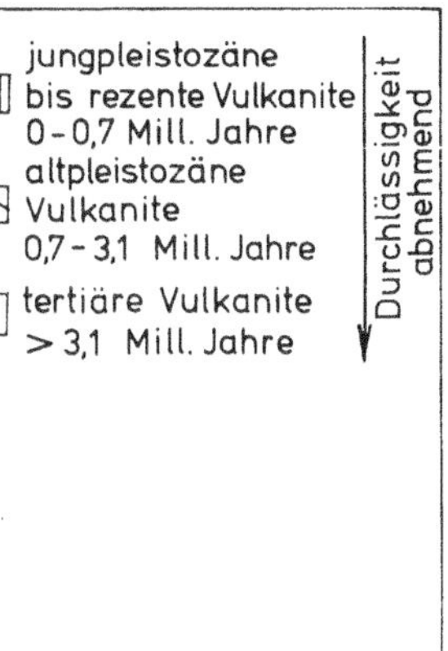

Abb. 5.32. Gliederung Islands nach dem geologischen Alter und nach der Durchlässigkeit der Vulkanite. (Nach A. HJARTARSON — Reykjavik, 1980)

durch Fugen, bis auch diese durch Mineralneubildungen verstopft werden und das Gestein praktisch dicht wird. Die ältesten Gesteine sind fast undurchlässig Abb 5.32. Doch gibt es auch Ausnahmen.

Bei den jüngeren Zentralvulkanen erhöhen große aktive Spaltenschwärme wesentlich die Permeabilität. So scheinen die größten isländischen Quellen und Quellgebiete an solche Schwärme gebunden zu sein.

Die junge Lava gilt als hochdurchlässig (10^{-3} m/s im „dichten" Teil und 10^{-1} m/s bei den Schlacken im oberen und unteren Teil der Lavaströme). Die Niederschläge dringen, soweit sie nicht verdunsten, insgesamt schnell in die Lavafelder ein und fließen als Grundwasser ab. Dieses tritt in großen Quell-

Abb. 5.33. Quellgebiet des Sigalda Canyon von Tungnaá in Zentral-Island. Der untere Quellhorizont liegt am Kontakt zwischen Lava und unterlagerndem Hyaloklastit (Gestein aus zerbrochener glasiger Lava), der obere, weniger ergiebige am Kontakt zweier Lavaergüsse. Das auf dem Bild sichtbare austretende Wasser beträgt etwa 1 m^3/s. Das ganze Quellgebiet liefert etwa 5 m^3/s (phot. BJÖRN JONASSON [1])

gebieten wieder zutage; die Mengen erreichen oft einige Zehner m^3/s. Die Quellen von Vaöalda schütten 20 m^3/s und die von Mývata 25—30 m^3/s (s. auch Abb. 5.33). Auch Flüsse können in diesen Lavafeldern verschwinden (Eine gewisse Analogie zu Karstregionen wird in der Literatur erwähnt. Sie ist nicht zu leugnen, wenn auch die Ursachen der Konvergenz völlig verschieden sind). In Abb 5.34 sind 75 Quellen und Quellengruppen von > 1 m^3/s Schüttung eingezeichnet, während zahllose kleinere weggelassen wurden. Eine solche Häufung starker Quellen hat in anderen Vulkangebieten kaum ihresgleichen.

Die Quellen beeinflussen naturgemäß auch den Oberflächenabfluß. So kann

[1] Von A. HJARTARSON freundlichst zur Verfügung gestellt.

eine ganze Gruppe von Abflüssen als „spring fed rivers" zusammengefaßt werden, die sich in vielen Merkmalen wesentlich von anderen Flüssen unterscheiden (ziemlich gleichbleibender Abfluß, Temperatur 3—5° C, kein Zufrieren im oberen Teil der Flußläufe, Überflutungen selten — s. Abb 3.35).

In der Palagonitformation tritt gelegentlich auch gespanntes Wasser auf. Der Gehalt des Grundwassers an gelösten Elementen ist im allgemeinen sehr niedrig; hartes Wasser kommt nicht vor. Meerwasserintrusionen, insbeson-

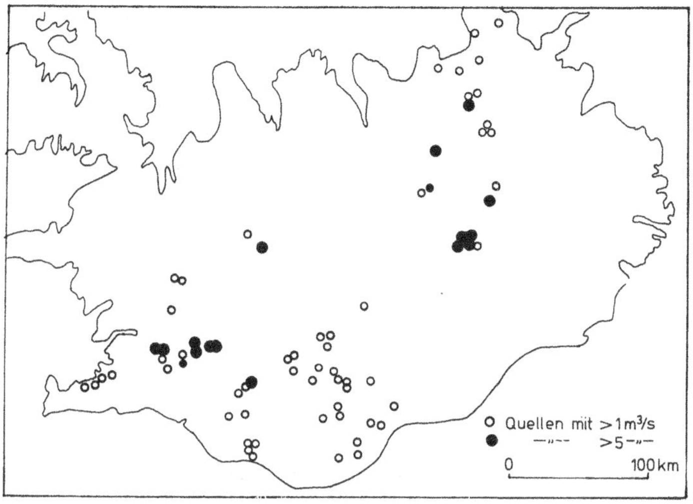

Abb. 5.34. Die Quellen in Island von > 1 m^3/s und > 5 m^3/s. (Nach A. HJARTARSON 1980)

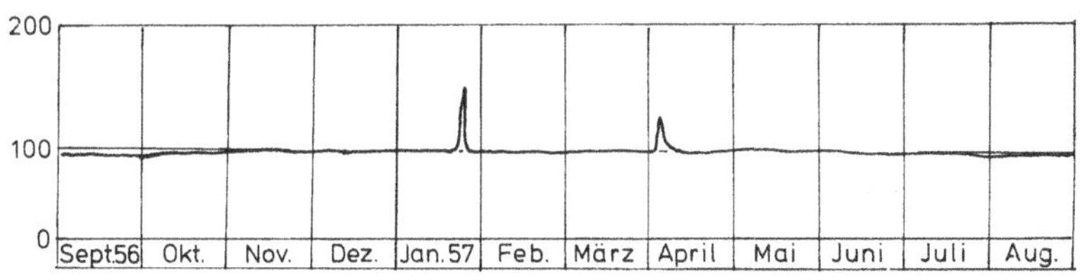

Abb. 5.35. Abfluß des spring-fed river Ytri-Rangá in SW-Island, in % des mittleren Jahresabflusses von 38,5 m^3/s. (Nach A. HJARTARSON 1980)

dere Salzwasser unter Süßwasser gibt es u. a. in jungen Laven und Palagoniten auf der Halbinsel Reykjanes (südl. Reykjavik).

Mineralwässer sind nicht sehr häufig, *Thermalwässer* sind dagegen weit verbreitet, und zwar:

— hochthermale Wässer, im allgemeinen innerhalb der vulkanischen Zonen, 150—300°C in geringer Tiefe, meist in Form von Dampf, mit hohem Lösungsgehalt, sehr niedrigem pH-Wert und sehr hoher Aggressivität, sowie

— niedrigthermale Wässer, meist außerhalb der vulkanischen Zonen, < 150°C in der Tiefe und nicht dampfförmig, mit geringerem Lösungsgehalt, meist basisch, mit SiO_2-Gehalt und oft sulfatisch.

Besonders bemerkenswert ist die Annahme eines Systems von thermalem Grundwasserabfluß im größten Teil der Insel durch die Stapel vulkanischer Gesteine (s. Abb. 5.36).

c) Wasserbilanz, Wasserversorgung und sonstige Wassernutzung

Der große Wasserreichtum der Insel ist durch die meist sehr hohen Niederschlagswerte bedingt (an der südlichen und südöstlichen Küste allgemein, sowie im Westen teilweise > 1400 mm/a, im Bereich des Vatnajökull > 4000 mm/a, im mittleren und nördlichen Teil der Insel jedoch weithin > 800 mm/a und in den dortigen Niederungen nur 400—600 mm/a). Der mittlere Abfluß betrug für die Periode 1948—1955 ca. 55 l/s · km², der Gesamtabfluß der Insel ca. 5500 m³/s oder 17 · 10^{10} m³/a (S. Rist 1956).

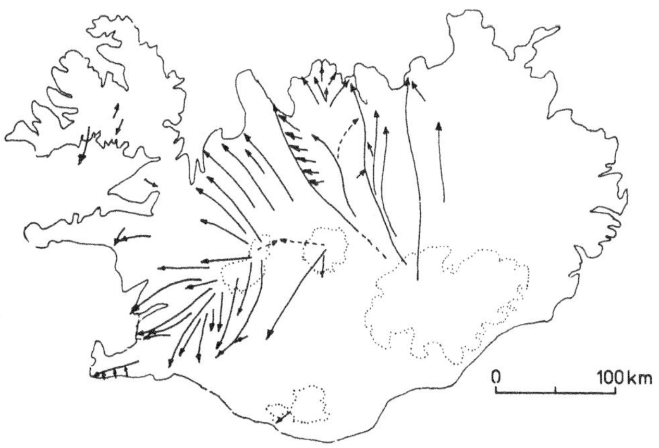

Abb. 5.36. Die Einzugsgebiete und das allgemeine Netz der thermalen Grundwasserfließsysteme in Island, aufgrund von Deuterium-Messungen. (Nach A. Hjartarson 1980)

Dieser große Wasserreichtum läßt keine ernsthaften Wasserversorgungsschwierigkeiten aufkommen, zumal das Land weithin sehr dünn besiedelt ist.

Die z. T. grundwassergespeisten Flüsse werden in großem Maße zur Elektrizitätsgewinnung genutzt (97,0% der Energiegewinnung), das Thermalwasser und die Erdwärme zur Heizung der Häuser und Schwimmbäder (Versorgung von 80% der Bevölkerung = 0,8% der Gesamt-Energiegewinnung des Landes).

5.8.3 Kanarische Inseln

Die Kanarischen Inseln sind — wie Island — das Produkt eines jungtertiären bis rezenten Vulkanismus, sie sind überwiegend von Stratovulkanen aufgebaut. Meist kann auch hier mit hohen Durchlässigkeiten der jungen Gesteinsserien gerechnet werden. Die wasserwirtschaftlichen Verhältnisse sind aber vergleichsweise schwieriger, weil die Niederschläge bei den meisten Inseln in tieferen Lagen gering sind. Im folgenden sollen vor allem die Verhältnisse auf den Inseln Teneriffa (2058 km²) und Gran Canaria (1530 km²) zu Vergleichen herangezogen werden.

a) Geologischer Überblick

Für alle Inseln ist als Grundlage hydrogeologischer Beurteilung ein stratigraphisches Schema anwendbar (Tab. 20), das durch K/Ar-Bestimmungen (Abdel-Monem et al. 1972) und paläomagnetische Untersuchungen (Carracedo 1973) gestützt wird, wenn auch die Ausbildung der Gesteinskomplexe auf den einzelnen Inseln sehr ungleich und unvollständig ist.

Die prämiozäne oder miozäne Basalserie basischer und ultrabasischer Gesteine ist nur auf einzelnen Inseln sichtbar (Gomera, Fuerteventura und La Palma). Sie ist stark von Gängen verschiedener Art durchdrungen und gilt im allgemeinen als „dicht". Darauf legt sich die alte Basalt-Serie I. Sie ist auf allen Inseln in ähnlicher Weise entwickelt, besteht aus mächtigen basaltischen Ergüssen mit pyroklastischen Einschaltungen, Gängen, Lagern und Aschenkegeln und gilt als überwiegend miozän.

Tabelle 20. *Gliederung, Alter und Transmissivitäten der Gesteinskomplexe auf den Kanarischen Inseln*

Gesteinskomplexe (nach Fuster et al.)	Gliederung und geologisches Alter (nach Carracedo)	T (m^2/d) (nach Anguita)
Rezente Basaltserie (IV) } Basalt.	t = 0—0,69 m. a.	200—500
Basaltserie III } Modern.	Brunhes-Serie (N)	
Serie der Trachyte und Trachibasalte		
Obere Cañadas-Serie	t = 0,69—2,43 m. a.	40—100
Untere Cañadas-Serie	Matuyama-Serie (R)	20—40
Alte Basalt-Serie II		
prä-Matuyama-Brekzie		
Alte Basalt-Serie I	t = 5,1—? m. a. (N)	
	prä-Gilbert-Serie (R)	5— 20
	(N)	
Basal-Serie	t = >15 m. a.	
	Basal-Serie	

Die Gesteinskomplexe bilden u. a. den Kern von Teneriffa und Gran Canaria, ihre Mächtigkeit ist unbekannt, dürfte gelegentlich aber > 1000 m betragen.

Darüber lagert auf Teneriffa — getrennt durch eine große Diskordanz — die sehr heterogen aufgebaute, überwiegend basaltische Serie II, die nach oben in Serien von Trachybasalten, Trachyten und Phonoliten der Cañadas-Serie übergeht. Das Alter wird mit 0,69—2,43 m. a. angenommen. Auf Teneriffa dürfte sie etwa 700 m mächtig sein. An ihrer Basis tritt an der Nordseite von Teneriffa und in Verbindung mit der Diskordanz ein bis 400 m mächtiges, hydrogeologisch wichtiges Agglomerat („Mortalon") auf. Die jüngeren Serien (III und IV) sind auf Teneriffa nur einige Zehner Meter mächtig. Gänge treten weniger zahlreich in den Cañadas-Komplexen als in den alten Serien auf.

b) Hydrogeologie

Das Grundwasser bewegt sich in den porösen und geklüfteten Bereichen der vulkanischen Gesteinskomplexe. Dabei spielen alte und junge *Schlackenlaven* mit *Laventunneln* (Abb. 2.10) eine große Rolle. Auch *postvulkanische „sekundäre" Brüche* sind verbreitet und führen oft Wasser. Diese dürften mit dem Schub aufdringenden Magmas oder dem Nachsacken des ganzen Eruptionsgebietes nach einem großen Auswurf in Zusammenhang stehen.

Die Brüche und ihre Wasserführung sind in den zahlreichen künstlichen Galerien und an der Oberfläche zu beobachten. An sie sind auch viele Quellen gebunden, deren Schüttung wesentlich geringer ist als auf Island.

0 cm bis 2 cm weite Spaltöffnungen werden in den Galerien beobachtet, sie stehen meist senkrecht oder steil. Von der Oberfläche eingespülte Bodenkrume wurde in einer Bruchöffnung in großer Tiefe auf Teneriffa gefunden, und bei einem anderen Bruch wurde in 400 m Tiefe ein leichter Wind festgestellt. Zuweilen zeigt die Wasserführung der Brüche direkt Abhängigkeit von den Niederschlägen (ECKER 1973).

Wichtig für die Wasserführung sind zahlreiche *Gänge,* die besonders in den alten Basalten auftreten und wie Barrieren wirken, so daß das Gebirge auf der einen Seite trocken ist, auf der anderen Seite aber Wasser unter mehreren Atmosphären Druck enthält. Aber nicht alle Gänge wirken so,

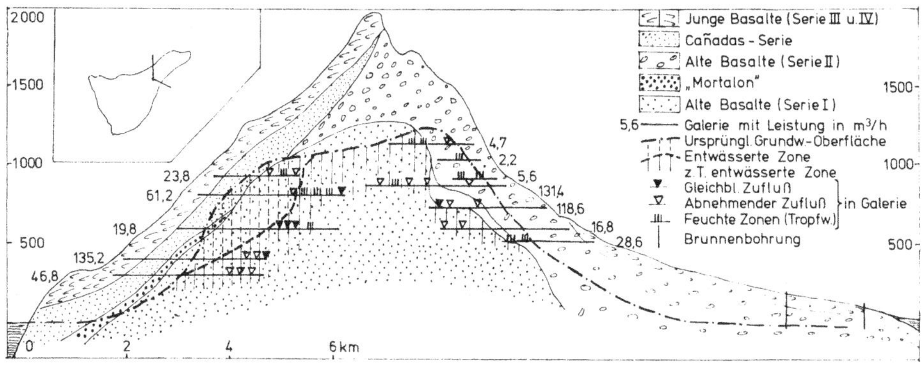

Abb. 5.37. Hydrogeologischer Schnitt durch den Nordosten von Teneriffa. (Nach KAISER und SAN JOSÉ — Madrid, 1980 — im Druck)

sie können auch durchlässig und auf beiden Seiten trocken sein[1]. Galerien haben oft lange trockene Strecken und zeigen nur gelegentlich Wasserzutritte (Abb. 5.37).

Die Barrierenbildung der Gänge ist wohl der Grund für das hohe Ansteigen des piezometrischen Niveaus bis auf 2000 m in Teneriffa (bei einem mittleren Gefälle von 10%), bzw. auf 1400 m in Gran Canaria (örtlich mit Gradient von 30%). Auf anderen Inseln sind die Verhältnisse ähnlich. Es scheint nicht sicher, ob durchgehende Niveaus angenommen werden können; dies wäre eine Voraussetzung für elektrische Modellrechnungen (ANGUITA 1973).

Für die in Galerien und Bohrungen lokal anzutreffenden, begrenzten *wasserführenden Bereiche* ist der Begriff der *„wasserführenden Zellen"* eingeführt worden (ECKER 1973), worunter die Summe aller örtlich vorhandenen kommunizierenden wasserführenden Öffnungen in einer ± wasserfreien („undurchlässigen") Umgebung verstanden wird. Sie verbinden sich zu unregel-

[1] 20 Galerien im Güimar-Candelaria-Gebiet von Teneriffa zeigen nach ECKER (1973), daß nur 8% der 540 durchfahrenen Gänge Wasser geben.

mäßigen *„Ketten"* und entsprechen im vulkanischen Milieu etwa den Aquiferen geschichteter Gesteinsfolgen. Die äußerste geometrische Unregelmäßigkeit für die räumliche Verteilung solcher wasserführenden Bereiche ist kennzeichnend, eine Vorhersage bzw. geophysikalische Prospektion ist bisher nicht möglich (Abb 5.37).

Die in Tabelle 21 angegebenen Zahlen lassen einige Erfolgsquoten bei der Grundwassererschließung erkennen. Von 751 Galerien auf Teneriffa haben nur 311 Wasser angetroffen, der größte Teil davon in den alten Basalten [1].

Die Funktion und Lebensdauer der Galerien und Bohrungen werden von Grundwasserabfluß und -entnahme einerseits sowie -erneuerung andererseits bestimmt. Die ausreichende Speisung der Gebirgshohlräume durch die Niederschläge muß gegeben sein. Dies ist nach den Erfahrungen in vielen Gebieten nicht der Fall. Es gibt Gale-

Tabelle 21. *Wassergewinnung und Wasserbedarf auf einigen kanarischen Inseln (Stand 1972).* (Nach Kaiser und San José 1980)

		Quellen			Galerien					Brunnen				Gesamtbedarf (hm^3/a)				
							produktive Gal.											
	Mittl. Niederschl.	Anzahl	Gesamtschüttung	Maximale Einzelschüttung	Anzahl	Länge	Anzahl	Gesamtleistung		Anzahl	Gesamte Bohrlänge	Gesamtschüttung	Maximale Einzelschüttung	für Bevölkerung	für Landwirtschaft	für Industrie	Gesamt	Deckung d. Oberflächenwasser
	mm		l/s	l/s		km		l/s	%		km	l/s	l/s					
Teneriffa insges.	~ 450 (100 –>1000)	135	174	4–18	751		311	3214	100		11,9	902	70	41	160	6	207	2
aus Serie I (alt)							26	344	11									
aus Serie II (alt)							56	701	22									
aus Serie I + II (alt)							61	1032	32									
aus Cañadas-Serie							80	803	25									
aus Bas. Mod. (III + IV)							66	230	7									
aus Mort. Brekzie							22	104	3									
Gran Canaria	~ 300 (100–1100)	100		1	339	177		650					4–30	26	130	6	162	25–40
La Palma	~ 650 (200–1150)	150	500	10–150	158	184		1200		52	2,59			3	54	6	63	
Gomera	~ 490 (100–800)	23	243	7–60	4		4	41		22		100					13,2	2,5
Fuerteventura	~ 147 (60–200)													8			9,5	2
Lanzarote	~ 142 (100–200)				7					>100			< 0,1	0,4			1,3	0,9*

rien, die 1500 m^3/h für 1—2 Jahre lieferten und danach langsam abnahmen. Andere ergaben nur 10 m^3/h zu Beginn und trockneten in wenigen Stunden oder Tagen aus. Wieder andere waren ganz trocken. Die längste Galerie mißt mit Abzweigungen 6029 m, aber fast 50% der Galerien sind weniger als 400 m lang (Plá 1973).

Die verschiedenen Wassergewinnungssysteme (Galerien, Bohrungen mit kleinem Durchmesser = „catas" und Brunnen mit großem Durchmesser) werden auf allen Kanarischen Inseln meist kombiniert angewandt. Galerien verzweigen sich häufig auf der Suche nach neuen wasserführenden Bereichen.

c) Zur Wasserbilanz und Wasserversorgung

In einigen Gebieten der Inseln ist durch die starke Grundwasserentnahme bereits ein deutliches Absinken des Grundwasserspiegels beobachtet worden. Für eine Bilanzrechnung ist die Annahme richtiger Parameter schwierig. Die

[1] Dies ist wahrscheinlich darauf zurückzuführen, daß die alten Basalte weit verbreitet im Untergrund von Teneriffa auftreten und widerspricht nicht der sonstigen Beobachtung einer hohen Durchlässigkeit der jungen Gesteinsfolgen.

Simulation des Aquifer-Systems der Insel Gran Canaria hat erlaubt, dessen Parameter einzuengen, wobei man ein regionales Bild der Absenkung des Wasserniveaus erhalten hat, das ziemlich ähnlich dem aus historischen Daten (1950—1971) abgeleiteten ist (F. ANGUITA 1973). Die dabei verwendeten T-Werte sind in Tab. 20 aufgeführt.

Die Grundwasserbilanz der Inseln erfährt durch direkten Abfluß zum Meere starke Einbußen. Der unterirdische Abfluß ist durch Infrarot-Thermographie nachgewiesen und wird für Gran Canaria auf 17—40 hm^3/a geschätzt (KAISER und SAN JOSÉ 1980).

Das in Quellen, Galerien und Brunnen gewonnene Grundwasser vermag bis jetzt den großen Bedarf von Landwirtschaft, Bevölkerung (incl. Touristik) und Industriee auf den meisten Inseln zu decken (z. B. auf Teneriffa 207, in Gran Canaria 162, in La Palma 63 hm^3/a, s. auch Tab. 21).

Die Niederschläge betragen zwar im Küstengebiet und in tieferen Lagen von Teneriffa und GranCanaria nur etwa 100—200 mm/a, aber im Durchschnitt erreichen die Inseln etwa 450 mm/a, da in den Höhen $>$ 1000 mm Niederschläge fallen. Große Schwierigkeiten bereitet wegen der äußerst geringen Niederschläge die weitere Entwicklung der Wassergewinnung auf den ariden Inseln Lanzarote und Fuerteventura.

5.8.4 Oahu (Hawaii-Inseln)

Den zuvor beschriebenen hydrogeologischen Verhältnissen von Island und den Kanarischen Inseln sind die einer hawaiischen Insel in gewisser Weise vergleichbar. Auf der Insel Oahu besteht — im Gegensatz zu Island und in Übereinstimmung mit den Kanarischen Inseln — durch intensive landwirtschaftliche Nutzung und relativ dichte Besiedlung (Hauptstadt Honolulu und Pearl Harbour) ein hoher Grundwasserbedarf, der trotz hoher Niederschläge und großen Grundwasserdargebots z. Z. soeben noch befriedigt werden kann.

a) Geologischer Überblick

Oahu, die zweitgrößte der hawaiischen Inseln, 1570 km^2 groß, ist einer der tholeiitischen Basaltdome, die entlang einer 2500 km langen Rift-Zone aus mehr als 5 km Tiefe aufsteigen. Die Insel hat 2 Schildvulkan-Zentren, den älteren *Waianae-* und den jüngeren *Koolau-Dom,* dessen Basaltlaven die älteren, teilweise erodierten Laven des Waianae überlappen.

Nach einer langen Zeit vulkanischer Ruhe mit starker Erosion und Zertalung beider Vulkanbauten sowie in Zusammenhang mit Meeresspiegelschwankungen folgte die Bildung von Erosionsebenen im Küstenbereich (vor allem im Süden der Insel) mit auflagernden terrestrischen und marinen Ablagerungen. Auf diesen Sedimenten und auf der Koolau-Lava liegen im Südosten Aschen, Schlacken und Lavaergüsse der jungen vulkanischen Honolulu-Serie, die allein aus Alkalibasalten bestehen. Die ältesten Gesteine sind 2,9 bis 3,3 Mill. Jahre alt (Pliozän), die jüngsten (Honolulu-) Serien 31000—33000 Jahre. (GRAMLICH et al. 1971).

b) Hydrogeologie

Dünne lagige Aa-(Zacken-)laven und Pahoehoe-(Fladen-)laven, im einzelnen meist $<$ 3 m mächtig, bauen die Insel auf. Die Lavaergüsse wurden

„ruhig" auf Hängen von 5—10° Neigung in rascher Folge abgesetzt, ohne Bodenbildung zwischen ihnen.

Im allgemeinen ist die Permeabilität der unverwitterten hawaiischen Laven groß, dank der Ausbildung von Schlacken, zusammen mit Zackenlava, Gasblasen, Lavahöhlen in Fladenlaven, von Kontraktionsrissen und unregelmäßigen Öffnungen zwischen aufeinanderfolgenden Lavaströmen. Die aus Pumptests gewonnenen Transmissivitätswerte überschreiten in gangfreien Zonen normalerweise 15000 m^2/d und erreichen in gangreichen randlichen Zonen 150 bis 1500 m^2/d (LAO 1973). Die jüngeren Ablagerungen in den Küstenebenen („caprock") und Talfüllungen sind weniger durchlässig und bilden Druckniveaus im unterlagernden Basalt. Ein sehr hoher Anteil der Niederschläge (es fallen im Mittel auf den Bedrockgebieten der Insel $6{,}8 \cdot 10^6$ m^3/d

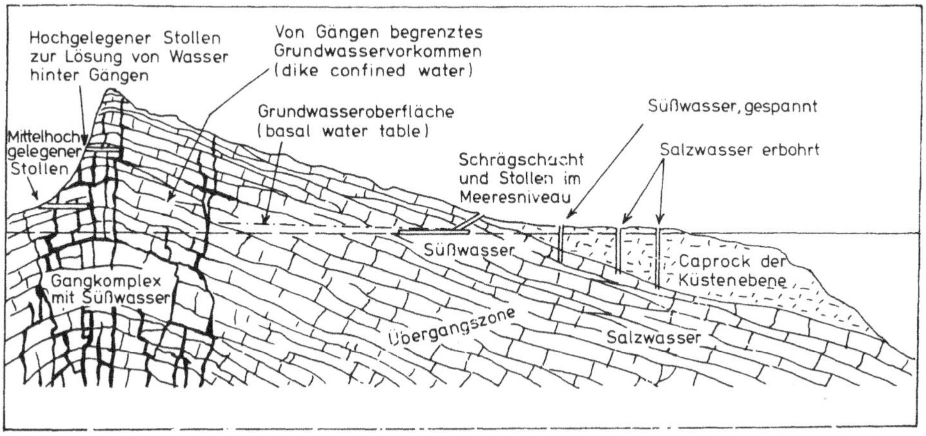

Abb. 5.38. Schematischer hydrogeologischer Schnitt durch die Honolulu-Pearl Harbour-Region auf der Oahu-Insel. (Nach CH. LAO, 1973)

und im Jahr < 500 mm auf der Lee-Seite, > 7000 mm in den windzugewandten nordöstlichen Bergpartien) dringt in den hohlraumreichen basaltischen Untergrund ein und erneuert die Grundwasservorräte. So gibt es einen durchgehenden „basal water table" wenig oberhalb des Meeresniveaus und eine „zone of transition", in der sich der Übergang zum Salzwasserbereich vollzieht. In gangdurchschwärmten Gesteinskomplexen tritt gestautes Grundwasser auch in größerer Höhe über dem Meeresniveau (Abb 5.38) auf.

c) *Wassergewinnung und Wasserbedarf*

Die Grundwasserentnahme hat sich seit dem Bau des 1. *Vertikalbrunnens* (1879: 230 m^3/d, artesisch) sehr entwickelt. 1930 existierten etwa 700 Brunnen, 1972 bereits > 1100 Brunnen. Über den zu diesem Zeitpunkt neuesten artesischen Brunnen mit 16000 m^3/d hat LAO (1973) berichtet. In den letzten Jahren werden auch in nicht artesischen Gebieten aus 130 m, gelegentlich bis 250 m tiefen Brunnen bis zu 15000 m^3/d gepumpt.

Seit 1890 werden auch *Tunnel* zur Wassergewinnung mit wechselndem Erfolg getrieben. Sie wurden meist in der Nähe von Quellen begonnen. Von 51 Tunnel haben 19 kein zusätzliches Wasser erschlossen, bis das Prinzip der Wasserabsperrung durch Gänge erkannt wurde.

Im allgemeinen sind Tunnel in der älteren *Waianae-Range* weniger erfolgreich gewesen, und zwar sowohl in m³/m Tunnellänge wie in der Gesamtmenge. Es gibt hier 37 Tunnel von 3 bis 3160 Länge, ihre Ergiebigkeit reicht von 1 bis 7700 m³/d. Die Gesamtergiebigkeit dieser Region beträgt nur ungefähr 11000 m³/d, wegen der ungünstigen geologischen Struktur (höheres Alter der Basalte und wohl auch etwas stärkere Verwitterung) sowie geringerer Niederschläge.

Im Gegensatz dazu liefern in der *Koolau-Range* 19 Tunnel für die Hauswasserversorgung im Mittel 53000 m³/d. Die Gesamtergiebigkeit der Koolau-Tunnel betrug i. J. 1973 im Mittel 170000 m³/d oder mehr, d. i. mehr als die zehnfache Leistung der Tunnel in der Waianae-Range.

Schließlich wurden *Schächte* zur Wassergewinnung abgeteuft, z. B. bei dem sog. Maui-Schacht-Typ ein senkrechter oder schräger Schacht bis zum Grundwasserspiegel, von dem dann Tunnel im Niveau der Grundwasseroberfläche vorgetrieben, um die Süßwasserlinse über dem Salzwasser „abzuschöpfen". Solche Schächte haben große örtliche Bedeutung, vor allem für die Bewässerung der Plantagen, leiden aber z. T. daran, daß der Wasserspiegel durch Pumpen in der Nachbarschaft gesenkt wird.

Auch zur Gewinnung von hoch gelegenem und hinter Basaltgängen gestauten Grundwasservorkommen werden *schräge Brunnen* mit Erfolg angesetzt, die in verschiedener Hinsicht vorteilhafter als Tunnel oder Horizontalbrunnen sind.

Zur Versorgung der 700 000 Bewohner wurden im Sommer 1973 bis zu 680 000 m³/d benötigt. Dazu kommt der Bedarf von Zuckerplantagen (2,2 m³ für das Wachstum von 1 Pfund Zucker), z. B. 1 100 000 m³/d allein für 3 Plantagen.

Die starke Inanspruchnahme des Grundwassers hat eine genaue Kontrolle des Wasserspiegels und des Grundwasserhaushalts notwendig gemacht (CH. LAO 1973). Die Grundwasser-Ressourcen werden auf Oahu auf ca. $2{,}7 \cdot 10^6$ m³/d, die gegenwärtige Nutzung auf $1{,}8 \cdot 10^6$ m³/d geschätzt. Die hydrogeologischen Untersuchungen sind im allgemeinen verbunden mit geophysikalischen Arbeiten (speziell Bohrlochgeophysik), Bohrungen (bis 500 m Tiefe, bis ins Salzwasser), Pumpversuchen und Modellrechnungen zur Kontrolle des örtlichen Absinkens des Grundwasserspiegels.

5.8.5 Vogelsberg

Im hessischen Raum der Bundesrepublik Deutschland tritt miozäner Basalt in zahlreichen größeren und kleineren Bergkuppen auf, von denen der Vogelsberg eine der größten zusammenhängenden Basaltmassen darstellt. An der Basis vieler Vorkommen oder an Grenzflächen entspringen ergiebige Quellen, die für die Trinkwasserversorgung der Bevölkerung seit langem genutzt werden. Versuche, größere Wassermengen durch Bohrungen zu erschließen, hatten sehr unterschiedliche Erfolge, teilweise waren sie entmutigend, so daß vor wenigen Jahrzehnten die Auffassung verbreitet war, daß — von wenigen Ausnahmen abgesehen — nur Quellfassungen in den tertiären Basaltgebieten Deutschlands für die wirtschaftliche Lösung von Trinkwasserproblemen der umliegenden Dörfer und Städte von Interesse seien. Diese Vorstellung hat sich — zumindest teilweise — seit einiger Zeit geändert.

a) Geologischer Überblick

Der Vogelsberg ist ein großes, fast geschlossenes bis 774 m ü. NN sich erhebendes Massiv von etwa 2100 km² Fläche, mit einem mehr oder weniger unregelmäßigen Neben- und Übereinander von Basaltströmen und -decken unterschiedlicher Mächtigkeit sowie von Intrusionen und Gängen. Die Gesamtmächtigkeit der Lavenstapel beträgt bis zu einigen hundert Metern, örtlich > 500 m. Die Gesteine haben verschiedenartiges Gefüge (säulige oder plattige Absonderung) und zeigen wechselnde Weite der senkrechten und horizontalen Fugen. Hohlraumreiche Pyroklastika, Schlacken oder gar Lavatunnel treten sehr zurück. Zwischen den einzelnen Lavaergüssen vergingen oft längere Zeiten, so daß Verwitterungsprodukte der Basalte (z. B. alte Bodenbildungen), Tuffe und deren Verwitterungsmaterial sowie in den Randbereichen auch Sedimente trennende und wasserstauende Lagen bilden konnten. Diese Materialien und Einschwemmungen aus postbasaltischer Zeit können auch senkrechte Fugen füllen. Die Basaltkomplexe werden insgesamt von wenig oder nicht durchlässigen tonigen Süßwassersedimenten des Tertiärs und von Tuffen unterlagert.

Auch andere große Basaltvorkommen in der Bundesrepublik Deutschland und in benachbarten Ländern, zeigen im Prinzip ähnliche geologische und hydrogeologische Verhältnisse, wobei die jüngeren (quartären) Eruptionen, vor allem in der Eifel, eine größere Mannigfaltigkeit der Gesteinstypen und der -strukturen, insbesondere einen höheren Anteil an hydrologisch bedeutsamen Tuffen zeigen (Geib und Weiler 1968).

b) Zur Hydrogeologie

Die Niederschläge, im Vogelsberggebiet etwa 1000 mm im langjährigen Mittel, vermögen trotz der verbreiteten Lehm- und bis 10 m mächtigen Lößdecken während des ganzen Jahres leicht in den Untergrund einzudringen, und zwar über die Alluvionen der Bachtäler (Nöring et al. 1957, S. 77). Das Grundwasser bewegt sich weiter auf den offenen Fugen der Lavaströme, sofern diese genügend klaffen und nicht durch Verwitterungsmaterial zugefüllt sind. Die Wasserzirkulation wird auch durch unregelmäßige Hohlräume (primäre Porosität) begünstigt, die sich in Schlackenzonen und Agglomeratlagen an den Flanken, an der Basis und am Dach der Lavaergüsse finden. Schließlich hat die Nähe von Störungszonen einen wesentlichen Einfluß auf den Hohlraumgehalt (sekundäre Hohlraumbildung); Störungen sind viel häufiger als früher angenommen wurde.

Lavaströme sind im Vogelsberg also vielfach günstige *Aquifere*, während Verwitterungsprodukte und Tuffe als „undurchlässige Lagen" örtlich Spannungszustände bewirken. Bei Übereinanderlagerung mehrerer Lavaströme mit tonreichen Zwischenlagen entsteht ein ähnliches Aquifersystem, wie es bei Sedimentfolgen unterschiedlicher Durchlässigkeit bekannt ist. Da die räumliche Verbreitung der einzelnen Basaltströme, ihr jeweiliges Einzugsgebiet, ihre Klüftung und ihre Porosität schwer oder kaum mit einiger Sicherheit abzuschätzen sind, sind der Prospektion für die Grundwassererschließung sehr enge Grenzen gesetzt. Auf Untersuchungen der Grundwasserspenden im Basaltgebiet des Vogelsberges ist in Kap. 3.5.3. näher hingewiesen worden. Nach Matthess (1970) ist insbesondere die Konzentration hoher Grundwasserspenden in relativ kleinen Teilgebieten und unterdurchschnittliche Spenden in anderen Teilbereichen bemerkenswert.

Tuffschichten haben sich nur ausnahmsweise als gut zerklüftet gezeigt, besonders in der Nähe von Störungszonen, so daß sie sich wie Aquifere verhalten (Bohrung Lauter, Krs. Siegen und Bohrung Wallerod, Krs. Lauterbach, nach NÖRING et al. 1957, S. 62).

c) Nutzung und wasserwirtschaftliche Bedeutung

Viele Städte und Gemeinden haben *Quellen,* die am Rande der Basaltvorkommen oder im Innern des Verbreitungsgebietes, besonders an Schnittpunkten markanter tektonischer Linien auftreten, schon seit langem genutzt. Seit 1910 wurden 10 000 m³/d = > 100 l/s Quellwasser aus Inheiden bei Hungen im Vogelsberg der Stadt Frankfurt mittels einer 44 km langen Leitung zugeführt. Quellen bei Queckborn und Lauter mit je etwa 80—90 l/s Schüttung, ebenfalls im westlichen Vogelsberg, versorgten die Städte Gießen und Bad Nauheim sowie viele kleinere Gemeinden. Quellen am Meißner ergaben etwa 23 l/s für die Versorgung der Stadt Eschwege und für zahlreiche Dörfer.

Bohrungen haben die Wasservorkommen weiter erschlossen. So ist im Wasserwerk Inheiden um 1912 nach Durchstoßen einer Tufflage gespanntes Wasser zusätzlich in großer Menge erschlossen worden. Für 1957 wurde dort die bis dahin größte Fördermenge aus 18 Brunnen von 10—54 m Tiefe mit 400 l/s angegeben, von denen mehr als die Hälfte die Stadt Frankfurt abnahm. Außerdem werden die Städte Friedberg und Bad Vilbel versorgt. Die Absenkung durch den Pumpbetrieb beträgt nur wenige Meter. Auch bei anderen Quellgebieten wurde die Förderung durch Bohrungen wesentlich gesteigert: so bei Queckborn auf 12 000 bis max. 15 000 m³/d (= bis 180 l/s), bei Lauter etwa auf die gleiche Menge.

Solche Leistungen sind u. a. dort möglich, wo der Basalt an Störungen gegen das weniger durchlässige sedimentäre Tertiär oder gegen Tuff stößt (Queckborn, Lauter).

Die gelegentlich größere Härte des Wassers aus dem Basalt des Vogelsberges, das sonst sehr weich ist, wird mit dem Kalkgehalt des im Einzugsgebiet vorhandenen Lösses oder mit den möglicherweise im Untergrund vorhandenen Kalksteinformationen erklärt.

5.8.6 Deccan-Trap in Indien

Entgegen den bisher geschilderten Vorkommen vulkanischer Gesteine handelt es sich beim Deccan-Trapp Indiens um gewaltige Lavaergüsse der Oberkreide- bis Eozänzeit. Sie flossen aus schmalen aber langen Spalten intermittierend subaerisch und breiteten sich flächenhaft über 520 000 km² aus. Basaltkegel kommen vereinzelt vor, spielen aber gegenüber den Decken- oder Plateaubasalten keine Rolle.

Das Trappgebiet wird als Syneklise, eine weite negative Plattformstruktur aufgefaßt und wird vielfach von Gondwana- und mesozoischen Systemen umgeben. Der Untergrund ist noch fast unbekannt.

Das höhere Alter dieser vulkanischen Gesteinsfolgen gegenüber den zuvor aufgeführten bedingt veränderte hydrogeologische Verhältnisse, deren Erforschung ein großes Anliegen der indischen Regierungen seit der Mitte der 60er Jahre ist, zumal etwa 30 Millionen Menschen in diesem großen, geschlossenen Gebiet vulkanischer Gesteine leben, die für Eigenbedarf, Viehhaltung, Bewässerung und Industrie auf das Grundwasser dieser Gesteinsfolgen angewiesen sind.

Der westliche Teil der Deccan-Trapp-Provinz hat hohe Niederschläge (bis 4 000 mm), während der zentrale Teil im Regenschatten der Western Ghats Range liegt (500 mm oder weniger).

a) Geologischer Überblick

Allgemein wechseln Lagen von massiven dichten, wenig geklüfteten mit blasen- bzw. mandelsteinreichen („amygdaloiden") Basaltlagen. Tiefbohrungen haben bis zu 29 übereinander liegende „flows" durchbohrt. Die Dicke der einzelnen Ergüsse hängt von der örtlichen Situation ab (1—35 m), ihre Reichweite von der Temperatur und Viskosität der Laven (gelegentlich > 100 km). Die Trappdecken haben äußerst einheitliche chemische und petrographische Zusammensetzung, sie sind überwiegend basaltisch-tholeiitisch, nur in kleinen Gebieten ultrabasisch, selten sauer. Ihre spezifische Schwere schwankt daher von 2,58 bis 3,03 und liegt bei der Masse der basaltischen Laven um 2,9.

Die Verbreitung des Deccan-Trapps geht aus der Abb. 5.39 hervor, eine mögliche grobe Gliederung aus der Tab. 22.

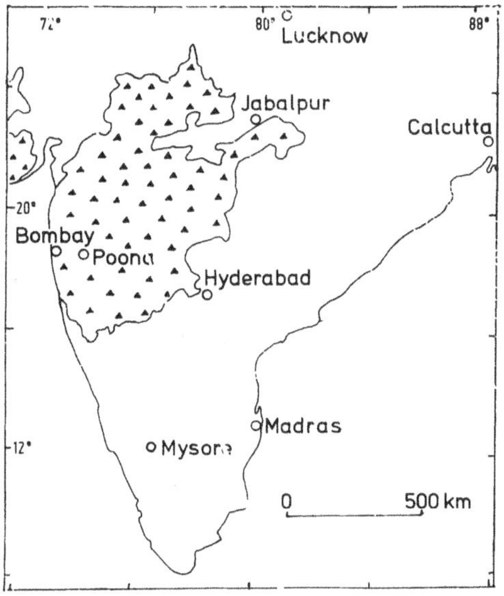

Abb. 5.39. Verbreitung des Deccan-Trapps in Indien

Tabelle 22. *Gliederung des Deccan-Trapps in Indien.* (Nach KRISHNAN 1968 und BARDHAN 1973)

Gesteinsgruppe	Dicke (m)	Charakteristische Ausbildung	Hauptverbreitungsgebiet
Verschiedene Sedimente im Hangenden			
Oberer Trapp	450	reichlich „intertrapp. beds", vulkanische Aschenlagen kommen vor	Bombay und Kathiwar
Mittlerer Trapp	1200	reichlich Aschenlagen, Intertrapp-Lagen selten	Zentral-Indien und Malwa
Unterer Trapp	150	Intertrapp-Lagen vorhanden, Aschenlagen selten	zentrale und östliche Gebiete
Unterster Trapp	50	Sandsteine, oben mit weniger als 1 m dicken Kalksteinbänken	rechtes Ufer des Godavari River

In den Ruhepausen zwischen den einzelnen Ergüssen verwitterte die Oberfläche der bereits abgesetzten Laven, Süßwassersedimente und vulkanische Aschen der folgenden Auswurfsperiode setzten sich ab. Sie bilden die „intertrappean beds" mit unreinen Kalksteinen, kieseligen Lagen, braunen und dunklen Schiefern, rot oder braun gebranntem (oder verwitterten) Material und Pyroklastika. Sie sind für die stratigraphische Gliederung bzw. Einstufung von Bohrproben von Bedeutung und haben sich im allgemeinen für die Grundwasserführung und -gewinnung als günstig erwiesen. Leider besitzen sie meist nur eine kleine horizontale Ausdehnung und Dicke, sind aber von vielen Orten bekannt geworden.

Die älteren Laven sind, wie in der Tab. 22 angedeutet, mehr im Osten, die jüngeren mehr im Westen des Verbreitungsgebietes anzutreffen. Der ganze Lavenstapel zeigt schwaches Einfallen ($< 1^\circ$ oder wenige Grade), und zwar ziemlich einheitlich über große Entfernungen; so können auch die älteren Folgen auf weiten Flächen ausstreichen und dort die Möglichkeit zum Einsickern von Niederschlägen bieten. *Gänge* sind ziemlich zahlreich, aber sehr unregelmäßig verteilt.

Sie können mehrere hundert Meter, einige sogar 30—50 km lang sein; ihre Dicke kann zwischen einigen Metern bis 60 m schwanken. Ihre mögliche Bedeutung für die Wasserversorgung, wie z. B. auf den Kanarischen oder den Hawaiischen Inseln ist bisher in Indien nicht erkannt. Die Aufschlußverhältnisse sind für die Klärung derartiger Fragen ungünstig.

b) Hydrogeologie

Die im oberen Teil der Basaltströme häufig entwickelte Blasenstruktur wirkt sich hydrologisch nur wenig aus, da die Hohlräume meist mit Sekundär-Mineralien gefüllt sind. *Lavatunnel* sind praktisch unbekannt. *Mittelgroße Hohlräume* kommen gelegentlich vor, ebenso vulkanische *Brekzien*strukturen. Für die Wasserbewegung sind im wesentlichen *horizontale Fugen* (Schichtfugen, Trapp-Zwischenlagen) und *vertikale Fugen* (primäre Klüfte und sekundäre Brüche) von Bedeutung.

Der Deccan-Trapp wird von einheimischen Bearbeitern nicht als ein einheitliches hydrogeologisches System betrachtet, sondern in Anbetracht der lagenweise unterschiedlichen Durchlässigkeit und der schnell wechselnden Mikrostruktur mit einem sedimentären Multiaquifer-System verglichen, das produktive und unproduktive Zonen enthält (Singhal 1973, Adyalkar und Mani 1973). Gespannte Grundwässer sind relativ häufig, artesische Wasseraustritte bisher jedoch nicht bekannt geworden. Größere Quellen fehlen im ganzen Gebiet.

Die obere *Verwitterungszone*, die für die Wasserversorgung der Bevölkerung besonders wichtig ist und wohl noch lange sein wird, enthält meist etwas Grundwasser mit freiem Spiegel, besonders bei lateritisch-pisolithischer Verwitterung („murum"). Bei starker Verwitterung entsteht ein schwarzer undurchlässiger „cotton soil", unter dem meist ein leicht gespanntes Grundwasser im unverwitterten Basalt erwartet werden kann.

Wegen vieler enttäuschender Erfahrungen bei der Wassersuche sind in den letzten 2 Jahrzehnten systematisch elektrische Widerstandsmessungen durchgeführt worden, obwohl solche Verfahren eigentlich nicht für Festgesteins-Untersuchungen entwickelt worden sind. Die Ergebnisse sollen zufriedenstellend sein. (Tabelle 23).

Weitergehende Verfahren hat BARDHAN (1973) angewandt, und zwar γ/γ- und n/n-Messungen (nuclear logging), in Verbindung mit Tracer-Tests (Tabelle 24).

Grundwasserspiegel-Pläne sind wegen all dieser unsicheren Voraussetzungen im Trappgebiet bisher leider nicht hergestellt oder publiziert worden, ein staatliches Pegelbeobachtungsnetz existiert bisher nicht. Flurabstandskarten werden von SINGHAL (1973) als nützlich empfohlen. Die Darstellung der Grundwasseroberfläche mit Hilfe eines Netzes von Bohrungen im unbeeinflußten Gebiet sollte einer der wichtigsten zukünftigen Schritte sein, um die Bewegung des Grundwassers zu erkennen und allgemein eine sichere Grundlage auch für die Fragen der zulässigen Grundwasserentnahme, des zweckmäßigen Abstandes der Bohrungen und der Grundwassererneuerung zu erhalten.

Tabelle 23. *Elektrische Widerstandswerte im indischen Trapp.* (Nach SINGHAL 1973)

Gesteinstyp	Widerstand in Ohmmeter trockenes Gestein	wassergesättigtes Gestein
Stark verwitterter Basalt	15— 30	5— 10
Verwitterter Basalt	80—120	20— 50
Blasiger Basalt	170—200	100—150
Massiver Basalt	>200	150—200

Tabelle 24. *Hydrogeologische Kennzeichnung von Gesteinskomplexen im Deccan-Trapp Indiens.* (Nach BARDHAN 1973)

Gesteinskomplex	scheinbare Porosität (%)	Permeabilität (cm/sec)	spezifische Ergiebigkeit (%)
Verwitterte Zone des Trapp	10—33	$9{,}3\cdot10^{-5}$—$7{,}8\cdot10^{-1}$	5 —13
Geklüfteter Trapp	1—10	$8{,}5\cdot10^{-4}$—$2{,}2\cdot10^{-2}$	0,5— 8
Mandelstein-Trapp (amygdal. type)	3—15	$5{,}5\cdot10^{-5}$—$9{,}0\cdot10^{-3}$	1 — 8

c) *Wassergewinnung und Wasserhaushalt*

Die spezifische Ergiebigkeit von Brunnen im Deccan-Trapp wird von SINGHAL (1973) allgemein mit 3—9 $m^3/h\cdot m$ angegeben. ADYALKAR, SRINIVASAN und MANI (1973) gaben die gleichen Werte für Aquifere mit freiem Wasserspiegel des oberen Verwitterungsbereiches an und 10—84 $m^3/h\cdot m$ für gespanntes Wasser im unterlagernden blasen- und kluftreichen Basalt.

Die wichtigste Grundlage der Versorgung für Bewässerungszwecke ist im gesamten Trappgebiet die obere Verwitterungszone. Sie wird es noch lange bleiben. In ihr werden *offene Schachtbrunnen (dug wells)* von 4—6 m Weite und ca. 15 m Tiefe angelegt, die bei günstiger topographischer Situation eine gewinnbare Wassermenge von 80—120 m^3/d ergeben. (Sie sind allerdings nach 3 Stunden Pumpzeit morgens und abends meist trocken, erholen sich aber jeweils nach 3—6 Stunden. Im Sommer fallen sie teilweise ganz trocken).

Zur Verbesserung der Leistungsfähigkeit wird vielfach eine vertikale Bohrung auf dem Grund des Schachtbrunnens angesetzt *(dug-cum-bore-wells,* Durchmesser 11,4 cm, Tiefe 20—60 m, gelegentlich bis 100 m). Beim Antreffen gespannten Wassers unterhalb der Schachtbrunnen-Sohle steigt dieses im Schachtbrunnen hoch und vermehrt dessen verfügbare Menge oft sehr erheblich. Der Anstieg erfolgt oft bis 5—6 m unter Gelände, die Ergiebigkeit kann bis auf ca. 45 m³/h bei einer Absenkung von 3—5 m ansteigen.

Rohrbrunnen, hauptsächlich für die Trinkwasserversorgung der Dörfer, werden 50—80 m tief, ihre Ergiebigkeit beträgt 2—6 m³/h, in Ausnahmefällen bis 25 m³/h. Sie kommen gewöhnlich für Bewässerungszwecke nicht in Frage (über Ausnahmen berichten PURANIK und DAS 1973). Ihre optimale Tiefe ist nach SINGHAL (1973) etwa 60 m, da unterhalb dieser Grenze kein bemerkenswertes Ansteigen der Ergiebigkeit mehr zu beobachten sein soll. Diese Feststellungen sind aber bisher nicht ausreichend belegt. Horizontale Bohrungen sind bisher noch selten, Galerien, wie auf den Kanarischen und Hawaiischen Inseln nicht bekannt, weil die Gesteine dazu nicht geeignet scheinen.

Die Erneuerung des Grundwassers erfolgt durch die Niederschläge, die Oberflächengewässer und — in Regenzeiten — durch *Versickerungsbecken* oder *nalas*. Der vielfach hohe Abfluß der Flüsse in *Trockenzeiten* zeigt einen starken Zufluß von Grundwasser zu den Flüssen an. Berücksichtigt man eine jährliche Niederschlagsquote von 500—1500 mm in weiten Teilen des Trappgebietes und dessen Topographie, so müßte die Infiltrationsrate bemerkenswert sein, und es sollte möglich sein, die Grundwasservorräte „in einem viel größeren Maßstab auszunutzen als bisher“ (ADYALKAR, SRINIVASAN und MANI, 1973). Eine Vorstellung von den Resourcen kann bisher noch nicht gewonnen werden.

5.8.7 Vergleiche und Zusammenfassung

● *Island* ist vorstehend beschrieben worden als ein Beispiel für teilweise sehr jungen basaltischen Vulkanismus mit wenig verstopften Hohlräumen in der jüngeren Gesteinsgeneration. Tertiäre Kerne der Insel zeigen bereits Verdichtungen. Die hohen Niederschläge führen zu ungewohnt reicher Grundwasserbildung und zu zahlreichen starken Quellen.

● *Oahu-Hawaii* zeigt ebenfalls eine sehr starke Grundwasserneubildung in jungen Vulkaniten bei hohen Niederschlägen und sehr starker Nutzung. Die Durchlässigkeit nimmt mit steigendem geologischen Alter ab.

● Die *Kanarischen Inseln* werden als Beispiel für starke Grundwasserneubildung in jungen vulkanischen Gesteinen, bei nur teilweise günstigen Niederschlagsverhältnissen und sehr intensiver Nutzung beschrieben. Ältere Teile der Inseln zeigen geringere Permeabilität.

● Der *Vogelsberg* in Hessen zeigt beispielhaft eine verminderte Durchlässigkeit entsprechend dem miozänen Alter des Vulkanismus, immerhin aber eine bei etwa 1000 mm Niederschlag bemerkenswerte Grundwasserbildung. Über große Quellfassungen hinaus ist eine umfangreiche Grundwassergewinnung durch Bohrungen in einigen bevorzugten Bereichen des Verbreitungsgebietes möglich.

● Der *Deccan-Trapp Indiens* scheint wegen seines noch höheren geologischen Alters weniger zur Grundwasserbildung geeignet zu sein, dürfte aber bei intensiver Erforschung wohl noch große Aussichten für zukünftige Wassergewinnungsmöglichkeiten bieten.

● Alle Beispiele beziehen sich überwiegend auf basaltische Magmen. Die Erfahrungen können im wesentlichen auf andere große Basaltgebiete der Erde übertragen werden, so auf die mesozoischen vulkanischen Gebiete des südlichen Brasiliens, auf die Columbia-River-Basalte der Staaten Washington, Oregon und Idaho, auf Jemen, Ostafrika usw. Im Prinzip können sie wohl auch auf intermeditäre und saure Gesteinskomplexe der zircumpazifischen andesitischen, rhyolitischen und dazitischen Provinzen übertragen werden.

● Die Abnahme von Porosität und Permeabilität mit steigendem geologischen Alter hat DAVIS (1974) versucht, mit Zahlen aus verschiedenen Teilen der Erde zu belegen, gestützt auf viele von den Vereinten Nationen ausgeführte Untersuchungsprojekte. Die Arbeiten haben gezeigt, daß die Permeabilitäten in vulkanischen Gebieten örtlich außerordentlich stark wechseln (etwa 0 bis > 1000 darcy) und nur in Größenordnungen angegeben werden können. Viele Faktoren wirken darauf ein. Sie hängen von horizontal und vertikal schnell sich ändernden Primärtexturen ab und von deren allmählicher Veränderung durch Kompaktion, Füllung mit Verwitterungsmaterial und sekundärer Mineralneubildung. Die Durchlässigkeiten und Ergiebigkeiten werden auch stark von sekundären Hohlräumen durch Brüche (Spaltenschwärme, fracturation) beeinflußt, die örtlich häufig (z. B. in Island und auf den Kanarischen Inseln), andernorts relativ selten sind (Deccan-Trapp). Diese postvulkanische Bruchbildung ist weithin noch unbekannt oder wird nicht genügend beachtet.

● Die topographische Situation wird bei Wassergewinnungsprojekten überbewertet, sofern die Topographie nicht günstige Untergrundstrukturen (Brüche) abzeichnet. Luftbild- und Satellitenerkundung können daher gelegentlich überbewertet werden.

● Oberflächengewässer sind in den Gebieten vulkanischer Gesteine oft nur schwach entwickelt, weil die — vielfach hohen — Niederschläge schnell in den Untergrund einzudringen vermögen. In den meisten Fällen wissen wir noch zu wenig über den Verbleib dieser Wässer, d. h. über die Fließwege und die räumliche Verteilung der Grundwasserspenden. Wie in dem Beispiel Vogelsberg dargestellt, sind durch Abflußmessungen in Trockenzeiten örtliche Konzentrationen der unterirdischen Abflußspenden nachgewiesen, die für die Wassererschließung von entscheidender Bedeutung sind. Solche Verfahren können in analoger Form wahrscheinlich auch in anderen Vulkangesteinsprovinzen — wie im Deccan — vorteilhaft angewandt werden.

● In einigen Gebieten der Erde ist die abdichtende Wirkung von Aschen und Tuffen, aber auch von Basaltdecken (confining layer) für unterlagernde reichere Aquifere beschrieben worden (z. B. in Ostafrika, westl. Madagaskar, Libanon, nach DIJON 1973). In vielen Gebieten ist der Untergrund der vulkanischen Decken aber noch ganz unbekannt und unbeachtet.

Literatur

ABDEL-MONEM, A., WATHINS, N. D., GAST, P. W. (1972): Potassium-argon ages, volcanic stratigraphy and geomagnetic polarity-history of the Canary Islands: Tenerife, La Palma and Hiero. Amer. J. Sci. **272**, 805—825.

ADYALKAR, P. G., SRINIVASAN, K. R., MANI, V. V. S. (1974): Development and management of the groundwater resources of the Deccan Trap Areas of Central India. Simposio Intern. Hidrol. Terr. Volcan., Lanzarote (Congr.-Publ.), Las Palmas.

ALFONSO, A., ARAÑA, V., ORTIZ, R., BADIOLA, E. R., YUGNERO, Y. (1974): Possibilidad de Explotación de Energía geotermica en Lanzarote (Islas Canarias). Simposio Intern. Hidrol. Terr. Volcan., Lanzarote (Congr.- Publ.), Las Palmas.

ANGUITA, B. F. (1974): Simulacion analogica del sistema acuifero de Gran Canaria. Simposio Intern. Hidrol. Terr. Volcan., Lanzarote (Congr.-Publ.), Las Palmas.

BARDHAN, M. (1974): Application of nuclear logging and tracer techniques for location and evaluation of trap aquifers in Maharashtra, India. Simposio Intern. Hidrol. Terr. Volcan., Lanzarote (Congr.-Publ.), Las Palmas.

— (1974): Hydrogeology and groundwater worthiness of volcanic rocks of India. Simposio Intern. Hidrol. Terr. Volcan., Lanzarote (Congr.-Publ.), Las Palmas.

BLANKENNAGEL, R. K., WEIR, J. E. (1973): Geohydrology of the eastern part of Pahute Mesa, Nevada Test Site. U. S. Geol. Surv. Prof. Paper 712 — B, p. B 1 — B 35.

— (1974): Hydrologic investigations of the silent Canyon Caldera, SE-Nevada, USA. Simposio Intern. Hidrol. Terr. Volcan., Lanzarote (Congr.-Publ.), Las Palmas.

CARRACEDO, J. C. (1974): Estratigrafia paleomagnetica aplicada a la geologia e hidrogeologia en terrenos volcanicos: Tenerife (Canarias). Simposio Intern. Hidrol. Terr. Volcan., Lanzarote (Congr.-Publ.), Las Palmas.

CUSTODIO, E. (1974): Datos sobre la hidraulica de la galerias de captacion de agua subterranea en el Mazico de Famara, Lanzarote (Islas Canarias, España). Simposio Intern. Hidrol. Terr. Volcan., Lanzarote (Congr.-Publ.), Las Palmas.

DAVIS, ST. N. (1974): Changes of porosity and permeability of Basalt with geologic time. Simposio Intern. Hidrol. Terr. Volcan., Lanzarote (Congr.-Publ.), Las Palmas.

DIJON, R. E. (1974): Preliminary results of groundwater exploration projects executed by the United Nations in volcanic areas. Simposio Intern. Hidrol. Terr. Volcan., Lanzarote (Congr.-Publ.), Las Palmas.

ECKER, A. (1974): Groundwater behaviour in Tenerife, volcanic island, Canary Islands, Spain. Simposio Intern. Hidrol. Terr. Volcan., Lanzarote (Congr.-Publ.), Las Palmas.

FERNANDOPULLÉ, D, VOS, J., LA MONEDA, E., MEDINA, L. (1974): Groundwater resources of the Island of Gran Canaria. Simposio Intern. Hidrol. Terr. Volcan., Lanzarote (Congr.-Publ.), Las Palmas.

FUSTER, J. M., et al. (1968): Geologia y volcanologia des las Islas Canarias. Instituto „Lucas Mallada" Madrid, S. 1—218.

GEIB, K. W., WEILER, H. (1968): Die vulkanischen Ablagerungen der Eifel und ihre Bedeutung für Wasserhaushalt und Wasserversorgung. Mz. naturwiss. Arch. 7, 141—152, 2 Abb., Mainz.

GRAMLICH, J. W., LEWIS, V. A., NAUGHTON, J. J. (1971): Potassium-Argon dating of recent basalts of the Honolulu Volcanic Series. Geol. Soc. Amer. Bull. **82**, No. 5, 1399—1404.

HARPAZ, Y., MARIANO, J. B., BARNER, U. (1975): A study of the Basalt Aquifer of northeastern Sao Paulo. Mém. Intern. Assoc. Hydrogéol., vol. XI (Congr. of Porto Alegre), Porto Alegre.

HEINDL, L. A. (1967): Groundwater in fractured volcanic rocks in Southern Arizona. Dubrovnik-Symposium (1965), AIHS-publ. no. 74, 503—513, Gentbrugge.

HJARTARSON, ARNI (1980, in Druck): Explanatory Notes on the International Hydrogeological Map of Europe 1 : 500 000, Sheet B 2 — Reykjavik.

HOFEDANK, R.-H. (1975): Untersuchungen zum Fließverhalten von Wasser in Lockergesteinen und klüftigem Basalt. Giessener Geol. Schriften, **6**, 1—170, 19 Abb., 6 Tab., 47 Anl., Giessen.

KAISER, C., DE SAN JOSÉ, M. A. (im Druck): Mapa Hidrogeologico International de Europa, 1 : 1 500 000, A 6 — Lissabon, Reseña explicativa de las Islas Canarias. Manuskript 1978. BGR-Hannover und UNESCO-Paris.

KUTHAN, M. (1961): Výskum hlbokého podložia neovulkanitov a megaštructúr neovulkanitov stredného Slovenska, Bratislava (slowakisch).

LAO, CH. (1974): Groundwater development in Oahu, Hawaii. Simposio Intern. Hidrol. Terr. Volcan., Lanzarote (Congr.-Publ.), Las Palmas.

MATTHESS, G. (1970): Beziehungen zwischen geolog. Bau- und Grundwasserbewegung in Festgesteinen. Abh. hess. L.-Amt Bodenforsch. **58**, Wiesbaden.

Mitchell-Thomé, R. C. (1974): Groundwater resources in the Cape Verde Archipelago. Simposio Intern. Hidrol. Terr. Volcan., Lanzarote (Congr.-Publ.), Las Palmas.

Mortier, F., Quang, N., Sadek, M. (1967): Hydrogéologie des formations volcaniques du Nord-Est du Maroc. Dubrovnik-Symposium (1965), AIHS-publ. no. 73, Gentbrugge.

Nöring, F., Schenk, E., Udluft, H. (1957): Das Tertiär in der Niederhessischen Senke, im Vogelsberg und in seinen Randgebieten. In: Erläuterungen zu Bl. Frankfurt der Hydrogeol. Übersichtskarte 1 : 500 000, Remagen.

Plá, S. N., Hoyos-Limón, A. (1974): Las obras de captación de aguas subterraneas de la Isla de Tenerife. Simposio Intern. Hidrol. Terr. Volcan., Lanzarote (Congr.-Publ.), Las Palmas.

Puranik, B. S., Das, K. N. (1974): A critical study of 300 tube wells in the basaltic rock formations of the Indore District, Madhya Pradesh State, India. Simposio Intern. Hidrol. Terr. Volcan., Lanzarote (Congr.-Publ.), Las Palmas.

Šilar, J. (1969): Groundwater structures and ages in the eastern Columbia Basin, Washington. Wash. State Univ., Pullm., Coll. Engen. Research Div., Bull. 315.

Singhal, B. B. S. (1974): Groundwater Studies in the Deccan Trap Formations of India. Simposio Intern. Hidrol. Terr. Volcan., Lanzarote (Congr.-Publ.), Las Palmas.

Skvarka, L. (1967): Problems of Water in Neovulcanites of Slovakia. Carpatho-Balcan Geol. Assoc. VIII Congress, Belgrade, Reports Engineering Geology and Hydrogeology, 65 bis 71.

Wiegandt, K. (1979): Der Vogelsberg. In: Hydrologischer Atlas der Bundesrepublik Deutschland. Bonn/Bad Godesberg: Deutsche Forschungsgem.

Yamamoto, S. (1967): Studies on the Hydrology of fractured rocks in Japan. Dubrovnik-Symposium (1965), AIHS-publ. no. 73, Gentbrugge.

Zima, K. (1967): Quelques connaissances sur la circulation des eaux souterraines dans les formations fissurées non karstifiées en Tchécoslovaquie. Dubrovnik-Symposium (1965), AIHS-publ. no. 74, S. 489—495, Gentbrugge.

6. Umweltfragen bei Grundwasser in nichtverkarstungsfähigen Festgesteinen

6.1 Verunreinigungen des oberflächennahen Grundwassers in klüftigen nichtkarbonatischen Festgesteinen und Grundwasserschutz

6.1.1 Allgemeines

„Grundwasser, das von Natur aus frei von gesundheitsgefährdenden Eigenschaften und nach Herkunft und Beschaffenheit appetitlich ist, verdient als Trinkwasser gegenüber jedem anderen Wasser den Vorzug. Daher verlangt es das Wohl der Allgemeinheit, das Grundwasser vor Verunreinigungen und Beeinträchtigungen im Interesse der Volksgesundheit zu schützen" (DVGW-Regelwerk, Arbeitsblatt W 101, Februar 1975, „Richtlinien für Trinkwasserschutzgebiete", S. 7).

Diese Formulierung geht von der wichtigen Voraussetzung aus, daß gutes Wasser nicht in beliebiger Menge vorhanden und ersetzbar ist, nicht an irgendeiner Stelle neu erschlossen werden kann, wenn ein Grundwasservorkommen sich bei der Projektierung eines Wasserwerks als ungünstig erweist oder eine vorhandene Entnahmestelle für längere Zeit oder für immer durch anthropogene Einwirkung unbenutzbar geworden ist. Bei der außerordentlich großen Zahl von Grundwasserentnahmen aus nichtkarbonatischen Festgesteinen durch Quellfassungen und Brunnenbohrungen in allen Ländern ist im Rahmen dieses Buches auch darzustellen, welche Besonderheiten bei der Grundwasserverschmutzung oberflächennaher Aquifere bei *Festgesteinen nichtkarbonatischer Art* auftreten, und welche Schutzmaßnahmen für das darin zirkulierende Grundwasser getroffen werden können.

Da kein natürlich auftretendes Grundwasser „chemisch rein" und besonders bei nichtkarbonatischen Festgesteinen die natürliche Belastung des in ihnen sich bewegenden Grundwassers im allgemeinen wesentlich größer ist als bei Lockergesteinen, werden zunächst einige Hinweise auf den Ursprung und den Grad *natürlicher chemischer Belastungen* gegeben (Kap. *6.1.2.1*). Erst danach werden *anthropogene Beeinträchtigungen* des Grundwassers behandelt, welche die geogenen oft überlagern, und zwar mit besonderem Blickpunkt auf die Verhältnisse bei Festgesteinen — den Karst ausgeschlossen (*6.1.2.2—6.1.2.6*).

Bei der unüberschaubar großen und ständig sich vermehrenden Zahl chemischer Stoffe, die eine potentielle Gefahr für das Grundwasser darstellen, und bei der von Fall zu Fall sehr variablen „kritischen" Grenze ihrer Gefährlichkeit (ALTHAUS und JUNG 1972) ist es nicht möglich, hier einen Katalog der „zulässigen" und „nicht zulässigen" Stoffe, ihrer „erlaubten" Menge bzw. ungefährlichen Konzentration sowie der ohne Gefahr zulässigen Dauer der Grundwasser-Kontamination aufzustellen. Vielmehr können nur einige Hinweise auf einzelne Verschmutzungsstoffe und deren

Verhalten im Grundwasser des festen Gebirges gegeben werden. Bisherige örtliche Erfahrungen sind leider nur in geringem Umfang publiziert; Forschungsarbeiten über Ausbreitung und Verhalten bestimmter Stoffe in den verschiedenartigen Festgesteinen fehlen bis jetzt noch weitgehend.

Die für die Lockergesteine erarbeiteten *Schutzgebietsbestimmungen* sind vielfach nicht ohne weiteres auf die verschiedenartigen Festgesteine übertragbar, auch wenn sie, wie in den Vorschriften und Richtlinien meist ausdrücklich angegeben wird, auch für Festgesteine gelten sollen. Aber schon die Tatsache, daß darin meist „geklüftete Festgesteine und Karstgesteine" pauschal zusammen genannt werden, zeigt, wie unscharf die Vorstellungen von den Verhältnissen bei Festgesteinen bisher vielfach sind. Über Einzugsbereiche, Fließwege, Fließgeschwindigkeiten etc. sind wir meist nicht ausreichend informiert, und deshalb muß der Schutz häufig fragwürdig bleiben.

6.1.2 Art der Belastungen

6.1.2.1 Natürliche Belastungen des Grundwassers

Art und Menge der durch natürliche Ursachen im Grundwasser gelösten Stoffe hängen — wie erwähnt — in hohem Maße von der Art der Gesteine ab, durch die das Grundwasser fließt. Gerade Festgesteine und das darin enthaltene Grundwasser zeichnen sich oft durch extrem hohe chemische Gehalte aus, so daß es natürliche hydrochemische Grenzen der Grundwassernutzung gibt (u. a. MATTHESS 1973, RICHTER und LILLICH 1975). Die geogenen chemischen Stoffe im Grundwasser bilden eine wichtige Grundlage für ihre Typisierung und Gliederung. Sie stellen im allgemeinen eine „Grundlast" dar, die von anthropogenen Beeinflussungen überlagert wird [1]. Es ist daher nötig, die Höhe der natürlichen Belastungen für jeden zu beurteilenden Stoff zu ermitteln. Eine solche Feststellung wird durch erhebliche Schwankungen erschwert, die u. a. durch wechselnd starke Niederschläge bedingt sind. Die natürliche Grundlast und ihre Schwankungen sind bei Tiefenwässern für viele Elemente z. Zt. noch weitgehend unbekannt.

Die verbreitetste, die Nutzbarkeit des Grundwassers ausschließende, natürliche Belastung ist der *Chlorid-Gehalt.* Er ist in Küstengebieten durch Ingression des Meereswassers vielfach entscheidend erhöht, oft in einer Unterschichtung von Süßwasser durch marines Salzwasser. Diese Erscheinung reicht im allgemeinen in nichtkarbonatischen Festgesteinen nicht so weit landeinwärts wie bei Lockergesteinen und verkarsteten Kalken. Salzwasseringressionen bei Graniten sind aus Schweden bekannt geworden (vgl. Kap. 5.1, S. 5.8), solche bei vulkanischen Gesteinen aus der östlichen Ägäis [2] und aus Island. Aber auch eine Schichtung von Salzwasser über Süßwasser ist bekannt. Beide Fälle sind auf hydrogeologischen Karten für viele Küstenabschnitte dargestellt worden [3].

---

[1] Nach LANGGUTH und MASKE (1973) ist die „Grundlast" oft geogen *und* anthropogen und wird von einer anthropogenen Zusatzlast überlagert.

[2] Blatt Ankara der Internat. Hydrogeol. Karte von Europa 1 : 1 500 000.

[3] Z. B. auf der Hydrogeologischen Karte von Indien 1 : 5 000 000.

Im Landesinnern kann eine Versalzung des oberflächennahen Grundwassers entweder

- durch die Einwirkung eines ariden Klimas oder
- in ariden und gemäßigten Klimabereichen durch den Aufstieg von Salzwasser aus der Tiefe, von tiefgelegenen Salzwasser-Aquiferen, durch Lösung aus Salzlagern, Salzstöcken oder salzhaltigen Mergeln und Dolomiten erklärt werden.

Derartige Aufstiege chloridischer Grundwässer können auf natürliche Weise erfolgen (z. B. auf Brüchen, thermischer Aufstieg) oder durch die Pumptätigkeit eines Wasserwerks hervorgerufen werden („coning"). Die Abgrenzung der durch menschliche Tätigkeit verursachten Versalzung des Grundwassers vom natürlich bedingten Salzgehalt ist meist durch genaue Analyse des chemischen Bestandes möglich (Lüttig und Fricke 1965).

Bei Chloridgehalten von $>$ 250 mg/l ist das Grundwasser für den menschlichen Genuß im allgemeinen nicht mehr nutzbar. In Trockengebieten der Erde sind für die Viehtränke höhere Chloridgehalte zulässig.

Hohe, natürlich bedingte *Karbonatgehalte* sind verbreitet, schließen aber meist eine Nutzung des Grundwassers nicht aus, wenn dieses enthärtet werden kann.

Oft ist auch ein hoher natürlicher *SO_4-Gehalt* zu finden, und zwar in allen Gebieten, die sich durch Mergel, Dolomite und Sandsteine mit Gips auszeichnen. In den großen Verbreitungsgebieten des Röts, des Mittleren Muschelkalks und des Keupers in Mittel- und Süddeutschland ist dies der Fall. Bei Gehalten über 250 mg/l ist im allgemeinen eine Nutzung als Trinkwasser ausgeschlossen, weil eine Aufbereitung meist wirtschaftlich nicht mehr vertretbar ist, wenn man von Trockengebieten absieht.

Auch *Eisen* und *Mangan* sind Elemente, die verbreitet erhöhte Gehalte aufweisen und die Nutzungsmöglichkeiten des Grundwassers einschränken oder ausschließen. Diese Erscheinung ist nicht nur in Lockergesteinen von Talauen zu beobachten, sondern auch in Festgesteinen verschiedener Art, z. B. in Schwarzschiefern (Pyritverwitterung!) sowie in manchen Sandsteinen. Bei geringen Gehalten ist meist eine Aufbereitung möglich. Zulässige Grenzwerte für Trinkwasser sind nach den Richtlinien der WHO und nach der Trinkwasserverordnung der Bundesrepublik Deutschland 0,1 mg/l Fe und 0,1 mg/l Mn.

Bei Tiefenwasser können hohe Gehalte an *Brom, Fluor* u. a. auftreten.

Schließlich soll die *Kohlensäure* genannt sein, die — außer allgemein in der oberen Bodenzone — in vulkanischen Gebieten (auch in der weiteren Umgebung alter Vulkane) und in solchen mit tiefreichenden Brüchen (Grabenzonen) im Grundwasser häufig in aggressiver Form auftritt. Sie ist wegen ihrer lösenden Eigenschaften für die Chemie des Grundwassers wichtig. CO_2 ist oft Begleiter der Heil- und Mineralwässer oder die Basis für industrielle CO_2-Gewinnung, schließt aber meist die Errichtung von Trinkwasser-Gewinnungsanlagen aus.

6.1.2.2 Anthropogene chemische Verunreinigungen des Grundwassers

Viele mögliche anthropogene chemische Verunreinigungen des Grundwassers werden durch Stoffe verursacht, die in bestimmten Konzentrationen als *giftig* gelten müssen, gesundheitliche Schäden verursachen oder tödliche Folgen haben können. Das sind vor allem As, Pb, Cd, Cr, Ag, Hg, außerdem Cyan- und Fluorverbindungen sowie viele andere anorganische und organische chemische Verbindungen. So können Nitrate, Nitrite, Sulfate, Phosphate, chemische Düngemittel, Detergentien, Pestizide (Pflanzenschutzmittel wie Insektizide, Fungizide, Herbizide usw.), wachstumshemmende und schädlingsbekämpfende Stoffe im Grundwasser dessen Nutzung als Trinkwasser (Lebensmittel!) auf lange Zeit beeinträchtigen oder unmöglich machen. Die Auswirkungen all dieser Stoffe sind gleichermaßen in Festgesteinen wie in Lockergesteinen zu beobachten.

Nitrate und Phosphate können durch Verrieselungen von Abwasser und durch Verwendung von Kunstdünger in den Boden und in das Grundwasser gelangen. Der Gehalt sollte bei Nitrat 20 mg/l, bei Phosphat 1 mg/l nicht übersteigen. Bekannt ist, daß ein hoher Gehalt von NO_3-Ionen (> 80 mg/l) im Grundwasser als Verursacher der Säuglingskrankheit Cyanose betrachtet wird.

Anthropogen verursachte *Aufhärtungen* und *Versalzungen* sowie Erhöhung der *Fe- und Mn-Gehalte* des Grundwassers, die über den natürlichen Status wesentlich hinausgehen, sind in Industriegebieten verbreitete Erscheinungen, aber im allgemeinen aufbereitbar und nicht gesundheitsschädlich, wenn sie nicht mit der Immission anderer Stoffe verknüpft sind (SEMMLER 1970).

Phenole und andere *aromatische Verbindungen* wie Kresole, Xylenole u. a. machen das Grundwasser durch den Geruch, selbst in größter Verdünnung, für den menschlichen Genuß unbrauchbar, besonders dann, wenn sich bei Anwesenheit von Chlor Chlorphenole bilden. Eine solche Kontamination kann Jahrzehnte oder Jahrhunderte dauern, in besonderer Abhängigkeit vom Grad der Verseuchung, der Art des Bodenaufbaus bzw. des Gesteins und der Fließgeschwindigkeit des Grundwassers.

Schließlich werden *radioaktive Stoffe,* wenn sie — gewollt oder ungewollt — ins Grundwasser gelangen, dieses in den meisten Fällen auf lange oder kaum absehbare Zeit von einer Trinkwassernutzung und auch von den meisten industriellen Nutzungsarten ausschließen.

Ein Teil dieser Stoffe wird — wenn sie nicht in einer *Deponie* untergebracht sind, sondern unmittelbar aus Leitungen, Tanks usw. bei Unfällen oder geplanten Maßnahmen — in das Erdreich gelangen, vornehmlich in Abhängigkeit von der Beschaffenheit der obersten Bodenschicht mehr oder weniger schnell zum Grundwasser absickern und mit diesem in der Fließrichtung sich ausbreiten. Viele Chemikalien werden durch humose Stoffe im Oberboden oder/und durch Tongehalte in der Deckschicht bzw. im Verwitterungsboden des porösen oder klüftigen Aquifers absorptiv festgehalten (bezüglich Abhängigkeit von der Bodenbildung s. QUENTIN et al. 1973, S. 423). Mit Ionenaustauschvorgängen muß gerechnet werden. Von anderen Chemikalien dagegen ist solches Unschädlichwerden durch Adsorption nicht nachgewiesen. Sie durchdringen im Laufe von Jahren tonig-schluffige Schichten von mehreren Metern Mächtigkeit und von sehr geringer Durchlässigkeit (k_f = etwa 10^{-6} bis 10^{-8} m/s), ohne ihre toxische Wirkung zu verlieren. So gelangen sie allmählich in besser durchlässige Poren- oder Kluftaquifere und können sich dann darin schnell ausbreiten. Sie können höchstens im Grundwasserstrom im Laufe der Zeit eine Verdünnung erfahren.

Eine Ablagerung von Giften und radioaktiven Stoffen in *„wilden Kippen“* kann ebenso gefährlich wie im freien Gelände sein, zumal solche Kippen häufig in Talmulden angelegt werden und dort die Gefahr der Ausbreitung mit der fließenden Welle besonders groß ist.

Die Ablagerung solcher Stoffe in *„geordneten Deponien“* kann vorteilhaft sein, da sie teilweise durch humose und tonige Bestandteile in der Kippe selbst oder in der unterlagernden Bodenschicht z. T. adsorptiv festgehalten werden — vorausgesetzt daß die Kippe nicht mit ihrem Fuß im Wasser steht. Eine solche Adsorption gilt nicht wie erwähnt, für alle Gifte. — Es besteht heute die Tendenz, möglichst alle Abfallstoffe, auch die hochgiftigen und radioaktiven, auf geordneten Müllkippen zusammen mit dem übrigen Müll (vermischt oder geschichtet) zu lagern. Aber diese Möglichkeit hängt auch von der Menge der zu beseitigenden chemischen Abfälle und Abwässer ab. Sondermüllkippen oder spezielle Schutzmaßnahmen sind in solchen Fällen angebracht.

Infiltrationen in Kluftgesteinen außerhalb des Karstes sind bisher in der Fachliteratur wenig beschrieben worden. Dies besagt nicht, daß derartige Kontaminationen in Kluftgesteinen nicht vorkämen. Auf die besonderen Gefahren gerade in klüftigen Gesteinen wird immer wieder hingewiesen, da die Filterwirkung und das Adsorptionsvermögen meist geringer als in Lockerablagerungen ist. In allen Fällen einer unsachgemäßen Lagerung an der Erdoberfläche oder eines Unfalls mit Versickerung giftiger Stoffe in den Untergrund sind sofort systematische Untersuchungen des Bodens, der Gesteine und des Grundwassers notwendig. Frühzeitig eingeleitete Gegenmaßnahmen können die Annäherung der Front gefahrvoller Stoffe an ein Wasserwerk, an genutzte Einzelbrunnen, Mineralwasserbrunnen, an die fließende Welle oder sonstige Nutzungen des Untergrundes verhindern. Die Ausbreitung durch die fließende Welle könnte bei der Geschwindigkeit dieses Vorgangs die Ökologie großer Teile eines Flußgebietes vernichten und unterliegende Nutzer von Uferfiltrat oder Flußwasser empfindlich schädigen. Gegenmaßnahmen können sehr aufwendig und kostspielig sein (bei dem nachstehend genannten Beispiel „Cyanide in Bochum“ 2,4 Mill. DM).

Im folgenden werden zu einigen chemischen Beeinträchtigungen des Grundwassers vorwiegend im Bereich nichtkarbonatischer Festgesteine spezielle Angaben gemacht. Bezüglich Cyanide wird auch der Fall Bochum-Gerthe näher beschrieben:

Arsenverschmutzungen des Grundwassers sind zwar bei nicht karbonatischen Kluftgesteinen — nach Wissen des Verfassers — bisher noch nicht nachgewiesen. Aber die in Lockergesteinen (z. B. am Niederrhein, s. Balke, Kussmaul und Siebert 1973) gemachten Erfahrungen lassen als allgemeingültig erkennen, daß jahrzehntelange Versickerung industrieller Abwässer mit hohen Arsenkonzentrationen ($>$ 50 mg/l) und hohen Gehalten toxischer Schwermetalle (Cd, Th, Hg, Pb, Zn und Sulfate) im Grundwasser zu Ausfällungen und Ansammlungen dieser Stoffe im Untergrund führen, die das Grundwasser, hier bei einer Fließgeschwindigkeit von ca. 300 m/a, nur sehr langsam wieder herauslösen kann. Das Grundwasser ist „für unbestimmte Zeit“ in hohem Maße kontaminiert. In *Kluftgesteinen* würde trotz der oft etwas größeren Fließgeschwindigkeit das Grundwasser ebenfalls für lange Zeit verschmutzt sein, bei durchgehenden und im Verwitterungsbereich teilweise geöffneten Klüften würde die Ausbreitung sehr schnell und weit erfolgen können.

Pb, Zn, Cd, Cu, Mn und Hg können im Boden und Grundwasser am Rande von stark befahrenen Straßen erhöhte, antropogen bedingte Gehalte aufweisen, die über die geogene Grundlast von Boden und Wasser deutlich hinausgehen (GOLWER 1973). Die Stärke der von den Straßen ausgehenden Immissionen in benachbarte Bodenbereiche hängt u. a. von der Reinigungswirkung der Deckschichten und von der Verdünnung im Untergrund ab. Nach KÄSS (1973, S. 403) enthalten die 4 Millionen t Stäube 7000 t Blei. Deren Auswirkung auf die Grundlast ist nicht untersucht, sie muß auch bei nicht karbonatischen Festgesteinen erkennbar sein.

Eisen und Mangan werden im reduzierenden Milieu bei vollkommener Aufzehrung des freien Sauerstoffs und Bildung von Kohlensäure durch letztere aus dem Untergrund herausgelöst.

Cyanide sind in natürlichen, anthropogen nicht beeinflußten Gewässern und im Grundwasser zwar nicht bekannt, die Gefahr einer Kontamination des Grundwassers (und der fließenden Welle) durch Cyanide ist jedoch häufiger gegeben, als gemeinhin angenommen wird, und zwar durch Versickern cyanidhaltiger Abwässer, durch „wildes" Verkippen cyanidhaltiger Abfallstoffe (Härtesalze) und durch die Infiltration von mit Cyaniden verunreinigtem Oberflächenwasser. Nach MILDE und MOLLWEIDE (1969) enthalten zahlreiche Flüsse durch die Abwässer von Metallverarbeitungsbetrieben, Galvanisieranstalten und durch Hochofengaswaschwasser Cyanide in größeren oder kleineren Mengen. Die Beeinträchtigung eines Kluftaquifers durch Cyanide wurde von Bochum-Gerthe beschrieben (BIRK, GEIERSBACH und MÜLLER 1973):

Hier wurden von Okt. 1970 bis Aug. 1971 auf einer nur für Bauschutt zugelassenen Deponie (in sog. Kippenteichen) im Einzugsbereich der für die Trinkwasserversorgung des Ruhrgebietes stark genutzten Ruhr etwa 500 t = 6000 Fässer mit hochgiftigen cyanidhaltigen Härtesalzen und andere chemische Rückstände abgekippt. Etwa die gleiche Menge wurde in teilweise defekten Fässern auf einem benachbarten Betriebsgelände „zwischengelagert". Im Untergrund der Kippenteiche wurden mächtige, mit Cyanid und anderen Stoffen stark belastete Kalkschlammablagerungen angetroffen, die aus der Produktion eines älteren, zum Zeitpunkt der Untersuchung bereits stillgelegten chemischen Betriebes stammten. Darunter folgten zunächst tonig-schluffige Ablagerungen einer pleistozänen Talfüllung, dann geklüftete Oberkreidemergel. — An dem Zwischenlagerplatz wurde etwa 15 m mächtiges Quartär erbohrt, zuoberst Löß, darunter Geschiebemergel/-lehm, dann mehrere Meter mächtige pleistozäne Schotter, schließlich eine tonige Verwitterungszone des Kreidemergels und dann der klüftige Oberkreidemergel (Coniac 1/2).

Genaue Untersuchungen ergaben hier, daß außer der vorerwähnten älteren, massiven und verbreiteten Kontamination von Untergrund und Grundwasser, die bei den Kippenteichen und der Talaue des Gerth-Baches bis in den Kreidemergel ging, und zwar durch die „praktisch undurchlässige" Talfüllung hindurch, eine weitere massive, aber mehr lokale Kontamination durch die erwähnte Zwischenlagerung der Härtesalze im Betriebsgelände vorhanden war.

Die Verkippung der Fässer in den Kippenteichen führte nicht zu nachweisbaren Auswirkungen auf Untergrund und Grundwasser. Solche wären aber bei längerer Einwirkung mit Sicherheit zu erwarten gewesen. Sie wurden durch energische und kostspielige Gegenmaßnahmen verhindert. An dem Zwischenlagerplatz erfolgte eine Verseuchung des Grundwassers, obwohl es von Geschiebemergel/-lehm mit $k_f = 4{,}1.10^{-8}$ bis $3{,}0.10^{-8}$m/s überdeckt war. Es traten einfach gebundene („freie") und komplex gebundene Cyanide auf. Eine toxische Wirkung ist nur bei „freien" Cyaniden zu erwarten. Komplexe Cyanide gelten nur insoweit als giftig, wie sie in der Lage sind, Cyanid-Ionen abzuspalten. Die „Internat. Standards" geben 0,2 mg/l Gesamtcyanid als zulässigen Grenzwert für Trinkwasser an. Freie Cyanide von 0,1 mg/l sind für Fische tödlich.

Radionuklide wurden von 1950—1965 bei Atombomben-Sprengungen in die Atmosphäre gebracht. Kritische Grenzen wurden in Mitteleuropa nicht überschritten; einige Spaltprodukte wurden im Boden zurückgehalten, einige wurden im Grundwasser gefunden. (AURAND, MATTHESS und WOLTER 1971). Tritium und Radiokohlenstoff erlebten eine starke Erhöhung der in der Atmosphäre vorher vorhandenen Gehalte. Im Grundwasser der Bundesrepublik wurde vielfach eine Erhöhung der Konzentration festgestellt, die jedoch niemals bedenkliche Werte erreichte.

6.1.2.3 Spezielle Beeinträchtigungen durch Bergbauhalden, Kippen, Dämme und Planierungen mit Bergematerial des Bergbaus

In den meisten Bergbaurevieren sind Halden aus Festgesteinsbruchstücken eine verbreitete Erscheinung. So wird in allen Steinkohlen- und Erzrevieren das beim Schachtbau anfallende Gesteinsmaterial und das beim Abbau notwendigerweise mitgewonnene Nebengestein auf Halden gekippt oder in Schlammteichen gestapelt. Das Gestein besteht z. B. im südlichen Ruhrrevier aus Schiefern, Sandsteinen und Konglomeraten des Oberkarbons, weiter nördlich auch aus Mergelgesteinen des Deckgebirges, die beim Schachtabteufen gewonnen wurden, bei Erzbergwerken des Landes Nordrhein-Westfalen aus devonischen Schiefern, Grauwacken und Quarziten, in anderen Fällen aus Sandsteinen, Konglomeraten und Tonsteinen des Buntsandsteins. Meistens ist das Material auf den unverletzten Mutterboden und die Verwitterungszone des jeweils anstehenden Gebirges, d. h. auch über dem Grundwasserniveau, verkippt worden. Gelegentlich wurde es in vorhandene Gruben (z. B. Sand- und Kiesgruben) geschüttet (Siebert und Werner 1969) und in einigen Fällen ausgebreitet, um erhöhtes ebenes Baugelände zu gewinnen (Semmler 1958), oder auch zur Aufschüttung von Dämmen (Eisenbahn- und Straßendämme) verwendet.

Soweit die Halden aus festem Gestein bestehen, behalten sie trotz des teilweisen Zerfalls beigemengter Schiefer eine meist hohe Durchlässigkeit für Niederschlagswasser (gelegentlich sogar für die auf den Halden angelegten Klärteiche für Kohlenwaschwässer). Das Sickerwasser sammelt sich über der weniger durchlässigen Haldenunterlage und tritt am Fuße in kleinen Rinnsalen und Versumpfungen in Erscheinung. Bei dem Durchgang durch die Halde nimmt das Wasser aus dem Verwitterungsprodukt der karbonischen pyritreichen Schiefer Sulfat und Eisen auf. Entstehende schweflige Säure (oder auch Schwefelsäure) verhindert für einige Jahre — bis zur Auslaugung der obersten Bodenschichten — die Begrünung der Halde und zerstört den Baum- und Strauchbestand an deren Fuß. Versinken diese Wässer in das Niveau des Grundwassers und fließen mit diesem ab, so kann die Benutzbarkeit benachbarter Trinkwasserbrunnen stark beeinträchtigt werden. Nach Semmler (1958) wurden am Fuße einer solchen Bergehalde noch in etwa 500 m Entfernung Sulfatgehalte von 600 mg/l in Brunnen festgestellt. Das Verkippen solchen Haldenmaterials unmittelbar in wassererfüllte Kiesgruben (z. B. am Niederrhein) führte lokal zu besonders starker Zersetzung des Pyrits der Schiefer und Einschwemmung von Sulfat in das Grundwasser.

In Bergehalden aus Erzbergwerken im Kristallin, Paläozoikum oder in der Trias sind oft nicht unbeträchtliche Erzgehalte festzustellen, die in der Erzaufbereitung nicht gewonnen werden konnten und in der Halde z. T. verwittern. So können Lösungen von Pb, Zn, Cu, As u. a. am Fuß der Halden erscheinen und sich im Grundwasser ausbreiten.

Das feste Material der Bergehalden von Erzbergwerken wird häufig als Wegebaumaterial in weitem Umkreis der Halden verwendet. Die darin noch enthaltenen Reste von Schwermetallen kontaminieren die obere Bodenzone, stören empfindlich das Bild geochemischer Geländeprospektion und beeinträchtigen in extremen Fällen auch weithin die Qualität des Grundwassers.

Auch Schlammteiche aus der Erzwäsche enthalten meist noch bemerkenswerte Schwermetallgehalte. Diese wirken sich aber meist nicht schädigend auf das Grundwasser aus, da es im Wesen eines Schlammteiches liegt, das Wasser nicht durch den Damm treten zu lassen, und sich der Untergrund durch den Schlammabsatz zusätzlich bald abdichtet.

Die oben erwähnten Mergel- und Mergelkalk-Halden können zu Erhöhungen der Karbonathärte des Wassers führen, größere Schäden sind aber meist nicht zu befürchten.

6.1.2.4. Verunreinigungen in geklüfteten Festgesteinen durch Mineralöl und Mineralölprodukte

Unter Mineralöl werden die Rohöle verschiedener Provenienz und Zusammensetzung verstanden, im folgenden kurz als „Öle" bezeichnet. Unter Mineralölprodukten werden Benzine, Benzole, leichte und schwere Heizöle, Schmieröle verschiedener Art sowie flüssige Verarbeitungsprodukte der Teere aus der Kohlenverarbeitung verstanden. Grundwasserschäden sind nur durch leichtflüssige Substanzen (incl. leichtes Heizöl) zu erwarten.

Das Einsickern der vorgenannten Flüssigkeiten in den Boden und in den Fels sowie die Ausbreitung im Felsgestein ist ein Transportvorgang im System Boden/Fels-Wasser-Öl-Luft, wobei die Anisotropie des Festgesteins wesentliche Unterschiede im Vergleich zu ± homogenen Lockergesteinsablagerungen bedingt. Der Vorgang wird besonders durch Schwerkraft, Grenzflächenkräfte, Dichte und Viskosität des Infiltrats sowie durch die örtlich stark wechselnden Gebirgsdurchlässigkeiten beeinflußt.

Von den *physikalischen* Eigenschaften ist besonders die *Dichte* wichtig, die fast immer unter der des Wassers liegt, sowie der *Siedebereich* der eingedrungenen Öle und Ölprodukte, die umso langsamer sich ausbreiten, je höher der Siedepunkt liegt. Bei letzteren spielt auch der Gehalt an kristallisierbaren Verbindungen (Paraffine) eine Rolle und die Abhängigkeit des Stockpunktes von der Temperatur.

Bezüglich der *chemischen* Eigenschaften ist in dieser Übersicht nur zu erwähnen, daß alle Rohöle vielfältige Gemische darstellen, die je nach dem Herkunftsland sich unterscheiden. Im Zusammenhang mit Grundwasserkontamination durch Öle sind die *Wasserlöslichkeit*, für die die Sättigungskonzentration in Wasser (Benzin etwa 100 mg/l, Diesel etwa 20 mg/l) festgestellt wird, sowie die *Geruchsschwellenkonzentration* wichtig (1/100 bis 1/1000 mg/l bei Benzin, Diesel- und Heizöl).

Unangenehme *Zusatzstoffe* können außer Blei (im Kraftstoff) auch phosphor-, chlor-, stickstoff- und schwefelhaltige Stoffe sein.

Bei der *toxikologischen* Beurteilung wird angenommen, daß eine akute Giftwirkung auf Mensch und Tier bei den geringen Konzentrationen, die bereits durch Geruch und Geschmack nachweisbar sind und das Grundwasser ungenießbar machen, nicht auftritt (Stellungnahme des Arbeitskreises „Wasser und Mineralöl" in der Bundesrepublik Deutschland).

Bei der Versickerung ist grundsätzlich zwischen Ölphase, Phase der gelösten Stoffe und Gasphase zu unterscheiden; außerdem ist die verschiedenartige Ausbreitung der Phasen im Sickerwasser- und Grundwasserbereich zu beachten.

Die *Ölphase* bildet im Sickerwasserbereich von Lockergesteinen zunächst einen Ausbreitungskörper von etwa tropfenförmiger Gestalt. Dabei bewirkt eine weniger durchlässige Schicht eine Verbreiterung des Sickerquerschnitts, während beim Übergang in eine stärker durchlässige Schicht der Sickerquerschnitt im wesentlichen erhalten bleibt. Diese Erscheinungen sind auf halbfeste poröse Gesteine (z. B. schwach verfestigte Sandsteine) sowie auf fein-

und gleichmäßig-geklüftete Festgesteine (z. B. Steinmergel des Keupers) sinngemäß übertragbar.

Die Eindringungstiefe und Ausbreitung hängen sehr von der versickerten Menge, der Viskosität und von dem Ölrückhaltevermögen ab, das bei wenige Meter dicken Löß-, Lößlehm- und Auelehmdecken, bei alten Böden in der Lößdecke und bei Tonsteinlagen in der Schichtfolge sehr beträchtlich sein kann. Eisenhut (1969) beschrieb die Wirkung von Letten bzw. Tonsteinen des Keupers in Süddeutschland. Dringt die ölige Phase bis zum Grundwasser vor (Abb. 6.1 a, b), so breitet sie sich bei Lockergesteinen auf dem Kapillarsaum und bei dicht geklüfteten Festgesteinen praktisch auf der Grundwasserober-

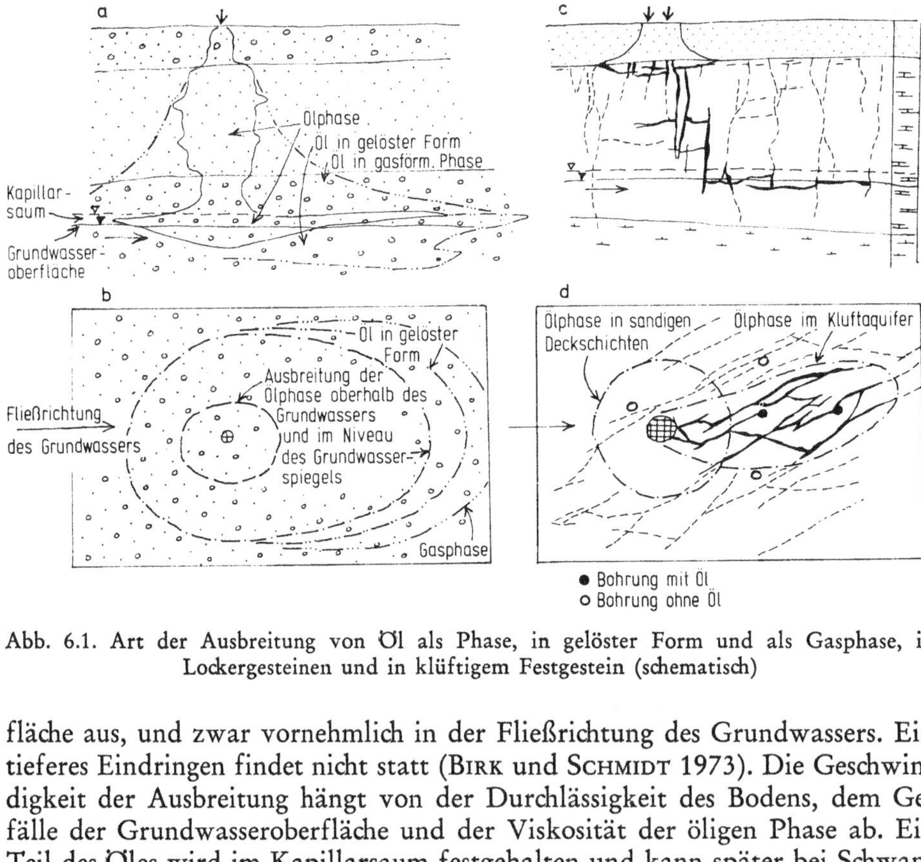

Abb. 6.1. Art der Ausbreitung von Öl als Phase, in gelöster Form und als Gasphase, in Lockergesteinen und in klüftigem Festgestein (schematisch)

fläche aus, und zwar vornehmlich in der Fließrichtung des Grundwassers. Ein tieferes Eindringen findet nicht statt (Birk und Schmidt 1973). Die Geschwindigkeit der Ausbreitung hängt von der Durchlässigkeit des Bodens, dem Gefälle der Grundwasseroberfläche und der Viskosität der öligen Phase ab. Ein Teil des Öles wird im Kapillarsaum festgehalten und kann später bei Schwankungen des Grundwasserspiegels gehoben oder gesenkt und so noch nach Monaten oder Jahren mobilisiert werden.

Wesentlich anders verläuft die Versickerung *in unregelmäßig geklüfteten* (und geschichteten) *Festgesteinen* (Abb. 6.1 c, d). Hier folgt das Öl unter dem Einfluß der Schwerkraft (nach Überwindung einer lehmig-schluffigen Deckschicht) den Kluft- und Bankfugen des Gesteins, wobei die in der Nähe der Erdoberfläche oft klaffenden Fugen das Eindringen des Öls in den Untergrund naturgemäß begünstigen. Der Vorgang kann bei offenen Klüften (z. B.

in Granit, Quarzit, Sandstein, Basalt) sehr schnell ablaufen; in kurzer Zeit (Stunden!) kann selbst eine tiefliegende Grundwasseroberfläche erreicht sein. Dann erfolgt eine weitere Ausbreitung der Ölphase auf der Oberfläche des Grundwassers. Der Ausbreitungsbereich kann schmaler oder breiter als bei Lockergesteinen sein, je nach Gestalt des Kluftnetzes (Ausbildung von Maxima). Er kann bei geringerem Hohlraumgehalt von Kluftgesteinen und bei gleicher Infiltrationsmenge insgesamt größer sein als bei Lockergesteinen. Die Klüfte und Spalten bilden in einem bestimmten Niveau (Grundwasseroberfläche) meist keine durchgehenden Verbindungswege, sondern stehen z. T. nur hydraulisch miteinander in Verbindung. Bei Hohlräumen hat Prier (1967) von „Tauchwänden" gesprochen, die beachtliche Ölmengen zurückhalten können. Die Gehalte an Öl als Phase (sowie in gelöster Form) können daher im geförderten Wasser mengenmäßig im Laufe der Zeit erheblich schwanken und die Verunreinigungen können länger andauern, als zunächst erwartet wird.

Die Versickerung und Ausbreitung der aus dem Öl *gelösten Bestandteile* erfolgt ganz analog dem normalen Sicker- und Grundwasserstrom. Wenn der Kontakt von Öl und Wasser gering ist, kann auch die Ölsättigung gering sein. Auch die Fließgeschwindigkeit spielt bei dem Sättigungsgrad eine Rolle. Beim Transport der gelösten Stoffe im Grundwasser findet eine „Auffächerung", d. h. eine Ausbreitung zur Seite und Tiefe hin statt und damit eine Verdünnung der Lösung. Dieser Vorgang darf in ähnlicher Weise in den Festgesteinen angenommen werden, wenn man die unregelmäßigen Klüftungs- und Bankungsfugen beachtet, in denen sich die Bewegung nur vollziehen kann (vgl. das nachfolgend unter c) aufgeführte Beispiel).

Wenn die Öle und Mineralölprodukte als größere zusammenhängende Ölphasenkörper im Untergrund verbleiben, erfahren sie nur relativ geringe *chemische Veränderungen* und *mikrobielle Beeinflussung*, sofern man von der teilweisen Herauslösung niedermolekularer Verbindungen absieht, die das Öl dickflüssiger macht. In der gelösten Form erfolgt aber unter dem Einfluß von Sauerstoff eine chemische Veränderung und ein mikrobieller Abbau.

Die Fixierung gelöster Kohlenwasserstoffe durch *Adsorption* im Untergrund ist meist klein (Veröffentl. Arbeitskreis „Wasser und Mineralöl", BRD).

Die Ausbreitung als *gasförmige Phase* erfolgt im Bereich des belüfteten Porenraums vorwiegend unmittelbar über dem Kapillarsaum, da die Dämpfe schwerer sind als Luft. Grundsätzlich dürfte bei geklüftetem Gestein kein wesentlicher Unterschied bestehen.

Insgesamt sind Versickerung und Ausbreitung von Öl als Phase und in gelöster Form in Festgesteinen wesentlich schwerer zu erfassen und zu verfolgen als in Lockergesteinen (man vgl. Abb. 6.1 d, in der 2 Bohrungen kein Öl angetroffen haben, obwohl sie im erwarteten Ausbreitungsbereich lagen). Sie lassen sich — unter Berücksichtigung der besonderen Gesteinseigenschaften und der Klüftung — nur in Art und Geschwindigkeit nach vorliegender Erfahrung größenordnungsmäßig abschätzen. (In verkarsteten Gesteinen ist auch dies nicht mehr möglich.) Formeln, die zur Abschätzung der Ölausbreitung in Lockergestein aufgestellt worden sind, lassen sich keinesfalls auf die verschiedenartigen Festgesteine übertragen. Erfahrungen an gut beobachteten Beispielen sind leider noch sehr gering. Auffälligerweise sind kaum weitreichende Verseuchungen des Grundwassers in Festgesteinen durch Öl oder Ölprodukte bekannt geworden. Immerhin ist die große Zahl der Gefahrenherde (Tankstellen sowie eingebaute Tanks für leichtes Heizöl) bedenklich, besonders in den mittel- und westeuropäischen Ballungszentren von Besiedlung und Industrie.

Leckwerden von Tanks und Leitungen sowie Auslaufen von Tankwagen müssen jedoch, wie die Ausführungen gezeigt haben, nicht unbedingt zu schwerwiegenden Folgen führen. Die Ausdehnung einer Öl-Immission ist vielfach räumlich ziemlich eng begrenzt und die Beeinträchtigung verschwindet nach Aufhören der Versickerung erfahrungsgemäß im Verlauf weniger Jahre, auch bei schweren Fällen (z. B. im Lockergestein von München nach 9 Jahren, im Lockergestein von Wesel nach 7 Jahren).

Im folgenden werden 3 Beispiele von Versickerungen in Festgestein mitgeteilt, die relativ gut beobachtet und dokumentiert worden sind:

a) In *Velbert-Tönisheide* (BRD) ist eine unbekannte Menge Heizöl in eine Industriemüllkippe versickert, in die darunterliegende Auflockerungszone des devonischen (gefalteten) Schiefergebirges eingedrungen und in der Übergangszone zum unterlagernden, festen, wenig durchlässigen Schiefer in einzelnen „Ölfäden" talwärts abgeflossen. Man darf annehmen, daß die sehr engen Kluft- und Schieferfugen des unverwitterten Gebirges wassererfüllt waren und daß das Öl gewissermaßen auch auf der „Grundwasseroberfläche" sich talabwärts bewegte (sofern man dieses Bild hier überhaupt anwenden kann). Das Öl trat etwa 50 m unterhalb, am Rand eines kleinen Bachlaufs aus. Durch Ölsperren wurde ein weiteres Abfließen des Öls im Bach verhindert.

b) Im Süden *Bochums* waren (nach Birk und Schmidt 1973) etwa 3000 l Heizöl auf ähnliche Weise in die Verwitterungszone („Hoddelzone") des festen oberkarbonischen Gebirges eingedrungen, dem steilen Hanggefälle entsprechend schon nach wenigen Stunden etwa 90 m unterhalb der Unfallstelle ausgetreten. Ein Ölabscheider konnte die Gefahr für den Bach und die wenig unterhalb fließende Ruhr, einem der wichtigsten Trinkwasserlieferanten des Ruhrgebietes, bannen. Nach zunächst hohem Ölanfall dauerte es noch 2 Jahre, bis alles Öl abgeflossen und aufgefangen war.

c) Ganz andere Verhältnisse zeigte ein Ölunfall im kretazischen Deckgebirge des Ruhrkarbons in *Essen*, das von einem dichten Netz von Fugen durchzogen wird, in dem sich bis zu einer Tiefe von wenigstens 50 m ein weitgehend zusammenhängendes Grundwasserstockwerk befindet. In diesem Kluftwasser-Stockwerk kann sich eine Öl-Kontamination im Niveau des Grundwasserspiegels ausbreiten, ist allerdings an die durch das Kluftnetz vorgezeichneten Bahnen gebunden. — In der Innenstadt von Essen war (nach Birk und Schmidt 1973) im Jahre 1971 eine zunächst unbekannte Menge von Heizöl aus einem Tank ausgelaufen und in einem etwa 1200 m entfernten, für Mineralwassergewinnung vorgesehenen Brunnen ausgetreten. Das Öl war in einzelnen Bahnen auf der Grundwasseroberfläche nach Norden gewandert (Geschwindigkeit unbekannt). Die befürchtete weitere Ausbreitung nach Norden und eine eventuelle Beeinträchtigung von Notversorgungsbrunnen der Bevölkerung wurde durch „Abziehbrunnen" wenig unterhalb der Unfallstelle verhindert, mit deren Hilfe ein Absenktrichter erzeugt und das Öl aus dem Untergrund extrahiert wurde. Die dabei angestellten Beobachtungen sind äußerst aufschlußreich: Aus dem verölten Brunnen und 2 Abziehbrunnen ist 2 Jahre hindurch gepumpt und dabei sind etwa 10 000 l Öl abgezogen worden. Zwei weitere, ebenfalls in der Nähe niedergebrachte Brunnen trafen kein Öl an. Dies zeigt, daß das Öl nur auf eng begrenzten Kluftbahnen sich bewegt hat. Der Kluftgrundwasserleiter gab in den ersten 4 Wochen (April 1971) > 50% der Gesamtmenge frei. Die Ölmenge nahm dann stetig ab, stieg aber in den Monaten November und Dezember 1971 wieder an (wahrscheinlich durch erhöhte Niederschläge verursacht; der Versuch einer Flutung ergab allerdings kein positives Ergebnis). In den Jahren 1972 und 1973 waren die zurückgewonnenen Ölmengen nur noch gering, und sie flossen nur sporadisch zu. Auch die gelösten Ölgehalte im Grundwasser schwankten in dieser Zeit sehr erheblich und stiegen auch

1973 noch gelegentlich stark an, wenn Restlösungen aus dem Kluftnetz über der Grundwasseroberfläche mobilisiert wurden (Abb. 6.2).

Zusammenfassend ergibt sich aus diesen Beobachtungen:

1. Im gefalteten paläozoischen Schiefergebirge, das morphologisch über das Vorflutniveau der Täler emporragt und keinen zusammenhängenden Grundwasserspiegel über größere Entfernungen kennt (z. B. Rheinisches Schiefergebirge, Harz, Thüringer Schiefergebirge), durchdringt das Heizöl meist sehr schnell die oberflächennahe Auflockerungszone und fließt im Grenzbereich zum unterlagernden, nicht verwitterten Festgestein entsprechend dem Einfallen dieser Grenzzone in einzelnen Fließbahnen schnell ab. Es dringt nur wenig in das Festgestein ein, besonders wenn dessen Fugen weitgehend wassergefüllt sind und tritt im allgemeinen nach kurzer

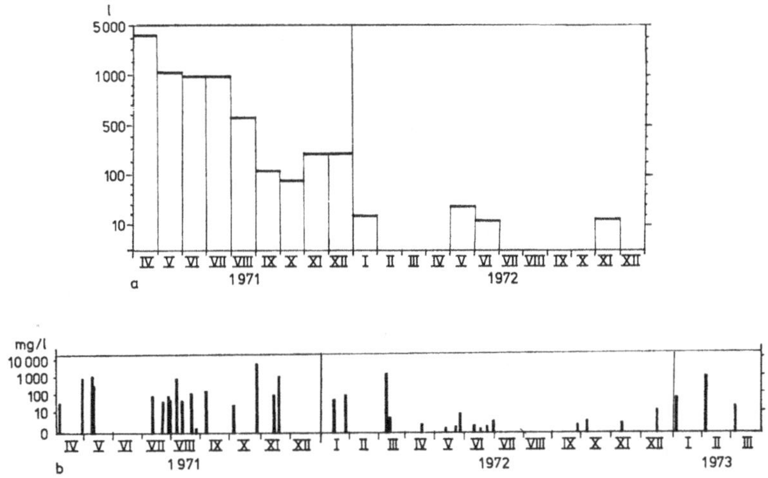

Abb. 6.2. Zurückgewonnene Ölmengen und Schwankungen der Ölgehalte des Grundwassers bei dem unter c) beschriebenen Ölunfall in Essen. (Nach Birk und Schmidt 1973, umgezeichnet)

Fließstrecke am Fuß eines Hanges oder am Talboden wieder aus, kann dort abgefangen und unschädlich gemacht werden.

2. Bei einem dicht geklüfteten Festgestein mit Grundwasserspiegel unterhalb des Vorflutniveaus der Täler versickert das Öl und bildet — bei geringen Mengen — im grundwasserfreien Bereich einen angenähert tropfenförmigen Infiltrationskörper. Bei größeren Mengen Öl sinkt dieses bis zum Grundwasserspiegel und fließt dann in einzelnen Bahnen entsprechend dem Verlauf der Klüfte und dem Grundwassergefälle ab. In diesem Fall besteht keine Möglichkeit des Austritts an die Oberfläche. Das Öl wird — wenn es nicht abgezogen wird — nach längerer Zeit oxidieren oder mikrobiell abgebaut werden. Dies gilt nicht nur für den im Beispiel c aus Essen erwähnten Oberkreidemergel, sondern auch für Sandstein, Granit oder Basalt.

6.1.2.5 Auswirkungen organischer Abfallstoffe und Abwässer

Das Auftreten leicht abbaubarer organischer Fremdstoffe im Grundwasser aus der Lagerung, Ausbreitung und Ableitung organischer Abfälle und Abwässer sowie der Gehalt an pathogenen Keimen und Viren sind Gegenstand zahlreicher Betrachtungen und Untersuchungen der letzten Jahre gewesen. Sie bezogen sich überwiegend auf Lockergesteine. Nichtkarbonatische Festgesteine wurden im allgemeinen als wenig geeignet für die Sorption solcher Stoffe betrachtet und zusammen mit Karstgesteinen abqualifiziert. Dies geschieht in solcher Verallgemeinerung wohl zu unrecht.

Nach Rehse (1977) und Blau (1979) müssen bei der Zurückhaltung der hier behandelten Fremdstoffe vier wesentliche Vorgänge unterschieden werden:

a) Elimination von Feststoffen, pathogenen Keimen und Viren,
b) Abbau und Mineralisierung der organischen Fremdstoffe,
c) Filtration der am Abbau beteiligten Mikroorganismen,
d) Dispersion der Rest- und Mineralisierungsprodukte sowie Gasaustausch mit der Bodenluft.

Die Eliminierung von Keimen und Viren vollzieht sich bei feinkörnigen Lockergesteinen wirkungsvoller als bei gröberkörnigen, da ihre Festlegung am Bodenkorn oder am bereits gebildeten biologischen Schlamm leichter erfolgt. Bei Festgesteinen hängt dieser Vorgang vom Anteil der Porosität am Gesamthohlraum sowie von Fugendichte und -weite ab. Über die Größe der inneren Oberfläche bei verschiedenartigen Festgesteinen, die wichtig für die Sorptionskapazität ist, fehlen bislang nähere Untersuchungen. Auch der Tongehalt der Gesteine, besonders auf Klüften und Störungen, übt einen Einfluß aus. Andere Faktoren für die Elimination von Keimen und Viren wie Alterung, Nahrungsmangel für die Keime, antagonistische Faktoren wie Befall durch Parasiten, Koagulation und Flockungsvorgänge treffen für Locker- und Festgesteine in gleicher Weise zu.

Bei dem Abbau von organischen Abwasserstoffen erfolgen neben mechanischen und physikalisch-chemischen Filtrationsvorgängen auch biochemische Reaktionen. Der Aufwuchs der Biomasse erfolgt in wenigen Tagen, und es stellt sich ein Gleichgewicht zwischen Substratzufuhr und Biomasse ein.

Nach einer Maximalausbreitung, die hauptsächlich von Art und Stärke der Kontamination, vom Chemismus des Grundwassers, von der Textur des Gesteins sowie von den hydraulischen Verhältnissen abhängt, erfolgt ein Rückgang der Ausbreitung unvollständig mineralisierter Fremdstoffe bis nahe an die Quelle der Kontamination.

Die besonderen Bedingungen für verschiedene nichtkarbonatische Festgesteine sind bisher nicht näher erkundet.

6.1.3 Gebirgsspezifische Ausbreitung von Verunreinigungen des Grundwassers und von Abwässern

Die Fließvorgänge werden in geklüfteten nichtkarbonatischen Festgesteinen, wie dargestellt, von sehr vielen Faktoren beeinflußt. Daher läßt sich eine Einteilung der Festgesteinsaquifere hinsichtlich der Ausbreitungsmöglichkeit von Schmutzstoffen bzw. — allgemein — der Verschmutzungsgefährdung bestimmter Festgesteinsbereiche nur in sehr allgemeiner Form und nur in grober Annäherung durchführen (Tab. 25), zumal örtliche Bedingungen, wie Art und Dicke der Deckschichten, Spiegelfälle und Menge der Abwässer die allgemeine Situation noch erheblich modifizieren können.

Tabelle 25. *Ausbreitungsmöglichkeit und Verschmutzungsgefährdung im festen Gebirge (Schema)*

1. Tertiäre und rezente Vulkanite
2. Mesozoische und jungpaläozoische Vulkanite
3. Mesozoische und tertiäre Sandsteine und Konglomerate
4. Mesozoische Mergelsande, Kalksandsteine, etc.
5. Flachliegende oberkarbonische und permische Grauwacken, Sandsteine und Sandschiefer
6. Gefaltete karbonische und devonische Grauwacken, Sandsteine und Schiefer, Diabase
7. Granite und andere Tiefengesteine, Gneise (z. T.)
8. Alt- und präpaläozoische Tonschiefer, Phyllite, Glimmerschiefer, Gneise (z. T.)

↓

- Zunehmendes geologisches Alter (im allgemeinen)
- Zunehmende Tektonik (nur teilweise anwendbar)
- Zunehmende Verwitterung auf Klüften und Störungen
- Abnehmende Gebirgsdurchlässigkeit
- Abnehmende mittlere Brunnenleistung
- Abnehmende spezifische Ergiebigkeit in Brunnen
- Abnehmende Ausbreitungsmöglichkeit von Schmutzstoffen (nur teilweise zutreffend)
- Abnehmende Verschmutzungsgefährdung bestimmter Festgesteinsbereiche (nur teilweise)

In der Tab. 25 kann man davon ausgehen, daß unter Pkt. 1 Gebirgsdurchlässigkeiten auftreten können, die denen in verkarsteten Karbonaten größenordnungsmäßig ähneln, während die unter Pkt 8 angeführten Gesteine als fast undurchlässig anzusehen sind, sofern nicht Störungen des Gesteinsverbandes auftreten, die örtlich die Gebirgsdurchlässigkeit erhöhen. Zwischen den Punkten 1 und 8 gibt es alle Übergänge. Es wird bei den Abstufungen vorausgesetzt, daß im allgemeinen vergleichbare regionalgeologische, lithologische und tektonische Verhältnisse vorliegen. Jede Position kann wesentlich höhere Permeabilität als üblich aufweisen, wenn die Randbedingungen (z. B. Faltung, Querstörungen, Verwitterung) nicht vergleichbar sind.

Bei diesen Abstufungen wird auch vorausgesetzt, daß die in das Grundwasser gelangenden Verunreinigungen dessen Fließverhalten nicht entscheidend verändern. Ausnahmen werden bei fehlender Mischbarkeit und sehr unterschiedlichem spezifischen Gewicht der Flüssigkeiten eintreten, also bei schwimmenden oder unterschichtenden Immissionen, bei Stoffen, die die Oberflächenspannung des Grundwassers wesentlich beeinflussen oder die durch Sorption eine Filtrierung bzw. Trennung erfahren. Eine Ausnahme dürfte es auch bei künstlichen Temperaturerhöhungen des Grundwassers geben, die eine Verringerung der Viskosität und damit eine Erhöhung der Fließfähigkeit herbeiführen.

6.1.4 Präventiver Grundwasserschutz bei geklüfteten nichtkarbonatischen Festgesteinen

6.1.4.1 „Richtlinien für Schutzgebiete", bisher mit begrenzter Anwendungsmöglichkeit für Festgesteine

Die Sorge darum, daß die am Anfang dieses Kapitels (S. 228) geforderte einwandfreie Beschaffenheit des als Trinkwasser benutzten Grundwassers gewährleistet und gegen Verunreinigungen wirksam und dauerhaft geschützt wird, hat in vielen Ländern zu präventiven Schutzmaßnahmen geführt, vor allem zur Festlegung von *„Schutzgebieten für Trinkwassergewinnungsanlagen“*. In einzelnen Bereichen („Schutzzonen“ in der Umgebung der Gewinnungsstelle) werden bestimmte menschliche Tätigkeiten als grundwassergefährdend angesehen und daher in diesen Zonen untersagt oder nur bedingt zugelassen. Dadurch wird eine anderweitige Nutzung der Fläche bzw. des Untergrundes durch den Grundeigentümer oder durch andere Personen eingeschränkt [1].

Die Erhaltung der Grundwasserqualität ist in dicht besiedelten Ländern besonders dringend, aber bei der meist intensiven Nutzung des Bodens ist die Ausweisung von Schutzzonen für das nutzbare Grundwasser oft auch besonders schwierig. Nutzungseinschränkungen können den Wert des Bodens verringern. „Die Zonen müssen aus raumordnerischen und wirtschaftlichen Gründen so klein wie möglich, im Interesse der Volksgesundheit aber so groß wie nötig sein“ (Waegeningh 1977).

Die vom Hydrogeologen vorgeschlagenen und von der zuständigen Behörde verbindlich erklärten Zonengrenzen sowie die angeordneten Nutzungsbeschränkungen sollten *fachlich begründet und nachprüfbar* sein; dies ist *für Festgesteinsbereiche bisher im allgemeinen nur sehr begrenzt möglich.*

Als wichtigstes Abgrenzungsmerkmal ist z. B. für die Schutzzone II bei „homogenen“ Lockerablagerungen in manchen Ländern bisher die *Verweildauer von 50 Tagen* (nach Knorr 1951) gefordert worden. Mag für Lockerablagerungen die Messung der Abstandsgeschwindigkeit oder die Bestimmung anderer hydrogeologischer Parameter noch eine praktikable, wenn auch aufwendige Methode sein, so ist für *Kluftgesteine* dieses Untersuchungsprinzip im allgemeinen kaum anwendbar, da die Gebirgsdurchlässigkeit großen Schwankungen unterliegen kann, je nach dem Auftreten verstopfter oder klaffender Fugen bzw. Störungen, deren Existenz zudem oft durch Überdeckung nicht nachweisbar ist. Es kommt hinzu, daß die Fließwege und die Einzugsgebiete im klüftigen Festgestein oft nicht genau bekannt sind und die Ermittlung einen nicht zu rechtfertigenden Aufwand erfordern würde. In Anbetracht der geringen Größe vieler Wassergewinnungsbetriebe in Festgesteinsbereichen ist die Frage der Verhältnismäßigkeit der Mittel zu stellen, wenn versucht würde, Beobachtungsbohrungen in genügend großer Zahl im vermuteten Einzugsgebiet auszuführen und Markierungsstoffe zur Ermittlung der Grundwassergeschwindigkeit einzubringen. Ein solcher Aufwand kann ganz nutzlos sein: Hagelskamp und Michel (1972) haben Beispiele gegeben, bei denen die Einzugsgebiete in Festgesteinen ganz anders als erwartet sich erstreckten, und die Herkunft des Grundwassers teilweise bis heute unbekannt blieb.

In einigen mitteleuropäischen Ländern bestehen Gesetze, staatliche Verordnungen und Regelungen bezüglich Festsetzung von Schutzgebieten (s. Literaturhinweise!), in anderen Ländern werden entsprechende Grundlagen vorbereitet.

Aus den z. Z. gültigen Vorschriften und Empfehlungen lassen sich folgende Übereinstimmungen, Abweichungen und Lücken erkennen:

---

[1] Ähnliche Maßnahmen sind zum Schutz von Heil- und Mineralquellen in vielen Ländern vorgesehen; sie werden im Rahmen dieses Buches nicht behandelt. Es wird verwiesen auf: „Richtlinien für Heilquellenschutzgebiete“ (1965).

a) Der Geltungsbereich soll sich meist ausdrücklich *auf Locker- und Festgesteine* erstrecken, wobei als Festgesteine vorwiegend verkarstungsfähige Gesteine verstanden werden. Es werden an keiner Stelle Anhalte angeführt, die die Anwendbarkeit auf andere Festgesteine aufzeigen.

b) An *Randbedingungen* wird im allgemeinen ausreichende Ermittlung der geologischen, hydrologischen, hydraulischen und topographischen Verhältnisse „durch Fachleute, nach den neuesten wissenschaftlichen Erkenntnissen" vorausgesetzt. In der Schweiz wird besonders die Durchführung eines Großpumpversuchs mit der maximal zugelassenen Fördermenge und die Bestimmung der wichtigsten hydrogeologischen Parameter erwartet. Bei nicht eindeutiger Erfassung der ungünstigsten Randbedingungen werden „Sicherheitszuschläge" für die Bemessung der Schutzzonen vorgesehen. Aber diese bringen subjektive Beurteilungen in ein Verfahren, das „eindeutig und nachprüfbar" sein sollte. Die Unmöglichkeit eines schematischen Reglements wird erkannt. — In der DDR wird zum Ausdruck gebracht, daß bei „Kluft- und Karstgesteinen" allgemeine Bemessungswerte für die Schutzgebiete nicht angegeben werden können, sondern jeder Fall individuell zu behandeln ist. Auch hier ist der Ermessensspielraum gelassen.

c) Eine *Zone I* („Fassungsbereich" in der Bundesrepublik Deutschland und in der Schweiz, „Fassungszone" in der DDR, „Engeres Schutzgebiet" in Österreich) soll in der BRD bei Lockergesteinen mit oberflächennahem ungespannten Grundwasser und mit geringmächtiger oder lückenhafter Deckschicht auf der Seite des ankommenden Wassers mindestens 10 m betragen, in der Schweiz 10—20 m. In günstigen Fällen genügen auch weniger. In der DDR werden 5—20 m, unter ungünstigen Bedingungen aber 50—100 m vorgeschrieben. Die Abmessungen gelten sinngemäß auch für Quellen im festen Gebirge. Bei artesischen Grundwässern, die durch mächtige undurchlässige Deckschichten gut geschützt sind, genügt allgemein ein Abstand von wenigen Metern. In Festgesteinsbereichen wird in der Schweiz bei allen Arten von Fassungen ein Grenzabstand von 10—20 m vorgesehen, auf der abgewandten Seite auch weniger als 10 m.

Nutzungen sollten — von der Wassergewinnung abgesehen — in der Zone I nicht stattfinden. Zu diesem Zweck soll die Zone I sich „möglichst im Besitz des Eigentümers der Wasserfassungsanlage befinden" und „in der Regel" eingezäunt sein. Die Zone soll eine zusammenhängende Pflanzendecke tragen, und jede landwirtschaftliche Nutzung soll ausgeschlossen sein.

Der Erwerb und der Schutz durch sichere Einzäunung der Zone I sollte nicht dem Ermessen des Betreibers der Wassergewinnungsanlage anheimgestellt werden, sondern wichtige Voraussetzung für die Betriebsgenehmigung sein.

d) Eine *Zone II* („Engere Schutzzone" in der BRD, in der DDR und in der Schweiz, „Weiteres Schutzgebiet" in Österreich) soll verhindern, daß Verunreinigungen und sonstige Beeinträchtigungen physikalischer, chemischer oder biologischer Art, die von anthropogenen Tätigkeiten und Einrichtungen ausgehen, in die Fassungsanlage gelangen. Als äußere Grenze der Zone II wird nach dem Vorschlag von Knorr (1951) allgemein eine Linie festgelegt, von der aus das Grundwasser etwa 50 Tage bis zum Eintreffen in der Fassungsanlage benötigt. Es ist also ein Zeitintervall gewählt worden, in dem ein biologischer Vorgang abläuft, nämlich das sichere Absterben von Viren und anderen krankheitsverursachenden Lebewesen. Dagegen sind manche Bedenken erhoben worden, da

— viele Viren und andere Lebewesen im Grundwassermilieu oft schon vor Ablauf von 50 Tagen absterben,

— die 50 Tage-Linie keinen Maßstab für die Verdünnung oder den Abbau von chemischen Schmutzstoffen liefern kann, und

— die Fließgeschwindigkeiten in groben Schottern (z. B. der Alpentäler oder in Basaltlaven) sehr groß sind und eine 50 Tage-Verweildauer zu unzumutbar großen Schutzzonen und Nutzungsbeschränkungen führen würde.

In der Schweiz sind stattdessen für gut durchlässige Grundwasserleiter Schutzzonenstrecken vorgeschlagen worden, die ein Wasserteilchen in 10 Tagen durchfließt. Die Zone muß mindestens 100 m lang sein und die Reinigungskraft der Deckschichten kann berücksichtigt werden (in Anlehnung an Rhese 1977). Solche oder ähnliche Regelungen können möglicherweise auch für gut durchlässige nichtkarbonatische Festgesteine Anwendung finden.

Diese im Schutzzonen-Reglement wichtigste Grenze wird also bei geklüfteten nichtkarbonatischen Festgesteinen in der Praxis mitteleuropäischer Länder bisher nur aufgrund der geologischen Situation oder der Geländeform oder nach markanten Geländepunkten (d. h. ohne spezielle hydrogeologische Begründung) festgelegt. Die bisherigen Richtlinien enthalten keine Anhaltspunkte, die eine Berücksichtigung der unterschiedlichen Gebirgsverhältnisse bzw. der Besonderheiten der Wasserbewegung im felsigen Gebirge gestatten. Kluft- und Spaltenwässer erfahren überall die gleiche Bewertung wie Karstwässer. Man schätzt, daß in diesen Fällen die für Zone II beanspruchte Fläche ein Vielfaches einer Zone II bei Porenaquiferen betragen wird. Dies ist aber vielfach nicht notwendig und nicht statthaft.

Nutzungsbeschränkungen in der Zone II sind in allen Richtlinien in der Form langer Listen aufgeführt ... In keiner Richtlinie werden Nutzungsbeschränkungen angegeben, die speziell für Festgesteine gelten.

e) Eine *Zone III* („Weitere Schutzzone"; in Österreich nicht üblich) soll Schutz vor weitreichenden Beeinträchtigungen bieten, vor allem vor nicht oder schwer abbaubaren chemischen und radioaktiven Verunreinigungen. Elimination oder Verdünnung auf ein unbedenkliches Maß soll mit großer Sicherheit gewährleistet sein. Dazu soll auch eine Mengenbeschränkung der Gefahrenstoffe in der Zone III dienen.

Bezüglich der Dimensionierung geben die Richtlinien der Bundesrepublik an, daß die Zone III aufgegliedert wird in III a und III b, wenn sie weiter als 2 km weit reicht. In der Schweiz wird sie — geschätzt — gewöhnlich etwa doppelt so groß wie der Grenzabstand der Zone II sein. In der DDR reicht sie maximal bis zur Einzugsgebietsgrenze.

Für verschiedenartige nichtkarbonatische Festgesteine sind bisher keine speziellen Kriterien für die Grenzfestlegung vorgesehen.

Bezüglich der Nutzungsbeschränkungen sei auf die Listen der jeweiligen Richtlinien verwiesen. Bemerkenswert ist das Verbot von Untertagegasspeichern in der DDR innerhalb der Zone III.

6.1.4.2 Notwendige Berücksichtigung von Sonderverhältnissen bei geklüfteten nichtkarbonatischen Festgesteinen in den Richtlinien zur Festlegung von Schutzgebieten

In den bestehenden Richtlinien zur Festsetzung von Schutzgebieten ist bisher — wie gezeigt — wenig gesagt worden, wie den Sonderverhältnissen in geklüfteten Festgesteinen Rechnung getragen werden kann und soll. Zweifellos müssen mehr Erfahrungen durch Publikation genauer Meß- und Beobachtungsergebnisse gesammelt, und gezielte Forschungsarbeiten ausgeführt werden.

Einstweilen kann folgendes gesagt werden:

a) Die *Größe* der Schutzzonen muß nicht identisch sein mit der des Einzugsgebietes. Zwar sind junge Vulkanite im allgemeinen so stark durchlässig, daß sie große Schutzzonen erfordern, wenn sie nicht im Einzugsbereich frei von Besiedlung sind und überwiegend forstlich genutzt werden. Alle anderen nichtkarbonatischen Festgesteine dürften entsprechend ihrer meist geringeren Gebirgsdurchlässigkeiten kleinere Schutzzonen zulassen, die die bei Porenaquiferen oft nur wenig überschreiten. Dies kann sich allerdings durch das Auftreten von Störungen ändern. Daher sollte die Ermittlung des Gebirgsbaus eine wesentliche Forderung der Richtlinien sein.

b) Die *Form* der Schutzzonen kann bei oberflächlich ausgedehnten, quasihomogenen, geklüfteten Aquiferen von dem Verlauf der Grundwassergleichen, bzw. von dem Spiegelgefälle bestimmt sein, so wie dies von Porenaquiferen her bekannt ist. Bei geneigter Lagerung eines von undurchlässigen Schichten eingeschlossenen Aquifers mit örtlichem Ausstrich kann die Form der Schutzzonen weitgehend dem Ausstrichbereich angepaßt werden, indem die Grenzen der Schutzzonen den Ausstrichgrenzen von permeablen gegen impermeable Schichten folgen. Dabei muß ein Mindestabstand beachtet werden, so daß Zonen mit relativ geringer Überdeckung noch in das Schutzgebiet einbezogen sind. (Abb. 6.3 b und c). Bei Störungen und bei stark ausgeprägten Kluftsystemen ist eine Streckung der Schutzzonen notwendig, die sich nach der Richtung der Störungszone oder den Kluftmaxima und dem hydraulischen Gefälle richtet.

Da manche Störungszone ganz oder teilweise abgedichtet sein kann, und zwar sowohl in der Nähe der Oberfläche wie zur Tiefe hin oder in ihrem horizontalen Verlauf, muß der Einfluß der Störung in der Form des Schutzgebietes nicht unbedingt zum Ausdruck kommen. Der Einfluß der Störung kann eventuell durch hydrochemische Untersuchungen geklärt werden. Die lineare Streckung der Schutz-

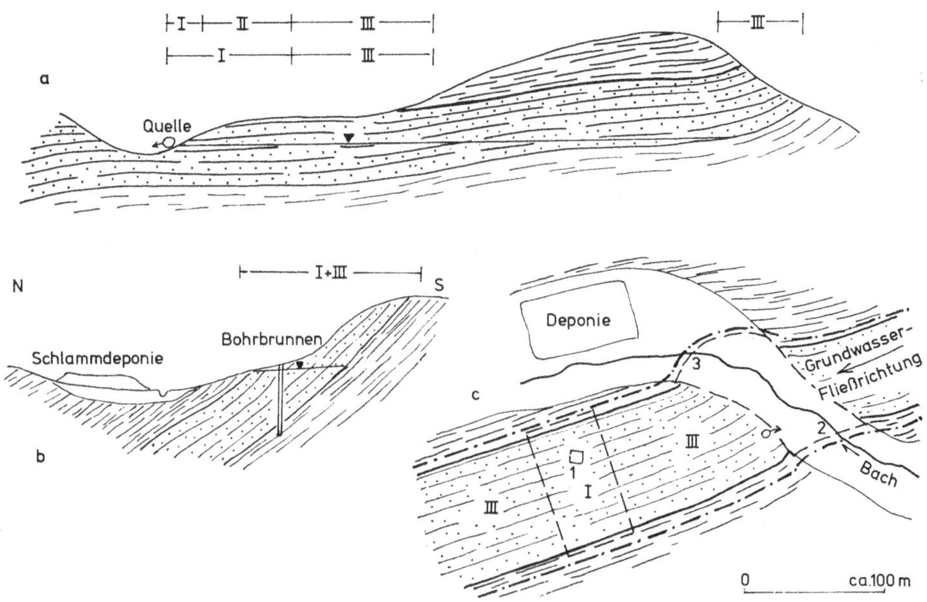

Abb. 6.3. a) Zwei Möglichkeiten für Ausweisung der Zone I. Zone II kann evtl. entfallen. Zone III ist zweigeteilt. b), c) Profil und Planskizze einer städtischen Wassergewinnung im Rheinischen Schiefergebirge, schematisiert! Zone I ist relativ groß und zweigeteilt [1]. Zone II kann entfallen, Zone III ist an den Sandsteinzug gebunden und besonders in Richtung des zuströmenden Wassers gestreckt. Sie muß in Richtung des zufließenden Grundwassers ausgedehnt werden, wenn der Grundwasserspiegel unter das Niveau der Vorflut abgesenkt wird. Quer zum Schichtstreichen bestehen keine Gefahren (Schlammdeponie über tonig-lehmiger Talauenfüllung und nordwärts einfallenden Tonschiefern möglich). *1* Bohrbrunnen, *2* und *3* Beginn und Ende einer Verschalung des Baches

zonen sollte in jedem Fall begründet werden. Der dazu notwendige Aufwand kann größer als bei Lockerablagerungen sein. Manchmal ist er technisch nicht möglich oder wirtschaftlich nicht tragbar.

c) Eine *unregelmäßige Abfolge* der Zonen bzw. Teilzonen ist bei nichtkarbonatischen (und karbonatischen) Festgesteinen nichts Ungewöhnliches.

Nach einer in der Schweizer „Wegleitung" (1977) publizierten Abbildung von Jäckli ist in Abb. 63 a eine geologische Situation dargestellt, in der das nähere Einzugsgebiet einer Quelle relativ gefährdet ist, wo die Zone I möglichst vergrößert werden sollte und die Zone II wegfallen könnte. Eine Teilzone III muß auch auf der anderen Bergseite vorgesehen werden, getrennt von den anderen Zonen.

In den Situationsskizzen b und c der Abb. 6.3 ist ebenfalls die Notwendigkeit der

[1] Die Ziffer I ist im Talabschnitt zwischen den Punkten *2* und *3* zu ergänzen.

Aufteilung einer Schutzzone (hier: Zone I in 2 Teilbereiche gleichen Risikos) aufgezeigt, wobei in dem abgesetzten Teilbereich die Betonierung einer Rinne mit Tonunterlage für den stark verschmutzten Bach und die Sanierung der Talaue gefordert werden muß. Beide Teilbereiche der Zone I sind ungewöhnlich groß, bedingt durch starke Klüftigkeit des Aquifers fehlende Abdeckung, dichte Besiedlung in der Umgebung und besondere Verschmutzungsgefahr. Der Aquifer muß ober- und unterstrom? als Zone III ausgewiesen werden, wobei die Längserstreckung nur schwer zu bestimmen ist. Die Konstruktion eines Spiegelplans ist praktisch nicht möglich. Färbe- oder andere Tracerversuche zur Feststellung der Fließgeschwindigkeiten sind wegen der intensiven Nutzung des Aquifers durch benachbarte Brunnen kaum ausführbar.

Wie die Beispiele zeigen, können dank der besonderen geologischen Verhältnisse teilweise eindeutige und günstige Schutzzonengrenzen festgelegt werden. Dies ist besonders wichtig in dicht bebauten oder sonstwie genutzten Flächen.

6.1.4.3 Ausweisung von Vorrang- bzw. Schongebieten

Der Schutz des Grundwassers sollte sich auch auf Gebiete erstrecken, die z. Z. noch nicht von Wasserwerken genutzt oder für eine künftige Wasserversorgung direkt vorgesehen sind, aber aufgrund hydrogeologischer Erkundung als reich an nutzbarem Grundwasser gelten können. Begründungen dafür könnten sein:

— Nachweis von Grundwasser in schwierig zu versorgenden Gebieten, das nach Quantität und Qualität zur Versorgung der Bevölkerung zu einem späteren Zeitpunkt dienen könnte,

— Planung eines Reservegebietes für den Fall einer quantitativen oder qualitativen Beeinträchtigung eines bestehenden Wasserwerkes,

— nachträglich notwendig werdende Erweiterung von Schutzzonen, z. B. durch neue Erkenntnisse über Fließwege und Fließdauer des Grundwassers bzw. Lage und Größe des Einzugsgebietes,

— Sorge um „landschaftsschädigendes" Trockenfallen von Gewässern, das sich erst nach Jahren einzustellen braucht, als Folge zu starker Entnahme (RAMBOW 1977).

Daher sind über die Schutzgebietsbereiche hinaus „Vorbehaltsgebiete", „Vorranggebiete", „Reservegebiete" oder „Schongebiete" vielerorts angeregt bzw. ausgewiesen worden. *Festgesteinsbereiche eignen sich dazu im allgemeinen recht gut* wegen ihres häufig gebirgigen Charakters und ihrer vielfach geschlossenen Bewaldung. (z. B. Reinhardswald und Kaufungerwald, nach RAMBOW 1977). Die Anordnungen können in Raumordnungsplänen, Landesentwicklungsplänen usw. erfolgen; allerdings sind Interessenkollisionen nicht immer vermeidbar [1]. Es geht aber

— um die langfristige Versorgung der Bevölkerung mit einem für die Erhaltung der Volksgesundheit wichtigen Stoff,

— um die Erkenntnis, daß gutes Grundwasser ein nicht beliebig zur Verfügung stehender Schatz ist und sich nicht nur im Bereich einer umstrittenen Parzelle, sondern in der weiteren Umgebung neubildet,

— um die Sorge, daß der Untergrund und das Grundwasser auf Jahrzehnte oder Jahrhunderte unbrauchbar werden könnten.

Bei der Einrichtung eines solchen Reserve- oder Schongebietes muß geklärt werden,

---

[1] So ist 1969 die Eigentumsgarantie in der schweizerischen Bundesverfassung ausdrücklich verankert und 1976 das Raumplanungsgesetz vom Volke abgelehnt worden (Mitteilung von R. V. BLAU, gelgtl. des AIH-Symposiums in Basel 1978).

— welche Nutzungsbeschränkungen in Anbetracht der bei Festgesteinen oft großen Einzugsgebiete notwendig und möglich erscheinen,

— welchen Dringlichkeitsgrad bzw. Vorrang diese Grundwassernutzungen und -protektionen vor anderen Nutzungsansprüchen des Bodens oder des tieferen Untergrundes im Bereich der Wasservorkommen haben,

— ob sich mehrere Nutzungsansprüche in etwa gleichem Raum befriedigen lassen, und zwar durch sachliche Abgrenzung der Nutzungsrechte und -pflichten, durch genaue Erforschung der hydrogeologischen Verhältnisse und Festlegung des zulässigen Verschmutzungsgrades (Feststellung *vor* dem Eingriff und Kontrollen!),

— welche technischen Maßnahmen bei Ereignissen zu treffen sind, die trotz der vorgenannten Vorschriften durch Fahrlässigkeit oder Mutwillen eintreten. Ob für eine Neuplanung und Errichtung eines neuen Wasserwerks 10 Jahre ausreichen, ist in Festgesteinsgebieten keineswegs immer sicher.

Konkurrierende Interessen, die sich nicht immer ausschließen müssen, sind in nichtkarbonatischen Festgesteinen häufig, z. B. beim Bergbau auf Kohle und Erz, einschl. Erdöl- und Erdgasgewinnung, Betrieb von Steinbrüchen, Anlage von unterirdischen Gas- und Ölspeichern, beim Aufsuchen von Bodenschätzen aller Art, bei Bauprojekten und bei der Anlage von Verkehrswegen.

Literatur

Althaus, H., Jung, K. D. (1972): Literatur- und Datendokumentation: Wirkungskonzentration (gesundheits)-schädigender bzw. toxischer Stoffe in Wasser. Minist. f. Ernähr., Landwirtsch. u. Forsten Nordrh.-Westf., Düsseldorf.

Arbeitskreis „Wasser und Mineralöl“ (1970): Beurteilung und Behandlung von Mineralölunfällen auf dem Lande im Hinblick auf den Gewässerschutz. Veröffentl. Bundesministerium des Innern, Bonn, 2. Aufl. Dez. 1970.

Aurand, K., Matthess, G., Wolter, R. (1971): Strontium-90, Ruthenium-106 und Caesium-137 in natürlichen Wässern. Notizbl. hess. Landesamt Bodenforsch. **99**, 313—333, 9 Tab., Wiesbaden.

Balke, K.-D., Kussmaul, H., Siebert, G. (1973): Chemische und thermische Kontamination des Grundwassers durch Industriewässer. Z. deutsch. geol. Ges. **124**, 447—460, 12 Abb., 2 Tab., Hannover.

Birk, F., Schmidt, R. (1973): Erfahrungen bei Ölunfällen in Festgesteinen. Z. dtsch. geol. Ges. **124**, 491—499, 6 Abb., Hannover.

—, Geiersbach, R., Müller, W. (1973): Die Auswirkungen der Verkippung und Lagerung von Cyanid-haltigen Härtesalzen in Bochum-Gerthe auf das Grund- und Oberflächenwasser. Z. dtsch. geol. Ges. **124**, 461—473, 5 Abb., 1 Tab., Hannover.

Blau, R. V. (1979): Trinkwasser-Schutzgebiete für Grundwasser. Bericht über reg. Meeting der A.I.H. 1978 in Basel. Eclog. geol. Helvet. **72**/2, 591—600, Basel.

Eisenhut, E. (1969): Gesteinsabhängigkeit bei Auswirkung von Ölunfällen. Ges.-Ing. **90**, H. 2, 49/51.

Engelhardt, v. W. (1965): Physikalische Grundlagen des Verhaltens von Mineralöl und Mineralölprodukten im Boden. In: Gutachten: „Verhalten von Erdölprodukten im Boden“. Bad Godesberg: Bundesminist. f. Gesundheitswesen.

Gattinger, T. (1969): Die hydrogeologischen Grundlagen der Abgrenzung von Schutzgebieten bei Trinkwasser-Gewinnungsanlagen. Gas/Wasser/Wärme **23**, 199—201, Wien.

Golwer, A. (1973): Beeinflussung des Grundwassers durch Straßen. Z. dtsch. geol. Ges. **124**,2, 435—446, 8 Abb., Hannover.

—, Matthess, G., Schneider, W. (1971): Einflüsse von Abfalldeponien auf das Grundwasser. Der Städtetag **2**, 119—123, Stuttgart.

Hagelskamp, H., Michel, G. (1972): Zur Problematik der Abgrenzung der Schutzzone II in Kluftaquifers. Z. dtsch. geol. Ges. **123**, 89—103, 6 Abb., Hannover.

Käss, W. (1973): Hydrogeologische Gesichtspunkte beim Umweltschutz. Z. dtsch. geol. Ges. **124**,2, 399—416, 3 Abb., Hannover.

KNORR, M. (1951): Zur hygienischen Beurteilung der Ergänzung und des Schutzes großer Grundwasservorkommen. Gas- u. Wasserfach, **92**, 104—110, 151—155, München.

LANGGUTH, H. R., MASKE, M. (1973): Bearbeitung von Karten der Grundwasserbeschaffenheit am Niederrhein unter Anwendung von EDV. Z. dtsch. geol. Ges. **124**, 645—656, 11 Abb., Hannover.

LÜTTIG, G., FRICKE, W. (1967): Hydrogeologische Aspekte der Einleitung von Kali-Endlaugen in Flußsysteme, erläutert am Beispiel Werra-Weser. Assoc. Int. Hydrogéol., Mém. VII, Congr. de Hannover, Hannover.

MATTHESS, G. (1973): Die Beschaffenheit des Grundwassers. 320 S., 89 Abb., 86 Tab. Stuttgart: Borntraeger.

MICHELS, FR., NABERT, UDLUFT, H., ZIMMERMANN, W. (1959): Gutachten zur Frage des Schutzes des Grundwassers gegen Verunreinigung durch Lagerflüssigkeiten. Im Auftrag des Bundesministeriums für Atomkernenergie und Wasserwirtschaft, 108 S., Bad Godesberg.

MILDE, G., MOLLWEIDE, H.-U. (1969): Die wichtigsten Verschmutzungsgefahren für Grundwasserlagerstätten. Z. angew. Geol. **15**, 17—25.

PRIER, H. (1967): Über das Verhalten von versickerten Mineralöl-Produkten im Untergrund. Ges.-Ing. **88**, H. 5, 145—149.

QUENTIN, K.-E., WEIL, L., UDLUFT, P. (1973): Grundwasserverunreinigungen durch organische Umweltchemikalien. Z. dtsch. geol. Ges. **124**,2, 417—424, 4 Abb., 4 Tab., Hannover.

RAMBOW, D. (1977): Grenzen der Grundwassernutzung in Nordhessen. Z. dtsch. geol. Ges. **128**, 297—304, 2 Abb., Hannover.

REHSE, W. (1977): Elimination und Abbau von organischen Fremdstoffen, pathogenen Keimen und Viren in Lockergestein. Z. dtsch. geol. Ges. **128**, 319—329, 3 Abb., 1 Tab., Hannover.

RICHTER, W., LILLICH, W. (1975): Abriß der Hydrogeologie. Stuttgart: Schweizerbart.

SEMMLER, W. (1958): Die Halden — ein hydrologisches Problem. Schlägel und Eisen. **1958**, 694—698, 7 Abb., Düsseldorf.

— (1967): Ein bemerkenswerter Ölunfall im Stadtkerngebiet von Essen. Techn. Mitt. **60**, H. 5, 216—224.

— (1968): Ölunfälle im Ruhrgebiet. Haus der Technik Essen, Vortragsveröffentlichungen, H. 195, 41—52.

SIEBERT, G., WERNER, H. (1969): Bergeverkippung und Grundwasserbeeinflussung am Niederrhein. Fortschr. Geol. Rheinld. u. Westf., **17**, 263—278, 5 Abb., Krefeld.

WAEGENINGH, VAN HUBERT G. (1977): Grundwasserschutz in den Niederlanden. Z. dtsch. geol. Ges. **128**, 417—426, 3 Abb., Hannover.

ZIMMERMANN, W. G., LEHMANN, F., SCHWILLE, F., SCHMEIDLER, E. (1956): Beeinflussung von Trinkwasser durch Erdölprodukte. Z. Hyg. **142**, 322—338.

— (1957): Benzin und Öl im Trinkwasser. Z. Kommunalwirtsch. Nr. 38 (Juli).

—, REINFURTH, H., SCHWILLE, F. (1959): Trinkwasser und Teerprodukte. Zbl. Baht. I **174**, 155.

Gesetz zur Ordnung des Wasserhaushalts (Wasserhaushalts-Gesetz-WHG), Bundesrepublik Deutschland, vom 27. 7. 1957. BGBl. I, S. 1110—1118, Bonn.

Richtlinien für Heilquellenschutzgebiete i. d. Fassung vom Juni 1965, erarbeitet in der Arbeitsgruppe Heilquellen der Länderarbeitsgemeinschaft Wasser (LAWA) in der BRD (1966). Gütersloh: Verlag L. Flöttmann.

Richtlinien für Trinkwasserschutzgebiete (Febr. 1975). DVGW-Regelwerk, Arbeitsblatt W 101, Frankfurt a. M. (DVGW).

Richtlinien zur Ausscheidung von Grundwasserschutzgebieten und Grundwasserschutzzonen (1968). DW (Der Delegierte für Wohnungsbau). ORL (Inst. f. Orts-, Regional- u. Landesplanung ETH), Blatt 516021, 10 S., Zürich.

Schutz der Trinkwassergewinnung. TGL (DDR-Standard) 24348, Gruppe 061 vom April 1970.
Teil 1: Allgemeine Grundsätze für Wasserschutzgebiete, 7 S.
Teil 2: Wasserschutzgebiete für Oberflächengewässer, 10 S.
Teil 3: Wasserschutzgebiete für Grundwasser, 10 S.

Verordnung über die Festlegung von Schutzgebieten für die Wasserentnahme aus dem Grund- und Oberflächenwasser zur Trinkwassergewinnung vom 11. 7. 1974, auf der

Grundlage des Wassergesetzes vom 17. 4. 1963 und des Landeskulturgesetzes vom 14. 5. 1970 (DDR).
Wegleitung zur Ausscheidung von Gewässerschutzbereichen, Grundwasserschutzzonen und Grundwasserschutzarealen (1977). Eigenöss. Amt für Umweltschutz, Bern.

6.2 Versenkung von Abwässern in Festgesteinskomplexe des tieferen Untergrundes

6.2.1 Allgemeines

Die in Kap. 6.1 erörterten Beschränkungen und Verbote einer Einleitung von Abwässern in das nutzbare Grundwasser (und in die Oberflächengewässer) haben vielfach und seit langer Zeit (Beyschlag und Fulda 1921, Deubel 1954, Hoppe 1962 u a.) zu Überlegungen geführt, flüssige Abfallstoffe, die besonders im Bergbau, in der Industrie und im Gewerbe in großer Menge anfallen, schadlos in den tiefen Untergrund zu versenken. Eine solche Ableitung erfolgt mittels tiefer Schluckbrunnen in geeignete geologische Horizonte, die meistens Festgesteins-Charakter haben und — ± isoliert — unterhalb süßwassererfüllter Grundwasserleiter liegen. Sie erfolgt üblicherweise in salzwassererfüllte Gesteinshohlräume *unterhalb des hydrologischen Zyklus* („deep well waste disposal").

In der Erdölindustrie werden seit Jahrzehnten im Rahmen von „Sekundärverfahren" die bei der Erdölförderung anfallenden salzigen Wässer in die Lagerstätten zurückgepumpt. Der Gedanke lag nahe, diese Möglichkeiten auch für industrielle kontaminierende Flüssigkeiten zu nutzen. Allerdings verbietet sich — bei fortschreitender fördertechnischer Entwicklung — die Freigabe alter Erdölfelder für Deponiezwecke sehr oft, da die Erdöllagerstätten heute erst unvollkommen entölt sind, und durch sogenannte „tertiäre Verfahren" weitere Kohlenwasserstoffmengen gewonnen werden sollen. In einigen Fällen allerdings sind die besonderen geologischen Bedingungen, die im Laufe der geologischen Geschichte zur Bildung von allseits abgeschlossenen (isolierten) Erdöl- und Erdgas-Lagerstätten geführt haben, für die Endlagerung oder langfristige Beseitigung unerwünschter Abfälle genutzt worden. Ähnliche geologische Situationen wurden gesucht. Mancherlei Unfälle sind in vielen Ländern aufgetreten, besonders in der Anfangszeit der Versenktechnik.

Heute erfolgen Tiefversenkungen an geeigneten Stellen in vielen Ländern, so bei den Kali-Abwässern in Hessen und Thüringen (seit 1925 und verstärkt seit 1929), auch in Frankreich, Großbritannien, Spanien, USA, Canada, Mexiko, UdSSR und Japan [1].

Die verschiedenartigen Abwässer werden unbehandelt oder chemisch vorbehandelt und filtriert in den Untergrund injiziert. Wichtigste Voraussetzungen für solches Verfahren sind:

Vorhandensein von Gesteinen mit ausreichender *Durchlässigkeit* und in geeigneter *geologischer Lagerung*,

— gute *Abdichtung* des für die Injektion vorgesehenen Gesteinskörpers *nach oben* und — unter Umständen — *nach unten*. Die Ähnlichkeit dieser Forderungen mit den bei Erdöl- und Erdgas-Lagerstätten sowie künstlichen Gasspeichern bekannten ist augenscheinlich.

---

[1] Der wirtschaftliche Aspekt ist dabei wichtig; denn Installation und Betrieb einer Versenkanlage können preiswerter sein als eine oberirdische Aufbereitungsanlage für flüssige Abfälle bzw. Abwässer, besonders wenn nur *eine* Versenkbohrung ausgeführt wird. Die in der Literatur genannten Kosten berücksichtigen im allgemeinen nur *eine* Bohrung.

Darüber hinaus müssen viele Bedingungen erfüllt sein, damit eine schadlose Beseitigung der Abwässer in wirtschaftlicher Weise möglich ist, und der Schutz nutzbarer Grundwasservorkommen und anderer, konkurrierender Interessen am Untergrund erreicht wird (z. B. dauerndes Verbleiben oder sehr lange Verweilzeiten der Abwässer im Aquifer, nämlich 10.000 Jahre und mehr).

Als *legislativer Grundsatz* zur Erhaltung von Umweltbedingungen kann das in der Bundesrepublik Deutschland durch das Wasserhaushaltsgesetz — WHG — § 34 in der Fassung vom 26. 4. 1976 festgelegte Prinzip gelten, daß „Stoffe nur so gelagert oder abgelagert (hier sinngemäß ergänzt: in den Untergrund eingeleitet) werden dürfen", daß „eine schädliche Verunreinigung des Grundwassers oder eine sonstige nachteilige Veränderung seiner Eigenschaften nicht zu besorgen ist". Auf das gleiche Ziel gerichtete ähnliche Bestimmungen oder Gesetze bestehen in den meisten Ländern, in denen derartige Abwasserprobleme auftreten, wenn sie auch selten speziell für die Absicht der Tiefversenkung vorgesehen sind [1]).

Die in diesem Buch zu behandelnden *nichtkarbonatischen Festgesteine* spielen für die Tiefversenkung eine große Rolle, vor allem *Sandsteine, Quarzite, Konglomerate* und *Basalte;* aber auch *Schiefer* und *Gneis* sind in besonderen Fällen für die Injektion verwendet worden. Der größere Teil der Versenkungen hat allerdings in karbonatischen, also meist sehr hohlraumreichen Gesteinen stattgefunden. Letztere werden hier nicht näher betrachtet. Die zu beschreibenden Verfahrensabläufe für beide Gesteinsgruppen sind aber weitgehend identisch.

Auch die Speicherung von Abfallflüssigkeiten in *bergmännisch angelegten Hohlräumen* des festen Gebirges und in *ausgesolten Hohlräumen von Salzlagerstätten* (in sog. Kavernen) sollen hier nicht behandelt werden. Im folgenden wird ausschließlich die Einleitung in mit Salzwasser erfüllten, tiefgelegenen, nichtkarbonatischen Festgesteinen näher dargestellt.

6.2.2 Hydrogeologische Voraussetzungen für die mögliche Nutzung von nichtkarbonatischen Festgesteinen zur Speicherung (Endlagerung) von flüssigen Abfällen

6.2.2.1 Auswahl „günstiger" Gebiete aufgrund der allgemeinen geologischen Situation

Der vorgesehene Aquifer-Speicher muß *unter* einer mächtigen, praktisch undurchlässigen Schicht (Ton, tonige Mergel, Salz) liegen. Damit kommen alle Aquifere nicht in Betracht, die in der Nähe der Injektion bis zur Tagesoberfläche reichen oder im Ausbiß nur von einer dünnen Lehm- oder Tonschicht abgedeckt sind. Es scheiden daher auch alle Gebiete mit an der Tagesoberfläche liegenden kristallinen und metamorphen Gesteinen praktisch aus. Weiterhin sind alle die Gebiete auszuschließen, in denen durch starke Faltung und durch Faziesänderungen der Schichtfolgen Unsicherheit über Lagerung, Ausdehnung sowie hydraulische Verbindungen vertikal und lateral bestehen.

---

[1] Weitere Ausführungen zur Gesetzgebung, die sich speziell auf Abwasser-Tiefversenkungen beziehen, finden sich bei Aust und Kreysing (1978).

So kommen alle paläozoischen und jungen Faltengebirge für Injektionen nicht in Frage, sofern die in ihnen enthaltenen guten Aquifere nicht unter mächtigen abdichtenden Schichten liegen. In Mitteleuropa fallen demnach außer allen Kristallinkomplexen alle variszischen Gebirgskerne sowie die Alpen, Pyrenäen, Appenin, Karpathen aus. Die jungen Faltengebirge und Bruchzonen müssen wohl auch wegen des dort herrschenden Erdbebenrisikos für solche Projekte ausscheiden. Tief abgesunkene Teile des Variszikums kommen evtl. für weitere Erkundung in Frage, sofern die große Tiefe nicht von vornherein ein solches Projekt als unwirtschaftlich erkennen läßt.

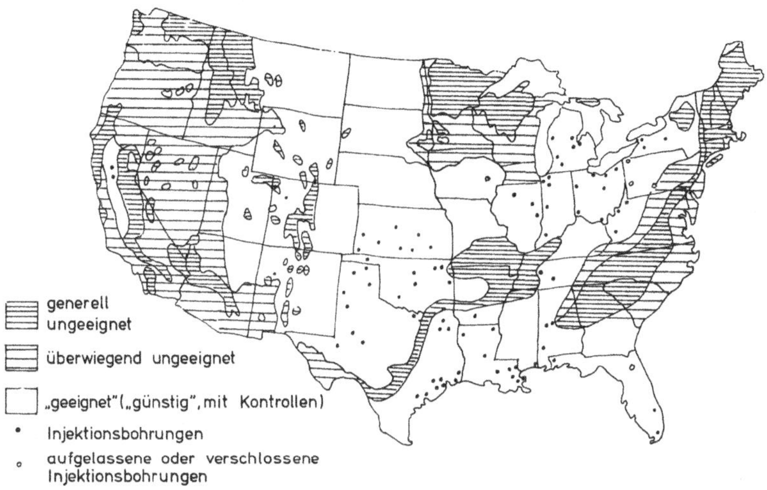

Abb. 6.4. „Geeignete" und „ungeeignete" Bereiche zur weiteren Untersuchung für Tiefversenkungen von flüssigen Abfallstoffen in den USA. (Nach Reeder et al. 1977, s. auch Aust und Kreysing 1978)

Es verbleiben für eine nähere Untersuchung im wesentlichen die flachen und geneigten, paläozoischen, mesozoischen und tertiären Schichtfolgen im Deckgebirge alter Massive bzw. in den jungen Becken. Festgesteine oder halbfeste Gesteine werden bevorzugt.

Auf diese Weise lassen sich für bestimmte Länder Gebiete angeben, die für eine Abwasser-Speicherung in nähere Betrachtung gezogen werden können, und in denen die im folgenden aufgeführten Untersuchungen in sinnvoller Weise angestellt werden sollten. Nach der vorhandenen Kenntnis der geologischen Situation, des Auftretens hohlraumreicher Gesteine, ihrer Lagerung und ihrer vermutlichen Fortsetzung von der Oberfläche zur Tiefe hin kann bereits eine erste Beurteilung der Chancen für weitere Explorationen erfolgen. In diesem Stadium kann bereits gesagt werden, ob mit nichtkarbonatischen Festgesteinen oder mit Karbonaten gerechnet werden kann, und ob außer Festgesteinen auch relativ lockere bzw. wenig verfestigte Gesteine angetroffen werden. Die bei einer solchen Vorauswahl in der Literatur gelegentlich angegebenen „geeigneten" Gebiete müssen mit allem Vorbehalt betrachtet werden, da mancherlei Gesichtspunkte die beabsichtigte Nutzung ausschließen können (Abb. 6.4.).

6.2.2.2 Spezielle Erkundung der geologischen und hydrogeologischen Verhältnisse

Der erste Schritt zur besseren Beurteilung der Versenkungsmöglichkeit ist die Erkundung des Gebirgsaufbaus mittels Bohrungen und geophysikalischer Untersuchungen, und zwar mit der speziellen Fragestellung:

— Gibt es salzwassergefüllte [1], *gut permeable Schichten* (mit Poren, Klüften oder Höhlungen, karbonatischer oder nichtkarbonatischer Art) in mehr als 500 m Tiefe, mit einer Durchlässigkeit von möglichst 10^{-5} m/s und mehr, wie sie — außer in Kalksteinen und Dolomiten — auch in Sandsteinen, Konglomeraten und Basalten häufig erwartet werden können?

— Gibt es *impermeable Schichten*, die den in Betracht gezogenen Speicherkörper gut und auf weite Entfernung hin abdecken und unterlagern (z. B. tonige Gesteine) mit Durchlässigkeiten von max. 10^{-8} m/s? Diese müssen genügend mächtig sein, zumal Tone, Tonmergel, Schluffe, Tonschiefer, Mergelsteine und Siltsteine noch eine geringe Permeabilität besitzen. Die Abwanderungsmöglichkeit der versenkten Abwässer in andere Grundwasserleiter oder bergbaulich genutzte Gebirgsteile muß ausgeschlossen sein.

— Welche *Lagerung* hat der Aquifer, gehört er bei geneigter Lagerung einer Antiklinal- oder Synklinalstruktur an, treten Verwerfungen, Brüche auf und welchen Charakter haben diese, wie stark ist die Klüftung und welche Richtung hat sie, kann evtl. mit Schieferung gerechnet werden oder sind in Bohrkernen gar klaffende Klüfte nachzuweisen?

— Welche *Mächtigkeit* hat die permeable Schicht und welche Faziesänderungen erfährt sie in vertikaler und lateraler Richtung und — damit zusammenhängend —

— welche *Ausdehnung* hat sie, und wie groß ist ihr *Gesamt-Hohlraumvolumen?*

Die Versenkung erfolgt drucklos oder mit einem Druck, der den im Aquifer vorhandenen Druck übersteigt. Hat die injizierte Schicht hydraulische Verbindungen zu anderen Aquiferen der engeren oder weiteren Nachbarschaft, d. h. handelt es sich um ein *offenes hydraulisches System*, so kann das Formationswasser in der Nachbarschaft der Injektionsbohrung verdrängt werden und kann in Richtung geringeren Druckes abfließen. Dies ist sehr häufig der Fall. Die aufnehmbaren Mengen des Aquifers können sehr beträchtlich sein, ebenso der Weg und die Verweildauer (bei 100 km und mehr unterirdischem Weg). Trotzdem besteht ein gewisses Sicherheitsrisiko an den Austrittsstellen der Schicht oder den Abflußstellen des Grundwassers in die Vorflut (Abb. 6.5).

Bestehen jedoch keine hydraulischen Verbindungen zu anderen Aquiferen in der Nachbarschaft, d. h. handelt es sich um ein *geschlossenes hydraulisches System* (closure), so kann nur durch erhöhten Druck das Formationswasser komprimiert und der Porenraum erweitert werden. Es können nur geringe, begrenzte Mengen Abwasser pro Druckeinheit aufgenommen werden. Im Aquifer kann es eine bleibende Druckerhöhung geben oder ein „fraccing" (eine Rißbildung im Gesteinsverband) eintreten, wodurch die Verbindung zu anderen Gesteinsschichten hergestellt wird (Abb. 6.6). Beide Systeme, offene und geschlossene, kommen für die Speicherung von Abwasser in Frage und werden bereits mancherorts genutzt.

---

[1] In den USA mindestens 10 000 mg/l gelöste Stoffe.

Dieses Aufbrechen wird im allgemeinen wegen der oft unkontrollierbaren neuen Fließwege vermieden oder gar gefürchtet. In speziellen Fällen wird es aber bewußt herbeigeführt, um die Aufnahme zu erhöhen (Abb. 6.7). Der Injektionsdruck sollte nach WOOD (1976) 50—80% des hydrostatischen Drucks nicht überschreiten. Nach MAYRHOFER 1977, s. AUST und KREYSING 1978) sollte ein Druckfaktor von 1,2 gegenüber dem vorherrschenden Lagerstätten-(hydrostatischen)Druck nicht überschritten werden. Der sogenannte Brechdruck liegt im allgemeinen bei 1,9.

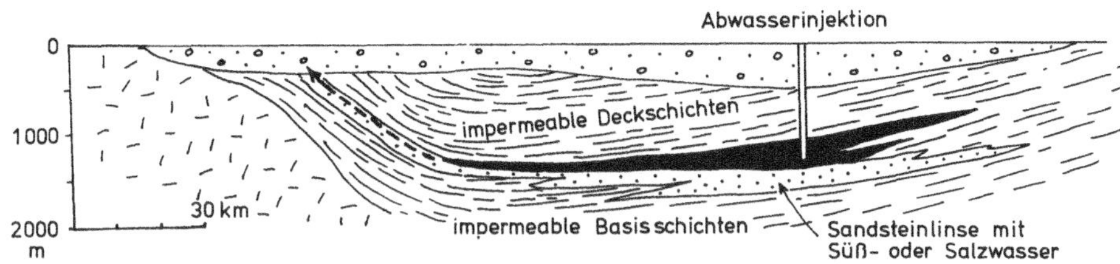

Abb. 6.5. Hydraulisch *offenes* System: Sandsteinschicht zwischen Ton gelagert; erst in großer Entfernung besteht eventuell eine hydraulische Verbindung mit dem oberen Grundwasserstockwerk. Ungünstig ist in diesem Fall die Ausbreitung der Abwässer im oberen Teil der Sandsteinschichten infolge geringerer Dichte gegenüber dem versalzenen Formationswasser. Der gestrichelte Pfeil gibt den Aufstiegsweg der Abwässer nach langer Zeit und nach Überwindung des Muldentiefsten an

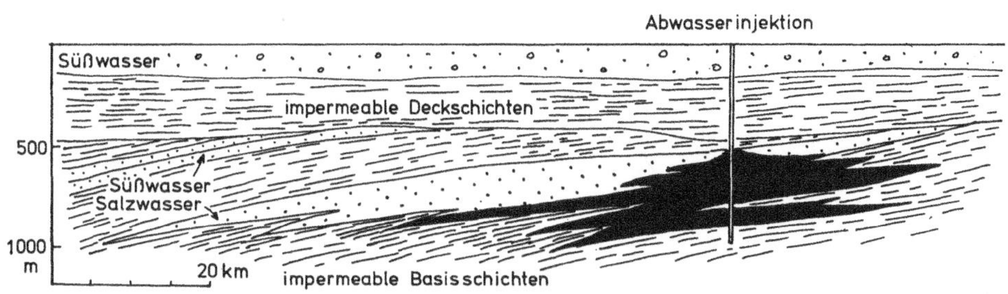

Abb. 6.6. Hydraulisch *geschlossenes* System: Sandsteinlinse in Ton eingebettet (Gefahr des Fraccing bei zu hohem Druck). Ausbreitung der Abwässer an der Basis der Linse wegen höherer Dichte der Abwässer im Vergleich zum Formationswasser

Besitzt das Injektionsgut eine höhere Dichte als das Formationswasser, so kann es dieses in der Umgebung des Bohrloches unterschichten (Abb. 6.6). Bei sehr tief liegendem Injektionskörper kann aber der natürliche Salzgehalt des Formationswassers sehr hoch, und seine Dichte höher sein als die des Injektionsgutes. Dann würde sich eine Linse von Abwasser *über* dem Formationswasser bilden und die Gefahr eines Aufstiegs in höhere Horizonte bestehen (Abb. 6.5).

6.2.2.3 Darstellung der hydrogeologischen Verhältnisse

Zur Vorbeurteilung und Planung von Abwasser-Tiefversenkungen ist die Darstellung der Grundwasserverhältnisse in hydrogeologischen Karten und Schnitten mit Angabe der Anzahl der Grundwasserstockwerke, der Stockwerksgliederung, der Lagerungsverhältnisse und Störungen, der Grundwasserspiegel (freie und gespannte), der Grundwasser-Fließrichtung, der chemischen Verhältnisse, insbesondere der Süßwasser-/Salzwassergrenze und der bisherigen Nutzung des Wassers notwendig.

Weiterhin ist die Ermittlung wichtiger hydrogeologischer Parameter an der vorgesehenen Injektionsstelle notwendig. Da die Erkundungsmethoden nicht nur für nichtkarbonatische Festgesteine, sondern für alle Gesteinsarten in gleicher Weise gelten, kann auf die einschlägige Literatur verwiesen werden

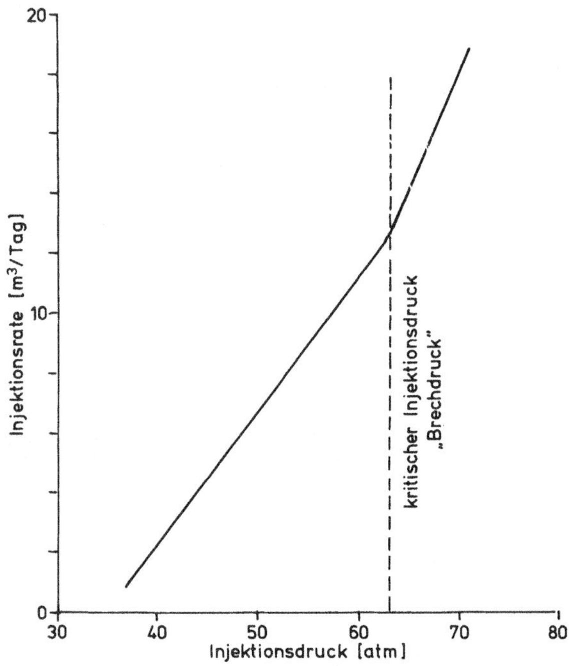

Abb. 6.7. Änderung der Injektionsrate (des spezifischen Injektionsindexes) bei Überschreiten des kritischen Injektionsdruckes (in einem Sandaquifer in USA). (Nach DONALDSON 1972)

(zusammenfassend bei AUST und KREYSING 1978). Die Untersuchungen erfolgen in der Versuchsbohrung mit Hilfe von geophysikalischen Bohrlochmessungen und von Pump- oder Injektionsversuchen (drill stem test — DST), mit denen Permeabilität, Transmissivität, statischer Lagerstättendruck, Verstopf-Faktor (damage ratio) und ungefährer Wirkungsradius ermittelt werden. Die gewonnenen Bohrproben werden im Laboratorium untersucht, z. B. zur Feststellung der Porosität.

Die *Porosität* ist eingehend in Kap. 2 behandelt worden und wird hier ausschließlich als intergranulare Porosität verstanden. Die Schichtfugen, Klüfte, Störungen und Höhlungen bilden meist ein sekundäres „Hohlraumvolumen" [1].

[1] Der in der Literatur verbreitete Ausdruck „sekundäre Porosität" für das auf Fugen und Störungen befindliche und sich bewegende Wasser wird besser durch „sekundäres Hohlraumvolumen" ersetzt. Darauf sei auch hier nochmals hingewiesen.

Das nutzbare Hohlraumvolumen ist bei einem *ungespannten* Grundwasserleiter gleich dem *Speicherkoeffizienten*, weil die Elastizität des Aquifers keine Rolle spielt (RICHTER und LILLICH 1975). Beide Parameter liegen deshalb im nichtgespannten Grundwasserleiter zwischen $1 \cdot 10^{-1}$ und $4 \cdot 10^{-1}$.

Bei einem *gespannten* Grundwasserleiter „ist dessen Mächtigkeit sowie seine Elastizität als Funktion von Größe, Form und Lagerungsdichte der Kornkomponenten und die Kompressibilität von Wasser für den Speicherkoeffizienten maßgebend" (AUST und KREYSING 1978). Auch die Mächtigkeit der überlagernden impermeablen Schichten beeinflußt die Elastizität. Der Speicherkoeffizient wird daher mit nur $5 \cdot 10^{-5}$ bis $5 \cdot 10^{-3}$ angegeben.

Die *Permeabilität* und *Transmissivität* sind in Kap. 3 eingehend dargestellt, darauf sei verwiesen. Sie sind für die Fließ- bzw. Ausbreitungsgeschwindigkeit versenkter Abwässer von maßgeblicher Bedeutung.

6.2.3 Eigenschaften des natürlichen Flüssigkeitsinhalts des Injektionskörpers (Aquifers) und der injizierten Flüssigkeiten

Die Feststellung des chemischen Bestandes des Formationswassers (background) ist notwendig, um

— die möglichen Reaktionen mit dem Gestein und dem Abwasser vorher abschätzen,
— die während des Betriebs erfolgten Veränderungen des Chemismus beurteilen,
— gezielte Maßnahmen für die Abwasserbehandlung vorsehen zu können.

Die chemischen Hauptkomponenten Na, K, Ca, Mg, HCO_3, Cl, SO_4, NO_3, NH_4, die wichtigsten Metalle, außerdem pH, die elektrische Leitfähigkeit, BSB_5, CSB [1] und Gesamtgehalt an gelösten Stoffen und suspendierten Feststoffen müssen bestimmt werden.

Die stoffliche Art der Abwässer ist sehr vielseitig und nach Ländern, Bergbau- und Industrieart sehr unterschiedlich. Die Anzahl der die Wirtschaft belastenden und sie eventuell einschränkenden Abwässer nimmt ständig schnell zu. Eine Liste aller in den Abwässern auftretenden schädlichen Stoffe kann nicht gegeben werden, da sie schnell veralten würde.

Es kommen anorganische, organische und radioaktive Abfallflüssigkeiten in Frage. Bei Erdölbohrungen fallen NaCl-reiche Abwässer in großer Menge an, im tiefreichenden Bergbau (z. B. Ruhrgebiet) desgleichen, in den Kalisalz-Revieren Mg-reiche „Kali-Abwässer", in der chemischen Industrie aller Länder eine Vielfalt von sauren, neutralen und basischen Abwässern (z. B. Cyanide, Nitrate/Nitrite, Fluoride, Thiocyanate, Sulfite und Phosphate, chlorierte Kohlenwasserstoffe, organochlorierte Pestizide, Phthalsäureester, polychlorierte Biphenyle, diverse organische Säuren, Alkohole, Phenole und Ketone).

Alle diese Abwässer können üblicherweise in die Oberflächengewässer nicht eingeleitet, sondern sollen durch Tiefversenkung „beseitigt" werden. Dabei kommen Dünnschlämmen und Suspensionen für Versenkungen in Poren- und üblichen Kluftspeichern wegen der zu erwartenden Verstopfungen nicht in Frage. Für diese müßten Karstspeicher gefunden werden.

Verschiedene physikalische Eigenschaften des Formationswassers und der Abwässer beeinflussen die Fließgeschwindigkeit, und zwar

---

[1] BSB_5 = Biochemischer Sauerstoffbedarf (mg/l) ist diejenige Menge Sauerstoff, die bei biologischer Selbstreinigung des Wassers innerhalb 5 Tagen bei 20°C aufgezehrt wird.

CSB = Chemische Sauerstoffzehrung (z. B. durch H_2S, Phenole; wird durch einstündiges Stehen einer Wasserprobe ermittelt.

Viskosität,
Dichte,
Dispersion,
Druck (Lagerstättendruck),
Kompressibilität des Wassers,

über die AUST und KREYSING (1978) weitere Angaben machen.

6.2.4 Chemische Reaktionen zwischen Abwasser, Gestein und Lagerstättenwasser

Durch chemische Reaktion des Abwassers mit dem Gestein und dem Lagerstättenwasser kann die Permeabilität stark verändert und so der ganze Versenkvorgang — gewollt oder ungewollt — entscheidend beeinflußt werden.

Reaktionen, die eine *Auflösung des Gesteins* bewirken, sind in zahlreichen Fällen beobachtet worden. Aber auch eine selektive *Lösung einzelner Mineralien,* also teilweise Lösung des Gesteins kommt vor. Es können *Kationen-Austausch* sowie *Sorptionserscheinungen* stattfinden. Eine erhöhte Temperatur sowohl der eingeleiteten Abwässer wie des tiefliegenden Speichers kann die Reaktionen stark fördern. Eine Prüfung der möglichen Vorgänge sollte vorher an Bohrproben im Labor erfolgen.

Bei *Sandsteinen,* die bevorzugte Speicher bei der Injektion von Abfallstoffen sind, hängt die Löslichkeit der im Gestein vorhandenen Feldspäte und der amorphen Kieselsäure des Bindemittels (nach KELL und PERRY 1976) stark vom *pH-Wert* der injizierten Flüssigkeiten ab. Danach ist sie bei pH $< 9{,}5$ mit 140 mg/l relativ konstant, steigt aber bei höheren pH-Werten sehr an, so auf 6000 mg/l bei pH 11. Durch diese Auflösungen kann das Korngerüst des Aquifers zusammenbrechen, wobei die Durchlässigkeit abnimmt. Auch starke Säuren können durch Bildung von Silikagel zu einer Verminderung der Durchlässigkeit führen. Die zu injizierenden Abwässer sollten pH-Werte zwischen 5 und 7 aufweisen und gegebenfalls durch Vorbehandlung in einen für die Versenkung geeigneten Zustand gebracht werden.

Karbonatische Bindemittel in Sandsteinen, mergelige Sandsteine und Mergel werden durch Säuren angegriffen. Es kann eine Umsetzung bis zur völligen Neutralisation der injizierten Säure stattfinden. Dabei führt die H_2SO_4-Reaktion einerseits zur Auflösung karbonatischer Bestandteile des Speichergesteins und möglicherweise zur Erhöhung der Durchlässigkeit. Andererseits wird das freigesetzte Ca in Form von $CaSO_4$ (Anhydrit) oder $CaSO_4 \cdot 2H_2O$ (Gips) wiederausgefällt und kann die Fließwege verstopfen. Solche Veränderungen der Durchlässigkeit müssen kontrolliert werden. In *reinen Karbonaten* kann die Einleitung schwefelsaurer Abwässer besonders starke Lösungserscheinungen hervorrufen.

Hohe *Fe-Gehalte* der Abwässer können durch Änderung der pH- und eH-Werte zu Ausfällungen von $Fe(OH)_3$-Gel führen; dies kann gerade bei Poren-Aquiferen empfindliche Störungen des Versenkvorgangs oder gar das Ende des Projektes bewirken.

Injektion *heißer Säuren* sollte unter allen Umständen vermieden werden. Neben Korrosion der Rohrwandungen (mit allen Folgeerscheinungen) wäre mit Verstopfung des Aquifers unter CO_2-Bildung zu rechnen.

Durch *selektive Sorption* können gewisse, auch toxische Bestandteile der Abwässer herausgefiltert werden, die sich unterschiedlich schnell und weit bewegen. So kann eine Zonierung der absorbierten Komponenten um das Bohrloch herum entstehen. Bemerkenswert ist das Voraneilen von Chlorid-Ionen vor anderen Inhaltsstoffen und ihre geringe Absportion durch das Gestein.

Als Beispiel von Sorption führen KAUFMAN et al. (1961) ^{90}Sr- und ^{137}Cs-Gehalte flüssiger Abwässer bei der Injektion in Sandstein-Speichern an. Danach kann mit Kationen-Austauschkapazitäten bis zu 20—30 meq/100 g Gestein gerechnet werden. Durch selektive Sorption, die bei ^{137}Cs stärker wirkt als bei ^{90}Sr, erfolgt im Aquifer eine Separierung der sich ausbreitenden Abwässer in eine stärker voraneilende ^{90}Sr-Front gegenüber der zurückbleibenden ^{137}Cs-Front.

Auch die Cl-Front eilt voran und kann in Kontrollbohrungen als Vorwarnung einer Kontamination benutzt werden.

Schließlich können biochemische Reaktionen zu Verstopfungen von Porenräumen durch Bildung organischer Ablagerungen führen.

Zur Vermeidung der vielfältigen Schwierigkeiten ist eine Vorbehandlung der Abwässer durch Absetzen, Zentrifugieren und Filtrieren, Entgasen, Fällen und Filtrieren, pH-Stabilisieren, Öl-Abscheiden und Sterilisieren gegen Bakterien notwendig (DONALDSON 1972).

6.2.5 Kontrollen des Versenk- und Ausbreitungsvorgangs

Außer der Beachtung technischer Vorschriften und deren Kontrolle sind wichtigste Maßstäbe für den Versenkvorgang Kontrollen des *Drucks* und der *Injektionsrate*. Es muß sichergestellt sein, daß der Brechdruck zu keiner Zeit überschritten wird, sofern dies nicht im Betriebsplan ausdrücklich für kurze Zeit vorgesehen ist. Eine Verminderung der Injektionsrate kann eine beginnende Verstopfung anzeigen. Eine solche Überwachung ist im eigenen Interesse des Betreibers der Arbeiten, sowie im Interesse Dritter bzw. im öffentlichen Interesse erforderlich.

Kontrollen des Betriebs mit Hilfe von *Beobachtungsbohrungen* in der näheren und weiteren Umgebung können notwendig sein, um

— im Injektionshorizont die Ausbreitung der Abwässer und etwa auftretende Veränderungen der chemischen und physikalischen Bedingungen zu beobachten,
— in darüber und darunter liegenden Horizonten irgendwelche Auswirkungen der Versenkungen zu kontrollieren,
— das überlagernde nutzbare Grundwasser auf mögliche Veränderungen hin (z. B. durch Abwandern der Abwässer an Störungen des Gebirges, an vulkanischen Gängen oder alten, „vergessenen", nicht verfüllten Ölbohrungen) zu beobachten.

Kontrollen mittels Bohrungen können in nichtkarbonatischen Festgesteinen meist mit gutem Erfolg durchgeführt werden, während sie in verkarsteten Karbonaten oft recht problematisch sind.

Entlastungsbohrungen können bei flachliegenden Aufnahmehorizonten zum Erzeugen eines Druckgefälles und Lenken der Abwasserausbreitung in einer bestimmten Richtung nützlich sein.

In den USA wird meist auf Kontroll- und Entlastungsbohrungen verzichtet, da die Injektionsbohrung in Anbetracht ihrer Tiefe allein schon kostspielig ist und eine Verteuerung durch weitere Bohrungen nicht in Betracht gezogen wird. Demnach wird bei den in der

Literatur publizierten Überlegungen zur Kostenfrage im allgemeinen nur eine einzige Bohrung kostenmäßig erfaßt. Das Schema einer sowjetischen Abwasser-Versenkungsanlage Abb. 6.8) zeigt, wie — in allerdings aufwendiger Weise — mit zusätzlichen Bohrungen der Vorgang kontrolliert, vollkommen gelenkt und notfalls gestoppt werden kann.

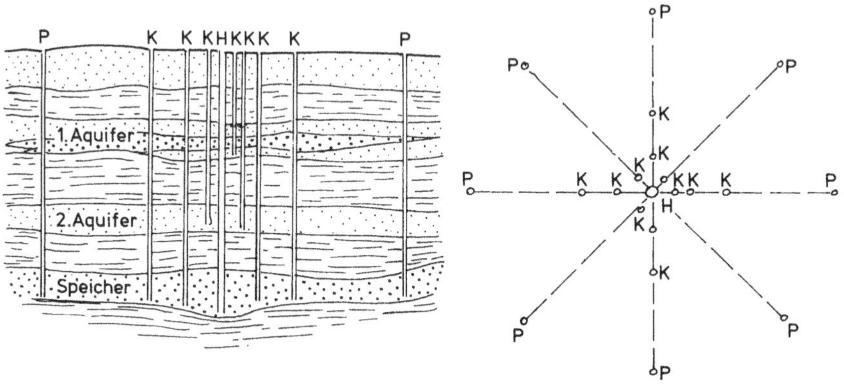

Abb. 6.8. Schema einer sowjetischen Versenkanlage mit einer Versenkbohrung *(H)*, ringförmig angeordneten Entlastungsbohrungen *(P)*, sowie Kontrollbohrungen *(K)* im Injektionsaquifer und in überlagernden Aquiferen. (Nach Spitzyn und Balukowa 1977)

6.2.6 Nichtkarbonatische Festgesteine als Speicher für tiefversenkte Abwässer (Beispiele)

6.2.6.1 Sandsteine

Sandsteine sind in den *USA* und in anderen Ländern bevorzugte Speichergesteine bei Tiefversenkungen. Von 1975 in den USA betriebenen 269 Injektionsbohrungen entfällt ein bemerkenswert hoher Anteil auf Sande und Sandsteine (Tab. 26), die für die Beseitigung von Abwässern benutzt

Tabelle 26. *Art und geologisches Alter der Speichergesteine bei 269 Injektionsbohrungen in USA*

	Sand und Sandstein		Karbonate		Evaporite	Schiefer-tone	Gneis	Summe
Tertiär	93		11		2			106 = 39,5%
Kreide	19							
Jura								20 = 7,4%
Trias	1							
Perm	12		14		2			
Oberkarbon	5		2					
Unterkarbon	4		1					
Devon	10	54	21	80		1		142 = 52,7%
Silur	1		3		4			
Ordovizium	2		20					
Kambrium	20		19			1		
Präkambrium							1	1 = 0,4%
Summe	167 = 62,1%		91 = 33,8%		8 = 3%	2 = 0,7%	1 = 0,4%	269 = 100%

wurden (62,1% gegenüber 33,8% karbonatische Horizonte). Darunter befindet sich ein großer Anteil paläozoischer Sandsteinspeicher (54 Bohrungen gegenüber 80 in karbonatischen paläozoischen Horizonten).

Zwei Versenkbohrungen standen nach dieser Übersicht in Schiefertonen und eine Bohrung in präkambrischen Gneisen.

In vielen Fällen handelt es sich hierbei um die Versenkung von Bohrspülungs- und Lagerstättenwässern, die in der Erdöl- und Erdgas-Produktion anfallen und der Vorflut nicht anvertraut werden dürfen, aber oftmals bei der weiteren Erdöl und Erdgas-Förderung durch Injektion nutzbringend verwendet werden können. Z. T. handelt es sich auch um chloridische Abwässer aus dem Kalisalzbergbau. Im kanadischen Inland wird die Tiefversenkung von Kali-Endlaugen als einzig praktizierbare Lösung betrachtet, da eine oberirdische Lagerung oder Ableitung aus verschiedenen Gründen nicht möglich ist (DENNISON und SIMPSON 1973). In vielen Fällen wird auch die Beseitigung chemisch bedenklicher oder radioaktiver Abwässer durch Tiefversenkung praktiziert.

So werden kretazische Sande und Sandsteine, die im Schelfbereich des Golfs von Mexiko ausstreichen, durch Bohrungen im Landbereich injiziert, wobei giftige Schwermetalllösungen mit anfallen. Bei unterirdischen Fließgeschwindigkeiten von 1 m/Jahr hat man Verweilzeiten von 200 000 Jahren bis zum Austritt ins Meerwasser errechnet.

In Canada wurden u. a. kretazische Sandsteine in einem aufgelassenen Erdölfeld bei Calgary, Alberta in 1 500 m Tiefe mit zunächst etwa 140, später mit 55 atm Flüssigkeitsdruck aufgebrochen, um eine Versenkrate von etwa 25 m^3/h zu ermöglichen. Dieser Wert konnte dann bei Reduktion des Drucks auf etwa 3,5 atm gehalten werden ... Versenkt wurde schwefelige Abfallsäure der chemischen Industrie (HOLLAND und CLARK 1964).

In der *UdSSR* werden (nach SPITZYN und BALUKOWA 1977) teilweise kalkige Sandsteine der Subkaspischen Senke und des Dnepr-Donez-Gebietes zur Versenkung von Kali-Endlaugen genutzt. Auch südlich von Moskau dienen schwach zementierte Sandsteine des mitteldevonischen Stavoskol-Horizontes in 690—740 m Tiefe seit 1968 zur Beseitigung von Abwässern der Phthalsäure-Herstellung und von Pigmenten.

Ihre Durchlässigkeit ist 2,0 d (etwa 2.10^{-5} m/s; im Aufnahmetest nahmen sie 200—250 m^3 Süßwasser/24 h/atm auf. Schichten im Hangenden zeigten bis etwa 0,7—0,8 d und eine Aufnahme von etwa 100 m^3/24 h/atm. Das zu verdrängende Formationswasser ist eine Sole mit 80—90 g/l NaCl. Die 4 Injektionsbohrungen besitzen in der Tiefe Verrohungen aus nicht rostendem Stahl. Es wird damit gerechnet, daß bei 125 m^3/h Injektionsrate nach 10—25 Jahren ein Ausbreitungsdurchmesser von etwa 25 km sich gebildet haben und der Enddruck 25 atm betragen wird. Von 1968 bis 1973 wurden $>$ 2 Mio. m^3 versenkt. Die Kosten der Abwasserbeseitigung wurden mit 1 Rubel/m^3 angegeben.

Auch im Gebiet von Charkow werden hochmineralisierte Abwässer in lockere Sandsteine und Konglomerate versenkt, und zwar in 1600—1800 m Tiefe unterhalb einer impermeablen Serie. Das Formationswasser enthält 140 g/l NaCl.

In der *Bundesrepublik Deutschland* werden z. Z. an 7 von 25 Projekten Abwasser-Versenkungen in den tiefen Untergrund vorgenommen. Davon nutzen zwei Bohrungen den Buntsandstein (Brettorf, Xanten), zwei Bohrungen Sandsteine des Dogger δ (Vogtei und Siedenburg), eine Bohrung den Valendis-Sandstein und eine Bohrung Sande und Sandsteine der Oberkreide (Kallmoor). Mehrere Projekte wurden nicht genehmigt oder „zurückgestellt“.

Im Vergleich zu den vorgenannten, genutzten Sandsteinaquiferen sei angeführt, daß drei Versenkungen in mesozoischen Kalken von Erdölfeldern Norddeutschlands und Bayerns erfolgen, und daß in 10 Bohrungen des Werragebietes Kali-Endlaugen in den Plattendolomit des Zechsteins versenkt werden.

Bei den meisten dieser Versenkungen in Sandsteinhorizonte (und von Einleitungen in Kalken Norddeutschlands) handelt es sich um polysulfidhaltige, stark versalzene Lagerstättenwässer aus der Erdöl- und Erdgasproduktion, die im Rahmen von sekundären Förderungsmaßnahmen (secundary recovery) wieder eingeleitet werden, und zwar zur Druckerhaltung benachbarter, aus den betreffenden Gesteinshorizonten produzierender Erdöl- und Erdgasfelder zwecks Erhöhung der Endausbeute. In einem Fall handelt es sich um geringe Mengen chloridischer Abwässer aus der Kaliindustrie und in einem anderen Fall um konzentrierte Solen aus einem Kavernen-Aussolungsprogramm, das erheblichen Umfang besitzt, aber zeitlich begrenzt sein wird.

Der *Buntsandstein*, speziell der Horizont des Sollingsandsteins, hat in der Bohrung Brettorf bei 2980—2994 m eine nutzbare Mächtigkeit von mindestens 4 m mit 17% Porosität. Weitere Daten sind nicht publiziert. In der Bohrung Xanten am Niederrhein ist der Buntsandstein teilweise bindemittelarm und hat bei etwa 600 m Tiefe in einer etwa 20 m mächtigen Partie des gut durchlässigen Volpriehäuser Sandsteins eine Porosität von 15%. In beiden Fällen werden die Sandsteine von undurchlässigem Röt-Salinar abgedeckt und vom Zechstein-Salinar unterlagert.

So günstige Situationen für entsprechende Versenkungen könnten wohl in weiter Verbreitung in Schleswig-Holstein, Niedersachsen und Hessen gefunden werden, allerdings meist in übergroßer Tiefe. In Bayern und Baden/Württemberg sowie im lothringischen Anteil der Buntsandstein-Verbreitung sind ähnliche, impermeable, wenn auch weithin salzfreie Abdeckungen und Unterlagen des Buntsandstein-Aquifers vorhanden. Doch würden Versenkungen wahrscheinlich mit Trinkwasserversorgungen aus diesen Sandsteinen und den in ihrem Verbreitungsgebiet auftretenden Mineralquellen kollidieren.

In den von der Bohrung Wietingsmoor in 1235—1336 m Tiefe erschlossenen *Valendis-Sandsteinen* ist eine Porosität von 20% festgestellt worden. Derselbe Horizont hatte bei dem nicht genehmigten Projekt einer Versenkung chemischer Abwässer in der Bohrung Emlichheim bei 1416—1450 m Tiefe eine Porosität von 27%. Der Sandstein war mittelkörnig, wenig verfestigt und hatte eine Durchlässigkeit für Wasser von 1300 md.

Die Großprojekte einer Versenkung der z. T. hochkonzentrierten Grubenwässer des Ruhrgebietes in Kalksteinen und Kalkmergeln des cenomanen und turonen Deckgebirges der Steinkohlenformation (Obermann 1967) sowie der englischen Grubenwässer in den Chalk von Kent (Buchan 1962) liegen bereits außerhalb des Themenkreises dieses Buches. Auch auf die Kali-Endlaugen-Versenkungen des Werragebietes wird trotz der großen Dimension dieses Projektes (1,1 Mia. m^3 Gesamtspeichervolumen, 500 Mio. m^3 noch verfügbarer Speicherraum und etwa 20 Mio. m^3/a Versenkrate) nicht näher eingegangen (Finkenwirth 1964, 1967, 1968).

6.2.6.2 Schiefer

Schiefer sind sicher zunächst nicht als ideale Speicher für Versenkungen von Abwässern anzusehen. Durch chemische Reaktion kann die Permeabilität tonhaltiger Gesteine aber zunehmen, z. B. durch Einwirken von Salzwässer mit höheren Konzentrationen an mehrwertigen Ionen, als im Formationswasser vorhanden sind, die die Tonpartikel schrumpfen lassen (Rottgardt et al. 1962). In besonderen Fällen können durch Fracken die notwendigen Hohlräume im Schiefer geschaffen werden, insbesondere durch Aufbrechen horizontaler Schichtfugen. Dies ist nach Reeder (1977) bis in Teufen von etwa 300 m möglich, während bei größeren Teufen vertikale, die Schichtung durchschlagende Trennflächen entstehen sollen. Zur Stützung der entstandenen Hohlräume wird in der Erdöl-Förderpraxis gelegentlich Sand in die Risse eingepumpt. Dadurch wird ihre nachfolgende Schließung verhindert (Rottgardt 1976).

In den USA ist das Aufbrechen horizontaler Trennflächen getestet worden. Dabei wurden niedrig- bis mittel-radioaktive Flüssigkeiten, die mit Zement vermischt wurden, verpreßt und nach schnellem Abbinden des Zementes in den neu entstandenen Spalten deponiert (De Laguna et al. 1968, Sun 1973, Sun und Mongan 1974). Die Versuche wurden am Oak Ridge, Tenessee und in West Valley, Newyork durchgeführt. Die Ergebnisse wurden überprüft durch späteres Ziehen von Bohrkernen, Messung der Gamma-Strahlung im Bohrloch und durch Feinnivellements, die eine Hebung des Geländes nachwiesen.

Hier sei auch auf Frac-Versuche hingewiesen, die in einer Wechselfolge von oberkarbonischen Sandsteinen, Sandschiefern und Tonschiefern zu ganz anderem Zweck, nämlich zur Steigerung der Entgasung der Kohlen im Saargebiet ausgeführt wurden und nicht zu einem nachweisbaren Öffnen von Schichtfugen oder Heben des Geländes führten, aber zum Aufreißen einer bis 40 cm weiten, steilstehenden Kluft, die später durch den Bergbau angefahren wurde.

6.2.6.3 Basalt

Basalt wird durch das Auftreten von Klüften und Höhlungen sowie von schlackigen Zwischenlagen vielfach als relativ hohlraumreich betrachtet. Dies hat nicht nur für Fragen der Wasserversorgung, sondern auch für Einleitung von Abwässern Bedeutung, wenn die übrigen hydrogeologischen Fakten eine solche Nutzung nicht ausschließen.

In Idaho, USA, werden von der Chemical Processing Plant, Idaho seit 1959 in den bis zu 1500 m mächtigen, stark geklüfteten Basalten mit einem mittleren Hohlraumgehalt von 8% durch eine 180 m tiefe Bohrung radioaktive Abwässer versenkt, und zwar durchschnittlich 1,1 Mio. m^3/a. Sie enthalten u. a. ^3H mit $4 \cdot 10^{-4} Ci/m^3$, ^{90}Sr mit $2 \cdot 10^{-6} Ci/m^3$ und ^{137}Cs mit $2 \cdot 10^{-6} Ci/m^3$, außerdem NaCl, Sulfate, Na_2SO_3 und Na_3PO_4 mit einem Gesamtgehalt von etwa 600 mg/l. Die Grundwasseroberfläche liegt hier in Tiefen bis zu 140 m.

Bei Idaho Falls, USA, erfolgen durch die National Reactor Testing Station drucklose Einleitungen von Abwässern in wasserungesättige Zonen von Basalten bei Tiefen bis zu max. 330 m.

6.2.6.4 Gneis

Eine Bohrung (Rocky Mountain Arsenal Disposal Well) nördlich von Denver USA traf in einer Tiefe von 3650—3671 m präkambrische migmatitische Gneise mit steil einfallenden Klüften an. Sie wurde zur Versenkung chemischer Stoffe benutzt. 1964—1965 wurden bis zu 9 m^3/Monat drucklos und von da an max. 49 m^3/Monat mit zusätzlichem Druck versenkt. Die bei Erhöhung des Drucks ausgelösten künstlichen Erdbeben werden im folgenden Abschnitt näher beschrieben.

6.2.7 Auslösen von Erdbeben durch Fracken in Festgestein

Künstlich ausgelöste Erdbeben („man made earthquakes") setzen wie tektonische Erdbeben Spannungen aufgrund elastischer Deformationen in der Erdkurste voraus. Derartige Spannungen können sich außer durch Bergbau, Aufstau von Talsperren, unterirdische Nuklearsprengungen auch durch Flüssigkeitsinjektionen in den tieferen Untergrund unter hohem Druck aufbauen. Kluft- und Porenwasserdruck steigen und die Scherfestigkeit in Klüften und Störungen nimmt ab. Bei Annäherung an den Bruchzustand erfolgt bereits eine mikroseismische und mikroakustische Aktivität („foreshocks"), die einen ersten Abbau von Spannungsspitzen ankündigen.

Zum ersten Mal konnte der Nachweis eines „man-made earthquake" im Erdölfeld Rangely, West-Colorado, USA geführt werden, wo in 1800 m Tiefe der sog. Weber-Sandstein injiziert und der ursprüngliche Druck von

170 atm auf 275 atm erhöht wurde. Hier sowohl wie bei den Denver-Erdbeben gab die genaue Ermittlung der Epizentren den räumlichen Zusammenhang mit den Tiefbohrungen an. Auch die zeitliche Übereinstimmung der Beben mit den Injektionen gaben eine eindeutige Erklärung.

Der Formationsdruck, der in dem Rocky Mountain Arsenal Disposal Well im präkambrischen Gneis in 3650 m Tiefe angetroffen worden war, lag um 60 atm *unter* dem hydrostatischen Druck und dieses Druckdefizit wurde durch Füllung des Bohrloches schnell ausgeglichen. Der zusätzliche Injektionsdruck von max. etwa 70 atm hatte bebenauslösende Funktion (Raleigh, 1972).

Literatur

Adam, C., Körner, W., Richter, D. (1974): Möglichkeiten des Versenkens radioaktiver Abfälle in Gesteinsschichten des tieferen Untergrundes der DDR. Z. geol. Wissensch. **2**, 1017—1031.

Aust, H., Kreysing, Kl. (1978): Geologische und geotechnische Grundlagen zur Tiefversenkung von flüssigen Abfällen und Abwässern. Geol. Jb. C, **20**, Hannover.

Beyschlag, F., Fulda, E. (1921): Zur Frage einer Versenkung von Endlaugen der Kalifabriken in tiefliegenden durchlässigen Gebirgsschichten. Kali **15**, 363—367.

Buchan, S. (1962): Disposal of drainage water from coal mines into the chalk in Kent. Symp. on Pollution of Groundwater, Paper **12**. In: Soc. of Wat. Treat. Exam. **11**, 101—105.

De Laguna et al. (1968): Engineering development of hydraulic fracturing as a method for permanent disposal of radioactive wastes. Oak Ridge Nat. Lab., ORNL-4259, 261 S.

Dennison, E. G., Simpson, F. (1973): Hydrogeologic and economic factors in decision making under uncertainty for normative subsurface disposal of fluid wastes, Northern Williston Basin, Saskatchewan, Canada. In: 2nd Int. Symp. on Underground Waste Management and Artificial Recharge, New Orleans 1973, New Orleans.

Deubel, F. (1954): Zur Frage der unterirdischen Abwasserversenkung in der Kali-Industrie. Abh. Dtsch. Akad. Wiss. zu Berlin, Klasse für Math. und allg. Nat. **3**, 1—23, Ost-Berlin.

Donaldson, E. C. (1972): Injection wells and operations today. Amer. Ass. Petrol. Geol., Mem. **18**, 24—46, Tulsa.

Environmental Protection Agency (EPA) (1976): Waste disposal practices and their effects on groundwater — U.S. Environmental Protection Agency, Office of Water Supply, Office of Solid Waste Management Programs, 511 S., Washington, D. C.

Everdingen, R. O. van (1974): Subsurface disposal of waste in Canada — III. Regional evolution of the potential for underground disposal of industrial liquid wastes. Inland Waters Directorate, Water Research Branch, Canada, Techn. Bull. **82**, 3—42 Ottawa.

Finkenwirth, A. (1964): Die Versenkung der Kaliabwässer im hessischen Anteil des Werra-Kalireviers. Z. dtsch. geol. Ges. **116**, 215—230, 6 Abb., 1 Taf., 1 Tab., Hannover.

— (1967): Deep well disposal of waste brine in the Werra Potash Region. Mém. Intern. Assoc. Hydrogéol. **VII**, 123—129, Hannover.

— (1968): Die Versenkung von Abwasser in den Untergrund. Wasser und Abwasser, H. 11, 7 S., München.

Galley, J. E. (1972): Geologic framework for successful underground waste management. In: Underground Waste Management and Environmental Implications. Amer. Ass. Petrol. Geol., Mem. **18**, 119—124, Tulsa.

Holland, H. R., Clark, F. R. (1964): A disposal well for spent sulfuric acid from alkylating iso-butanes and butylenes. In: Industrial Waste Conf., 19th Lafayette, Ind., 1964, Proc. Pt. **1**, Purdue Univ., Eng. Ext. Ser. 117, S. 195—199, Purdue.

Hoppe, W. (1962): Grundlagen, Auswirkungen und Aussichten der Kaliabwasserversenkung im Werra-Kaligebiet. Geologie **9**, 1059—1086, Berlin.

KAUFMANN, W. J., EWING, B. B., KERRIGAN, J. V., INOUE, Y. (1961): Disposal of radioactive wastes into deep geological formation. J. of the Waterpollution Control Federation **33**, 73—84, Lancaster, Pa.

KELL, D., PERRY, R. (1975, 1976): Subsurface disposal of liquid industrial wastes. Environmental Pollution Management.

OBERMANN, P. (1967): Die hydrogeologischen Möglichkeiten für die Versenkung von Solen und Oberflächenwasser im Bereich des Ruhrgebietes. Mitt. Westfäl. Berggewerkschaftskasse **27**, 32 S., Bochum.

RALEIGH, C. B. (1972): Earthquakes and fluid injection. In: Underground Waste Management and Environmental Implications, Amer. Ass. Petrol. Geol., 273—279, Tulsa.

REEDER, L. R., et al. (1977): Review and assessment of deep-well injection of hazardous waste. U.S. Environmental Protection Agency, Office of Research and Development, Munic. Environm. Res. Lab. **1—4**, 1446 S., Cincinnati, Ohio.

ROTTGARDT, D., BRÜNING, K., FINKENWIRTH, A., GÄRTNER, R., HARK, U., WEBER, R., WIONTZEK, H. (1976): Versenkung industrieller Abfallflüssigkeiten in den Untergrund über Bohrungen. Deutsche Gesellsch. für Mineralölwiss. und Kohlechemie, Forschungsbericht 45125, 57 S., Hamburg.

SKIBITZKE, H. E. (1951): Temperature rise within radioactive liquid wastes injected into deep formations. U.S. Geol. Survey Prof. Paper 386-A, Washington.

SPITZYN, V. J., BALUKOWA, V. D. (1977): Anwendung der Methode des Einpumpens in tiefe geologische Formationen zur Entfernung von flüssigen Abfällen der Chemischen Industrie. Müll und Abfall 3/77, 63—69.

SUN, R. J. (1973): Hydraulic fracturing as a tool for disposal of wastes in shale. In: 2nd Int. Symposium on Unterground Waste Management and Artificial Recharge **1**, 219—272, New Orleans.

—, MONGAN, E. (1974): Hydraulic fracturing in shale at West Valley, New York. A Study of bedding-plane fractures induced in shale for Waste-Disposal. U.S. Department of the Interior, Geolog. Survey, Open-File Report 74—365, 152 S., Reston, Virginia.

VISSER, W. A. (1974): Prevention of ground-water pollution in subsurface waste disposal. Mém. of Intern. Assoc. of Hydrogeol. vol. X, 1, Congr. du Montpellier, S. 153—156.

WIEDEMANN, H. U. (1977): Beispiele aus der Praxis der Ablagerung von Sonderfällen in der Bundesrepublik Deutschland. Umweltbundesamt, Bericht 2/77, 60 S., Berlin.

WOOD, L. A. (1976): Hydrogeologic data requirements for protecting groundwater from pollution. Intern. Assoc. of Hydrogeol., Mem. XIII, 1, Birmingham.

7. Ingenieurgeologisch-geotechnische Aspekte

(A. PAHL und H. J. SCHNEIDER)

Der Eingriff des Menschen in den Grundwasserhaushalt durch den Ingenieur- und Bergbau beeinträchtigt dessen natürliches Gleichgewicht meist in erheblichem Maße. Die Wechselwirkung zwischen Wasser, Gebirge und Bauwerk konfrontiert die Fachleute mit einer Fülle von Problemen, um das Wasser und dessen Einwirkungen auf Gebirge und Bauwerk und Auswirkungen auf den Wasserhaushalt bautechnisch zu beherrschen.

Ein sehr wesentliches Problem stellt die technische Bewältigung der festigkeitsmindernden Einwirkungen des Wassers auf das feste Gebirge durch physikalisch-chemische Prozesse dar, wie z. B. Gesteinsumwandlung, Quellen durch Wasseraufnahme, Verwitterung, Subrosion u. a. mehr.

Eine weitere Schwierigkeit ergibt sich für den Felsbau aus dem Einfluß des Wasserdruckes, der zur Instabilität des Gebirges und zu zusätzlichen Belastungen des Bauwerks oder auch unerwünschten Entlastungen infolge von Auftrieb führen kann. Wasserhaltung bzw. Wasserverdrängung ermöglichen überhaupt erst den Felsbau im Grundwasserbereich. Wird die Wasserhaltung nicht beherrscht, so führt dies häufig zu katastrophalen Folgen für Mensch und Bauwerk. Da Süßwasser heute durch den ständig steigenden Bedarf zu einem wertvollen Rohstoff geworden ist, wächst in zunehmendem Maße die Pflicht, das Grundwasser vor negativen Beeinträchtigungen durch den Ingenieur- und Bergbau zu schützen, zu erhalten, bzw. zumindest die negativen Folgen auf ein Mindestmaß zu reduzieren.

Eine detaillierte analytische Betrachtung der obengenannten Fragen würde sowohl den inhaltlichen als auch den umfangmäßigen Rahmen dieses Kapitels überschreiten. Es kann daher in 3 Unterkapiteln über die ingenieurgeologisch-geotechnischen Aspekte des Systems Wasser/festes Gebirge, über den Einfluß des Wassers im Felsbau über und unter Tage nur eine kurze Übersichtsdarstellung gegeben werden. Bei dem Wunsch nach Vertiefung der Kenntnisse findet der Leser umfangreiche Angaben weiterführender Literatur.

7.1 System Fels/Wasser

Die Beurteilung von Fels als Baugrund verlangt aus ingenieurgeologischer Sicht Kenntnisse über das mechanische Verhalten unter bestimmten Bedingungen.

Das Wasser zählt mit zu den einflußreichen Faktoren, die das mechanische Verhalten von Fels bestimmen. Die Einwirkung des Wassers auf das Gebirge ist einmal eine mechanische durch den hydrostatischen und hydrodynamischen

Wasserdruck, zum anderen eine physikalisch-chemische, welche meist zu einer Verschlechterung der Gesteinsbeschaffenheit führt. Andererseits wird auch das Vorkommen und die Hydraulik des Wassers, wie die Durchströmung des Gebirges, die Wasseraufnahmefähigkeit und die Wasserwegigkeit vom Gebirge bestimmt. Wasser — im Felsbau auch Bergwasser genannt — (Stini 1950 [1], Müller 1963 [2]) kommt — wie in Kapitel 2 schon erläutert im Fels in den Gesteinsporen als Porenwasser und in den Klüften und Spalten als Kluft- und Spaltwasser vor.

Daneben tritt noch physikalisch-chemisch gebundenes Wasser auf, das die mechanischen Gesteinseigenschaften zusammen mit dem Porenwasser sehr wesentlich beeinflußt.

Tabelle 27. *Durchlässigkeiten von Gestein und Fels.* (Aus Louis 1967 [3])

Gestein		Fels mit einer Kluft/lfdm	
Gesteinsart	k_G (cm/s)	Spaltweite (mm)	k_F (cm/s) in der Kluftrichtung
1. Kalksteine	0,36— 23 × 10^{-13}	0,1	0,7 × 10^{-4}
2. Sandsteine			
Karbon	0,29— 6 × 10^{-11}	0,2	0,6 × 10^{-3}
Devon	0,21— 2 × 10^{-11}	0,4	0,5 × 10^{-2}
3. Mischgesteine			
sandig-kalkig	0,33— 33 × 10^{-12}	0,7	2,5 × 10^{-2}
tonig-sandig	0,85—130 × 10^{-13}	1,0	0,7 × 10^{-1}
kalkig-tonig	0,27— 80 × 10^{-12}		
4. Granit	0,5 — 2,0 × 10^{-10}	2,0	0,6
5. Schiefer	0,7 — 1,6 × 10^{-10}	4,0	0,5 × 10^{1}
6. Kalkstein	0,7 —120 × 10^{-9}		
7. Dolomit	0,5 — 1,2 × 10^{-8}	6,0	1,6 × 10^{1}

Die Durchlässigkeitseigenschaften des geklüfteten Gebirges werden, im Gegensatz zum Lockergestein, hauptsächlich von der Klüftung bestimmt. Der Anteil des Porenvolumens des Gesteins an der Gebirgsdurchlässigkeit ist meist von untergeordneter Bedeutung wie ein Vergleich der Durchlässigkeitswerte von Gestein (k_G) und von Fels (k_F) zeigt (Tab. 27).

Hydrodynamische Prozesse, wie z. B. Bergwasserspiegelschwankungen, Druckstöße, Entwässerungsvorgänge, werden daher, insbesondere bei kurzzeitigen Vorgängen, nahezu ausschließlich durch die Wasserwegigkeit auf den Klüften bestimmt.

Klüfte treten im Gebirge in Scharen oder auch einzeln auf, in mehr oder weniger geregelter räumlicher Orientierung.

Die einzelnen Klüfte bzw. Kluftscharen unterscheiden sich — entsprechend der Richtung — in ihrer Kluftöffnungsweite, in der Kluftdichte (Kluftabstand), in der Durchtrennung (Durchtrennungsgrad), in der räumlichen Erstreckung, im Habitus der Kluftwandungen und in der Beschaffenheit der Kluftfüllung bzw. der Kluftbestege. Diese räumliche Orientierung und unterschiedliche Beschaffenheit der Kluftscharen haben eine gerichtete anisotrope Durchlässigkeit des Gebirges zur Folge, welche zusätzlich durch das Auftreten von Großklüften oder Störungen beeinflußt wird.

Dies erschwert sowohl die experimentelle Bestimmung der Durchlässigkeitsparameter in-situ als auch eine analytische Behandlung felshydraulischer Probleme und somit die für den Felsbau wichtige ingenieurgeologische Prognose der Wasserverhältnisse in bezug auf Baudurchführung und Stabilitätsanalyse.

Das für die Gebirgsdurchlässigkeit entscheidende Kluftvolumen kann nach ingenieurgeologischen Methoden (Pacher 1959 [4]) abgeschätzt werden.

Allgemeine Hinweise für die Gebirgsdurchlässigkeit, bezogen auf das Kluftgefüge, enthält die folgende Tab. 28:

Tabelle 28. *Kluftabstände und Durchlässigkeit.* (Aus „Report by the Geological Society Engineering Group Working Party" [5])

Kluftabstand	Durchlässigkeit k (cm/s)
Dichtständige offene Trennflächen (Abstand < 6 cm)	10^{-4}—10^{-2}
Engständige offene Trennflächen (Abstand 6 bis 60 cm)	10^{-7}—10^{-4}
Weitständige offene Trennflächen (Abstand > 60 cm)	10^{-11}—10^{-7}
Keine offenen Trennflächen (massig, dicht)	$<10^{-11}$

Die Häufigkeit der Trennflächen muß jedoch nicht immer ausschlaggebend für die Wasserführung eines Gebirgskörpers sein. Beispielsweise haben Beobachtungen im Bergbau gezeigt, daß die Klüftung im harten Gestein, wie Grauwacken, Öffnungen für Wasserwege bietet, während im tonigen Gestein die Klüfte meist geschlossen sind. Das gleiche gilt für Störungen (tektonisch) im harten und weichen Gestein. Deshalb muß im harten Festgestein im Bereich von Klüften und Störungen mit Wasserandrang gerechnet werden, während in geklüfteten oder gestörten Schiefern meistens wenig Wasserführung auftritt.

So brachte z. B. eine über 4 km lange Untersuchungsstrecke in Oberen Siegener Schichten (tonige Ausbildung) von der Grube Georg aus in 500 m Tiefe bis auf etwas Tropfwasser praktisch keine Wasserführung, während eine Untersuchungsstrecke von etwa 3 km Länge in Mittleren Siegener Schichten (grauwackenreiche Ausbildung) in klüftigen Gesteinskomplexen großen Wasserandrang hatte.

Die Festigkeits- und Verformungseigenschaften von Fels werden nachhaltig durch die Gegenwart von Wasser beeinflußt. Zum einen ist dies auf die mechanische Wirkung des Wassers in Poren und Klüften, zum anderen auf die physikalisch-chemische Veränderung des Gesteins durch das Wasser zurückzuführen. Von der Überlagerung beider Effekte ist in den meisten Fällen auszugehen.

Wird das Zweiphasen-System Wasser/Fels durch Kräfte beansprucht, erfährt der Fels eine Verformung. Da Wasser im Vergleich zu Fels nahezu inkompressibel ist, wirkt das Wasser den angreifenden äußeren Kräften durch den Aufbau eines Wasserdruckes entgegen.

Die Größe des sich aufbauenden Wasserdruckes ist abhängig von den äußeren Kräften der Belastungsgeschwindigkeit und der Durchlässigkeit des Gebirges bzw. der Abflußrate aus dem beanspruchten Gebirgsbereich. Die Verdichtung des Gebirges mit dem Abfluß von Wasser wird als Konsolidierung bezeichnet. Wird ein Abfließen des Wassers verhindert, wie etwa im dreiachsigen Druckversuch, so wirkt der sich aufbauende Wasserdruck in einer wassergesättigten Probe konstant den äußeren Kräften entgegen, in diesem Falle den Prüfkräften (Abb. 7.1).

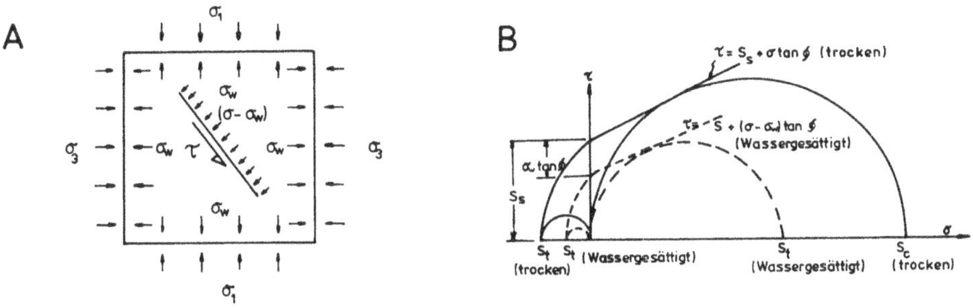

Abb. 7.1. A) Schematische Darstellung der Spannungen in einer wassergesättigten Probe im dreiachsigen Druckversuch. B) Einfluß des Porenwassers auf die Gesteinsfestigkeit

Die tatsächliche Gesteinsfestigkeit ergibt sich, wenn die Prüfkräfte um die aus dem Wasserdruck resultierende Kraft reduziert werden. Die Verformungseigenschaften verhalten sich unterschiedlich bei Gegenwart von Wasser. Im allgemeinen wird der statische Elastizitätsmodul durch die Gegenwart von Porenwasser abgemindert, wohingegen die dynamischen Elastizitätskonstanten sich im wassergesättigten Zustand gegenüber dem getrockneten erhöhen.

Gesteins- und Felsprüfungen sind deshalb möglichst an Proben mit dem natürlichen Wassergehalt vorzunehmen. Bei der Probengewinnung ist daher eine unverzügliche Versiegelung nach der Entnahme erforderlich („Empfehlungen für die Versuchstechnik im Fels“ [6]). Außerdem ist in den Druckversuchen der Wassergehalt des Prüfkörpers mitzubestimmen. Hoher Wassergehalt verursacht häufig eine Minderung der Verformungs- und Festigkeitseigenschaften. Die Abhängigkeit der Punktlastfestigkeit [1] vom Wassergehalt im Gestein ist von Broch (1979 [7]) an verschiedenen Proben untersucht worden. Die Versuche weisen nach, daß im allgemeinen mit Wassersättigung eine Festigkeitsreduktion einhergeht (Abb. 7.2). Nur wenige, sehr feinkörnige Proben zeigen eine Festigkeitszunahme mit Wassersättigung.

---

[1] Die Punktlastfestigkeit wird im Feldversuch mit einer transportablen Belastungsapparatur an Bohrkernen oder unregelmäßig geformten Gesteinsstücken ermittelt. Die Benutzung von Belastungskegeln erübrigt eine aufwendige Probenvorbereitung.

Zu den physikalisch-chemischen Prozessen, welche die mechanischen Eigenschaften von Gestein und Fels bei Gegenwart von Wasser verändern, zählen, wenn man von Lösungsprozessen, die zu Verkarstung führen, absieht, die Wasseraufnahme bzw. Anlagerung von Wasser an das Mineral, die chemische Veränderung durch Ionenaustausch, Erosions- und Suffosionsvorgänge. Die Wasseraufnahme führt bei bestimmten Gesteinen zu einer Volumenzunahme, zum Quellen, und ist bei tonigen Gesteinen mit einer Reduktion der Festigkeit, insbesondere der Scherfestigkeit, verbunden.

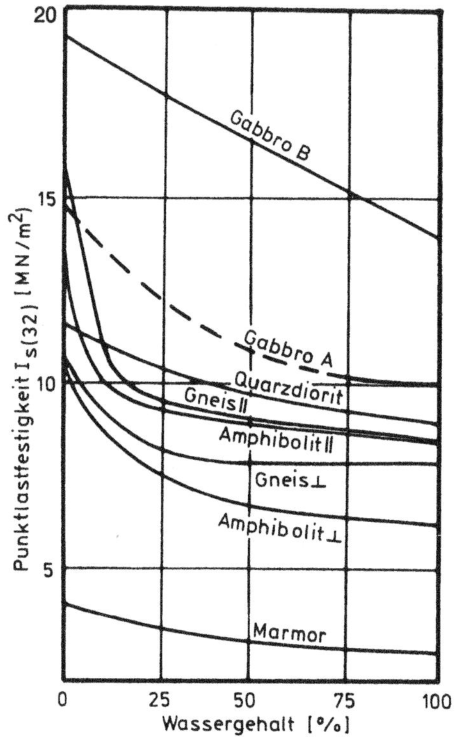

Abb. 7.2. Punktlastfestigkeit von Gesteinskernen in Abhängigkeit vom Wassergehalt. (Aus Broch)

Anhydrit wird durch Anlagerung von Wasser an das Calciumsulfat-Molekül $CaSO_4$ unter Volumenzunahme in Gips umgewandelt. Da diese Vorgänge langsamfortschreitend im Gebirge ablaufen, ist das Quell-Spannungsverhalten des Gesteins bzw. Felses in Abhängigkeit von der Zeit zu untersuchen (Einfalt et al. 1979 [8]).

Der Wasserzutritt kann chemische Verwitterungsvorgänge auslösen, die zu einer Zersetzung des Minerals und vollständiger Entfestigung des Gesteins bzw. Gebirges führen, wie z. B. Vergrusung im Granit- und Dolomitfels. Die Wasserbewegung im Gebirge, hauptsächlich in Klüften und Störungszonen, kann Erosionsvorgänge verursachen, sowohl in der Kluftfüllung bzw. im

Mylonit von Störungszonen, als auch im intakten Gestein. Diese Auswaschung von Feinteilen (Suffosion) aus dem Grobkorn des Mylonitmaterials einer Störungszone hat eine erhöhte Durchlässigkeit und meist eine Minderung der Scherfestigkeit zur Folge. Besonders gefürchtet werden diese Suffosionsprozesse im Dammbau.

7.2 Wasser im Felsbau unter Tage

Das Bergwasser ist ein wesentlicher Faktor des Untertagebaus und kann zu erheblichen Erschwernissen sowohl bei der Bauausführung als auch bei der Instandhaltung des Untertagebauwerks führen. Hydrologische Untersuchungen nehmen daher in den ingenieurgeologischen Vorerkundungen des Standorts breiten Raum ein.

Aus felsbaulicher Sicht lassen sich nach Wittke [9] zwei Problemkreise unterscheiden, und zwar die Strömung zu untertägigen Felshohlräumen und die Strömung aus Felshohlräumen in das Gebirge.

Der Wasserandrang und -austritt in Tunnel, Stollen oder Kavernen beeinflußt die Standfestigkeit des Gebirges, erschwert die Vortriebs- und Ausbauarbeiten und erfordert die Ableitung des Wassers oder Dichtungsmaßnahmen. Die Drainung des Gebirges durch einen Tunnel oder andere Felshohlräume verursacht eine Änderung des Wasserhaushalts im Gebirge und kann zu einem Wasserentzug in höhergelegenen Gebirgsteilen und zu Veränderungen an der Oberfläche führen.

Die Standfestigkeit des Gebirges um einen Felshohlraum wird im allgemeinen von der Wasserführung mitbestimmt. Tonige, weiche Gesteine und zerriebenes Gestein in Störungen werden durch Wasser zersetzt und führen dann zu Druckerscheinungen und Herabsetzung der Standfestigkeit. Bei ungünstiger Lage einer Störung oder der Klüfte zur Vortriebsrichtung bricht das Gebirge in den Hohlraum nach. Völlig zersetztes Gestein fließt bei starkem Wasserandrang in den aufgefahrenen Hohlraum. Zur Feststellung ungünstiger Wasser- und Gebirgsverhältnisse haben sich im Tunnelbau vorauseilende Untersuchungsbohrungen bewährt.

Vom Ingenieurgeologen wird erwartet, daß er Antwort gibt auf die Fragen, wo Wasserführung im Gebirge zu erwarten ist, wie hoch die Schüttung sein wird, ob zu-, abnehmend oder gleichbleibend und welche Auswirkung das Wasser auf den Ausbau und die Standfestigkeit haben wird (Markl und Pontow [10]).

Gebirgsklassifizierungen für Felsbauten, insbesondere für Tunnel, müssen die Einflüsse des Gebirgswassers berücksichtigen. Eine quantitative Abschätzung ist jedoch in vielen Fällen sehr schwierig. Von Bieniawski (1979 [11]) wird eine geomechanische Klassifizierung für den Felsbau vorgeschlagen, die neben der einachsialen Gesteinsdruckfestigkeit, der Qualität der Bohrkerne (RQD [1]-Wert) und der Durchtrennung des Gebirges auch die Wasserzuflüsse bewertet.

[1] Rock Quality Designation INDEX.

Folgende Klassifizierung wird beispielsweise für Wasser angewandt:

Grundwasser	Zuflüsse je 10 m Tunnellänge	keine	< 10 l/min	10—25 l/min	25—125 l/min	> 125 l/min
		od.	od.	od.	od.	od.
	Verhältnis von Kluftwasserdruck zu größter Hauptspannung	0	0—0,1	0,1—0,2	0,2—0,5	> 0,5
		od.	od.	od.	od.	od.
	allg. hydrol. Bedingungen	völlig trocken	feucht	naß	tropfend	fließend
	Bewertungspunktzahl	15	10	7	4	0

Die Bewertungspunktzahl geht zusammen mit den Punktzahlen für Festigkeit, Kernqualität RQD, Trennflächenabstände und -beschaffenheit in die Gesamtbewertung ein.

Die Auffahrung und Standsicherheit eines Tunnels kann aber auch durch hohen Wasserdruck beeinträchtigt werden.

Der Wasserdruck in Form von statischem Kluftwasserdruck und Strömungsdruck begünstigt beim Auffahren von Untertagebauwerken die Auflockerung und die Nachbrüchigkeit des Gebirges. Besonders gefürchtet ist das Anfahren von Störungszonen, da diese infolge starker Wasserführung zu großen Nachbrüchen und plötzlichen vehementen Wassereinbrüchen führen können, denen bautechnisch nur unter erheblichem Aufwand zu begegnen ist, wie z. B. im Falle des Kurobe-Transporttunnels (Haga 1961 [12]).

Schlimmstenfalls kann ein Verbruch sogar zur Aufgabe des aufgefahrenen Tunnelbauwerks und zur Verlagerung der Tunneltrasse zwingen, wie z. B. beim Lötschbergtunnel (Brandau et al. 1920 [13]).

Es hat sich daher in der Praxis bewährt, daß beim Anfahren großer Störungszonen zuerst vorauseilende Entlastungsbohrungen ausgeführt werden, um den Wasserdruck abzubauen und gegebenenfalls das Gebirge durch Injektionen zu dichten und zu verfestigen, um dann anschließend die Störungszonen zu durchqueren.

Bei der Auskleidung des Tunnels kann sich hinter dem Ausbau ein Wasserdruck aufbauen, der Schaden in der Auskleidung zur Folge hat, wie z. B. Müller (1978 [14]) am Orange-Fish Tunnel beobachtete, nachdem der Bergwasserspiegel durch den Einstau eines benachbarten Staubeckens angehoben wurde.

Die im neueren Felshohlraumbau aufgefahrenen Großkavernen üben eine starke Drainagewirkung auf die Umgebung aus und stellen daher in mehrfacher Hinsicht hohe Anforderungen an die ingenieurgeologische Prognose der Bergwasserverhältnisse.

Es ist deshalb eine ausreichende Wasserhaltung zu planen, um die Sicherheit des Bauwerks sowohl während der Ausführung als auch bei der Unterhaltung zu gewährleisten. Zusätzliche Fragen über die Durchströmung des Gebirges ergeben sich bei speziellen Kavernen z. B. bei Untersuchungen zur untertägigen Anordnung von Kernkraftwerken in großen Felskavernen (Pahl et al. 1979 [15]). Neben den Aufgaben der Wasserhaltung ist hier der Schutzgrad des Gebirges bei Austritt von kontaminierten Wässern und Gasen aus der Reaktorkaverne ins umgebende Gebirge zu untersuchen. Das geklüftete Gebirge vermag in diesem Fall durch die relativ langsamen Strömungsgeschwindigkeiten den Austritt an die freie Oberfläche erheblich zu verzögern und bei dichtem Gebirge sogar zu verhindern.

Zur Ermittlung der Durchlässigkeit und der Durchströmung des Gebirges wurde eine Versuchsapparatur entwickelt, mit welcher die räumliche Ausbrei-

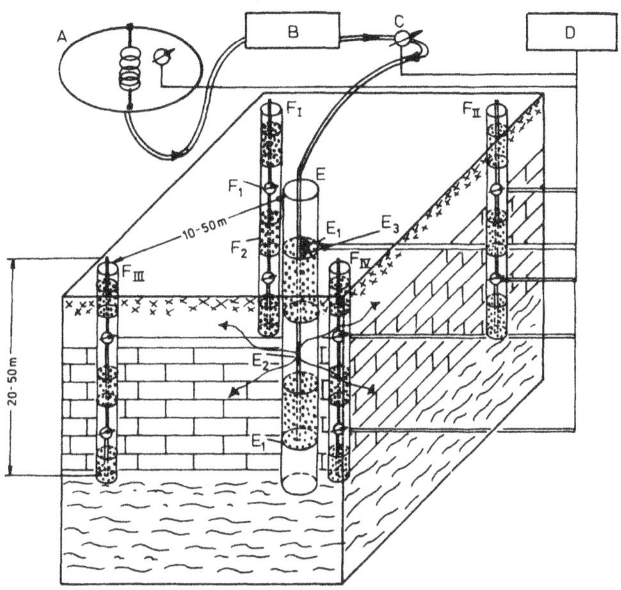

Abb. 7.3. Versuchsanordnung zur Bestimmung der Durchströmungseigenschaften von Fels; Wasserbehälter mit Heizspirale und Meßgerät zur Bestimmung der Tracerausgangslösung. *(A)*, Verpreßpumpe *(B)*, Durchflußmengenmeßgerät *(C)*, Datenerfassungsanlage *(D)*, Verpreßbohrung (E), mit Doppelpacker *(E1)* und Verpreßstrecke *(E2)*, mit Meßgeräten zur Bestimmung des Verpreßdruckes und der Ausgangstemperatur *(E3)*, Beobachtungsbohrungen *(FI—IV)*, mit Meßstationen *(F1)*, zur Bestimmung des Wasserdruckes, der Wassertemperatur und der Tracerkonzentration sowie Packern *(F2)*, zur Dichtung der einzelnen Beobachtungsstrecken

tung von Wassertracern und Gas beobachtet werden kann (Schneider 1979 [16]).

Die Versuchsanordnung entspricht einem modifizierten Wasserabpreßversuch, entsprechend der Störfallannahme wird ein Wassertracer ins Gebirge verpreßt (Abb. 7.3). Um die Verpreßstelle wird in peripher angeordneten Bohrungen die Ausbreitung des Tracers, seine Konzentrationsänderung, die Druck- und Temperaturverbreitung beobachtet. Die Beobachtungsbohrungen, die entsprechend dem Kluftgefüge angeordnet sein müssen, werden abschnittsweise durch Packer in einzelne Segmente unterteilt, so daß eine dreidimensionale Kontrolle auch in Richtung der Tiefe möglich ist.

Der Ausbau eines Tunnels, insbesondere die bei modernen Bauverfahren eingesetzten Felsanker, unterliegen den Einflüssen des Gebirgswassers. Im ingenieurgeologischen Gutachten muß deshalb angegeben werden, ob das Wasser betonzersetzende bzw. stahlaggressive Bestandteile enthält. Maßgebend für die Bewertungen ist DIN 4030 [17].

Einige Beispiele gibt die folgende Tab. 29:

Tabelle 29. *Für Beton und Stahl schädliche Bestandteile in Wasser.* (Nach DIN 4030)

Schädliche Mengen in mg/l Beimengung	Beton	Stahl
Sulfate	200	300
Nitrate	50	50
Freie Kohlensäure	schon in geringen Mengen	
Schwefelwasserstoff	1	—
Chloride	—	100
Magnesia	100	—

Allerdings muß beachtet werden, welche Wassermengen abgesättigt sind und ob stehendes oder fließendes Wasser vorhanden ist.

Aus der Wasserwegsamkeit des Gebirges ergeben sich Hinweise, ob und wo mit flächigem oder mit punktförmigem Wasseraustritt zu rechnen ist. Die Ableitung von Gesetzmäßigkeiten über die Verteilung von Wasseraustritten auf Grund der Lage und Beschaffenheit von Trennflächen bereitet jedoch noch Schwierigkeiten (WOLTERS et al. [18]).

Einen Sonderfall der Beeinflussung des Ausbaus durch Wasser bilden die stahlausgekleideten *Triebwasserstollen* von Wasserkraftwerken. Im Betrieb haben diese Stollen einen Wasserinnendruck. Bei Entleerungen des Stollens zum Zweck von Kontrollen oder Reparaturen muß der Außenwasserdruck im Gebirge an der Stahlauskleidung niedrig gehalten werden, um ein Einbeulen der Stahlrohre zu vermeiden. Dazu werden, wie z. B. am Triebwasserstollen des Pumpspeicherwerks Waldeck II/Edertal, Drainagen verlegt, die im Falle der Entleerung des Stollens geöffnet werden.

Außen an der Stahlauskleidung liegende Gebirgswasserdruckgeber messen den Außenwasserdruck, der unter bestimmten durch die Stahlauskleidung gegebenen Grenzwerten liegen muß. Bei unzulässig hohem Außendruck darf die Leitung nicht entleert werden. Durch Sondermaßnahmen, wie Öffnen von Entlastungsverschlüssen, wird zunächst der Außenwasserdruck abgesenkt (POEHLMANN und MANG 1979 [19]).

Die Drainung des Gebirges durch Felshohlbauten und Bohrungen verursacht im klüftigen, festen Gebirge wenig Veränderungen. Im tonigen Gebirge kann sich eine erhöhte Durchlässigkeit für Gas ergeben. Wasserentzug wirkt sich dagegen im Lockergestein oder oberflächennahen, verwitterten Gestein durch mitunter starke Setzungen aus. Ein typisches Beispiel beschreibt MORFELDT [20] aus Stockholm. Die Auffahrung eines Verkehrstunnels im Granit und Gneis unterquerte wassergesättigte Sande und Kiese sowie darüberliegende Tonablagerungen. In den tonigen Sedimenten wurde der Grundwasserspiegel durch Entnahme von etwa 90 m³ Wasser pro Tag aus dem Pumpensumpf des Tunnels erheblich abgesenkt. Dadurch entstanden große Setzungen, die Schäden an der übertägigen Bebauung, dem Huddinge Centre verursachten. Solche Oberflächensetzungen sind in Bergbaugebieten häufig zu beobachten und können als Erdfälle katastrophale Ausmaße annehmen.

Bei der Planung von Felsbauten unter Tage muß grundsätzlich geprüft werden, welche Auswirkungen ein Wasserentzug auf benachbarte Bereiche und auf die Oberfläche hat, insbesondere auch auf Brunnen und Quellen.

In den meisten Felshohlräumen wird das zusetzende Wasser in Sohldrainagen gesammelt. Bei ansteigendem Tunnel bereitet die Ableitung keine Schwierigkeiten. In manchen Fällen jedoch, insbesondere bei sehr starkem Wasserzufluß, sind umfangreiche technische Maßnahmen, wie Absenkung des Grundwasserspiegels unter Bauwerkssohle durch Anlage von Brunnen erforderlich.

Punktförmige Wasseraustritte aus der Hohlraumwandung lassen sich durch Rohre fassen und in Schläuchen der Hauptdrainage zuleiten. In der Kaverne des Pumpspeicherwerks Waldeck II haben beispielsweise mehrere Extensometer, die bis zu 40 m tief in das Gebirge führen, als Drainagebohrungen gewirkt. Das Wasser wird an den Extensometerköpfen aufgefangen und abgeleitet. Ähnliche Wasserableitungen wurden in der Kaverne des Pumpspeicherwerks Veytaux/Schweiz ausgeführt.

Verteilte Wasseraustritte lassen sich durch die Oberhasli-Methode oder Sika-Schlauch-Verfahren erfassen. Zementmörtel wird mit einem chemischen Zusatzmittel für schnelles Abbinden über einem Schlauch am Gebirge aufgebracht. Der Schlauch wird nach dem Abbinden gezogen. Danach bleibt am Gebirge eine den Wasseraustritten folgende Betonhalbschale, durch die das Wasser zur Sohle und Hauptdrainage abgeleitet wird.

Bei stark durchlässigen Gebirgsarten wird der Wasserzufluß in das untertätige Bauwerk durch eine Gebirgsvergütung mit Hilfe von Injektionen unterbunden. Die Gebirgsvergütung erfolgt durch Einpressen einer Suspension oder Lösung in das geklüftete Gebirge. Nach dem Abbinden der Suspension sollen die Klüfte geschlossen sein. Die Injizierbarkeit hängt von den Gebirgseigenschaften wie Kluftgefüge, Kluftöffnungsweite und Gebirgsfestigkeit ab. Wichtig ist die Bemessung des Injektionsdruckes, um keinen Schaden an benachbarten Bauten oder am Ausbau anzurichten. Als Injektionsmittel werden Zementsuspension, Kunstharzlösung für kleine Öffnungen, Bentonit oder Bentonitzusatz im Zement verwendet.

So konnte durch umfangreiche Injektionsmaßnahmen am Plöckentunnel der ursprüngliche Bergwasserstand wieder erreicht werden, nachdem bei der Auffahrung Brunnenstuben an der Oberfläche durch die Wasseraustritte im Tunnel von bis zu 300 l/sec. trocken gefallen waren (PÖLSLER 1967 [21]).

Bei Abdichtungen durch Injektionen muß untersucht werden, welche neuen Wege das Bergwasser nehmen kann, wenn ein Wasserleiter, wie z. B. eine Störung, verschlossen wurde.

Bei starker Wasserführung kann eine zeitweise Gebirgsvergütung durch Gefrieren erreicht werden. Im Stollen- und Tunnelbau ist dieses Verfahren bisher selten angewandt worden. Im Schachtbau findet diese Technologie bereits weitgehende erfolgreiche Anwendung.

Bohrungen werden vor der Auffahrung außerhalb des Lichtraumprofils parallel zum Tunnel (bzw. Schacht) angeordnet, für die Aufnahme der Gefrierlaugen. Nach dem Gefrieren wird der Bereich durchfahren und ausgebaut, so daß nach dem Auftauen der Gebirgsdruck und der Wasserdruck vom Ausbau aufgenommen werden. Es handelt sich dabei um eine sehr kosten- und zeitaufwendige Methode, die nur in Sonderfällen eingesetzt wird, wie z. B. bei dem Bau eines Wasserüberleitungsstollens für das Pumpspeicherwerk Veytaux, der einen stark wasserführenden Bereich mit Tonstein, Mergel und

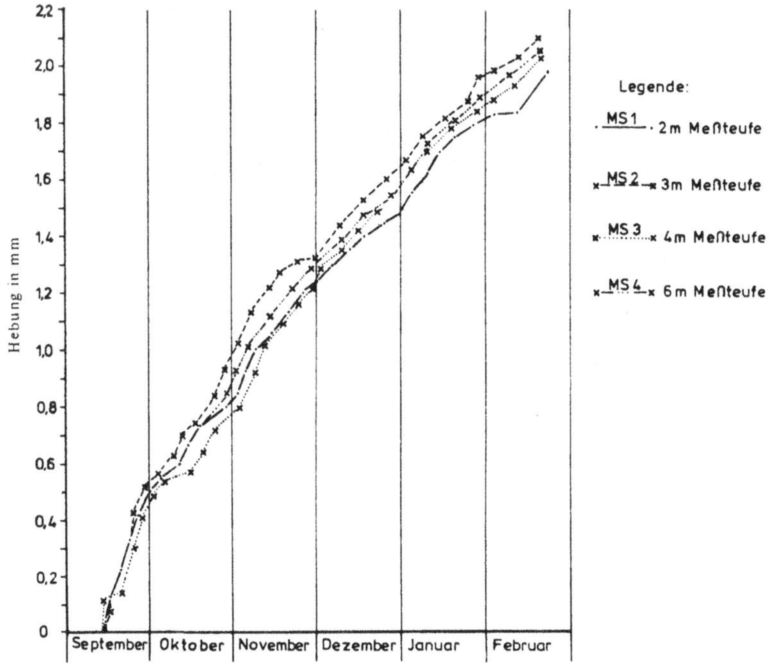

Abb. 7.4. Ergebnisse von Verschiebungsmessungen mit einem Mehrfachextensometer unter der Stollensohle in einem Gipslager (Mittlerer Muschelkalk/SW-Deutschland)

Gipsrückständen durchörtern mußte. — Verschiedene Gesteine wie Opalinuston, Gesteine des Gipskeuper, des Gipslagers im Mittleren Muschelkalk u. a. neigen bei Wasserzutritt zum Quellen und können dadurch erhebliche Schäden am Tunnel verursachen. Bekannt sind die zahlreich beobachteten Sohlhebungen im Tunnelbau. Die Quelldrücke erreichen bei behinderter Ausdehnung durchaus 2 MN/m² (HENKE et al. [22]). Häufig kommen die Verschiebungen nur aus dem tunnelnahen durchfeuchteten Bereich. Abb. 7.4 zeigt als Beispiel die Verschiebungen des Gebirges unter der Sohle, die mit einem Mehrfachextensometer im Gipslager des Mittleren Muschelkalks gemessen wurden. Die Gleichmäßigkeit der Verschiebungen in den verschiedenen Meßteufen zeigt, daß die Hebungen durch Quellung in 0 bis 2 m Tiefe verursacht werden.

Vielfach wird durch die Auffahrung eines Tunnels eine zusätzliche Wasserwegsamkeit geschaffen, wodurch dem zunächst trockenen Gebirge Wasser zugeführt wird.

7.3 Bergwasser in Böschungen, Baugruben und bei Talsperren

Das Bergwasser zählt zu den wesentlichen Faktoren, welche die Standsicherheit von Böschungen und Baugruben beeinflussen und in vielen Fällen ausschlaggebend bestimmen. Die Untersuchung der Bergwasserverhältnisse, die Planung und Kontrolle der Wasserhaltung durch Drainagen und Grundwasserabsenkungen sowie der Abdichtungsmaßnahmen sind daher eine der Hauptaufgaben ingenieurgeologischer Arbeit.

Ingenieurgeologische Vorerkundungsarbeiten zur Untersuchung der Wasserführung und Durchlässigkeit des Gebirges umfassen u. a. Pegelstandsmessungen, Pumpversuche und Wasserabpreßversuche. In Pegelstandsmessungen wird die häufig jahreszeitlich stark schwankende Wasserführung beobachtet. Pumpversuche (Krusemann 1973 [24]) und Wasserabpreßversuche (Lugeon 1933 [23]) zählen neben weiteren modifizierten Versuchsanordnungen zu den klassischen ingenieurgeologischen Untersuchungsverfahren, um die Durchlässigkeit des Gebirges zu bestimmen, um die Wasserhaltung bei der Anlage von Drainagen, Grundwasserabsenkungen, Abdichtungsmaßnahmen für Bauablauf und Unterhaltung von Bauwerken zu planen.

Die Stabilität einer Felsböschung wird von den Materialeigenschaften des Gebirges, vom Kluftgefüge, von der Beschaffenheit der Bewegungsflächen und vom Wasser bestimmt. Die Kraftwirkung des Wassers beruht einmal auf dem statischen Kluftwasserschub und in geringerem Maße auf dem dynamischen Strömungsdruck. In zahlreichen Böschungen kann anhand von Pegelmessungen ein direkter Zusammenhang zwischen Böschungsbewegungen und jahreszeitlichen Schwankungen der Bergwassersickerlinie hergestellt werden. Eine Sanierung von Böschungsbewegungen erfolgt daher vielfach über die Beeinflussung der Wasserführung durch Drainagemaßnahmen und Abführung von Oberflächenwasser, um ein Eindringen in das Gebirge zu verhindern. Letzteres kann durch Oberflächenabdichtungen, d. h. Aufbringen einer wasserabweisenden Schicht oder durch ingenieurbiologische Maßnahmen, wie Bepflanzen stark wasserabziehender Pflanzenarten erreicht werden.

Bei Oberflächenabdichtungen sind zugleich Drainagebohrungen zur Entwässerung des Gebirges erforderlich, um den Aufbau eines Wasserdruckes hinter der Abdichtung zu verhindern.

Drainagebohrungen zur Entwässerung sind nur wirksam, wenn wasserführende Klüfte und Schichten durchörtert werden und ein Zusetzen der Drainagerohre durch Feinteile verhindert wird. Das Ansetzen dieser Bohrungen erfordert daher eine genaue Kenntnis der Wasserwege. Bestimmte Gebirgsarten mit geringer Durchlässigkeit wie z. B. halbfeste Tonsteine lassen sich durch herkömmliche Drainagebohrungen schlecht oder nicht drainieren. Hier sind zur Trockenlegung von rutschgefährdeten Böschungen Sondermaßnahmen, wie z. B. elektroosmotische Verfahren u. ä. erforderlich.

Die Wasserhaltung von Baugruben wird durch die Anlage von Brunnen zur Absenkung des Bergwasserspiegels unter die Baugrubensohle oder durch Baugrubenumschließungen, wie z. B. durch Schlitzwände u. ä. vorgenommen.

Einen Sonderfall bilden *Tagebauböschungen.* Hier kann z. B. eine Verbesserung der Böschungsstabilität und Minderung des Einflusses von Gebirgswasser dadurch erreicht werden, daß der Böschungsfuß über der jeweiligen Abbausohle mit einer flacheren Neigung als ihre Gesamtböschung angelegt wird. Auflockerungen und Zersetzungen im Bereich der Sickerlinie beeinflussen dann die endgültige, langjährig zu erhaltende Böschung nicht, da dieser Abschnitt durch die spätere Steilerstellung der Böschung bei fortschreitendem tieferen Abbau mit abgetragen wird. Außerdem wird die Stabilität des jeweiligen, am meisten durch austretendes Wasser gefährdeten Böschungsfußes erhöht.

Bei Stauanlagen, wie z. B. *Talsperren,* zielt die Arbeit des Ingenieurgeologen auf die Klärung der Untergrundverhältnisse des Absperrbauwerks und des Stauraumes ab. Die Standsicherheit des Absperrbauwerks und der Böschungen des Stauraumes, sowie die Dichtheit des Untergrundes muß bei solchen Bauvorhaben nachgewiesen sein.

Dafür kommen ingenieurgeologisch-felsmechanische Untersuchungsverfahren zur Anwendung, und zwar in wesentlichem Umfang neben geologischen Spezialaufnahmen auch felsmechanische in-situ Versuche. Bei der Auswertung der Ergebnisse muß der geplante Stauwasserdruck berücksichtigt werden (DIN 19700 [25]).

Für Staudämme, sogenannte Erddämme, muß Dammschüttmaterial nachgewiesen oder beschafft werden, das die Forderungen in bezug auf Dichtigkeit und Standsicherheit erfüllt. Geeignetes Schüttmaterial erfüllt entweder die Anforderungen der Standsicherheit oder der Dichtigkeit. Deshalb werden Dämme häufig aus mehreren Bodenarten geschüttet, nämlich mit einem undurchlässigen Kern, wie z. B. Lößlehm und darüber halbdurchlässiges sandiges Material sowie Schotterschüttung. Dämme aus stark durchlässigem Felsschutt erhalten, wie z. B. der Damm und das Oberbecken des Pumpspeicherwerks Waldeck II, eine Oberflächenabdichtung.

Der Untergrund von Staudämmen bzw. Staumauern muß eine ausreichende Festigkeit besitzen, und zwar unter Berücksichtigung des Wasserdrucks. Besonders hohe Ansprüche an die Güte des Felses in bezug auf Festigkeit und Durchlässigkeit stellen Bogenstaumauern sowohl an den Untergrund als auch an die Flanken der Mauer. Ist die Festigkeit nicht gegeben, so können die enormen Kräfte, mit welchen die Widerlager im Fels von Bogenstaumauern beaufschlagt werden, zum Abscheren eines Widerlagers führen, wie im Falle der Talsperre von Malpasset (Bernaix 1967 [26]). Das Versagen des Widerlagers führte zum kurzzeitigen Bruch der Mauer und plötzlichen katastrophalen Entleeren des Staubeckens. Der wechselnde Auf- und Abstau in Talsperren hat erhebliche Schwankungen des Bergwasserspiegels zur Folge. Wird der Abstau zu schnell vorgenommen, so wird der hohe Bergwasserspiegel vom Aufstau nicht schnell genug abgebaut, so daß die Flanken des Staubeckens von hohen Bergwasserdrücken beaufschlagt werden, was wie im Falle der

Talsperre Vajont zum Gleiten einer riesigen Felsmasse in den Stausee führte (MÜLLER 1978 [27]). Obwohl die Bogenstaumauer den Beanspruchungen der Felsgleitung widerstand, verdrängte die Felsmasse im Staubecken so viel Wasser, daß eine hohe Flutwelle über die Mauer schwappte und große Teile des flußabwärtsgelegenen Städtchens Longarone zerstörte.

Zur Verbesserung der Dichtigkeit von klüftigem Fels werden Injektionen ausgeführt. Die Notwendigkeit von Injektionsmaßnahmen wird anhand des

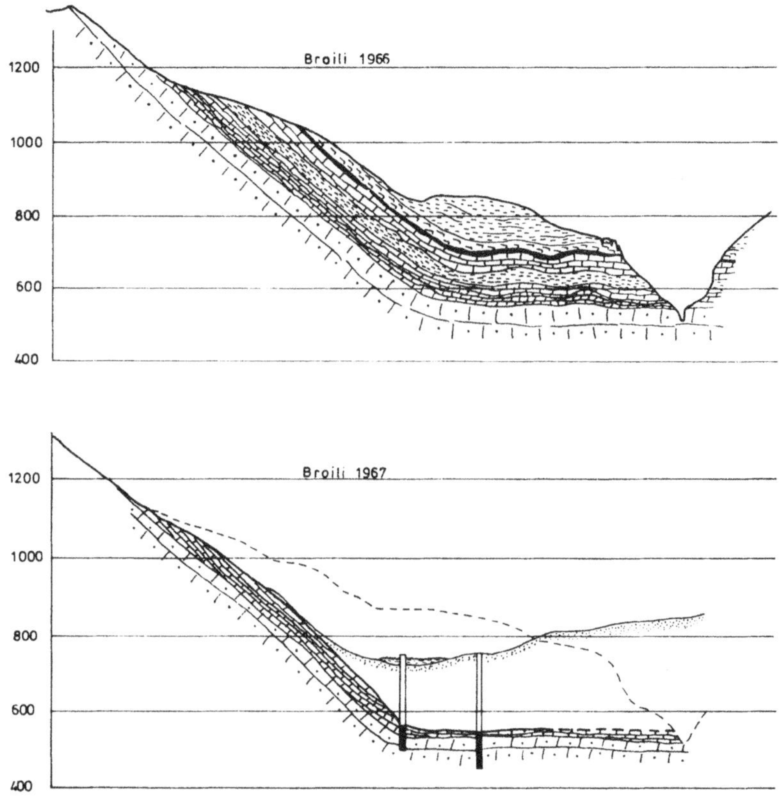

Abb. 7.5. Geologischer Schnitt durch den Rutschbereich im Vajonttal, von BROILI 1966 (oben) und Rekonstruktion der Rutschfläche im Schnitt, von BROILI 1967 (unten). (Aus MÜLLER [27])

Wasserabpreßversuchs geprüft (HEITFELD 1965 [29]). Injiziert in den klüftigen Fels werden vorwiegend Zement- oder Bentonitpasten; jedoch auch Wasserglas und Kunststoffe gelangen neuerdings zur Anwendung (CAMBEFORT 1969 [30]). Die Ausbreitung des Injektionsmaterials wird vom Gefüge des Gebirges, d. h. von der Richtung und der Spaltweite der Klüfte, von der Viskosität der Injektionspaste und vom Verpreßdruck bestimmt. Zu große Verpreßdrücke können zu einem erzwungenen Aufreißen von Klüften führen. Da Injektionsmaßnahmen nicht immer gelingen, muß der Erfolg nach Vollendung durch einzelne Bohrungen überprüft werden.

Über Untergrundabdichtungsmaßnahmen in Sandsteinen beim Bau des Ubol Ratana Dammes/Thailand berichtet von ESBECK/PLATEN (1969 [28]) und diskutiert die Frage, welche Anordnung der Verpreßbohrungen, einreihig oder mehrreihig, für den Injektionsschirm zu wählen ist.

Literatur

[1] STINI, J. (1950): Tunnelbaugeologie. (Die geologischen Grundlagen des Stollen- und Tunnelbaus.) Wien: Springer.

[2] MÜLLER, L.(1963): s. Literaturverzeichnis zu Kap. 2.

[3] LOUIS, C. (1967): Strömungsvorgänge in klüftigen Medien und ihre Wirkung auf die Standsicherheit von Bauwerken und Böschungen im Fels. Veröffentl. Inst. f. Boden- und Felsmechanik, Univ. Karlsruhe, H. 30.

[4] PACHER, F.(1959): Kennziffern des Flächengefüges. Geol. und Bauwes. **24**, H. 3/4, Wien.

[5] Report by the Geological Society Engineering Group Working Party (1972): The preparation of maps and plans in terms of engineering Geology. Quart. J. Engng. Geol. **5**, Nr. 4, Edinburgh.

[6] Arbeitskreis „Versuchstechnik Fels" der DGEG (1979): Empfehlungen für die Versuchstechnik im Fels. Die Bautechnik **56**, Juli 1979.

[7] BROCH, E. (1979): Changes in rock strength caused by water. Proc. 4. Int. Congress on Rock Mechanics, Bd. 1, S. 71—80, Montreux (Swisse). Rotterdam: A. A. Balkema.

[8] EINFALT, H. C., FECKER, E., GÖTZ, H. P. (1979): Das Dreiphasensystem Ton, Anhydrit, Gips und dessen zeitabhängiges Verhalten bei Zugabe von wässerigen Lösungen. Proc. 4. Int. Congress on Rock Mechanics, Bd. 1, S. 123—130, Montreux (Swisse). Rotterdam: A. A. Balkema.

[9] WITTKE, W. (1972): Generalbericht über Symposium „Durchströmung von klüftigem Fels". Vorträge der Baugrundtagung in Stuttgart 1972, Deutsche Ges. f. Erd- und Grundbau e. V.

[10] MARKL/PONTOW (1968): Untertagebauten. Berlin/München: Verlag von W. Ernst und Sohn.

[11] BIENIAWSKI, Z. T. (1979): The geomechanics. Classification in rock engineering applications. Proc. 4. Int. Congress on Rock Mechanics, Bd. 2, S. 41—48, Montreux (Swisse). Rotterdam: A. A. Balkema.

[12] HAGA, K. (1961): The fractured zone of the Kurobe transportation tunnel. Geol. und Bauwes. **26**, 60—78, Wien.

[13] BRANDAU, K., IMHOF, K., MACKENSEN, E. (1920): Tunnelbau, Handbuch der Ingenieurwissenschaften, Teil I, Bd. 5. Leipzig: Engelmann.

[14] MÜLLER, L. (1978): Der Felsbau, 3. Bd. Tunnelbau, 945 Seiten. Stuttgart: Enke.

[15] PAHL, A., SCHNEIDER, H. J., SPRADO, K. H., WALLNER, M. (1979): Beurteilung der Bauweise und Sicherheit von Kernkraftwerken in Felskavernen. Proc. 4. Int. Congress on Rock Mechanics Bd. 2, S. 503—508. Rotterdam: A. A. Balkema.

[16] SCHNEIDER, H. J. (1979): A new test set-up for the in-situ determination of percolation parameters in rock. Proc. NEA Workshop „Low-flow, low-permeability measurements in largely impermeable rocks, S. 59—66, Paris.

[17] DIN 4030 Beton in betonschädlichen Wässern und Böden.

[18] WOLTERS, R., REINHARDT, M., JÄGER, B. (1972): s. Literaturverzeichnis zu Kap. 2.

[19] POEHLMANN, W., MANG, F. (1974): The conduit system for the Waldeck II pumped-storage station. Reprint from „Water Power", **26**, No. 11, 12, 354—358 and 412—416.

[20] MORFELDT, C.-O. (1972): Drainage problem in connection with tunnel construction in precambrian granitic bedrock (in Sweden). Proceedings „Durchströmung von klüftigem Fels", Stuttgart.

[21] PÖLSLER, P. (1967): Geologie des Plöckentunnels der Ölleitung Triest-Ingolstadt. Carinthia II, 77, 37—58, Klagenfurt.

[22] HENKE, K. F., KRAUSE, H., MÜLLER, L., KIRCHMAYER, M., EINFALT, H. C., LIPPMANN, F. (1975): Sohlhebungen beim Tunnelbau im Gipskeuper. Herausgeber: Ministerium für Wirtschaft, Mittelstand und Verkehr namens der beteiligten Verwaltungen, Stuttgart.

[23] LUGEON, M. (1933): Barrages et Géologie. 138 S. Librairie de l'Université, Lausanne.
[24] KRUSEMANN, G. P., DE RIDDER, N. A. (1973): s. Literaturverzeichnis zu Kap. 3.
[25] DIN 19 700 Richtlinien für den Entwurf, Bau und Betrieb von Talsperren, Stauanlagen.
[26] BERNAIX, J. (1967): Étude géotechnique de la roche de Malpasset, 215 S. Paris: Ed. Dunod.
[27] MÜLLER, L. (1968): New considerations on the Vaiont slide. Felsmechanik uid Ingenieurgeol. **6**, 1—91, Salzburg.
[28] v. ESBECK-PLATEN H.-H. (1969): Untergrundabdichtungsmaßnahmen in den Sandsteinen der Koratserie beim Bau des Ubol Ratana Dammes / Tailand. Z. dtsch. geol. Ges. **119**, 190—200, 6 Abb., Hannover.
[29] HEITFELD, H. K. (1965): s. Literaturverzeichnis zu Kap. 2.
[30] CAMBEFORT, H. (1969): Bodeninjektionstechnik. Wiesbaden und Berlin: Bauverlag GmbH.

Sachverzeichnis

Druck: Ferdinand Berger & Söhne OHG, 3580 Horn.

GPSR Compliance

The European Union's (EU) General Product Safety Regulation (GPSR) is a set of rules that requires consumer products to be safe and our obligations to ensure this.

If you have any concerns about our products, you can contact us on ProductSafety@springernature.com

In case Publisher is established outside the EU, the EU authorized representative is:

Springer Nature Customer Service Center GmbH
Europaplatz 3
69115 Heidelberg, Germany

Batch number: 10607960

Printed by Printforce, the Netherlands